駿台

JN071910

東大入試詳解 25年

生物

第3版

2023~1999

解答・解説編

駿台文庫

目　次

解答・解説

2023年

第1問

解説 第1問は，DNA修復に関与するタンパク質を題材として，Ⅰでは，細胞周期・細胞分裂が扱われ，Ⅱでは，がんとゲノム医療が扱われた。

Ⅰ A 細胞分裂と染色体に関する知識を問う空欄補充問題で，ヒトの染色体数$2n=46$を知っている必要はあったが，いずれも基本的な内容である。

B 「減数分裂における組換えの生物学的意義」を問う知識論述で，配偶子の遺伝的多様性が高くなることを述べれば正答となろう。字数制限（20字以内）にした意図は，このもっとも重要なポイントだけを書かせようとしたことにあるのだろう。設問の趣旨を「組換えの生物学的意義」に限定して受け取り，染色体上の対立遺伝子の組合せを多様にすること（別解として示したもの）を答えた受験生もいたかと思うが，許容されると考えられる。

C 細胞周期に関する知識論述問題である。3～4行という形で制限行数が示されるのは久しぶりで，問Bとは逆に，ある程度しっかり書かせたいという意図があったと推測できる。設問文は「細胞周期が進行する過程」となっているので，順序良く事実（できごと）を書いて「過程」を答えればよい。1行1ポイントの目安に従って与えられている語群の用語を整理すると，たとえば次のようになる。

① G1期を経てS期に入り，DNAの複製が行われて，DNA量が倍加する。

② G2期を経てM期に入り，微小管で構成された紡錘体が形成される。

③ 微小管のはたらきで染色体が分配された後，細胞の分裂が起こる。

もちろん，さらに細かく，染色体の凝縮（太く短くなること）や，紡錘糸と動原体の結合，赤道面に並んだ染色体が縦裂面で分かれて，紡錘糸に引かれるように移動することなどを書いてもよい。

D 組換えに関して推論して選ぶ設問であるが，判断に困った受験生が多かったと思われる。以下，必要な部分を引用（波線で強調）しつつ，説明していく。きちんと推論するのには，［文2］の下線部（ウ）「体細胞における組換えでは，減数分裂における組換えとは…（略）…鋳型となる染色体が両者で異なる」と，下線部（オ）の後で説明されている「姉妹染色分体（注：DNAの複製時に作られる同一の遺伝子配列を持つ染色体），…（略）…を鋳型として，組換えによって二本鎖切断が修復される」の部分，そして設問文の「減数分裂における組換えでは，父親由来と母親由来の相同染色体を鋳型に用いるのに対し，体細胞における組換えでは，DNA 損傷の入っていない姉妹染色分体を鋳型として用いる」の部分を結び付ける必要がある。染色分体という教科書にない用語が重要なので（注があると言っても，イメージがつかめなかった受験生もいたかと思う），簡単な図を下に示しておく。解説図１－１は二価染色体である。対合面の左右が相同染色体であり，縦裂面の上下が同一の DNA 分子から複製された姉妹染色分体（a_1 と a_2，および b_1 と b_2）である。

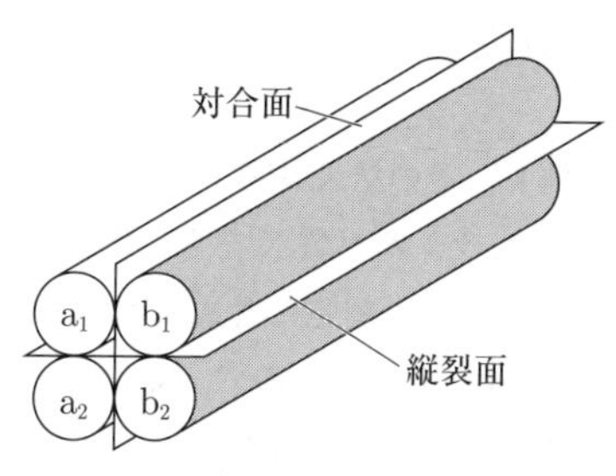

解説図１－１

設問では，「体細胞における組換えは，細胞周期のどの段階で起こるか」と問われ「正しいものを全て選」ぶことが求められている。どう判断するか？　この修復機構は教科書的な知識ではないので，与えられた情報から判断することになり，損傷の入っていない姉妹染色分体を鋳型として用いることが可能な時期を全て選ぶことになる。G2 期（解説図１－２上段）の場合，a_1 の二本鎖 DNA に切

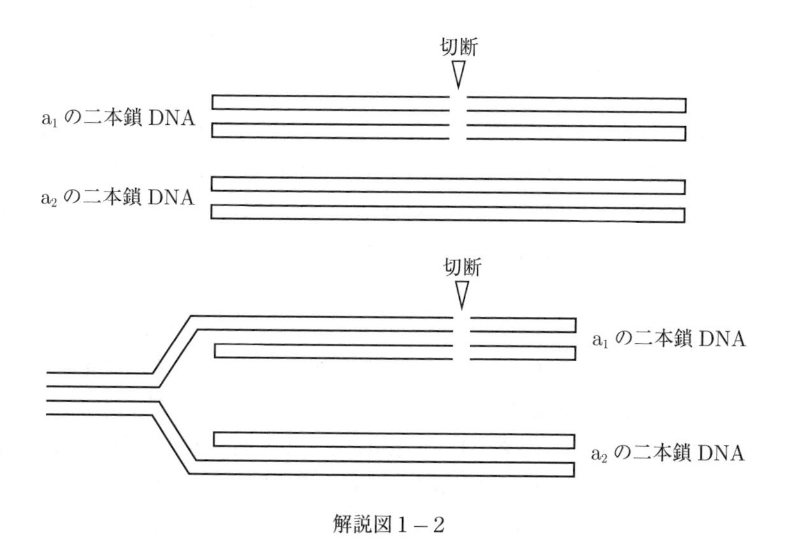

解説図１－２

断が生じても，損傷のない姉妹染色分体a_2を鋳型にすることが可能である。また，S期（解説図1－2下段）の場合，DNAの複製が終わった部分であれば，a_1の二本鎖DNAに切断が生じても，姉妹染色分体a_2を鋳型にすることが可能である。M期については，クロマチンが折りたたまれ太く短くなった状態では使えないだろうが，折りたたまれていない状態なら使えるのではないかと悩んだ受験生もいただろう。なお，科学的研究では，S期とG2期において，この機構による修復が主に用いられ，G1期やM期は異なる機構の修復が主に用いられると考えられている。

E　実験1の内容を理解し，その結果（図1－1）について読み取ることが求められている。この実験では，タンパク質Xをもつ細胞（野生株）ともたない細胞（欠損細胞）について「一つ一つの細胞に含まれるDNA量を計測し」，それぞれのDNA量をもつ細胞数が示されているので，図1－1で，DNA量が低い方のピークはG1期の細胞群，高い方のピークはG2期とM期の細胞群と判断すればよい。結果を比べると，欠損細胞では，放射線照射の24時間後のグラフは放射線照射前とほぼ同じ（つまり，細胞周期の進行に変化がない）なのに対して，野生株では，放射線照射の24時間後にはDNA量が低い方（G1期の細胞群）が減り，高い方のピーク（G2期とM期の細胞）が増えている。設問に「細胞分裂期にある細胞の割合は，野生株と遺伝子X欠損細胞との間で差が見られなかった」とあるので，G2期と答えることになる。

F　設問Eで推論したように，野生株ではG2期の細胞が増えるのに対して，欠損細胞では細胞周期の進行に変化がない。これは，タンパク質Xが細胞周期をG2期で停止させる上で必要なことを示している。

G　実験2では，「タンパク質XのDNA複製における機能」を調べるために，放射線照射前後でのDNA合成量が調べられている。実験の説明が簡潔過ぎる（どのような細胞を用いたのかや，縦軸のDNA合成量が単位時間あたりの合成量＝合成速度なのかどうかも明確に述べられていない）ので判断に困る部分もあるが，結果（図1－2）からは，放射線照射30分後のDNA合成量は，野生株でも欠損細胞でも減っているが，野生株の方がより多く減っていることはわかるので，タンパク質XがDNA合成を抑制（S期の進行を停止）するのに重要な役割を果たしていることが推論できる。なお，タンパク質XがS期の開始を抑制する可能性も推論できる（実際，DNA損傷によってS期の開始が遅れる現象が知られている）が，この実験から，開始「だけ」を抑制するとまでは判断できない。

H～K　実験3の説明と図1－4を正確に理解することが出発点となる。そのときに，きちんと読み取る必要があるのが，実験３に続くリード文の「その後，姉妹染色分体…（略）…，あるいは，同じ染色体の中にある相同な配列を鋳型として，組換えによって二本鎖切断が修復されると，細胞は正常なGFPタンパク質を発現し，緑色の蛍光を発するようになる」という部分である。図１－４に「細胞の染色体に1コピー組み込まれたレポーター遺伝子」とあるが，これは，相同染色体の一方にしかレポーター遺伝子が存在しない（ヘテロ接合の状態）ことを示している。この実験では，体細胞分裂における組換えの発生頻度を知りたいので，姉妹染色分体が鋳型となった場合を調べることになり，ヘテロ接合にしているのである（相同染色体を鋳型とするのは減数分裂における組換え）。解説図１－３では，姉妹染色分体 a_1 上の *GFP-a* 遺伝子が切断され，染色分体 a_2 上の *GFP-a* 遺伝子が鋳型となって修復される。この場合，修復後の遺伝子も制限酵素Ｎ認識配列（の中の終止コドン）を含むので，正常なGFPは発現しない。

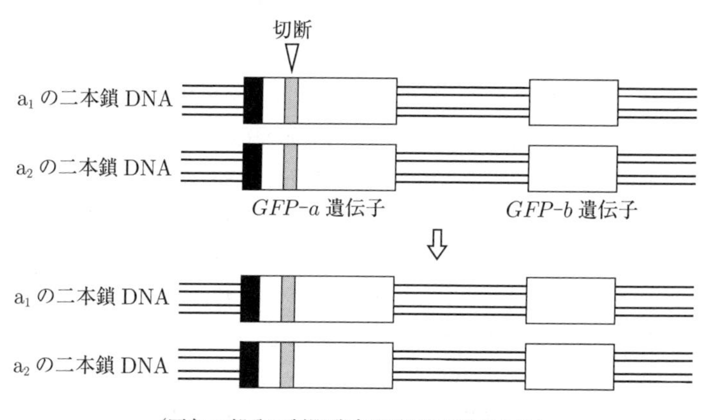

（灰色の部分に制限酵素Ｎ認識配列がある）

解説図１－３

上の引用部分の波線部は，姉妹染色分体 a_1 上の *GFP-a* 遺伝子が切断されたときに，染色分体 a_2 上の少しずれた位置にある *GFP-b* 遺伝子を鋳型にして修復されることを述べている（解説図１－４)。解説図１－４の一部に対応するのが図１－４なのだが，これを正確に読み取るのは楽ではなかっただろうと思う。このパターンで修復されると，修復後の遺伝子は制限酵素Ｍ認識配列をもつ（終止コドンは含まない）ようになり，正常なGFPを発現する（細胞が緑色の蛍光を発する）ことになる。

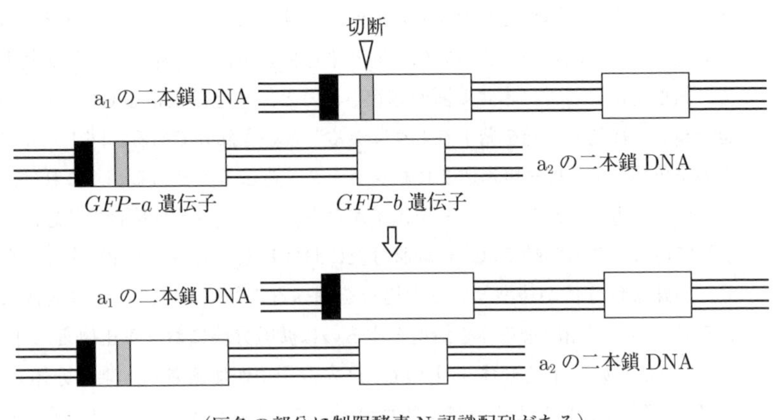

（灰色の部分に制限酵素N認識配列がある）

解説図１－４

H　配列置換型 *GFP-a* 遺伝子と欠失型 *GFP-b* 遺伝子から，正常に機能するGFPタンパク質が産生されない理由を推論して答える論述問題である。２つの遺伝子について「合わせて２～３行」という指示なので，それぞれについて最も重要なポイントを１つずつ述べればよいだろう。もちろん，前者については，導入された終止コドンによって翻訳が途中で止まり，短いペプチドしかできないことを，後者については，プロモーター領域の欠失のため転写が起こらないことを，答えることになる。設問文の指示のうち，「タンパク質の発現」は後者の，「構造異常」は前者のヒントでもあった。なお，「合わせて」という指示には必ず従わなくてはならないので注意したい。

I　実験３を行うには，細胞内（核内）で二本鎖DNAを切断しなくてはならない。実験３の説明の最後に「なお，制限酵素Mも制限酵素Nも，ヒト細胞では通常発現しない」とあることから，何らかの方法で制限酵素Nがはたらくようにすればよいことが推論できるだろう。生きている細胞の中で切断しなければならないことを読み取れても，その具体的な方法を思いつかずに悩んだ受験生もいたと思うが，設問文には「１行で簡潔に述べよ」とあるので，具体的な操作方法は求められていなかった可能性が高い。細胞に注入する方法（操作は難しそうである）や，制限酵素が発現するように遺伝子を導入する方法（タイミングの調節が難しそうである）を述べた答案などは，すべて許容されたのではないかと思われる。

J　解説図１－４の修復後を見るとわかるように，設問文が述べている「組換えによる修復が成功したときに生成されるレポーター遺伝子」が存在する染色分体では，制限酵素M認識配列を含む正常な*GFP*遺伝子と，制限酵素M認識配列を含む欠失型*GFP-b*遺伝子が並んでいるはずであり（解説図1－4の修復後のa_1），選択肢(6)を選ぶことになる。なお，［文2］に「鋳型となった染色体ではDNA配列の置き換えは起こらない」とあるので，欠失型*GFP-b*遺伝子には変化がないはずであり，選択肢(1)は不適切である。

K　遺伝子*Y*の突然変異（ミスセンス変異）によってタンパク質Yにアミノ酸の置換が起きたケースについて，実験系を答える設問である。「このミスセンス変異が組換え修復に与える影響を調べる」ことが目的なので，変異タンパク質Yと正常なタンパク質Yを比較することになる。「実験3で用いたレポーター遺伝子を導入した遺伝子*Y*の欠損細胞を材料として用いることを前提として」と指示されている上，「どのような細胞を準備して，組換え頻度を比較すれば良いか」とあるので，正常なタンパク質Yを発現するように，レポーター遺伝子を導入した遺伝子*Y*欠損細胞に正常な遺伝子*Y*を導入した細胞（対照群）と，変異タンパク質Yを発現するように，レポーター遺伝子を導入した遺伝子*Y*欠損細胞にミスセンス変異をもつ遺伝子*Y*を導入した細胞（処理群）を準備することを述べればよい。

L　設問文では「どのような現象が起こるか」を「10字以内で答えよ」とある（述べよではない）ので，アポトーシスという用語を答えればよいが，「細胞死が起こる」のように述べても許容されたと思われる。

M　実験4では，遺伝子*Y*の有無の比較をして，遺伝子*Y*欠損細胞では「3つ以上の中心体を有する細胞の頻度」が高く，「染色体の数の異常（異数体）が多く見られた」ことが述べられている。この設問では，実験4で示された相関関係と中心体が紡錘糸形成の起点となるという知識から，細胞内の中心体の数が2つなら正常に染色体が分配されるが，中心体の数が増える（3個以上になる）と，染色体の分配が異常になり，染色体数の異常（異数体）が引き起こされることを推論して述べればよい。

Ⅱ　N　［文3］に，「遺伝子*Y*は，がん抑制遺伝子であり，一対の遺伝子の片方だけに病的な異常がある（第1ヒット）だけではがんは発症しない。もう一方の遺伝子にも病的な異常（第2ヒット）が起きて，タンパク質Yの機能が欠損したときに初めてがんを発症する」とあることをもとに，正常細胞では一方は正常のままであり，がん細胞では第2ヒットの結果，正常な遺伝子が無くなったと判断すればよい。設問文で「遺伝子*Y*の状態とタンパク質Yの機能が保たれているかどうか，という観点」からと指示があるので，遺伝子*Y*とタンパク質Yの両方について書くことになる。

O　設問の内容は，基本的なメンデル法則を用いた確率計算である。ただし，受験生の多くにとって，「生殖細胞に遺伝子 Y のヘテロ接合型の病的な変異を有する人」という言い回しは違和感があったかもしれない。正常遺伝子を Y，病的な遺伝子を y と表すことにすると，体細胞がヘテロ接合（遺伝子型 Yy）であり，生殖細胞（精子・卵）として，遺伝子型 Y と遺伝子型 y の両方をもつ人ということである。さて，問われている男性（②番の男性）の母親の遺伝子型は Yy であり，②番の男性が変異遺伝子 y を受け継ぐ確率は 0.5 である。②番の父親は生殖細胞に正常遺伝子 Y をもつとあるので，②番の男性が YY である確率は 0.5，Yy である確率も 0.5 であり，②番の男性の生殖細胞（精子）が遺伝子 y をもつ確率は $0.5 \times 0.5 = 0.25$ となる。「②番の男性の（将来の）子どもの母親」の生殖細胞の遺伝子 Y は正常（つまり遺伝子型 YY）とするので，②番の男性の「将来の子どもが生殖細胞の病的な遺伝子 Y の変異を受け継ぐ確率」は，25％となる。理由としては，上述の内容を簡潔に述べればよいだろう。

（注１）　行数制限の解答の際は１行あたり 35 ～ 40 字相当としたが，「～行程度」とある場合は，次の行に入る程度は許容されるだろう。

（注２）　配点は，Ⅰ－A１点（完答），B１点，C３点，D１点，E１点，F２点，G２点，H２点，I１点，J１点，K２点，L１点，M２点，Ⅱ－N２点，O２点，合計 24 点と推定。なお，過去の東大入試では，3 大問の間に量的な違いがあっても，各 20 点として推定してきた。今年度は，第１問と他の大問の量的な違いが著しく大きいことから，第１問の配点が大きいものとして推定した。

解答

Ⅰ　A　1－23　2－46　3－4　4－2

B　配偶子の遺伝的多様性をより高める。（17字）

別解）　染色体上の対立遺伝子の組合せの多様化。（19字）

C　<u>分裂</u>を終えた細胞は<u>G1期</u>を経て<u>S期</u>に進み，DNA の<u>複製</u>を行う。<u>S期</u>が終わり<u>DNA量</u>が倍加した細胞は，<u>G2期</u>を経て<u>M期</u>に入る。<u>M期</u>には，<u>微小管</u>で構成された紡錘体のはたらきで<u>染色体</u>が娘細胞に<u>分配</u>される。

D　(2)，(4)

E　G2期

F　放射線によりDNAが切断された細胞の細胞周期をG2期で停止させる。

G　DNAに損傷が生じた場合に，S期の進行を停止させるのに関与する

H　配列置換型 *GFP-a* 遺伝子では，配列途中にある終止コドンによって翻訳が

終了するため，機能のない短いポリペプチドしか発現しない。欠失型 *GFP-b* 遺伝子ではプロモーター領域がないため，転写が起こらず，GFP が発現しない。

I　細胞内で制限酵素 N を発現させる。

（または　細胞内に制限酵素 N を注入する。）

J　(6)

K　レポーター遺伝子を導入した遺伝子 *Y* の欠損細胞に正常な遺伝子 *Y* を導入した細胞と，レポーター遺伝子を導入した遺伝子 *Y* の欠損細胞にミスセンス変異をもつ遺伝子 *Y* を導入した細胞とで，組換え頻度を比較する。

L　アポトーシス

M　紡錘糸合成の起点となる中心体が 3 個以上になると，染色体の移動方向が 3 方向以上になり，2 個の娘細胞に正確に分配することができなくなる。

II　N　正常な細胞では，1 つ存在する正常な遺伝子 *Y* から機能をもつタンパク質 Y が発現しているが，がん細胞では，第 2 ヒットにより正常な遺伝子 *Y* が失われ，機能をもつタンパク質 Y が発現していない。

O　25%

理由：②が母親から病的な遺伝子 *Y* を受け継ぐ確率は 50% であり，②が病的な遺伝子 *Y* を子に伝える確率も 50% であるため。

第2問

解説　第 2 問は，植物の代謝と環境応答が題材であった。I では，光合成の環境応答が扱われ，II では，窒素資源の利用に関する適応が扱われた。

I　A　文選択の形式で，維管束（師部と木部）について正誤判定が求められた。

(1)　正しい。師部と木部の細胞が，形成層の細胞の分裂によって作られることを直接的に書いている教科書は一部だが，形成層による肥大成長などから判断できるという出題意図なのかもしれない。

(2)　誤り。トウモロコシの根の通気組織は維管束ではなく，皮層の細胞の細胞死によって形成される。このことを説明している教科書はあるが，根のどの部分なのかを述べていない教科書も，まったく示していない教科書もあり，判断するのは難しかっただろう。通気組織が隙間であることを知っていれば，維管束の機能（水・無機塩類・同化産物の輸送）を阻害するような形にはならないと判断できるという出題意図なのかもしれない。

(3)　誤り。コケ植物は維管束をもたない。

(4)　誤り。オーキシンの極性移動については，細胞膜に存在する輸送体で運ばれることが教科書で図解されている。道管ではないという記述があるわけではないが，道管が死細胞でできた構造であること（つまり細胞膜はないこと）などから判断できるだろう。

(5)　誤り。茎や根での木部および師部の配置は中学理科でも扱われている内容で，高校生物でも一部の教科書には記載がある。根では，木部と師部が交互に配置される図をイメージすると「誤り」と判断できる一方，交互とはいえ，木部の方が内側，師部の方が外側と判断することもできる。

B　炭水化物の積み込みについて，与えられた情報から判断する設問である。光合成が行われソースとなる葉肉細胞から師部の細胞に原形質連絡で運ばれる場合，細胞質が連絡していることから受動輸送だと判断できる。したがって，スクロースの濃度は葉肉細胞（ソース）の方が高く，師部の細胞の方が低いはずである（空欄1～3）。さらに，文には「原形質連絡の少ない種では，…（略）…，スクロースは細胞の細胞質から細胞壁へ移動し，［4］によって師部の細胞へ運ばれる」とある。ここでは，細胞壁が細胞外（細胞膜の外）であることに注意が必要となり，「師部の細胞へ運ばれる」は細胞外から細胞内へという意味だと読み取ることが大切である。受動輸送では細胞内外の濃度が等しくなるとそれ以上は移動しないので，葉肉細胞（ソース）→細胞外（細胞外でのスクロースの移動は拡散と考えられる）→師部の細胞という経路でのスクロースの輸送が効率よく起こらない。一方，師部の細胞が能動輸送でスクロースを取り込めば，葉肉細胞（ソース）→細胞外→師部の細胞という経路での輸送が効率よく起こる。よって，師部の細胞の方が葉肉細胞よりも高濃度になると判断することになる（空欄4～6）。

C　設問文に与えられた情報と教科書的な知識をもとに推論する論述問題であり，指定語句もヒントとなる。「師部の細胞と葉肉細胞の間で多くの原形質連絡が見られる植物」では，原形質連絡を介した受動輸送（拡散）でスクロースを運んでいる（設問Bの考察内容）ので，スクロースの濃度勾配（葉肉細胞で高く，師部の細胞で低い）を維持すると輸送の効率が高く維持でき，これが「スクロースが師部の細胞でオリゴ糖に変換される」ことの意義だと気づくのが出発点である。さらに，原形質連絡の「内径が細い」ことの意義については，細い通路は小さいものよりも大きいものの方が通りにくいという常識的な判断ができれば，指定語句の「逆流」がヒントとなって，師部の細胞から葉肉細胞への「逆流」が起こりにくい可能性に気づけるだろう。なお，原形質連絡を介しての物質輸送のメカニズムは解明途上で，細胞骨格が関わっていることなどが示されている。

D　実験1について正確に理解することが求められた設問であり，設問E・Fの出発点ともなる。さて，実験1を整理していこう。まず，時系列を示すと解説図2－1になる。1年目の8月に果実の切除(4群を設定)，10月に転流の様子(3日分)を調べ，2年目の5月に着花数を調べる。転流の様子を調べている10月は「果実がさかんに成長する」時期なので，果実が多く存在すれば果実に多く転流し，果実が少なければ，その分，他の部分に転流するはず，という仮説が隠れている。

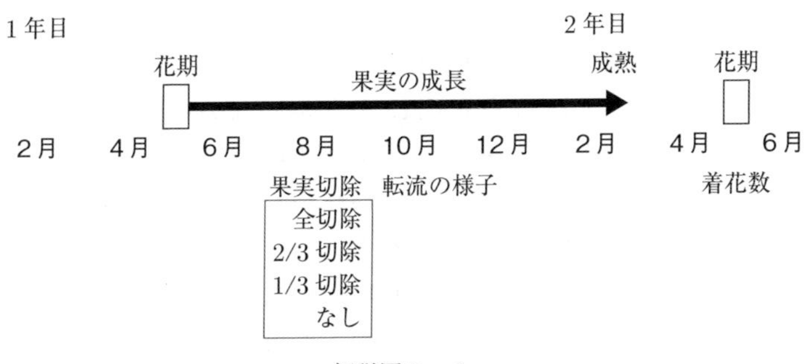

解説図2－1

実験1の結果（図2－2），葉・茎で検出される ^{13}C の割合とデンプン濃度は果実切除の条件によらずほとんど同じであり，果実と根で検出される ^{13}C の割合とデンプン濃度が大きく変化することがわかる。リード文の「植物体内にあるシンクとなる複数の器官が(ウ)ソースからのスクロースを競合して獲得していることがわかっている」に着目すれば，この結果は，葉がソース，茎が移動経路，果実と根がシンクとなっていることを示すと解釈できる。では，この観点から，図2－2の結果を整理しなおそう。

解説表2－1

果実切除	転流の様子 (10月の3日間)	根のデンプン濃度 (10月の3日間)	翌年5月の着花数
全切除	果実に0% 根に70%	20%	1000個
2/3切除	果実に25% 根に50%	13%	500個
1/3切除	果実に50% 根に30%	7%	100個
切除なし	果実に75% 根に5%	0%	0個

これから，転流の様子からは果実と根がスクロースを競合していること，そして，根のデンプン濃度が翌年5月の着花数と相関していることがわかる（この整理が設問E・Fの土台となる）。では，選択肢を見ていこう。

(1) 誤り。これは，植物が呼吸もしているという知識から判断する。

(2) 誤り。これも，解糖系やクエン酸回路で生じた有機酸が窒素同化にも利用されるという知識から判断する。

(3) 誤り。実験の様子を示した図2－1では，$^{13}CO_2$を与えた葉に最も近い器官は茎であるが，茎よりも果実や根に多く移動している。

(4) 正しい。実験結果において，果実の切除が多いほど，根への転流が多い。

(5) 誤り。実験結果において，葉への転流は，いずれの条件でもほぼ同じであり，着花数の違いの原因とは考えられない。

E　実験2について，シンク（果実と根）がスクロースを競合して獲得するという視点と，根のデンプン濃度と翌年の着花数が相関するという視点から考察する。実験2では果実をすべて残す（解説表2－1の「切除なし」に相当する）ので，転流は果実が優先される。つまり，図2－3において「10月の根のデンプン濃度」が低い年は果実が多いことが推定できる。そして，「10月の根のデンプン濃度」が0％であると翌年の着花数は0である（解説表2－1）。着花数が0であれば果実も0となることに注意すると，2年目の「果実の総乾燥重量」は0となる。果実がない（解説表2－1の「全切除」に相当する）2年目は，根に転流がおき，翌年（3年目）の着花数が多くなる。設問文に「果実の総乾燥重量は着花数に比例するとする」とあるので，実験1の結果（解説表2－1）をふまえれば，2年目の果実の総乾燥重量は最大値となる。以後，同様に推論すれば，「果実の総乾燥重量」は解説図2－2のように変化することが推論できる。

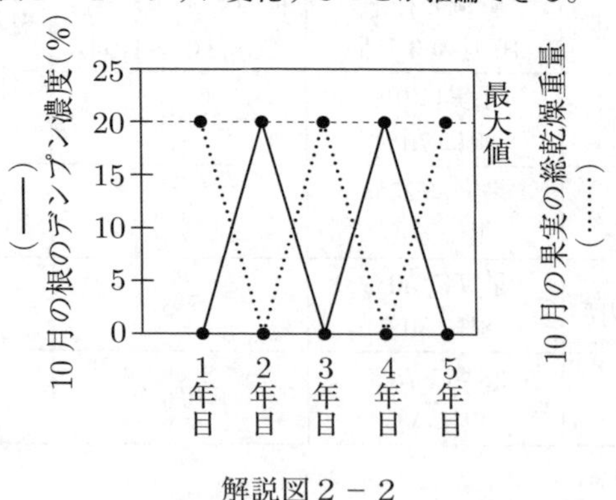

解説図2－2

F　実験1・実験2（設問D・E）を踏まえて，新しい条件について推論することが求められている。この設問での実験条件を整理する。

① 8月に果実の半分を切除する（1/2切除とする）。

② 10月の果実の総乾燥重量を測定する。

③ 果実の切除は実験を開始した1年目のみに行い，一度測定に用いた個体は実験から除外する。

③の条件の意味をはっきりさせるために図式化すると，解説図2－3になる。

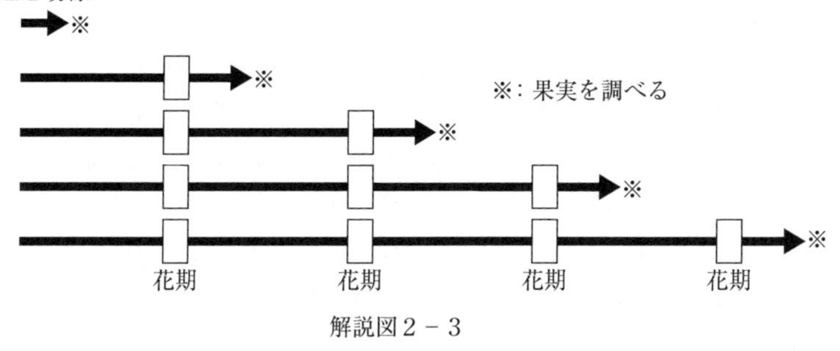

解説図2－3

図2－2で個体あたりの着花数の最大値が1000なので，ここでも1000個と仮定する。果実の半分（500個）を切除すると，1年目の10月の果実の総乾燥重量は最大値の半分と考えられる。シンクの競合関係から根にも転流が起き，翌年（2年目）の花期の着花数は0ではない。では，何個か？解説表2－1で整理したように，果実の2/3切除では翌年の着花数が約500個，1/3切除では翌年の着花数が約100個である。2/3と1/3の平均が1/2であることから，1/2切除の翌年の着花数が約300個（＝500個と100個の平均）と推定するのは妥当だろう。果実の切除は1年目だけなので，2年目の10月の果実の総乾燥重量は最大値の約30%と考えられる。この乾燥重量は実験1の2/3切除（33%）よりわずかに少ない。個体あたりの着花数（翌年の着花数）を目盛りの1/10まで読むと，2/3切除では約480個，1/3切除では約110個，両者の平均は295個となる。295個の花から295個の果実が成熟した場合，次年度の着花数はいくつか？着花数の最大値を1000，図2－2の結果だけに基づき，単純な比例を仮定して両者の関係式（果実数をx，翌年の着花数をy）を考えると，次のようになる。

果実数の範囲が0～333個の範囲では$y = 1000 - (520/333)x$

果実数の範囲が333～666個の範囲では$y = 480 - (370/333)(x - 333)$

果実数の範囲が666～1000個の範囲では$y = 110 - (110/334)(x - 666)$

これらから求めると，果実が295個の翌年（3年目）の着花数は557個。果実数が557個の翌年（4年目）の着花数は231個。果実数が231個の翌年（5年目）の着花数は640個。この場合は，1年目（500）→3年目（557）→5年目（640），2年目（295）→4年目（231）となり，選択肢(3)と(4)を選ぶことになる。東大が発表した出題意図では，これが正答とされており，このような増減の傾向を読み取ることを求めていたようである。とはいえ，図2－2のグラフが小さく，細かい目盛りも与えられていないことを考えると，出題者は厳密な計算を求めたのではなく，定性的な推論（1年目は50%，2年目が33%よりわずかに少ないので，3年目は50%よりは多く，4年目は2年目よりは少ないという推論）を求めたのかもしれないが，受験生に酷な出題だったと思われる。

こうした研究は，毎年，同じ程度の収穫を得るという農業的な狙い（花を摘むことで，果実を大きくして商品価値を高めるだけでなく，次の年にも花が着くようにする）から行われている。着花数には降水量や気温などの条件が影響することが知られており，光合成速度も気候条件の影響を受けるので，収穫を一定にすることは容易ではないのだが，実際にはさまざまな工夫が行われている。

Ⅱ　G　窒素同化に関する基本的な知識を問う空欄補充問題である。

H　与えられた情報と教科書レベルの知識をもとに推論する論述問題である。ポイントは窒素同化にはエネルギー（ATPとNADPH）が必要なことである。この知識と結び付けられれば，設問文の「その反応速度は光環境に強く依存する」が，光が強いとチラコイド膜での反応（ATPやNADPHの合成）が速く，光が弱いとチラコイド膜での反応（ATPやNADPHの合成）が遅いことを指していると気づけるだろう（1行程度なので，この内容だけ述べれば十分である）。

I　文選択による知識問題である。すべて選べなので，それぞれについて正誤を判定する。(1)　誤り。クロロフィルは窒素を含む有機物だがタンパク質ではない。(2)　正しい。(3)　正しい。(4)　誤り。ジベレリンは低分子の有機物で，受容体は細胞内に存在する。(5)　NADPHだけでなく，補酵素は低分子の有機物であり，タンパク質ではない。

J　実験3における野生型の結果から考察して論述する設問である。図2－5の野生型・野生型の組合せを見ると，低濃度硝酸塩施肥では「地上部と地下部の乾燥重量の比」が小さく（つまり地下部の割合が高く），高濃度硝酸塩施肥では「地上部と地下部の乾燥重量の比」が大きい（つまり地上部の割合が高い）。植物が多く必要とする資源は炭素（光合成の基質である CO_2）と窒素（アンモニウム塩や硝酸塩）であるが，リード文にあるように「光合成速度を高めるために，CO_2 を固定する酵素を多量に必要とする」ため，成長は窒素の不足によってより強く制限される。一般に，不足している資源を獲得する機構を優先的に発達させる（資源を分配する）方が適応的なので，植物は，低濃度硝酸塩施肥では窒素を獲得する地下部を発達させる。一方，高濃度硝酸塩施肥では，地下部をあまり発達させなくても，植物は，十分量の窒素を獲得できる。このポイントに気づけば正答に近づける。指定語句が地上部での現象に関する用語であることと，制限行数が2行程度であることから，高濃度硝酸塩施肥の条件では地下部を発達させなくても十分な窒素を得られることに加えて，獲得した窒素を地上部で利用する内容を述べることになる。

K　実験3の結果について考察する空欄補充問題である。解答の際には，考察文に合わせて，実験3を整理するのがよいだろう。

① 野生型が地上部，変異体Y（植物ホルモンAを合成できない）が地下部の組合せでは，高濃度硝酸塩施肥で地上部が発達する。植物ホルモンAは地上部にのみ存在する。

② 野生型が地下部，変異体Yが地上部の組合せでは，高濃度硝酸塩施肥で地上部が発達する。植物ホルモンAは地上部と地下部の両方に存在する。

①・②からは，植物ホルモンAの合成は地上部と地下部の両方で起こること（空欄10）と，地下部から地上部への移動（空欄12，13）があることがわかる。

③ 野生型・野生型の組合せでは，地上部での植物ホルモンAの濃度と地上部の割合が相関し，硝酸塩濃度が高いと植物ホルモンAの濃度が高い。

④ 変異体Y・変異体Yの組合せでは，高濃度硝酸塩施肥でも地上部が発達していない。

③から高濃度の硝酸塩の施肥は植物ホルモンAの合成を促進させること（空欄11）がわかる。「地上部と地下部の乾燥重量の比」と「植物ホルモンAの濃度」の相関性は，高濃度硝酸塩施肥の条件で，①・②・③を比較すると，乾燥重量の比と地下部での濃度とは相関していないが，地上部での濃度とは相関している（空欄14）。したがって，地上部で合成された植物ホルモンAまたは地下部で合成されて地上部に移動した植物ホルモンAが，地上部の成長を促進させることが推論できる（空欄15，16）。

（注）配点は，Ⅰ－A1点，B2点（完答），C2点，D1点，E3点，F2点，Ⅱ－G1点（完答），H1点，I1点，J2点，K2点（完答），合計18点と推定。

解答

Ⅰ　A　(1)

B　1－受動輸送　2－師部の細胞　3－葉肉細胞　4－能動輸送
5－師部の細胞　6－葉肉細胞（または　5－細胞質　6－細胞壁）

C　師部の細胞でスクロースがオリゴ糖に変換されることでスクロース濃度が低く保たれ，濃度勾配による拡散が起こりやすい。また，原形質連絡が細いと，大きくなった分子が通りにくく逆流が起こりにくいので，葉肉細胞から師部の細胞への方向にスクロースが効率よく運ばれる。

D　(4)

E

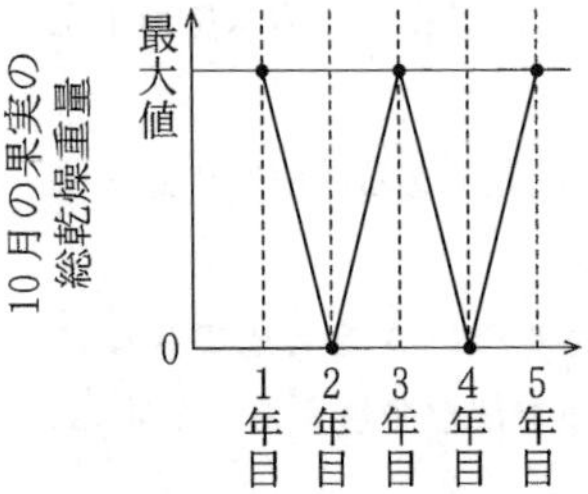

10月の果実の総乾燥重量
最大値
0
1年目　2年目　3年目　4年目　5年目

根拠：図2－2より，根のデンプン濃度が0%の年についた果実は多く，翌年の着花数は0になると判断できる。着花数が0の年につく果実は0なので，その翌年の着花数は最大になると予想できる。

F　(3)，(4)

Ⅱ　G　7－2　8－6　9－グルタミン

H　窒素同化に必要なATPやNADPHは葉緑体で光エネルギーを利用して生産されるので。

I　(2)，(3)

J　高い硝酸塩濃度を施肥されると，十分量の窒素を獲得できるので，それを地上部に送って，葉面積を増やし酵素を生産して光合成速度を高めることが，植物の成長に好都合になる。

K　10－地上部と地下部　11－促進させる　12－地下部　13－地上部
14－地上部　15－地上部　16－促進させる

第3問

解説　第3問は，脊椎動物の免疫と遺伝子発現が題材となり，ABO式血液型と

SARS-CoV-2が中心的に扱われた。

A　抗体産生に関する知識を用いて推論する空欄補充問題であった。「自然抗体」は教科書の範囲外の内容であるが，通常の抗体産生に関する知識をもとに判断できるということなのだろう。通常の抗体産生では，免疫グロブリン遺伝子（の可変部）に遺伝子の再構成が起こり（空欄3），抗体産生にT細胞（ヘルパーT細胞による活性化）を必要とする。この内容との対比から空欄1に自然抗体，空欄2にはB細胞を選ぶことになる。

B　実験条件を読解し，実験結果（表3－1）について考察する。設問文の説明によれば，キメラ酵素ではアミノ酸残基が1つだけ置換されているので，次のように図式化できる（解説図3－1ではキメラ酵素AAABを示す）。

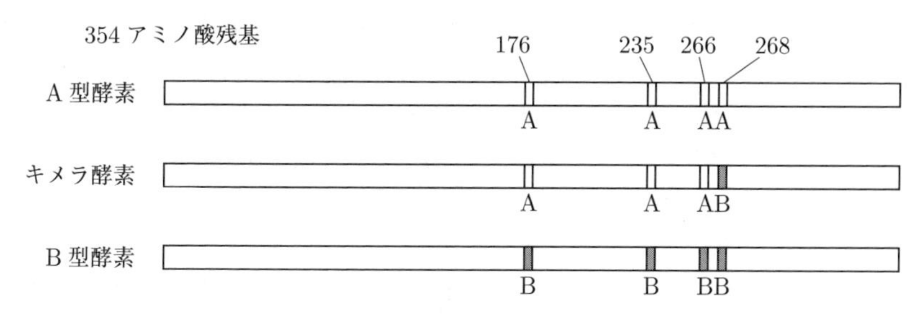

解説図3－1

では，両方の活性をもつ場合に注意して，各選択肢を検討しよう。

⑴　正しい。266番目がA型遺伝子の塩基配列であるキメラ酵素（7種類）は，すべてA型活性をもつ。

⑵　正しい。266番目がB型遺伝子の塩基配列であるキメラ酵素（7種類）は，すべてB型活性をもつ。

⑶　正しい。268番目がA型遺伝子の塩基配列であるキメラ酵素（7種類）は，すべてA型活性をもつ。

⑷　誤り。268番目がB型遺伝子の塩基配列であるキメラ酵素（7種類）のうち，AAABとBAABはB型活性をもたない。

C　設問Bと同様にアミノ酸残基を1つだけ置換した実験の結果から推論する。20種類の酵素（1つは野生型のB型酵素，19種類が置換変異体）のうち，B型の活性をもつものは3種類であり，アミノ酸残基はアラニン（側鎖は$-CH_3$），グリシン（$-H$），セリン（$-CH_2-OH$）である。これらに共通の特徴としては「側鎖の大きさ」が小さいということ最も適当だろう。

D　表3－1と表3－2の結果から，268番目のアミノ酸残基を推論する設問である。

表3－2でA型活性が現れているのは1つ（グリシン）だけである。表3－1のBBBAでは活性がABであり，表3－2でも両方の活性が現れていることとも整合するので，A型の268番目のアミノ酸残基はグリシンと判断する。表3－2でB型活性が現れている3つのうち2つ（アラニンとセリン）のいずれが，B型遺伝子の268番目のアミノ酸残基として「最も適当」だろうか？キメラ酵素（268番目がグリシン）と268番目がセリンの場合の活性が＋と同程度であり，268番目がアラニンの酵素の活性が＋＋＋で高いことを手がかりとすれば，B型遺伝子の268番目のアミノ酸残基はアラニンと判断するのが妥当だろう。

E　遺伝法則に基づいて，親の遺伝子型について推論する設問である。O型の父親とA型の母親からB型の子供が生まれた場合，母親がH遺伝子とA型遺伝子をもち，B型遺伝子はもたないことと，子供が遺伝子HとB型遺伝子をもち，A型遺伝子はもたないこととが確定する。必然的に，子供のもつB型遺伝子は父親由来なので，父親はH遺伝子をもたない（遺伝子型がhh）ためにO型となっていることが決まる。この条件に該当する選択肢は(5)のみである。

F　リード文の空欄を知識で補充する設問である。8つと多く，一部の教科書に掲載がない用語（空欄4・5）もあった。

G　細胞内での翻訳について，実験結果（図3－2）から推論する設問である。図3－2－aの縦軸が「宿主タンパク質とウイルスタンパク質の合計量」なので，ウイルスに感染すると翻訳反応そのものが低下し，感染3時間後では感染前の約20％，5時間後では約15％，8時間後では約10％になると読み取れる。一方，図3－2－bの縦軸は「宿主mRNAとウイルスmRNAの割合」であり，mRNAの量ではないことに注意が必要である。以下，感染前のタンパク質の合成量を基準として（以下，基準量と呼ぶ），選択肢について正誤を判断する。

(1)　正しい。ウイルスと宿主の比較をするので，図3－2－bの感染3時間後のところで，ウイルスmRNAが全mRNAの5％程度であることから判断する。

(2)　正しい。ウイルス感染前と感染3時間後を比較すると，全mRNAに占める宿主mRNAの割合は約95％でほとんど変わらない（図3－2－b）が，合成されるタンパク質の総量が基準量の約20％まで減少している（図3－2－a）ので，宿主mRNAから合成されるタンパク質量は基準量より低下していると判断できる。

(3)　誤り。全mRNAに占めるウイルスmRNAの割合は，感染3時間後は約5％だが5時間後には約50％と，およそ10倍に増加する（図3－2－b）。一方，合成されるタンパク質の総量は，感染3時間後は基準量の約20％，5時間後には約15%である（図3－2－a）。よって，ウイルスmRNAから合成されるタンパク質量は，感染3時間後は基準量の1%（＝20%×5%），感染5時間後は基準量の7.5%（＝15%×50%）と，後者の方が多い。

(4)　誤り。宿主mRNAから合成されるタンパク質は，感染3時間後では，基準量の19%，感染5時間後では基準量の7.5%で，前者の方が多い。

(5)　誤り。宿主mRNAから合成されるタンパク質は，感染3時間後では，基準量の19%，感染8時間後では，基準量の6%で，後者が少ない。

(6)　正しい。ウイルスmRNAから合成されるタンパク質は，感染3時間後では基準量の1%，感染8時間後では基準量の6%で，後者の方が多い。

H　リード文で説明されている「一定濃度の対照ペプチドとの競合結合試験」を，正確に理解することが出発点である。HLA-Ⅰと対照ペプチドを結合させて，HLA-Ⅰと結合している対照ペプチドの量を測定する実験を，調べたいペプチドを加えて行うということは，HLA-Ⅰの結合部位をめぐって，対照ペプチドと調べたいペプチドが競合している状況（解説図3－2）をつくっているということである（教科書では，酵素の競争的阻害のところで，こうした分子レベルの競合が扱われているので，その類似性に気づくのが大切である）。

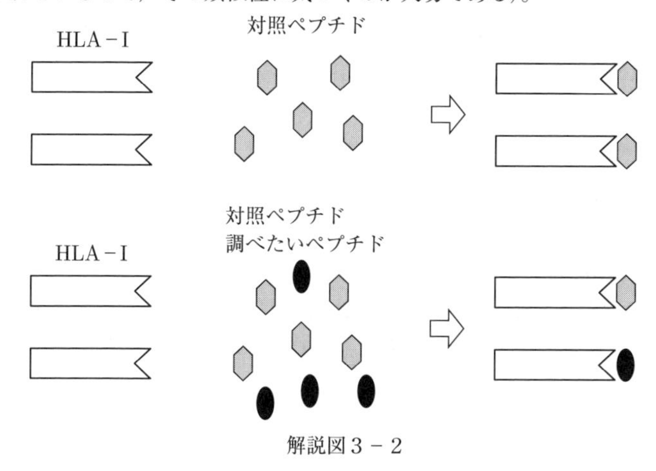

解説図3－2

IC_{50}についても正確に理解することが必要となるが，「対照ペプチドの結合を50%阻害するペプチドの濃度」がIC_{50}なので，IC_{50}が小さいペプチドほど，より低い濃度でHLA-Ⅰと対照ペプチドの結合を阻害する，言い換えると，HLA-Ⅰと調べたいペプチドが結合しやすいということである。図3－4の縦軸が「対照ペプチドの結合を阻害する割合」なので，各ペプチドの線と，縦軸50%を示す破線が交わる濃度がIC_{50}であり，ペプチド3，4，5は1.0×10^{-9}～1.0×10^{-8} mol/Lと読み取れる。よって，選択肢(1)，(2)，(4)は誤りである。ペプチド1は縦軸が100%，対照ペプチドとの結合を完全に阻害し，HLA-Ⅰと結合した対照ペプチドが検出されない，つまり，ペプチド1は極めて結合しやすく，IC_{50}は1.0×10^{-10} mol/Lより低い。よって(3)は正しい。(5)・(6)はIC_{50}の値が小さいほど結合しやすい（親和性が高い）ということに注意して，IC_{50}の値を比較すれば判断できる（ペプチド2については左方向に外挿するとペプチド3のIC_{50}より小さいはずだと推定できる）が，横軸を同じ濃度（たとえば10^{-9} mol/L）にそろえて比較することで，同じ濃度でより阻害する割合が高い（＝グラフで曲線が上にある）物質ほど，親和性が高いことからも判断できる。

I　設問Hで説明したように，HLA-Ⅰとの親和性は，高い方からペプチド1，2，3，4，5であり，図3－4から推定できるIC_{50}の値と表3－3の値を比較すると，ペプチド4（IC_{50}の値＝1.0×10^{-9}～1.0×10^{-8} mol/L）の可能性があるものはc，e，hである。この表のペプチドa～kにはペプチド1～5が含まれているとあるので，IC_{50}の大小関係からペプチド3がe，ペプチド4がc，ペプチド5がhと判断すればよい。

J　与えられている塩基配列の下線部について，コドン暗号表をつかってアミノ酸配列に置き換えると，GLITLSYHLとなりペプチドaに対応する。すると，表3－3のIC_{50}の値から，ペプチド1はペプチドbだと確定する。

K　それぞれの選択肢の正誤を判断するには，スパイクタンパク質Sとペプチドbの読み枠を知る必要がある。スパイクタンパク質Sの読み枠は，与えられた塩基配列が「開始コドンから数えて61番目のコドンから90番目までのコドンの塩基配列」という点から判断する。ペプチドbの読み枠は，アミノ酸配列（MLLGSMLYM）を与えられた塩基配列と対応させて判断するが，メチオニン（M）を指定するコドンは1種類（AUG）なので，これを手がかりにすればよい。すると，61番目のコドンの2文字目（A）から始まる27塩基が対応することがわかる。3塩基ずつ区切って読み枠を確かめるとペプチド1とペプチド2は同じ読み枠であり，スパイクタンパク質Sの読み枠とは異なっている。よって，(2)と(3)を選ぶことになる。

（注）　配点は，A1点（完答），B2点，C1点，D2点（完答），E1点，F3点（完答），G2点，H1点，I2点（完答），J2点，K1点，計18点と推定。

解答

A　1－自然抗体　　2－B細胞　　3－免疫グロブリン

B　⑴，⑵，⑶

C　⑶

D　A型－グリシン　　B型－アラニン

E　⑸

F　1－開始コドン　　2－アンチコドン　　3－ペプチド　　4－キャップ
5－ポリA尾部（ポリA鎖）　　6－葉緑体　　7－ミトコンドリア
8－共生

G　⑴，⑵，⑹

H　⑶

I　ペプチド4－c　　ペプチド5－h

J　b

K　⑵，⑶

2022年

第1問

解説 第1問は，マウスの行動を題材とし，Ⅰでは，記憶形成と記憶の想起が扱われ，Ⅱでは記憶の形成と想起に加えて空間認識が扱われた。

Ⅰ　A　光と生物の関係に関連する知識を問う空欄補充問題であった。補充すべき語句が語群として与えられていたが，一部の教科書にしか掲載がない用語もあり，学習範囲への配慮だろう。今後も，このような配慮を望みたいところである。

B　設問文は「生体膜の選択的透過性においてポンプの持つ機能」という言い回しになっているが，要するに能動輸送に関する知識論述問題である。さらに条件として「生体エネルギーとの関連に触れつつ」と「問Aの語群で挙げられた語句を3つ用いて」，「用いた語句3つには下線を引く」とあるので，指示には従う必要がある。1行程度と短いので，① ATP（のエネルギー）を利用すること，②濃度勾配を形成する（または濃度勾配に逆らって輸送する）という内容を述べればよい。

C　リード文の説明を理解し，理解した内容と（教科書的な）知識とを結びつけて論述する。読解するべき重要な内容はチャネルロドプシンが「光駆動性のチャネルであり，青色光を吸収するとチャネルが開」くという部分である。そして，（チャネルなので）受動輸送であることや，ナトリウムイオンを通すと述べられている部分から，神経細胞の興奮（膜電位の変化）とイオンの移動に関する教科書的な知識を想起して結びつけることになる（考察問題では，説明されていないことは教科書通りと判断すればよい）。設問文では「チャネルロドプシンを発現させた」「神経細胞に青色光を照射する」ので，この細胞はチャネルロドプシンが開き，ナトリウムイオンが流入することが予想できる。そして，「神経細胞において何が起こると予想されるか」を「イオンの流れも含めて」述べることが求められているので，①ナトリウムイオンが流入する，②興奮する　の2つの内容を答えることになる（2行程度なので，それぞれを丁寧に述べれば十分であろう）。

D　古典的条件付けに関連して，実験内容を理解することが求められた設問である。古典的条件付けでは，刺激に対する生得的応答が土台となる。この実験では，電気ショック（感電すれば痛い）に対して恐怖行動（すくみ行動）を示すのが生得的応答であり，電気ショックが無条件刺激となる。部屋Aに入っただけで，すくみ行動を示すのは，記憶（学習）の結果であり，入ったのが部屋Aであることが条件刺激となっている。答え方として「単語で」と指示があるので「部屋A」を解答例としたが,「部屋Aの様子」といった語句でも許容されると推測される。

E～G　実験条件を読解し推論する必要のある考察問題で，設問が考察のヒントにもなっている。出発点は，図1－3の結果が得られた実験内容を整理することである。下線部(イ)に「記憶形成時に強く興奮した一部の神経細胞が，再度，興奮することにより，記憶の想起が引き起こされる」とあり，下線部(ウ)に「強く興奮した神経細胞内で転写・翻訳が誘導される遺伝子X」とあるので，電気ショックを与えられたマウスでは，その記憶形成に関与する細胞で遺伝子Xが発現することが推測できる。実験に用いたマウスは，図1－2の遺伝子導入を施したマウスであり，遺伝子Xが発現する条件におかれると，遺伝子Xだけでなく遺伝子Yも発現するはずである。そして，遺伝子Yから発現するタンパク質Yは薬剤Dが存在する場合にのみチャネルロドプシンを発現させる。設問文に「実験群2と実験群3のマウスでは海馬領域の一部の神経細胞のみにチャネルロドプシン遺伝子が発現していることが確認された」とあることから，海馬領域の一部の神経細胞のみで，記憶形成時に，遺伝子Xと遺伝子Yが発現し，薬剤D存在下でチャネルロドプシンが発現したことが推論できる（よって，設問Eでは，選択肢(2)を選べばよい)。

前述の要点を，実験群1～4の違いを含めて表にすると，次のようになる。

解説表1－1

	実験群1	実験群2	実験群3	実験群4
遺伝子導入	あり	あり	あり	あり
電気ショック	あり	あり	あり	あり
遺伝子X	発現	発現	発現	発現
遺伝子Y	発現	発現	発現	発現
薬剤D投与	なし	あり	あり	なし
チャネルロドプシン	なし	あり	あり	なし
青色光照射	なし	あり	なし	あり
神経細胞の興奮	なし	あり	なし	なし
部屋Bでのすくみ行動	なし	あり	なし	設問G

実験群1のマウスは，薬剤D投与がなくチャネルロドプシンが発現しておらず青色光照射もしない（対照群）ので，2日目に部屋Aに入った時には，記憶

に基づいてすくみ行動を示し，部屋Bに入った時には，すくみ行動を示さない。

実験群2のマウスは，薬剤D投与があるのでチャネルロドプシンが発現しており，青色光照射をするので，部屋Bに入った時に（チャネルロドプシンのはたらきで神経細胞が興奮する結果），記憶が想起されて，すくみ行動を示した。この内容が設問Fで求められている。3行程度なので，要素を3つに整理すればよいが，「青色光照射により何が起こったかに触れながら」と指示されているので，①薬剤D投与ありなので，1日目の電気ショックの記憶形成にはたらいた神経細胞にチャネルロドプシンが発現するという内容，②青色光照射ありなので，チャネルロドプシンが開き，イオンが流入して，神経細胞が興奮するという内容，③記憶が想起されて，すくみ行動が起こるという内容を述べることになる。なお，部屋Aでの結果は示されていないが，すくみ行動を示したはずである（記憶に基づいた行動と青色光照射によって誘発する行動がどのように加算されるか，加算されないかはわからない）。

実験群3のマウスは，薬剤D投与があるのでチャネルロドプシンが発現しているが，青色光照射しないので，部屋Bに入った時に記憶が想起されることはなく，すくみ行動を示さない。部屋Aでは，もちろん，記憶に基づいてすくみ行動を示したはずである（実験群1と同じ程度であろうと予想できる）。

実験群4のマウスは，薬剤D投与がないのでチャネルロドプシンが発現しておらず，青色光を照射しても神経細胞の活動に影響はない。実験群1と同様，2日目に部屋Aに入った時には，記憶に基づいてすくみ行動を示し，部屋Bに入った時には，すくみ行動を示さないはずである。設問Gでは，この推論を求められているので，実験群1と同じ(3)を選ぶことになる。

H　この設問では，新しい条件でどのような結果が得られるかを予想することが求められている。「薬剤D投与有り」なので，チャネルロドプシンは発現する。そして，「青色光照射有り」なので，「部屋Aとも部屋Bとも全く異なる部屋C」であっても，この神経細胞は興奮することが予想できる。1行程度だが，「どのような行動をどの程度」と要求されているので，実験群2の部屋Bの結果と同程度の時間，すくみ行動がみられるという内容を答えることになる。

4つの実験群について，視点を変えて整理しておこう。

解説表１－２

		青色光照射	
		なし	あり
薬剤Ｄ投与	なし	実験群１	実験群４
	あり	実験群３	実験群２

この表でわかるように，４つの実験群は，２つの要因（薬剤Ｄ投与と青色光照射）について，それぞれ２つの条件がある。このように２×２の表で整理できる内容は頻出なのでスムーズに整理できるように練習しておこう。

Ⅰ　この設問に正答するには，まず，「海馬が仮に１～９の異なる９つの神経細胞で構成されていると仮定」して，「『限られた数の細胞』で『膨大な数の記憶』を担うためには，どのような神経細胞の『組み合わせ』でそれぞれの記憶に対応する戦略が最適」かを論理的に推論することが必要になる。神経細胞は，興奮するか興奮しないかの２つの状態（オン・オフ）をもつので，９つの神経細胞のオン・オフの組合せは，すべてオフを含めて，2^9 通り（512 通り）存在する。「考慮せよ」と指示されている下線部(オ)「実験群２のマウスは２日目の行動実験では，すくみ行動以外の顕著な行動変化は現れず，恐怖記憶以外の記憶は想起されなかった」は，興奮している神経細胞の組合せと記憶の対応に重複がないことを示していると考えられる。つまり，神経細胞が１つ以上が興奮している 511 通りの組合せをそれぞれ異なる記憶と対応させる（511 の記憶を担うことが可能になる）戦略が最適な戦略となる。選択肢の(1)では，２・５・７の３つの神経細胞がオンになった時に，記憶 A，記憶 B，記憶 C の３つの記憶が同時に想起されるはずであり，下線部(オ)の内容と両立せず最適ではなく，同様に(3)と(6)も不適切だと判断できる。

選択肢(2)・(4)・(5)は，511 通りの組合せに含まれるパターンを重複なく示しているので，すべて，最適な戦略と合致する。設問文には「神経細胞と記憶の対応関係の例として最も適切なもの」を「１つ選べ」とあるので，何らかの手がかりをもとに判断する必要があるが，この３つの選択肢は，下線部(オ)だけでなく下線部(イ)とも矛盾しない。では，どれを最も適切とするか？　この設問には，内容の正しさに加え，例の示し方として最適か？と判断させることで，受験生の「表現力」を問う意図が込められているのだろう。そう考えれば，選択肢(2)では，興奮した神経細胞が１つずつしか示されておらず，神経細胞の「組み合わせ」を示していないので，例の示し方としては最適とは言えないと判断できる。(4)と

(5)は，どちらも興奮した神経細胞が3個ずつ描かれ，(4)では神経細胞4が重複し，(5)では神経細胞の重複が示されていない。どちらも511通りの中に含まれ，内容は正しいが，例の示し方としては，確かに，重複が可能であることを示した(4)の方が良い。ただ，もっと良い示し方があると感じた受験生もいただろう。「表現力」を問おうとした姿勢は素晴らしいと思うが，疑問を感じる方法ではあった。

Ⅱ　J　ミツバチの行動に関する基本的な用語を問う知識問題である。

K　リード文に「それぞれの場所細胞」は「マウスの滞在位置に応じて異なった活動頻度」を示すとあるので，「ある直線状のトラックを右から左，または左から右へと何往復も歩行し，この空間を認識した」ときの様子を示す図1－4では，トラックの右端にいるときは神経細胞2の頻度が高く，左端にいるときは神経細胞3の頻度が高いのだろうと気づく。これが出発点になり，あとは，グラフの頂点を手がかりに2→4→1→3と推論すれば正答となる。

L　実験群2のマウスは，部屋Aで電気ショックを経験して恐怖記憶を形成した際に，関与した神経細胞でチャネルロドプシンが発現する。青色光照射によって，これらの神経細胞を興奮させるということは，記憶形成時に（ある強さ以上の強度で）興奮した細胞と同じ組合せを再現していることになる。仮に，組合せのみに意味があるのであれば，すくみ行動の時間が短いことを説明できない。また，設問Ⅰで考察したように，興奮する神経細胞の1つの組合せを異なる複数の記憶に割り当てないことが重要だと考えられるので，組合せに意味がないとは考えられず，選択肢(1)～(3)からは(3)を選ぶことになる。

実験群1の2日目は生得的応答だけが起きている（と推論できる）ので，これを「適切な組合せ」と「適切な頻度」とするのは適切であり，選択肢(4)～(6)からは(4)を選ぶことになる。

実験群2の2日目，部屋Bに入ったマウスには青色光照射による応答だけが起きた結果，時間は短いがすくみ行動が起きたと解釈できる。これを説明する仮説としては，「適切な組合せ」だったのですくみ行動が起きたが，「適切ではない頻度」であったため時間が短くなったとするのが妥当である。よって，選択肢(7)～(9)からは(8)を選ぶことになる。

（注1）　配点は，Ⅰ－A 2点（完答），B 2点，C 2点，D 1点（完答），E 2点，F 2点，G 2点，H 2点，I 1点，Ⅱ－J 1点（完答），K 1点，L 2点，と推定。

（注2）　行数制限の解答の際は1行あたり35～40字相当としたが，「～行程度」とある場合は，次の行に入る程度は許容されるだろう（以下同）。

2022年　解答・解説

解答

Ⅰ　A　1－走光性　2－オプシン　3－レチナール　4－桿体細胞
5－濃度勾配　6－受動輸送

B　ATPの分解で放出されるエネルギーを利用して能動輸送を行い，濃度勾配を形成する。

C　チャネルロドプシンを介してナトリウムイオンが細胞外から細胞内に流入し，活動電位が発生する。

D　古典的条件づけ
条件刺激－部屋A　無条件刺激－電気ショック

E　(2)

F　薬剤Dがあるため，電気ショックを受けた際の恐怖記憶の形成に関わった細胞でチャネルロドプシンが発現する。青色光を照射するとチャネルロドプシンが開くことで，それらの細胞が興奮する結果，部屋Bでも恐怖記憶が想起され，すくみ行動を示した。

G　(3)

H　実験群2で，部屋Bに入れたときと同程度の時間，すくみ行動を示すと予想される。

I　(4)

Ⅱ　J　近いとき－円形ダンス　遠いとき－8の字ダンス

K　2→4→1→3

L　(3)，(4)，(8)

第2問

解説　第2問は，植物の環境応答が題材であった。Ⅰでは，光合成の環境応答が扱われ，Ⅱでは，生体膜の脂質組成に関する適応が扱われた。

Ⅰ　A　代謝に関する知識問題で，文選択の形式で，同化反応に含まれるかどうかの判断が求められた。

(1)　硝化作用では，窒素化合物を酸化することでエネルギーを獲得し炭酸同化（化学合成）を行っているが，酸化反応そのものは同化反応とは言えない（酸化物は細胞外に捨てている）。

(2)　グルコースからピルビン酸への過程は解糖系であり，異化反応に含まれる。

(3)　アミノ酸からタンパク質をつくるのは同化（低分子物質から高分子物質をつくる同化）である。

(4)　細胞外から取り入れた無機物（硫酸イオン）を利用して，有機物（アミノ酸の一種であるシステイン）をつくる過程が述べられているので同化である。

B　CAM 植物に関する文選択問題で，知識で選べるものもあるが，受験生にとって判断に困る出題であったと考えられる。

(1)　教科書では，CAM 植物は厳しい乾燥に適応した植物として説明されており，選択肢(b)が対応すると判断できる。

(2)　高校教科書での水生植物の扱いは小さく，ミズニラも登場しないので，ミズニラ科の水生植物といわれても，多くの受験生はイメージがわかないだろう。水生植物という語から，全身が水中に沈んだ状態で生活する植物（沈水植物）を想像した受験生もいれば，体の一部は水中，一部は空中という植物（抽水植物）を想像した受験生もいたと思う。ミズニラ科と分類群で示されていて種が不明なので明確には判断できないが，ミズニラは湿生植物（湿地を好む植物）とされることもあり，沈水生活も抽水生活も知られている。

では，設問にどう答えればよいだろうか？　設問文に「藻類が繁茂する湖沼」とあるので，ミズニラが沈水生活しているとイメージした場合，選択肢(c)の「周辺の二酸化炭素濃度が低い」や「他の生物が呼吸を行い」などに着目して，溶存する二酸化炭素をめぐる種間競争の可能性に気づけるかもしれない。しかし，抽水生活をイメージすると，水面上にある葉から空気中の二酸化炭素を得ればよいので，選択肢(a)の方が適切ではないかと思えてしまう。大学が発表した「出題の意図」では正解が(c)のみなので，出題者の意図は，前者だったと思われる。そうであるなら,「水生植物」とせず「沈水植物」として欲しかったところである。

(3)　一部の教科書には, CAM 植物の例としてパイナップルが挙がっているが,いずれの場合も，細かい説明はない。設問では「パイナップル科」と分類群で示されている以上，食用のパイナップルと判断するわけにもいかない。

では，知識をもっているはずもない内容を問われたこの設問にどう答えればよいだろうか？　設問の「熱帯雨林の樹上や岩場に生息するパイナップル科の着生植物」から手がかりを探すしかない。熱帯雨林の環境は？　岩場ではどんな資源が得られる？　などと推論して判断するしかないだろう。

推論①　岩場では得られる水が乏しく，岩場に生息する着生植物は乾燥状態になりやすいだろう。したがって，選択肢(b)が該当するだろう。

推論②　岩場では得られる水だけでなく無機塩類も乏しいだろう。だとすれば，成長に必要な十分な資源を得るために，共生菌を必要とするという選択肢(d)も可能性がゼロとは言えないだろう（可能性が高いとは言えない）。

推論③　熱帯雨林で樹上がどこを指すのか曖昧だが，幹や枝であれば，湿度は十分にあると考えられる。また，樹冠の葉で光は減るが，陰生植物であれば十分な強さの光を得られるかもしれない。選択肢(a)の記述は C_4 植物についての説明であり，CAM 植物の説明としては不適切だが，昼間は他の植物と二酸化炭素をめぐる競争が起こると考えれば，CAM 型光合成を二酸化炭素の濃縮に利用するような進化が起きたかもしれず，選択肢(a)が該当する可能性はゼロではない（可能性が高いとは言えない）。

推論④　熱帯雨林で樹上がどこを指すのか曖昧だが，昼間は他の植物と二酸化炭素をめぐる競争が起こると考えれば，選択肢(c)でも該当するかもしれない。

大学発表の正答から判断すると，教科書の内容からの最も順当な推論①と，比較的可能性が高い（教科書からの推論として妥当な内容の）推論④が正答とされ，無理のある（可能性がゼロではないにしても）推論②と③は許容されなかったようである。この設問については，(a)～(d)のいずれも許容されうるのではないかという内容の質問を大学に送っていた。大学発表の「出題の意図」には，水分ストレスに気づき乾燥適応と判断する(b)（推論①）を求めていたが，二酸化炭素をめぐる種間関係を推論する(c)（推論④）も許容したという【補足】がある。【補足】の内容から判断するに，こちらからの質問の内容をきちんと検討してくれたことは間違いないだろう。このような補足説明は，受験生や受験生を指導する側にとってありがたい。感謝したいと思う。

C　ルビスコについて，与えられた情報と教科書的な知識をもとに推論する論述問題である。前提が，下線部(ウ)の「光が当たらない夜間には光合成は行われず，光合成に関わる酵素の多くが不活性化される」なので，設問の「ルビスコが活性化されているとき」は，光が当たっているときと解釈すればよいだろう。すると，光が当たって（ルビスコが活性化して）いるときに，「光合成速度を低下させる要因」ということになる。設問の指示が「要因を2つ挙げ，その理由をそれぞれ1行程度で述べよ」なので，解答例では，要因を語句で答え，それとは別に理由を述べる形式を採っている。さて，答えるべき要因だが，次のようなものが解答になり得るだろう。

①　光があっても二酸化炭素濃度が低ければ光合成速度は低い。

②　酸素濃度が高くなるとオキシゲナーゼ活性が現れ，光合成速度が低下する。

②は，設問文にルビスコの正式名称（リブロース 1,5-ビスリン酸カルボキシラーゼ / オキシゲナーゼ）が登場することから，分けて答えることを許容したの

ではないかと推測したが，もちろん，二酸化炭素に対する酸素の濃度比が高いなどのように，①と②を合わせて一つとしても正解である。

③　温度が低い。

教科書的には，光の強さが同じでも，生理的条件の範囲内であれば，温度が低いと光合成速度が小さい。

④　乾燥して水が不足する。

光化学系Ⅱの反応で消費される水が不足することは考えられないが，桁違いに多くの水が蒸散で失われる。水が不足すると，気孔が閉じ，取り込まれる二酸化炭素が減少する結果として光合成速度が低下する。④の場合，乾燥による水不足は，光合成速度が低下する間接的な原因ではあっても，直接的な原因ではない。過去の東大入試でも「間接的な原因」と「直接的な原因」は区別されていることが多い上に，①と内容が重複するので，④を正答としたかどうかは微妙である。たとえば，②と④を要因として挙げ，④の理由の中に二酸化炭素濃度の低下を含めているような答案であれば正答として扱われるように思う。しかし，①と④を挙げている場合，合わせて1つ分とされても仕方がないだろう。

D　下線部㈲にある「特定のアミノ酸残基が受ける化学修飾」と酵素活性との関係について，実験結果から正誤を判定する思考問題である。野生型酵素Aには2つのシステイン（Cys①とCys②）があるので，ジスルフィド（S－S）結合誘導をすると，分子内でシステイン同士が結びつくが，変異型酵素A'ではシステインが1つだけ（Cys①）なので，分子内でS－S結合が生じることはない。酵素活性の結果（図2－1）は次のように再整理できる。このときの数値は「野生型酵素Aのジスルフィド結合誘導なしの条件の値を1.0とした場合の相対酵素活性」なので，AとA'を比べることも可能である。

解説表2－1

	S－S結合誘導なし	S－S結合誘導あり
野生型酵素A（Cys①・Cys②）	1.0	＜0.05
変異型酵素A'（Cys①）	1.0	0.45

⑴　誤り。酵素Aの活性は，S－S結合誘導をした方が低い。

⑵　誤り。分子内でS－S結合がつくられない酵素A'でもS－S結合誘導によって活性が0.45に低下していることから，他の要因の存在が想定できる。

図2−2については，次のように再整理できる。このときの数値は「各条件における野生型酵素を発現するシロイヌナズナの生重量を1.0とした場合の相対生重量を示している」ので，AとA'を比べることしかできない。

解説表2 − 2

	明24時間 暗0時間	明16時間 暗8時間	明8時間 暗16時間	明4時間 暗20時間
野生型酵素A 発現	1.0	1.0	1.0	1.0
変異型酵素A' 発現	1.0	1.0	0.75	0.3

⑶　適切。実験結果では，暗期の時間が長くなるほど，A'を発現する植物体の生重量が1.0，0.75，0.3と，より低下している。これは，酵素Aと酵素A'の違い（S−S結合誘導ありのときの活性の違い）に起因していると考えられるので，選択肢は適切と判断できる。

⑷　誤り。24時間明および16時間明期では，Aを発現する植物とA'を発現する植物の間に生重量の差がない。

E　光照射と気孔開度の関係に関する実験結果（図2 − 4）から，メカニズム（機構）に関する仮説をつくる考察論述問題であり，出発点は実験条件の整理である（下表）。

解説表2 − 3

	アブシシン酸輸送体	光照射	
		葉1枚	植物体全体
野生型	正常	条件a	条件b
変異体X	欠損	条件c	条件d

次に，図2 − 4を再整理する。グラフの縦軸は，「野生型および変異体Xのそれぞれの最大値を1.0としたときの，相対光合成速度および相対気孔開度」なので，条件aと条件cの比較および，条件bと条件dの比較では，縦軸の数値を直接比べられず，比較するには工夫が必要なことに注意が必要である。また，設問文に「アブシシン酸のはたらきに着目して」と指示がある。考察問題では説明のないことは教科書通りと考えればよいので，この指示は，アブシシン酸が気孔を閉鎖させる作用をもつことを想起させようとしていることがわかる。

解説表2－4

	光合成速度	気孔開度
条件a　対　条件b	条件aの方が上昇が遅い	条件aの方が開きにくい
条件c　対　条件d	差がない	差がない

このように整理すると，アブシシン酸輸送体が存在するとき，光照射の条件によって結果に差が生じ，葉1枚（条件a）の方が気孔が開きにくい。アブシシン酸輸送体が欠損していると，光照射の条件によらず同じ結果になる。アブシシン酸輸送体の有無で結果が異なることと，輸送体が存在する方が気孔が開きにくいことの両方を合理的に説明するには，光照射を受けていない部分からアブシシン酸が移動してきたと考えればよい。そして，光照射を受けるとアブシシン酸が減ると考えれば，条件aと条件bの違いも説明可能である。つまり，たとえば，次のようなメカニズム（仮説）を考えることになる。

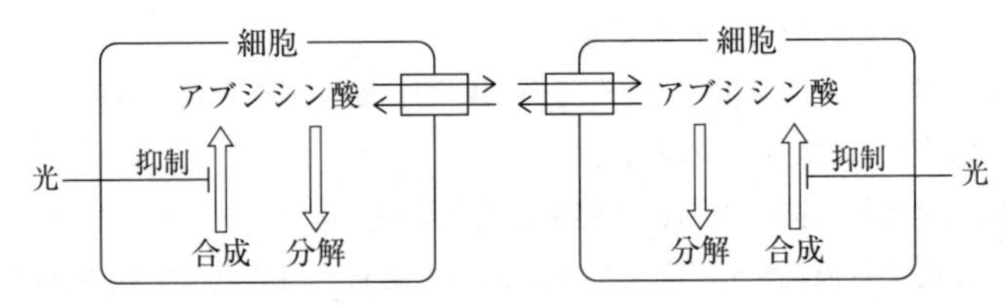

このメカニズムでは，光照射を受けた葉の細胞でアブシシン酸合成が抑制される（分解が促進されると考えても良い）とし，アブシシン酸は両方向に輸送可能と想定している。この場合，光照射が葉1枚の場合，他の葉の細胞からアブシシン酸が移動してくるが，植物体全体に照射されると，すべての葉の細胞でアブシシン酸濃度が低下するので，測定している葉にアブシシン酸が移動してこない。輸送体欠損変異体では，光照射が葉1枚でも植物体全体でも，測定している葉にアブシシン酸が移動してくることはない。これで，気孔開度については条件a～条件dのすべての結果を説明できる。では，光合成速度は？　こちらは，気孔が二酸化炭素の取り入れ口であることから，気孔開度が大きくなるのが遅い→光合成速度の上昇が遅い（条件aと条件b），気孔開度の大きくなり方に差がない→光合成速度の上昇に差がない（条件cと条件d）と説明可能である。設問では「野生型において，葉1枚のみに光を照射するより植物体全体に光を照射した方が，光合成能力が最大化するまでの時間が短い」ことを説明する機構を「3行程度」で論述することが求められているが，葉1枚のみの場合に時間が長いストーリーとして述べる方が容易だろう。具体的には，①光照射によってアブシシン酸

濃度が低下する，②アブシシン酸濃度が低下すると気孔開度が大きくなり，光合成速度が上昇する，③葉1枚の場合，光照射を受けていない部分からアブシシン酸が移動してくるため，アブシシン酸濃度の低下が遅い（全体に照射した場合は，移動してくるアブシシン酸がないので，アブシシン酸濃度の低下が速い）の3つの要素を述べればよいだろう。

F　設問Eに引き続き，与えられた情報をもとに，メカニズムに関する仮説を述べる思考論述問題である。手がかりとなるのは，下線部(カ)前後の文章である。該当部分を整理しよう。

① 夜間にメッセンジャーRNA（mRNA）のほとんどが消失する。

② mRNAの消失は，昼間に光合成を停止させても誘導される。

③ mRNAの消失は，夜間に呼吸を阻害すると誘導されない。

④ 昼間に転写阻害剤で処理すると死滅する。

⑤ 夜間に転写阻害剤で処理しても，その生存にはほとんど影響がない。

④・⑤は，生存するには，転写・翻訳を昼間に行う必要があることと，夜間には転写・翻訳が必要でないことを示している。

設問では「この機構について考えられること」を求められており，メカニズムの詳細を推論する必要はない。そして「エネルギーの供給と消費の観点から」という指示と指定語句があるので，上記①～③から，呼吸によって生産されるATPを消費してmRNAを消失させることを述べればよい。指定語句の「能動的」の使い方に悩んだ受験生もいるかと思うが，ここでは，「エネルギーを使ってわざわざやっている」くらいの意味だと思えばよいだろう。

Ⅱ　G　共生説に関して知識で判断する文選択問題である。

(1) 誤り。ミトコンドリアの祖先は細菌だと考えられている。

(2) 誤り。葉緑体もミトコンドリアも，独自のDNAを保持している（共生説の根拠となっている）。

(3) 適切。葉緑体（色素体）をもつ真核生物は，すべて，ミトコンドリアをもっている。これは，ミトコンドリアの共生が確立し，生物の多様化がおきた後で，その一部の系統において葉緑体の共生が確立したと考えるのが合理的である。

(4) 誤り。シアノバクテリアの大繁殖は酸素の増加につながったと考えられる。

H　設問文には「ガラクト脂質の生合成に関わる酵素について分子系統樹を作成した時」とあるが，判断に用いるのは共生説に関する知識で，葉緑体とシアノバクテリアが最も近縁となるはずだとわかればよい。

I　リン脂質にはリン酸が含まれているが，リン酸はATPにも含まれ，RNAや

DNAの構成単位であるヌクレオチドにも含まれている。この教科書レベルの知識が考察の出発点となる。たとえば，1個の細胞が体細胞分裂で2個の細胞になり，まったく同じ大きさ・組成になったとしよう。すると，DNA量もRNA量も，ATP量も，生体膜の量も2倍になる。このイメージを持てれば，糖脂質の合成能力を低下させた場合についてリード文が述べている部分「……合成活性を大きく低下させたシアノバクテリアでは，通常の培養条件では生育に影響はないが，リン酸欠乏条件下では生育が大きく阻害される」の意味する内容が明確になるだろう。リン酸が足りないので，リン酸を含む生体物質が合成できないのである。この時，生体膜に使うリン酸を減らし，DNAやRNAに回せれば好都合なことも明らかだろう。これが，設問文の「リンの生体内利用の観点から」という指示の意味である。設問の要求が「2行程度」なので，①生体膜の主成分を糖脂質とすることがリンの使用量を減らすという内容と，② DNAやRNA，ATPなどのリンを含む生体物質を合成できるという内容を簡潔に述べれば良いだろう。

J　生体膜を構成する分子について考察する空欄補充問題である。この形式の出題では，考察文の流れにのって考えることが大切になる。考察する対象は，設問文にあるように「リン酸欠乏時にリン脂質と置き換わる糖脂質が，モノガラクトシルジアシルグリセロール（MGDG）ではなくジガラクトシルジアシルグリセロール（DGDG）である理由」である。考察文の空欄1・2は知識で判断する。空欄3に入りうる語として語群に含まれているのは,「面積」「体積」「長さ」があるが，分子が立体であることを踏まえれば体積が最適だと判断できる（図2－5では平面的に描かれていることに惑わされないようにしたい)。空欄4は空欄3とも関わるが，MGDGとDGDGの違い（図2－5）と，考察文の「安定的な二重層構造を取りやすく，リン脂質の代替となりうると考えられる」の部分から「円筒形」と判断することになる。空欄5は，ガラクトース（糖）が親水性だと判断できれば正答できる。

(注)　配点は，Ⅰ－A 1点，B 3点（各1点)，C 4点（各2点)，D 2点（完答)，E 2点，F 2点，Ⅱ－G 1点，H 1点，I 2点，J 2点（完答）と推定。

解答

Ⅰ　A　(3)，(4)

B　(1)－(b)　(2)－(c)　(3)－(b)または(c)

C　・酸素濃度の上昇

ルビスコがRuBPと酸素を基質とする反応を触媒し，PGA生成速度が低下するため。

・二酸化炭素濃度の低下

ルビスコの基質となる二酸化炭素濃度が低いと，PGA 生成速度が低下するため。

・低温

温度が低いと，一般に酵素活性が低くなるため。

から2つ

D (1) × (2) × (3) ○ (4) ×

E 光を照射された葉ではアブシシン酸濃度が下がり，気孔が開いて光合成速度が上昇する。葉1枚だけに照射した場合は，周辺の葉の細胞からアブシシン酸が移動してくるために，気孔の開孔が遅れ，光合成能力が最大化するまでの時間が長くなる。

F シネココッカスは夜間に呼吸により ATP を産生し，それを用いてメッセンジャー RNA を能動的に分解する。

Ⅱ G (3)

H (c)

I 生体膜の主成分を糖脂質として生体膜に使うリンを減らすことで，限られた量のリンを DNA や RNA，ATP などの生体物質の合成に利用できる。

J 1－疎水性　2－親水性　3－体積　4－円筒形　5－親水性

第3問

解説 第3問は，脊椎動物の発生機構を題材とし，Ⅰでは，ノッチシグナルによる誘導の機構が扱われ，Ⅱでは，ノッチシグナルの張力依存性仮説が扱われた。

Ⅰ A 両生類の中枢神経の発生の過程について5つの指定語句を用いて，2行程度で説明する知識論述問題である。中枢神経は脳・脊髄のことであり，脳・脊髄が神経管から形成されるという知識を踏まえ，指定語句を適切に用いれば良い。解答としては，「中枢神経系が発生する過程」を求められているので，「原口背唇部」が「形成体」としてはたらき，「外胚葉」から神経管を「誘導」するという内容と，「原口背唇部」が「脊索」に分化するという内容を述べれば正答となる。

B エンドサイトーシスに関する知識論述問題である。設問文が「エンドサイトーシスとはどのような現象か」となっているので，教科書で扱われていないような細かい分子メカニズムを述べる必要はない。要求が「2行程度」なので，①細胞膜が内部に陥入し小胞をつくるという形態的な変化と，②細胞外の物質を細胞内に取り込むという機能の2つの要素を述べれば良いだろう。

C　実験条件と実験結果を整理して判断する選択問題である。まず，実験1の条件と結果を次の表のように整理する。条件1と条件2を比較すれば，遺伝子Xの機能が受け手細胞では不要（よって(2)は適切）だとわかる。また，条件1と条件3を比較すれば，遺伝子Xの機能が送り手細胞で必要（よって(3)は適切）だとわかる。

解説表3－1　（＋：正常，－：除去）

	送り手細胞株B 遺伝子X	受け手細胞株A 遺伝子X	シグナルの入力量 (緑色蛍光強度)
条件1	＋	＋	1.0
条件2	＋	－	1.0
条件3	－	＋	＜0.05
条件4	－	－	＜0.05

D　設問Cに続き，実験条件と実験結果を整理して判断する選択問題である。実験2の条件と結果を整理すると次の表のようになる。

解説表3－2　（＋：正常，－：除去）

	送り手細胞株B 遺伝子X	細胞株B内の ノッチタンパク質量	受け手細胞株A 遺伝子X	シグナル の入力量
条件1	＋	1.0	＋	1.0
条件2	＋	1.0	－	1.0
条件3	－	＜0.05	＋	＜0.05
条件4	－	＜0.05	－	＜0.05

判断の上で重要なのは，リード文と図3－1をもとに，実験2において「青色蛍光分子で標識したノッチ抗体」が検出された位置には，ノッチタンパク質の細胞外領域が存在する（はず）と気づくことである。このことと，ノッチタンパク質の細胞外領域はデルタタンパク質と結合すること，エンドサイトーシスが起こることを考え合わせ，次図のようなメカニズムを想定し，選択肢を判断していく。

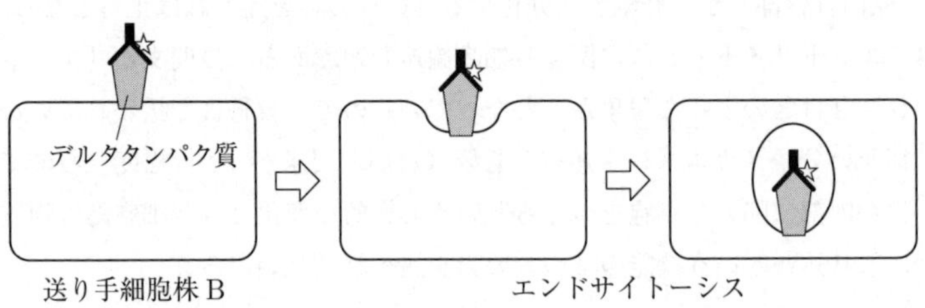

⑴　不適切。ノッチシグナルで発現が促進されるのは受け手細胞（の標的遺伝子）である。

⑵　不適切。実験操作として投与しているノッチ抗体は，神経幹細胞によって合成されることはない。

⑶　適切。この選択肢を読んで，前ページの図のようなメカニズムに気づければよい。また，選択肢⑸の内容は上のメカニズムなので適切である。

⑷　不適切。実験２で，青色蛍光が検出されたのは，送り手細胞株Ｂの細胞内だが，青色蛍光はノッチタンパク質の細胞外領域の存在を示すと考えられる。⑷では「細胞株Ａの内容物が細胞株Ｂへと輸送された」とあるが，ノッチタンパク質（膜タンパク質）は内容物とは言いにくいことや，上のメカニズムは輸送とは言いにくいことなどから，⑷は適切とは言えない。

⑹　不適切。ノッチシグナルが活性化した場合，ノッチタンパク質の細胞内領域は排出されないし，細胞外領域は切断されて離れるのであって排出とは言えない。

⑺　不適切。解説表３－２において，条件１と条件３を比較すると，遺伝子Xの有無に応じて青色蛍光（ノッチタンパク質の細胞外領域）の分布に影響している。

Ⅱ　Ｅ・Ｆ　実験３の説明とリード文にある，DNAの「紐」によって張力限界値を測定する方法の説明から，DNA二本鎖の水素結合の総数が多いほど張力限界値が大きくなるという原理を理解するのが出発点である。この原理の理解を問われているのが問Ｆの方で，その原理を使うのが問Ｅである。ここでは，問Ｆを先に説明しよう。

Ｆ　設問文の「塩基対の数が等しい場合でもGC含量の違いにより張力限界値が異なる」理由を，「塩基の化学的性質」つまり，GC対は水素結合が３本であり，AT対は水素結合が２本であるという教科書的な知識に「触れながら」説明することが求められている。

Ｅ　前述の原理を使い，図３－７の⑴～⑸に描かれている塩基対の相対的な数と塩基組成に基づいて判断していく。

⑴　塩基対が２つなので，水素結合は計５本。

⑵　塩基対が25対，GC％が50％なので，水素結合は計62.5本。

⑶　塩基対が７対なので，水素結合は計17.5本。

⑷　塩基対が18対なので，水素結合は計45本。

⑸　塩基対が25対，GC％が70％なので，水素結合は計67.5本。

このように評価すれば，(1)＜(3)＜(4)＜(2)＜(5)となる。ここでは，図の長さだけで(1)＜(3)＜(4)＜(2)と(5)を判断し，(2)と(5)をGC％で判断すれば正答できる。

G　実験4の方法（図3－8）において，細胞株Aに張力がかかるのは，ノッチタンパク質がデルタタンパク質の細胞外領域に結合してから，DNAの「紐」が離れる前までの間である（下図）。

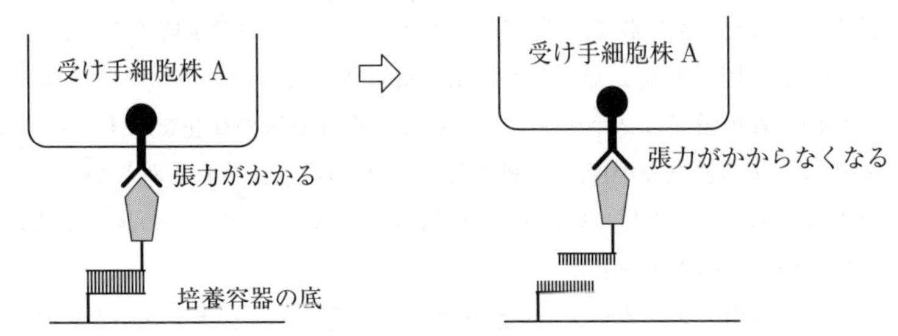

実験4の条件1～3では，DNA「紐」が耐えられる張力の大きさが違う（条件4と条件5は対照実験）。ここで，ポイントになるのは，DNAの「紐」－デルタタンパク質の細胞外領域－ノッチタンパク質にかかる張力は，どこでも同じ大きさだという点である。つまり，条件1ではノッチタンパク質に30pNまでの張力がかかり，条件2では12pNまでの張力がかかる。この2つの条件ではノッチシグナルが受け手細胞株Aに伝わる（その結果として緑色蛍光強度が高い）。条件3では6pNまでの張力がかかるが，この条件では，ノッチシグナルが伝わらない(緑色蛍光強度が低い)。ここから，ノッチタンパク質が活性化できる閾値が，6pNよりは大きく，12pN以下だと判断できる。

H　設問文に「図3－1に示す一連の過程に着目し」というヒントと，「受け手細胞」「送り手細胞」「張力」「切断」という語句，さらに，「実験1～4の結果を踏まえて」という指示があることから，第3問で登場する情報の全体をまとめて推論することが必要である。どのような内容となるか，整理していこう。

要素①　受け手細胞のノッチタンパク質の細胞外領域と，送り手細胞のデルタタンパク質が結合する（図3－1に示されている）。

要素②　送り手細胞においてエンドサイトーシスが起こる（設問C・Dで考察している）。

要素③　送り手細胞のエンドサイトーシスに伴って，ノッチタンパク質に張力がかかる（この設問で推論する）

要素④　ノッチタンパク質にかかる張力が閾値以上になるとノッチタンパク質が活性化する（設問Gで考察している）。

要素⑤　活性化されたノッチタンパク質は，切断酵素1と切断酵素2によって切断される（図3－1に示されている）

要素⑥　ノッチタンパク質の細胞内領域が核に移行し，標的遺伝子が発現する（図3－1に示されている）。

要素①～⑥をまとめれば正答になるが，注意すべきは，設問で求められているのが「ノッチシグナルの張力依存性仮説」の内容だという点である。ノッチシグナルの張力依存性仮説は，Ⅱのリード文によれば「エンドサイトーシスがノッチシグナルの伝達をどのように制御するのか」を説明する仮説（のひとつ）なので，この設問で答えるべき重要な要素は要素①～④である。「4行程度」なので，この4つの要素だけで十分であり，それが設問の要求に最も合致する。おそらく，要素⑤・⑥を含めても減点されないと考えるが，要素⑤・⑥を書いたからと言って得点は増えないだろう。設問の要求に合致した内容を答えるように注意したい。

（注1）　配点は，Ⅰ－A3点，B2点，C2点，D2点，Ⅱ－E2点（完答），F3点，G2点，H4点と推定。

解答

Ⅰ　A　原腸胚初期に原口背唇部が，胚内部に陥入して外胚葉を裏打ちし，形成体としてはたらいて，外胚葉から神経管を誘導する一方，自身は脊索へと分化する。

B　細胞外の物質を包み込むように細胞膜が内部に陥入し，小胞をつくって細胞内に取り込む現象をエンドサイトーシスという。

C　(2)，(3)

D　(3)，(5)

Ⅱ　E　α－(3)　β－(4)　γ－(2)　δ－(5)

F　GC対では塩基間の水素結合が3本だが，AT対では塩基間の水素結合が2本なので，GC含量が多いほどDNAの2本鎖間の水素結合が多く，張力限界値が大きくなる。

G　(3)

H　受け手細胞のノッチタンパク質と送り手細胞のデルタタンパク質が結合すると，送り手細胞がエンドサイトーシスを起こす。その結果，引っ張られたノッチタンパク質に張力が生じ，張力が閾値を超えると，ノッチタンパク質の切断が起こり，受け手細胞にシグナル伝達が起こる。

2021年

第1問

解説 第1問は，動物の乾燥ストレス耐性が題材であった。Ⅰではクマムシが扱われ，Ⅱでは線虫が扱われた。

Ⅰ A 生体膜に関連する知識論述問題である。要求が「3行程度」だが，設問文に「生体膜の主要な構成成分の特徴に触れつつ」とあることから，リン脂質が疎水性部分と親水性部分をもつことを明示的に述べる必要がある（要素①）。「水が生体膜の構造維持および安定化に果たす役割」が求められているので，水中では，疎水性部分同士が集まり（要素②），親水性部分が表面に位置して安定化する（要素③）ことを明示的に述べる必要がある。

B 実験1と実験2の結果から推論する実験考察問題である。ヤマクマムシの場合，事前曝露により乾燥耐性が高まる（実験1）。これは，弱い乾燥条件が刺激となって乾燥耐性を高める応答が起きたと解釈できる。そこで，応答のしくみを明らかにしようと行われたのが実験2である。実験2の結果で，転写阻害剤を投与した後に事前曝露をしても乾燥耐性が高まらないことが示されている。つまり，弱い乾燥条件に対する応答として遺伝子発現（転写）が起き，乾燥耐性に必要なタンパク質が存在するようになると乾燥耐性が高くなるというストーリーが推論できる。このストーリーであれば，翻訳阻害剤を投与すれば同様の結果になることが予想され，実際，予想通りの結果が出ている。よって，選択肢(5)が適切である。選択肢(4)のしくみであれば，翻訳阻害剤は乾燥耐性の上昇を妨げるが，転写阻害剤は上昇を妨げないはずなので，適切ではない。ヨコヅナクマムシの場合，事前曝露がなくても乾燥耐性が高く（実験1），転写と翻訳のどちらを阻害しても乾燥耐性は影響を受けない（実験2）。これは，ヨコヅナクマムシが常に乾燥耐性に必要なタンパク質を保持していると考えないと説明がつかない。よって，選択肢(3)が適切である。

C 3つの遺伝子A，B，Cの発現調節（転写調節）に関する考察問題である。3つの遺伝子A，B，Cは，「いずれかを欠損させたヤマクマムシ」は「野生型に比べて生存率が大きく低下」することから，いずれも乾燥耐性に必須だとわかる。実験3は，3つの遺伝子の発現調節のしくみを明らかにしようとしている。設問文にあるように，感知した環境ストレスの「情報が核内に届」くと最初に転写が高まる遺伝子（初期遺伝子）の場合，転写阻害剤を投与するとmRNAは増加しないが，翻訳阻害剤を投与しても mRNA は増加するはずである。実験3でこのような結果が得られたのは遺伝子Bだけである。乾燥に応答して発現するタンパク質の中に転写を促進する調節タンパク質（転写促進因子）があり，この転写促進因子の作用で発現が起こる遺伝子の場合，転写阻害剤だけでなく翻訳阻害剤を投与した場合でも mRNA の増加が見られなくなる。実験3でこのような結果が得られたのは遺伝子Aだけであり，遺伝子Aは後期遺伝子と判断できる。遺伝子Cは，転写阻害剤・翻訳阻害剤のどちらを投与しても mRNA 量に影響がないので，mRNA が常に保持されていると考えられ，初期遺伝子ではない。設問の要求は「その結論に至った理由を2行程度で説明」することなので，mRNA 量の増加が，転写阻害剤で妨げられること（要素①）と，翻訳阻害剤では妨げられないこと（要素②）を述べることが必要だろう（2行程度と短いので遺伝子AとCについては，触れなくても許されよう）。この設問が問うている内容を図示すると，次のようになる（実験3の結果だけでは，遺伝子Bが転写調節因子かどうか確定せず，遺伝子Bの産物が遺伝子Aの転写を促進しているとまでは言い切れない）。直接の調節と間接的な調節は，東大入試で繰り返し扱われている内容なので，しっかりと理解しておきたい。

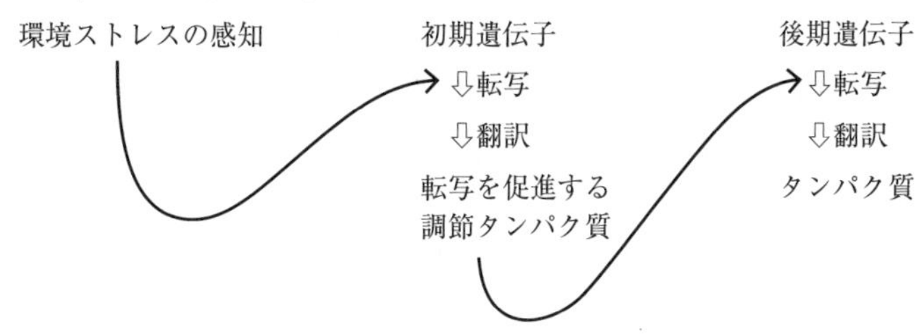

D　設問文で「遺伝子Aがコードするタンパク質Aはヨコヅナクマムシの乾燥耐性にも必須」とある。実験1で，ヨコヅナクマムシは事前曝露が不必要であったことや，実験2で翻訳阻害剤を投与しても抵抗性に影響がなかったことを含めて合理的に説明するには，タンパク質Aは常に保持されていると考えることになり，選択肢(1)が適切である。種Sは，乾燥耐性を示さないが，遺伝子Aをもち，「タンパク質Aを強制的に発現させると乾燥曝露後の生存率が上昇」する。これを合理的に説明するには，種Aでは遺伝子Aが発現しないと考えることになる。よって，選択肢(4)が適切である。

E　ヤマクマムシの乾燥耐性のしくみに関する考察問題で，設問Cの考察を踏まえて判断することになる。薬剤Yで処理すると，事前曝露時の遺伝子A（後期遺伝子）と遺伝子B（初期遺伝子）の両方の転写（mRNA 量の増加）が阻害されるので，初期遺伝子群の転写ないしより上流の段階が阻害されていると推論できる。薬剤Zで処理すると，事前曝露時の遺伝子Bの転写は阻害されないことから，初期遺伝子群の転写までの段階は正常に進行することがわかる。そして，事前曝露時の遺伝子A（後期遺伝子）の転写が阻害されることから，初期遺伝子群の翻訳ないしは後期遺伝子群の転写が阻害された可能性が考えられる。

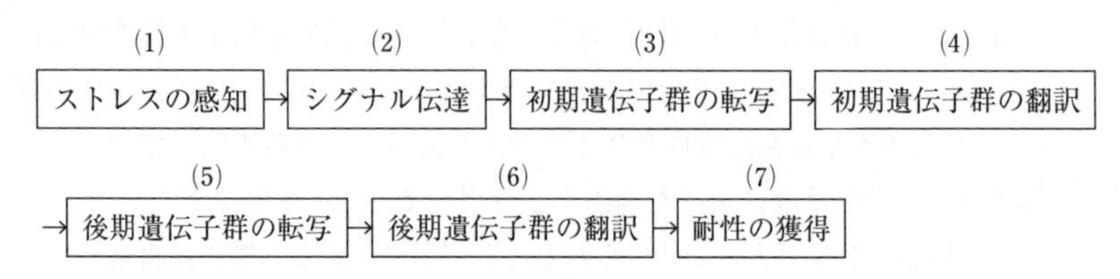

Ⅱ　F　呼吸に関する基本的な用語を問う知識問題である。

G　設問文の「NADHや$FADH_2$から得られた電子が最終的に酸素分子に渡される過程でエネルギーが蓄積され」の部分が，H^+の濃度勾配の形成であることを読み取れれば，解答できるはずである。

H　線虫の乾燥耐性のしくみに関して，変異体の表現型から推論する実験考察問題である。選択肢から「すべて選べ」なので，それぞれの選択肢について判断する必要がある。考察の出発点は，実験4の結果として示されている2つのグラフ(図1－6と図1－7）について，測定している条件の違いを正確に読み取ることである。図1－6は，事前曝露によるトレハロースの蓄積量を「個体あたりのトレハロースの量」（縦軸）で示している。図1－7は「酵素Pの個体あたりの活性」を「基質であるG1およびG2が十分にある条件下で測定した」結果で示している。十分量の基質の存在下で調べるのは，酵素そのものに差異があるかどうかを知るためである（生体内で基質が十分量あるかどうかは不明なことに注意しよう)。結果は，変異体Xの酵素Pの活性は野生型と同等（図1－7）であることを示している。したがって，変異体Xでのトレハロース蓄積量の少なさ（図1－6）には，酵素P以外の原因があると解釈することになる。よって選択肢(1)と(4)は不適切である。また，選択肢(5)は基質が増えるという内容なので，蓄積量の減少に対する説明としては不適切である。残った選択肢(2)と(3)だが，選択肢(2)の内容が正しいと仮定すると，二重変異体でも変異体Xと同程度のトレハロースが蓄積するはずである。実際には，二重変異体での蓄積量は変異体Pと同程度に少ないことから，変異体Xの表現型は選択肢(2)では説明できない。選択肢(3)の内容が正しいと仮定すると，変異体Xの表現型を，基質が少ないために合成されるトレハロースの量が少ないと説明できるので，これが適切と判断する。

I　実験5の内容から，線虫の代謝機構と遺伝子Xの役割を推論する実験考察問題である。実験5のポイントを整理する。

①　^{14}Cで標識した酢酸を摂取させる。その後の解析では，野生型と変異体Xのどちらとも，^{14}C-酢酸は検出されず，^{14}C-トリグリセリドが検出された。

②　事前曝露を行うと，野生型では，^{14}C-トリグリセリドが消失し，^{14}C-トレハロースが増加した。

③　事前曝露を行うと，変異体Xでは，^{14}C-トリグリセリドが残存しており，トレハロースの量は少なかった。

以上のうち，①・②から，酢酸→トリグリセリド（脂質）→トレハロースという経路が推論できる。これを，リード文の「線虫はアミノ酸や脂質を原料としてグルコースを合成できる」と結びつければ，酢酸→トリグリセリド（脂質）→G1→グルコースという経路（解糖系と逆方向の反応）とG1→G2の経路，そして，酵素PによるG1＋G2→トレハロースという反応で，トレハロースが生成しているということが推定できる。③からは，遺伝子Xがコードするタンパク質Xがトリグリセリドの分解に関与している可能性が推論できる。設問Hにおいて，遺伝子Xが機能を失うとG1もしくはG2の産生量が低下すると推論しているので，変異体Xでは，トリグリセリドからG1をつくる速度が低下し，基質の供給量が減少する結果，酵素Pによるトレハロース産生が低下すると推論できる。設問では，「2行程度」で5つの「語句をすべて用い」ること，そして，「遺伝子Xの役割としてどのようなことが考えられるか」と「それがトレハロースの産生にどう影響するか」の二点を要求されているので，トリグリセリドの分解過程ではたらくこと（要素①）と，欠損すると基質G1の供給量が減り，トレハロース産生が低下するという内容（要素②）を述べることになる。実験5だけでは，タンパク質Xがトリグリセリドを分解する酵素であるとは言い切れないが，そのように表現しても許容された可能性が高いだろう。

（注1）　配点は，I－A3点，B2点（各1点），C3点，D2点（各1点），E3点（完答），II－F1点（完答），G1点，H2点，I3点と推定。

（注2）　行数制限の解答の際は1行あたり35～40字相当としたが，「～行程度」とある場合は，次の行に入る程度は許容されるだろう（以下同）。

解答

I　A　生体膜の主要な構成成分であるリン脂質には親水性部分と疎水性部分が存在するため，水中のリン脂質は，疎水性部分が内部で向かい合い，親水性部分が表面に位置するように二重層となって並んで安定化し，膜を形成する。

B　ヨコヅナクマムシ－(3)　　ヤマクマムシ－(5)

C　遺伝子B

転写阻害剤を添加するとmRNA量の増加が阻害されるが，翻訳阻害剤を添加してもmRNA量の増加が阻害されないことから，遺伝子Bが初期遺伝子である。

D　ヨコヅナクマムシ－(1)　　種S－(4)

E　薬剤Y－(1)，(2)，(3)　　薬剤Z－(4)，(5)

Ⅱ　F　1－解糖系　　2－クエン酸回路　　3－電子伝達系

G　酸化的リン酸化

H　(3)

I　遺伝子Xの産物はトリグリセリドを分解する過程ではたらく。遺伝子Xの機能が失われると，基質G1の供給量が減少するため，酵素Pによるトレハロースの産生が低下する。

第2問

解説　第2問は，植物の環境応答が題材であった。Ⅰでは，屈性とオーキシンが扱われ，Ⅱでは，傷害応答と情報伝達機構が扱われた。

Ⅰ　A　重力屈性がもつ生存戦略上の利点を述べる知識論述問題である。茎の負の重力屈性と根の正の重力屈性について「2行以内」で述べることが求められているので，茎では，上方に成長することで光を獲得しやすくなる点（要素①）を，根では，下方に伸びることで水や無機塩類を獲得しやすくなる点（要素②）を，簡潔に述べれば良いだろう。後述の解答例では，競争の視点を強く出していないが，別解のように競争の視点を強く出してもよい。

B　光屈性・重力屈性・水分屈性という3つの屈性に関する実験結果をもとに，選択肢として与えられた内容について正誤判定する考察問題である。高校生物の教科書とは異なる内容が登場するので戸惑った諸君もいるだろう。大学入試では，教科書の範囲を超える内容が扱われることが珍しくない。そのような場合，教科書と異なる内容のうち解答に必要なものはすべて示されている（推論できるようになっている）ので，慌てずに読解するのが大切になる。述べられていないことは教科書通りだと思えばよい。

実験1～3の内容と結果（図2－4）を整理していく。実験1では，芽生えを水平にして，重力屈性を調べている。

① 水平にした根の重力方向のオーキシン濃度が高くなり（図2 - 4a），重力方向に屈曲する。

② オーキシンの極性輸送を阻害すると屈曲が小さくなる（図2 - 4d）。

③ オーキシンによる遺伝子発現調節が異常になると屈曲が小さくなる（図2 - 4g）。

実験2では，垂直においた芽生えに90°横方向から青色光を照射して，光屈性を調べている。

④ 光が当たった側のオーキシン濃度が高くなる（図2 - 4b）。これは，教科書での光屈性の説明とは異なっている。光から遠ざかる方向に屈曲する。

⑤ オーキシンの極性輸送を阻害すると屈曲が大きくなる（図2 - 4e）。これは②と逆の結果である。

⑥ オーキシンによる遺伝子発現調節が異常になると屈曲が小さくなる（図2 - 4h）。

実験3では，垂直においた芽生えの根の先端を気中に出し，水分屈性を調べている。

⑦ 湿度の低い側のオーキシン濃度が高くなり（図2 - 4c），湿度の高い側に屈曲する。

⑧ オーキシンの極性輸送を阻害すると屈曲が大きくなる（図2 - 4f）。これは②と逆の結果である。

⑨ オーキシンによる遺伝子発現調節が異常になると屈曲が大きくなる（図2 - 4i）。これは，③（図2 - 4g），⑥（図2 - 4h）と逆の結果である。

ここまでの整理で「なるほど」と，全体を解釈するためのポイントに気づくのは容易ではないだろう。ただし，気づけなくても，事実について述べた選択肢(1)，(3)～(5)については判断できる。

選択肢(1)では，重力屈性，青色光屈性，水分屈性の時間経過の比較が述べられており，図2 - 4g～iの野生型を比べることで判断できる。重力屈性と水分屈性は刺激開始後1時間で屈曲が観察されるが，青色光屈性では刺激開始後1時間では屈曲が見られないので，選択肢の内容は支持されない。この選択肢の内容は比較により否定されるので，hだけでなくg，iも答えるべきだろう。

選択肢(3)では，オーキシンの分布と刺激源の位置関係が述べられており，①重力屈性（a）では重力方向に多く，④青色光屈性（b）では照射方向に多いので，選択肢の内容は支持される。しかし，⑦水分屈性（c）では，湿度の高い側（刺激源）とは反対側の濃度が高く，選択肢の内容は支持されない。この場合，a～cの比較は必要ないので c だけを答えればよい。

選択肢(4)では，変異体 A での遺伝子発現調節異常と屈曲の度合いの関係が述べられており，⑨水分屈性（i）では屈曲が大きくなっているので選択肢の内容は支持されるが，⑥青色光屈性（h）では屈曲が小さくなっているため，内容は支持されない。この場合も，比較は必要ないので h だけを答えることになる。

選択肢(5)では，屈性の正負が問われているが，①・④・⑦（図 2 − 4a 〜 c）から支持される。選択肢(3)のところで述べたように，水分屈性では，湿度の高い側が刺激源となることに注意が必要である。

さて，選択肢(2)について考察しよう。上述の①・④・⑦では，オーキシン分布が偏り，根の屈曲が起きている（図 2 − 4a 〜 c）。しかし，これだけで，「刺激の方向に依存したオーキシン分布の偏り」が「根の屈曲に必須」だとは判断できない。ここで，①・④・⑦を書き直す。これで「なるほど」と気づければ素晴らしい。

① 実験 1 で，水平にした根が重力方向に屈曲する。このとき，オーキシン濃度が低い側の伸長が大きい。

④ 実験 2 で，光を当てた根は光から遠ざかる方向に屈曲する。このとき，オーキシン濃度が高い側の伸長が大きい。

⑦ 実験 3 で，気中に出た根は，湿度の高い側に屈曲する。このとき，オーキシン濃度が高い側の伸長が大きい。

下線を引いた部分を見るとわかるように，オーキシン濃度と屈曲方向の関係が①と④・⑦では逆になっている。伸長成長とオーキシン濃度の関係（教科書にグラフがある）を踏まえると，高濃度のオーキシンは根の伸長を抑制するはずであり，④・⑦からは，オーキシン分布とは別の要因による屈曲の可能性を考えることができる。

次に，②・⑤・⑧を書き直す。このとき，オーキシン分布の偏りができるためには極性輸送が必要なことから，以下の下線部を推論する。

② 実験 1 で，オーキシンの極性輸送を阻害すると，オーキシン分布の偏りが小さくなり，重力への応答による屈曲が小さくなる（図 2 − 4d）。

⑤ 実験 2 で，オーキシンの極性輸送を阻害すると，オーキシン分布の偏りが小さくなり，青色光への応答による屈曲が大きくなる（図 2 − 4e）。

⑧ 実験 3 で，オーキシンの極性輸送を阻害すると，オーキシン分布の偏りが小さくなり，湿度への応答による屈曲が大きくなる（図 2 − 4f）。

⑤・⑧では，オーキシン分布の偏りが小さくなると，屈曲が大きくなる。最後

の種明かしをすれば，根は同時に複数の刺激を受容している。これに気づくことが，図２－４のｅとｆを合理的に解釈する上で重要なのだ。下線部(イ)の「根はこれら複数の刺激に対して屈性を示す」という部分はヒントとして書かれているのだろうが，気づくのは容易ではなかったと思われる。実験２では，根は光と重力を受容している。横から照射された青色光から遠ざかるように根が屈曲すると，根は垂直ではなくなる。すると重力方向に応答してオーキシンが移動する結果，オーキシン分布が偏り，濃度が高くなった側で伸長を抑える。つまり，青色光を受容したことで伸長が大きくなるが，高濃度のオーキシンで伸長が抑えられる，その差し引きで屈曲したのが，図２－4eの阻害剤無しであり，阻害剤があると青色光に対する応答だけが起こるため屈曲が大きくなる。このように解釈できる。同様に，実験３では，根は湿度と重力を受容している。気中に出た根が屈曲すると根は垂直ではなくなる。すると重力方向に応答したオーキシンの移動が起こり，分布が偏って，濃度が高くなった側で伸長を抑える。つまり，湿度に応答して重力方向の細胞で伸長が大きくなるが，高濃度のオーキシンで伸長が抑えられる，その差し引きで屈曲したのが，図２－4fの阻害剤無しで，阻害剤があると湿度に対する応答だけが起き屈曲が大きくなる。このように解釈できる。

図２－４のｅとｆでは，オーキシン分布の偏りを無くしても根の屈曲が起こることを示しているので，選択肢(2)が支持されない根拠となる。図２－４のｂとｃは，前述のように，オーキシン濃度と屈曲方向の関係が逆で，オーキシン分布の偏りとは別の要因による屈曲の可能性を示唆するが，間接的な否定である。したがって，根拠としては，直接的に否定するｅとｆを答えることになる。

ところで，重力屈性（図２－4a）ではオーキシンの不均等な分布が屈曲の原因となり，青色光屈性（図２－4b）と水分屈性（図２－4c）では屈曲した結果，オーキシンの不均等な分布が起きる（屈曲を小さくする）という前述の解釈は，図２－4g～ｉをうまく説明できるだろうか？　変異体Ａでは，「オーキシンに応答して起こる遺伝子発現調節が異常」なので，屈曲を促進する遺伝子が発現しないと想定すれば，図２－4gと図２－4iは説明できる。しかし，この想定では図２－4hはうまく説明できない。ただ，図２－4hの縦軸の目盛が図２－4gおよびｉと異なっており，図２－4hでの野生型と変異体Ａとの差異は他の２つに比べて小さい点には気づいてもよいだろう。題材となったと思われる学術論文（2018年に発表）では，24時間後には差がなくなることが示されているが，重力屈性と青色光屈性で結果が逆になる理由について明確には説明されていない。受験生としては，試験会場では問われていない部分は，気になっても目をつぶることも必要かもしれない。

C　オーキシンの輸送と偏在制御について推論する考察論述問題である。「3行以内」とあるので，書くべき要素が3つあると考えて整理するとよい。設問文では，「なぜ取りこみ輸送体よりも排出輸送体の偏在制御が重要となるのか」を「IAAは，弱酸性の細胞壁液相ではイオン化しにくく，中性の細胞内ではイオン化しやすいことと，細胞膜の性質とに着目」して答えることが求められているので，要素①として，電荷もつ分子は通さない（通しにくい）という細胞膜の性質に関する内容，要素②として，細胞外のIAAはイオン化していないので，取りこみ受容体を介さなくても，細胞膜を透過して細胞内に入れるという内容，要素③としては，細胞内のIAAはイオン化しているので，排出輸送体を介してでないと細胞外に出られないという内容を書けばよい。要するに，イオン化していないIAAが取りこみ受容体とは関係なく細胞内に入るので取りこみ輸送体を偏在させる意味がないのに対して，イオン化しているIAAは排出輸送体を介して細胞外に出るので，その位置を制御することでオーキシンの移動方向が制御できるのである。

D　下線部の説明から，基本的な生物用語を答える知識問題である。ポンプの語や，エネルギーを消費するという説明があるので，能動輸送を想起するのは容易だっただろう。

Ⅱ　E　リード文の空欄に適する植物ホルモン名を答える知識問題である。食害に対する防御反応でジャスモン酸がはたらくことは，高校生物の教科書で説明されている。

F　篩管（師管）を介した物質輸送（転流）に関する知識問題である。

(1)　該当する。光合成によってつくられた同化デンプンは，ショ糖（スクロース）に換えられ輸送される。

(2)　該当する。古くなった葉でタンパク質を分解し，生じたアミノ酸を若い葉などに輸送して再利用する。

(3)　該当しない。クロロフィルの分解産物は輸送されて再利用されるが，クロロフィルそのものは輸送されない。

(4)　該当する。花成ホルモン（フロリゲン）は，師管を通じて運ばれる。

G　植物におけるシグナル分子としてのカルシウムイオンについて，実験結果から推論する考察問題である。三者択一は珍しいが過去にも例はある。選択肢(1)は，風刺激と接触刺激が扱われているので，図2－5のうち，風刺激処理，接触刺激処理，風刺激および接触刺激処理（組み合わせ処理①）の3つのグラフを見比べる。

組み合わせ処理①での風刺激の結果に着目すると，発光シグナル強度は，1 回目が約 2.7，2 回目が約 0.1 と，著しく低下している。この応答の低下は，風刺激処理だけの場合にも見られる現象であり，接触刺激が風刺激と同様の効果を与えたと考えられる。したがって，2 種類の刺激が同様の機構を介してカルシウムイオン濃度の変化をもたらしたと推論するのは妥当である。選択肢(2)は，低温刺激と風刺激が比較されているので，風刺激処理と低温刺激処理の 2 つの結果を見比べる。すると，発光シグナル強度（応答）には大きな違いがある（縦軸の値が違う）一方，反応での時間には大きな差がない。したがって適切ではない。選択肢(3)は，連続した風刺激処理と低温刺激処理の関係が扱われているので，組み合わせ処理②の結果で判断することになる。グラフで明らかなように，発光シグナル強度は，1 度目の低温刺激で約 44，2 度目の低温刺激で約 43 と，ほとんど変化していない。したがって適切ではない。なお，風刺激を繰り返し与えても低温刺激に対する応答が変化しないことと，接触刺激を繰り返し与えると風刺激に対する応答が変化することの差異は，選択肢(1)が適切と判断するヒントにもなっている。

H　刺激を受容するとカルシウムイオン濃度が上昇する現象（実験 4）について，その機構を推理するために行われたのが実験 5 であり，その結果から，機構について推論することが求められた考察論述問題である。設問文には，阻害剤 X は細胞膜に局在するカルシウムチャネルを阻害すること，阻害剤 Y は細胞小器官に存在するカルシウムチャネルを阻害することが書かれている。実験 5 で，2 種類の阻害剤の効果が異なることが推理の出発点である。実験 5 の結果（図 2 − 6）で，風刺激処理に対する応答（発光シグナル強度）は，対照が約 3.1，阻害剤 X 処理が約 2.9，阻害剤 Y 処理が 0 であることから，風刺激では阻害剤 Y で阻害されるチャネル，つまり，細胞小器官に存在するチャネルが重要だとわかる。低温刺激処理に対する応答（発光シグナル強度）は，対照が約 43，阻害剤 X 処理が約 5，阻害剤 Y 処理が約 42 であることから，低温刺激では阻害剤 X で阻害されるチャネル，つまり，細胞膜に局在するチャネルが重要だとわかる。ここで，設問の要求を確認する。設問文では，「細胞質基質のカルシウムイオン濃度変化の仕組みの違い」とあるので，それぞれの仕組みを推理するのだが，注意すべき点が二つある。ひとつはイクオリンが「カルシウムイオン濃度依存的に発光する」ことであり，もうひとつは，風刺激と低温刺激での発光シグナル強度の違い（グラフの縦軸の目盛の違い）である。これをふまえて推理すると，次のようになる。

風刺激の場合，阻害剤 Y 処理で応答が消えることから，細胞小器官のチャネ

ルだけが関与すると考えられるので，

> 風刺激の受容
> 　→細胞小器官のチャネルが開く
> 　→細胞小器官からのカルシウムイオンの流出
> 　→細胞質基質のカルシウムイオン濃度の上昇
> 　（発光シグナル強度で約3程度と微量）

という仕組み（ストーリー）が考えられる。

低温刺激の場合，阻害剤X処理で応答が著しく低下することから，細胞膜のチャネルが関与することは明らかだが，阻害剤X処理でも，風刺激の応答と同程度の応答があることから，細胞小器官のチャネルもはたらいていることが推定できる。

> 低温刺激の受容
> 　→細胞膜のチャネル
> 　　と細胞小器官のチャネルが開く
> 　→細胞外からのカルシウムイオンの流入（多量）
> 　　と細胞小器官からのカルシウムイオンの流出(微量)
> 　→細胞質基質のカルシウムイオン濃度の上昇
> 　（発光シグナル強度で約40程度と多量）

という仕組み（ストーリー）が考えられる。

解答としては，要求が「2行程度」なので，風刺激処理と低温刺激処理のそれぞれの仕組みを簡潔に述べれば良いだろう。

(注)　配点は，Ⅰ－A 4点，B 5点（各1点），C 3点，D 1点，Ⅱ－E 1点，F 1点，G 2点，H 3点と推定。

解 答

Ⅰ　A　茎が負の重力屈性で上方に成長することで光を獲得しやすくなる。根が正の重力屈性で下方に成長することで，土壌中の水や無機塩類といった資源を獲得しやすくなる。

別解）茎が負の重力屈性でより上方に成長すると，光をめぐる競争で有利となる。根が正の重力屈性で下方向へ成長すると，土壌中の水や無機塩類をめぐる競争で有利となる。

B　(1)－×－g，h，i

(2)－×－e，f

(3)－×－c

(4)－×－h

(5)－◯

C　細胞膜は，イオン化したIAAは通さず，イオン化していないIAAは通すため，取りこみ輸送体が偏在してもイオン化していないIAAはさまざまな方向から細胞内に入る。細胞内のイオン化したIAAは排出輸送体を介して細胞外に出るので，排出輸送体の偏在により排出方向を制御できる。

D　能動輸送

Ⅱ　E　ジャスモン酸

F　(1)，(2)，(4)

G　(1)

H　風刺激に対しては細胞小器官からの流出によって，低温刺激に対しては細胞小器官のチャネルも関与するが，主に細胞膜のチャネルを介した細胞外からの流入によって，カルシウムイオン濃度が上昇する。

第3問

解説　第3問は，脊椎動物の性が題材であった。Ⅰでは，半身が雄型の表現型，半身が雌型の表現型のキンカチョウが扱われ，Ⅱでは，ヒトの性と形質が扱われた。

Ⅰ　A　1個体の中に，雄の形質をもつ部分と雌の形質をもつ部分が共存する現象を性モザイクという。この設問は，性モザイクを示すキンカチョウ個体が生じた原因を推理する考察問題である。設問文に，「通常の雄と同様にZ染色体を2本有し」，「通常の雌と同様にZ染色体とW染色体を1本ずつ有して」いるとあることから，ZZで雄，ZWで雌というキンカチョウの性決定の仕組みがわかる。考察の対象となる性モザイクの個体では，右半身がZZの細胞で雄型の表現型，左半身がZWの細胞で雌型の表現型なので，発生の初期段階でZZの細胞とZWの細胞が共存する状態になったことが考えられる。では，どのような状況を想定すれば，ZZの細胞とZWの細胞が共存できるだろうか？　たとえばWをもつ卵と精子が受精した受精卵（ZW）と，Zをもつ卵と精子が受精した受精卵（ZZ）が同時に生じ，両者が接着して発生すれば，2つの卵に由来するキメラ個体が生じる。これは選択肢にないが可能性のあるストーリーである。

選択肢(1)は原因とならない。雄はZZであり，性染色体に乗換えが起きてもZ染色体を1本もつ精子ができるので，それ自体がZZの細胞とZWの細胞の共存にはつながらない。

選択肢(2)は可能性がある。雌はZWであり，卵母細胞（ZW）の減数分裂第一分裂において極体が放出されないと，Z染色体を含む核とW染色体を含む核が存在する細胞（下図(a)）となる。設問文の「鳥類では，一度に複数の精子が受精する多精受精という現象がしばしばみられる」を手掛かりに，精子が2個進入する（下図(b)）と考えると，脊椎動物では，精子進入後に第二分裂が完了（下図(c)）し，雄性前核と雌性前核が合体するので，ZZの核（ZZ核）をもつ細胞とZWの核(ZW核)をもつ細胞が生じることになる(下図(d))。2個の精子によって2個の中心体が入っているため，細胞分裂が異常になる可能性が高いが，1回の細胞分裂で4個の細胞（ZZの細胞が2個，ZWの細胞が2個，下図(e)）が生じる可能性もある。

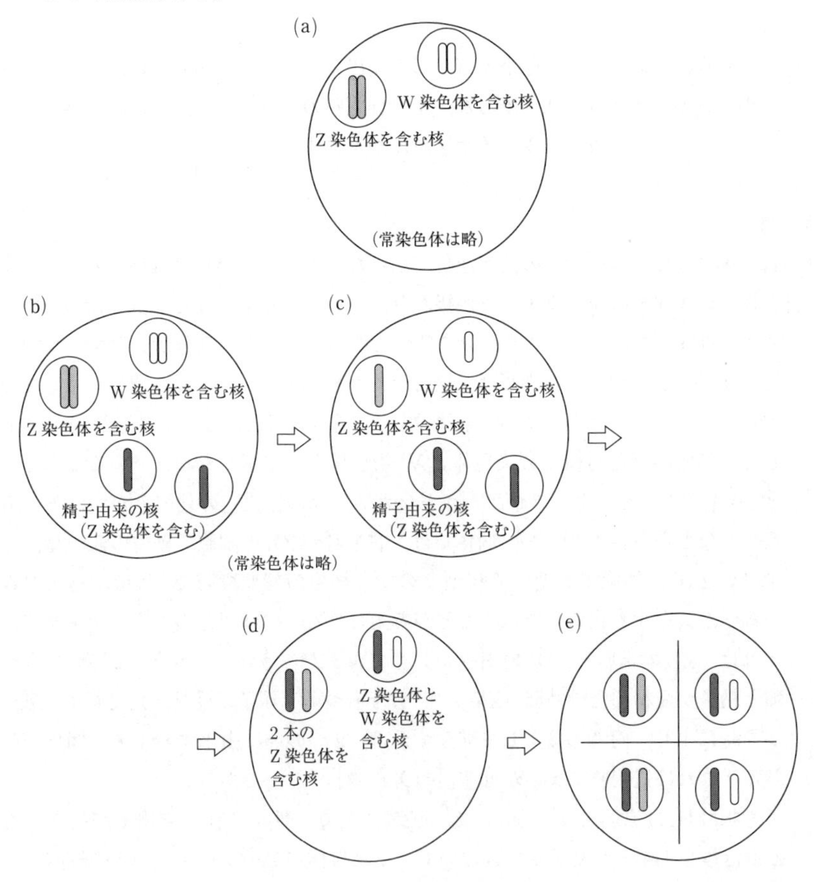

選択肢(3)は原因とならない。ゲノムDNAの倍化が起こらないと正常な細胞分裂が進行しない。

選択肢(4)は原因とならない。第一卵割の際に細胞質分裂が行われないと，多核細胞にはなるが，受精卵での性染色体の組合せは変化しないので，受精卵がZWならZW核をもつ細胞だけ，受精卵がZZならZZ核をもつ細胞だけの個体になる。

選択肢(5)は原因とならない。性染色体が1本抜け落ちても，ZZの細胞とZWの細胞が共存することはない。

選択肢(6)は，「性成熟後に，左半身の大部分の細胞でZ染色体がW染色体に変化」するという内容だが，性成熟した個体は全身の表現型が雄型のはずであり，「性成熟後」の染色体の変化は性モザイクの原因にならない。そもそも，鳥類においてZ染色体がW染色体に変化する現象が起こり得るのか不明であり，仮に起こり得るとしても著しく低頻度の現象と予想できる。したがって，それが非常に多くの細胞で同時に起こる確率はきわめて低く，性モザイクの原因として考えることは妥当ではない。

B　性モザイクのキンカチョウの表現型について，性ホルモンの作用だけでは説明できない理由を推論して答える論述問題である。出発点となるのは，ホルモンによる情報伝達の特徴である。ホルモンは，内分泌腺から分泌され，血液によって全身に運ばれて，受容体をもつ標的細胞に作用する。性モザイクのキンカチョウの表現型を性ホルモンの作用だけで説明するには，左右の半身の一方には雄性ホルモンが作用し，他方には雌性ホルモンが作用する仕組みが必要になる。しかし，分泌された性ホルモンは全身に運ばれるはずなので，運ばれ方では説明できない。また，「精巣あるいは卵巣から放出される性ホルモンによって，全身が雄らしく，あるいは雌らしく変化する」という仮説では，全身の細胞が両方の性ホルモンに応答できることが前提であり，左右の半身の一方でだけ性ホルモンが作用するという説明は合理的でない。こうした内容を簡潔に整理して述べれば正答となる。

C　精子をつくる雄が，雌型の外見をもつことの繁殖戦略上の利点を考察する文選択問題である。選択肢(1)・(2)では，「雌をより惹きつけやすい」とあるが，雄が雌を惹きつける繁殖戦略をとっている動物では，一般に，より派手な雄が雌に選ばれるので，(2)は不適切である。また，雌の外見の方が派手とは考えられないので(1)も不適切である。選択肢(4)は，雄同士ということになり，子孫が残らないので，繁殖戦略上の利点とは考えられない。選択肢(3)・(5)では，外見が雌型の雄と通常の雄の間の関係が扱われている。(3)に述べられている「通常の雄よりも攻撃性が高く，雄間競争に勝ちやすい」のであれば，雄として振舞うことで繁殖に成功できる。したがって，雌型の外見の利点とはならない。一方，雌型の外見であれば，(5)の「他の雄個体から警戒や攻撃をされにくい」可能性はある。

D　設問文の内容から状況を整理し，遺伝法則に基づいて計算する設問である。「受精卵（1細胞期）で，常染色体上の遺伝子Aの片側のアレル（対立遺伝子）に突然変異が生じたとする」ので，突然変異で生じたアレルをaとすると，受精卵の遺伝子型はAaである。自家受精のみによって繁殖するものとするので，子孫F1世代（子の世代）は，$\frac{1}{4}$がAA，$\frac{2}{4}$がAa，$\frac{1}{4}$がaaである。このF1世代が自家受精して得られるF2世代（孫の世代）では，AAの自家受精での子はAAのみ，Aaの自家受精では$\frac{1}{4}$がAA，$\frac{2}{4}$がAa，$\frac{1}{4}$がaa，aaの自家受精での子はaaのみなので，F2世代全体では，$\frac{1}{4}\times 1+\frac{2}{4}\times\frac{1}{4}=\frac{3}{8}$がAA，$\frac{2}{4}\times\frac{2}{4}=\frac{2}{8}$がAa，$\frac{1}{4}\times 1+\frac{2}{4}\times\frac{1}{4}=\frac{3}{8}$がaaである。F3世代（ひ孫の世代）は，F2世代の自家受精で生じるので，F3世代全体では，$\frac{3}{8}\times 1+\frac{2}{8}\times\frac{1}{4}=\frac{7}{16}$がAA，$\frac{2}{8}\times\frac{2}{4}=\frac{2}{16}$がAa，$\frac{3}{8}\times 1+\frac{2}{8}\times\frac{1}{4}=\frac{7}{16}$がaaである（以上をまとめたものが下図である）。

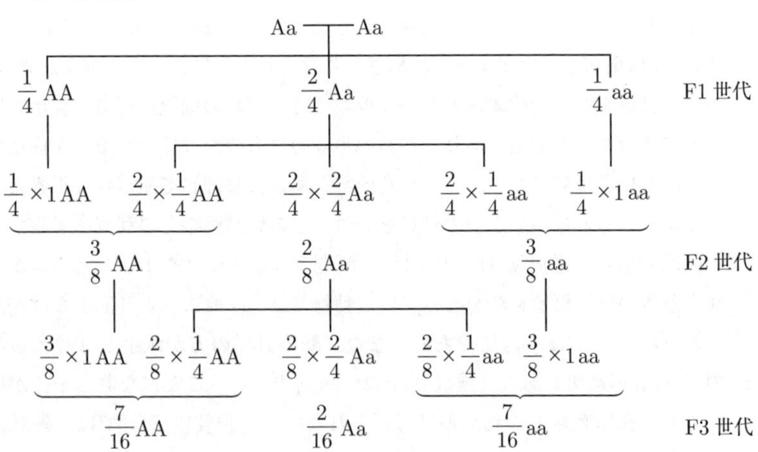

このように自家受精のみを行う場合，次のように考えることもできる。ヘテロ個体（Aa）はヘテロ個体の自家受精（Aa × Aa）でのみ生じ，その割合は，F1世代で$\frac{1}{2}$，F2世代で$\frac{1}{4}$，F3世代で$\frac{1}{8}$と半減していく。AAとaaの割合は同じなので，ある世代のAAおよびaaの割合 = (1 − Aaの割合) ÷ 2で求められる。

両アレルにこの変異をもつ個体とは遺伝子型aaの個体のことなので，F1世代では$\frac{1}{4} \times 100 = 25 \rightarrow 25$（%），F2世代では$\frac{3}{8} \times 100 = 37.5 \rightarrow 38$（%），F3世代では$\frac{7}{16} \times 100 = 43.75 \rightarrow 44$（%）にあたる。

E　一夫多妻のハレムを形成する種（キンギョハナダイ）が性転換する意義について考察し，グラフを選ぶ設問である。ある形質が方向性をもって進化するのは，自然選択において有利だからであり，ハレムを形成する魚類の中で，体が大きくなると雌から雄に性転換する種では，その性転換が有利にはたらく，つまり，サイズが大きい範囲では雄の方が有利だと考えることができる。グラフの縦軸の「個体当たりの期待される子の数」は適応度であり，体が大きい範囲で雄の適応度が雌よりも高いグラフを選ぶことになる。設問文に「魚類は体が大きいほどより多くの配偶子を作ることができるものとする」とあることから，雌雄のいずれでも右下がりの線は適切ではないので，(1)が最も適切と判断すればよい。(1)では，雌の線と雄の線の傾きが違う。体の大きさが小～中の範囲での雄の適応度がほとんど変わらず，雌の適応度は高くなる。しかし，ある大きさを超えると，サイズが大きくなった時の適応度の上昇（傾き）の雌雄差が逆転し，雄の適応度の方が急激に上がる。つまり，この傾きの違いに，性転換が有利になることが表れているのである。

F　一夫一妻の種（カクレクマノミ）が性転換する意義について考察する論述問題である。カクレクマノミは，一夫一妻ではあるが，実際には群れをつくって生活している。群れのうちで最も大きな個体が雌，二番目に大きい個体が雄であり，サイズが三番目以下の個体は性的に未成熟で繁殖に参加しない。繁殖個体の一方が群れから失われた場合，残った個体のうち一番大きな個体が雌，二番目に大きい個体が雄となって繁殖が行われる。つまり，雌個体が失われた場合，雄個体が雌個体に性転換し，未成熟個体のうちサイズが最も大きい個体が雄として成熟する。雄個体が失われた場合は，雌個体はそのままであり，未成熟個体のうちサイズが最も大きい個体が雄として成熟する（性転換ではない）。もちろん，このような知識を求められているのではなく，「雄の体の大きさは雌を惹きつける度合いには影響せず，体が大きいほどより多くの配偶子を作ることができる」という前提のもとで，「成長に伴って雄から雌に性転換することの繁殖戦略上の利点」を考えればよい。以下，論理的に考える過程を整理しよう。ヒント（ポイント）は「パートナーを変えながら」の部分である。パートナーを変える，つまり新しい個体がパートナーとなるとき，理論上は，自分の方が大きいことも自分の方が小さいこともありうる。また，性別の組合せとしては，雄と雌のほか，雄と雄，雌と雌が有り得るので，体の大きさを含めて整理すると，次の表のようになる。

		サイズが小さい方	
		雄	雌
サイズが大きい方	雄	①	②
	雌	③	④

このうち，雄から雌への性転換が繁殖上の意味をもつのは①だけなので（②と③は性転換すると繁殖できなくなり，④は性転換の方向が逆になる），そこでの利点を考察すればよい。雌と雄の繁殖戦略を考察する上で重要なのは，一般に，次世代の数（受精卵の数）を決めるのは精子の数ではなく，卵の数だという点である。たとえば，卵が100個であれば，精子は1000個でも1万個でも，受精卵の数は100個である。つまり，表の①の場合，小さい方が雌になったときに期待される受精卵の数は，大きい方が雌になったときに期待される受精卵の数よりも少ないので，体が大きい方が雄から雌へと性転換する方が（両者にとって）有利なのである。設問文の「成長に伴って」の部分から，サイズが大きくなると雄から雌に性転換すると読み取れれば，体が大きい方が卵が多くなることと結びつけられただろう。もちろん，精子は小さいので，小さな個体でも十分な数を生産できる（雄がつくる精子の数は受精卵の数を決めない）。要求は「3行程度」なので，サイズが小さい時は雌として卵をつくるより，雄として精子をつくったほうが期待される受精卵の数が多くなるという内容，サイズが大きくなると雌として卵をつくる方が期待される受精卵の数が多くなるという内容，精子の方が卵よりも多く作れるという内容を整理して述べればよい。

G　検証実験を構成する設問であり，近年，頻出の内容である。実験を構成する（実験条件を決める）ときには，何を確かめるのか，どのような仮説を検証するのかを明確にすることが出発点である。この設問では，カクレクマノミの性転換において「体の接触や嗅覚情報」は必要なく，「視覚情報のみ」で十分なことを確かめなくてはならない。設問文に，「2 匹の雄のカクレクマノミが出会うと，体の大きい方が雌に性転換する」と明記されているので，サイズの異なる 2 匹の雄を出会わせること（要素①）は明らかだろう。ポイントは，どのような方法で体の接触を防ぎ，嗅覚情報を遮断するかである。もちろん，別々の水槽に入れればよい。このとき，両個体が視覚情報を得られるようにするには，透明な水槽を使い，ごく近くに置けばよい（要素②）。この条件で，大きい方の雄個体が性転換する結果（要素③）が得られれば，体の接触や嗅覚情報が必要ないことが確かめられる（体の接触や嗅覚情報が必要だという仮説が否定される）。そして，互いの姿が見えているのだから，視覚情報があれば性転換が起こると確かめられる。ここで注意が必要なのは，目隠しする条件（たとえば，2 つの水槽の間に不透明な仕切りを置くなど）が不要な点である。「視覚情報のみによって性転換が引き起こされる」のだから，視覚情報を遮断すれば性転換は起こらないはずであり，不透明な仕切りを置けば，どちらも性転換しないだろう。では，この実験を行ったときに確かめられるのは何だろうか？　これは，視覚情報が必要なことを確かめる実験になる。しかし，設問では，視覚情報の必要性を確認することは求められていない。「視覚情報のみによって性転換が引き起こされる」という文は，視覚情報だけで十分であることを意味しているので，他の情報伝達を遮断することがポイントなのである。目隠しする条件を並記した答案を減点することはないと予想されるが，設問の要求に適確に答えることを意識して欲しい。

Ⅱ　H　ヒトの大脳における機能局在に関する知識問題である。言語野が，大脳新皮質にあること，皮質が表層に位置することを知っていれば解答できる。

I　仮説から論理的に推論する選択問題である。「身体の表現型は典型的な女性と同じで卵巣をもつ一方で，性染色体構成が男性型である」場合，男女差が「脳内で恒常的に発現する Y 染色体上の遺伝子のみ」で生じると仮定すると，Y 染色体が存在するので男性型になることが予想され，男女差が「精巣から放出される性ホルモンのみ」で生じると仮定すれば，精巣をもたないことから女性型となることが予想される。

J　発生における男女差に関する考察文の空欄を補充する考察選択問題であり，設問文と考察文から判断していく。設問文に「海馬の灰白質の体積の平均値は，女性よりも男性の方が大きいという報告がある」と述べられているので，考察文の「海馬の灰白質の発達は，胎児の時期の性ホルモンの影響を強く受けると考えられている」の影響が，男児では灰白質の体積を大きくする方向だとわかるので，空欄 1 には，灰白質を大きくする方向の語句が入る（アポトーシスは不適切）と判断できる。そして，脳の灰白質には細胞体が多いという知識を使えば，空欄1に入るのが細胞数を増やす内容を示す用語（細胞増殖が適切）と判断できる。空欄2は，「小さい海馬の灰白質をもつ」場合について述べているので，大きくする方向の影響が小さいことを示す内容（それほど起こらなかった，が適切）と判断することになる。

（注1） 配点は，Ⅰ－A 2点，B 2点，C 1点，D 3点（各1点），E 1点，F 3点，G 3点，Ⅱ－H 1点，I 2点，J 2点と推定。

解答

Ⅰ A ⑵

B ホルモンは血液によって全身に運ばれ標的細胞に作用する。したがって，性ホルモンは右半身と左半身に同様に作用するはずであり，右半身が雄型で左半身が雌型である表現型を性ホルモンの作用だけで説明することはできない。

C ⑸

D F1世代－25%　F2世代－38%　F3世代－44%

E ⑴

F 卵に比べて著しく小さい精子は，小さな個体でも十分な数を作ることができるので，体が小さいうちは雄として繁殖する方が期待される受精卵の数が多く，体が大きくなると雌として繁殖する方が期待される受精卵の数が多くなる。

G 2つの透明なガラス水槽を用意し，それぞれに，体の大きい雄と小さい雄を1匹ずつ入れる。お互いを視覚的に確認できるように，2つの水槽をごく近くに置き，大きな雄が性転換すれば確かめられる。

Ⅱ H ⑶

I ⑵

J ⑷

2020年

第1問

解説 第1問は，がん（白血病）が題材であった。Ⅰでは，遺伝子発現と突然変異，PCR法などが扱われ，Ⅱでは細胞増殖や分子標的薬などが扱われた。

Ⅰ　A　遺伝子突然変異に関する知識（用語）が問われた。

B　目的の遺伝子をPCR法で増幅させて検出する際に用いるプライマーを選ぶ設問である。PCR法では，2種類のプライマーで挟まれた領域が増幅するという知識をもとに，図1－2を見て，融合遺伝子だけが増幅する場合を判断する。融合遺伝子X-Yでは，エキソンX4とエキソンY2のところで融合しているので，X4より左にある右向きのプライマー（あ）と，Y2より右にある左向きのプライマー（き）を選べばよい。

C　実験1の結果（図1－3）では，すべての融合遺伝子で「予想サイズのタンパク質発現」が「あり」となっている。つまり，転写・翻訳に異常はないので，(2)と(4)は不適切と判断できる。次に，「がん化能力」が「あり」となっている融合遺伝子2のエキソンの組合せを見ると，Y10・Y11がないので，(3)は適切だとわかる。一方，融合遺伝子1で「がん化能力」が「なし」であることから，(1)は不適切だと判断できる。(5)については，融合遺伝子4で「リン酸化活性」が「なし」となっていることから，適切と判断することになる。

D　対照実験は入試で頻出だが，その多くは陰性対照（ネガティブ・コントロールという）であり，陽性対照（ポジティブ・コントロールという）が出題されることは多くない（東大入試では，過去に出題された例はある）。もちろん，陰性対照・陽性対照に関する知識が求められているのではなく，「PCRを行う際に，実験手技が正しく行われていることを確認するため，陽性対照（必ず予想サイズのPCR産物が得られる）と陰性対照（PCR産物が得られることはない）を設置することにした」という設問文を理解して，判断することが求められている読解・思考問題である。では，順を追って確認しよう。まず，問Bの「検出する」に着目するのが出発点になる。融合遺伝子X-Yを「検出する」ということは，存在するかどうかが不明の段階である。なので，もし手技に失敗して増幅が起きないと，融合遺伝子X-Yが存在するにもかかわらず，X-Yに由来するDNAが増幅しないことになる。それでは困るので，増幅する「はず」の陽性対照を置いて，増幅が起きないような失敗がないことを確かめるのである。一方，手技の失敗で，融合遺伝子X–Yが存在しないのにDNAが増幅してしまうのも困る。そこで，増幅が起こらない「はず」の陰性対照を置く。以上を理解した上で，プライマー（あ）がエキソンX4の配列，プライマー（き）がエキソンY3の配列であることを踏まえて，選択肢（表）から選べばよい。融合遺伝子1～3は（あ)・(き）のプライマーで増幅される「はず」なので，陽性対照とでき，融合遺伝子4はY3がなく，増幅されない「はず」なので，陰性対照とできる。よって，番号2の組合せを選ぶ。また，番号6は，融合遺伝子X–Yが存在することが明らかな細胞から抽出したDNAを陽性対照とし，存在しないことがあきらかな細胞から抽出したDNAを陰性対照としているので，これも適切ということになる。上述のように「検出」しようとしているのは，融合遺伝子X–Yの存在・非存在が不明の白血病細胞なので，存在・非存在が既知の細胞とは区別しなければならない。なお，番号4はRNA，番号5はタンパク質となっているので，PCR法でDNAは増幅しない。

E　融合遺伝子5に生じた塩基配列の変化を推定する設問であるが，融合遺伝子5に由来するタンパク質が小さいという情報から，終止コドンが生じた可能性に気づけばよい。まず，bとcは3塩基の欠失なのでフレームシフト（読み枠のずれ）が起きない。したがって，変異した部位の配列だけ確認すればよい。bでは欠失によってGAGAAG → GAGとなるが，GAGはGluであることが図1－4の中に示されているので，アミノ酸1個の欠失だけだとわかる。cではLysを指定するAAGが失われて，やはり，アミノ酸1個の欠失だけが起こる。aの場合，1塩基の欠失によってフレームシフトが起こるので，与えられた塩基配列の区切りを変えて考えることになる。すると，GAG｜TAC｜CTG｜GAA｜AGA｜<u>TAA</u>｜ACT｜TCA｜TCとなり，終止コドン（下線部）が生じている。dの場合，X4とY2の境界（Y2側）で，塩基の置換が起き，終止コドンTAGが生じている。3つの終止コドンの塩基配列（mRNAでの配列はUAA, UAG，UGA）を記憶していないと自信をもって解答できない出題は避けて欲しいところだが，TAAあるいはTAGという終止コドンに対応する配列を解答に含めることまでは要求されていないだろうと思われる。

Ⅱ　F　設問文に「がん治療における分子標的薬全般の説明」と「全般」が入っているので，一般的な話として推論すればよい。また，「最も適切なものをひとつ選べ」なので，判断に迷うものは保留して考えを進めて構わない。

(1)は不適切。「RNAポリメラーゼの分解を介して」作用すると，すべての細胞の転写が阻害されてしまう。

⑵　選択肢の「がん細胞の増殖や転移などの病状に関わる特定の分子にのみ作用」というのは，がん細胞に特異的に作用するという意味だと読解できれば，正しいことを言っていると気づけるだろう。解答の際には，不安ならばいったん保留し，残る⑶～⑸の中により適切なものがないと確認して選べばよい。

⑶・⑷は不適切。これは，リード文を読解することで判断の手がかりが得られる。Ⅰのリード文には「正常なYタンパク質の本来の働きは酵素」であることや，「この酵素活性は，X-Yタンパク質のがん化能力にも必須」であることが述べられているので，酵素活性があるのは細胞内側だと予想できる。すると，融合タンパク質X-Yに対する分子標的薬が「がん細胞の表面を物理的に覆い固める」とは考えにくいし，「細胞表面に出ている受容体にしか効果がない」とも考えにくい。もちろん，確定的ではないが，「ひとつ選べ」なので，⑵の方が妥当だと判断できればよい。

⑸　選択肢の「大きい」「小さい」が曖昧であり，妥当とは思えないと判断すれば十分である。手がかりを示せば，Ⅱのリード文に「正常なYタンパク質のリン酸化活性部位は全く異なる構造をしているため，分子標的薬QはX-Y融合タンパク質にしか作用しない」とあり，分子の部分的な構造の違いが特異的な結合に関わっていることが読み取れるので，分子の大きさではなさそうだと判断できる（問Gで扱う，酵素と基質の関係から連想してもよい）。

G　基本的な用語を選ぶ設問だが，上述のように，問Fのヒントとして入れられている可能性もある。ただ，選択肢に科学用語ではないものが加えられている点で，良問とは言えないだろう。

H　用語を選ぶ設問だが，正解の「リガンド」が載っていない教科書が多いため，消去法で選んだ受験生が多かったと推測する。リード文には，正常な「Rタンパク質はYタンパク質と同じくリン酸化活性を有する受容体」であり「R遺伝子に変異が起こった結果，がんSではRタンパク質が異常な構造に変化して，［　3　］非依存的に活性化されることが分かっている」とあるので，Rタンパク質に何らかの情報伝達物質が結合することで立体構造が変わり，酵素活性が変化するというストーリーを推定できるだろう。つまり，「［　3　］非依存的」というのは，情報伝達物質がなくてもという意味なのである。なお，リガンドは，辞書的に言えば，タンパク質に特異的に結合する低分子物質を広く指し，酵素の基質や補酵素（酵素タンパク質と特異的に結合する），抗原（抗体と特異的に結合する），ホルモン（受容体と特異的に結合する），神経伝達物質（受容体と特異的に結合する）などが，リガンドと見なせることも多い。

2020年　解答・解説

I　リード文を読解して，選択肢について判断していく設問である。

(1)　不適切。リード文に「X–Y 白血病以外にも，消化管にできるＳタイプと呼ばれるがん」とあるので，X–Y 白血病細胞が消化管の細胞を誤って攻撃するという関係があるとは考えられない。

(2)　適切。リード文に「分子標的薬Ｑが X–Y 融合タンパク質のチロシンリン酸化活性（以下「リン酸化活性」と称する）部位に結合し，その機能を阻害する」とあるので，リン酸化活性部位との結合力を高めれば，治療効果の向上が期待できる。

(3)　不適切。(4)　適切。分子標的薬Ｑは，正常なＹタンパク質と X–Y 融合タンパク質のリン酸化活性部位を識別し，後者に特異的に結合しているので，効果の有無は標的の構造で決まり，がんの発生部位とは無関係と考えられる。したがって，分子標的薬Ｑが効果をもつことから，X–Y 融合タンパク質のリン酸化活性部位と，がんＳで見られる変異Ｒタンパク質のリン酸化活性部位は，構造が類似していると推論できる。

J　問Ｉで推論したように，分子標的薬Ｑは，構造が合致する標的分子と特異的に結合すると考えられるので，標的の構造が変化して，結合できなくなると効果を失うことが予想できる。アミノ酸の置換は，タンパク質の構造（活性）にほとんど影響しないこともあるが，大きく影響することもある（このことは，突然変異に関する基本的知識である）。したがって，分子標的薬Ｑが効果を失った理由として，融合タンパク質 X–Y の構造の変化により，Ｑが結合できなくなったというストーリー（仮説）は，つくりやすかったのではないかと思う。なお，「特定のアミノ酸が１つ変化していることがわかったが，そのリン酸化活性は保たれていた」とあるので，活性部位の構造は変化しなかったことも明記したい。

K　実験２で，「28 日目に 500 個の細胞が残っていた」という事実を，「もともとの細胞集団の中に存在して」いた細胞が，「4 日毎に 2 倍に増殖」した結果と仮定するので，$28 \div 4 = 7$ より，128 倍（$= 2^7$ 倍）になったと考えることになる。すると，最初の細胞は $500 \div 128 \fallingdotseq 4$（個）となる。

L　問Ｋの仮定を考慮するので，約 1,000,000 個の分子標的薬Ｑが効く細胞（感受性細胞）が「3 日毎に 10 分の 1 に減る」ことと，最初に 4 個あった分子標的薬Ｑが効かない細胞（非感受性細胞）が「4 日毎に 2 倍に増殖」することが，並行して起きる場合を考えればよい。すると，12 日目には，感受性細胞は $1{,}000{,}000 \times (1/10)^4 = 100$ 個，非感受性細胞は $4 \times 2^3 = 32$ 個，計 132 個，24 日目には，感受性細胞は $1{,}000{,}000 \times (1/10)^8 = 0.01$ 個，非感受性細胞は $4 \times 2^6 = 256$ 個，計256個，と推定できるので，適切なのは選択肢の3とわかる。

（注1）　配点は，Ⅰ－A 2点（各1点），B 1点，C 2点（完答），D 2点（完答），E 3点（記号1点，理由2点），Ⅱ－F 1点，G 1点，H 1点，I 2点（完答），J 2点，K 1点，L 2点と推定。

（注2）　行数制限の解答の際は1行あたり35～40字相当としたが，「～行程度」とある場合は，次の行に入る程度は許容されるだろう（以下同）。

解答

Ⅰ　A　1－読み枠（または　フレーム）　2－同義置換

B　あ－き

C　(1)，(2)，(4)

D　2，6

E　1)

bとcは3塩基の欠失であるため，アミノ酸が1つ欠失するだけで，それ以外のアミノ酸配列は変わらない。aではフレームシフト，dでは塩基置換によって，融合した部位の直後に終止コドンが現れるため，短いポリペプチドが合成される。

Ⅱ　F　(2)

G　基質特異性

H　リガンド

I　(1)，(3)

J　アミノ酸の置換により，活性部位の構造は影響を受けなかった一方，分子標的薬Qが結合する領域の構造が変化し，分子標的薬Qが結合できなくなった。

K　4個

L　3

第2問

解説　第2問は，植物と菌根菌の共生および寄生植物の関係が題材であった。Ⅰでは，種間での情報伝達とその適応的意義が扱われ，Ⅱでは，植物体内での情報伝達と寄生の関係が扱われた。

Ⅰ　A　植物（ソルガム）と菌根菌の種間関係を，コストとベネフィットの視点から見ると，植物にとってのベネフィットは菌根菌から得られる無機塩類，コストは菌根菌に与える糖や脂質である。「リン酸のみが欠乏した畑地でソルガムを栽培し，根に菌根菌が定着した後に，土壌へ十分な量のリン酸を与える」と，植物にとって，コストとベネフィットがある共生（つまり(2)・(6)）の状態から，コストはあるがベネフィットがない寄生（つまり(4)）の状態に変わることになる。なお，(1)は競争，(3)は片利共生，(5)は被食者－捕食者相互関係である。

B　図２－２の結果は，ソルガムとアカツメクサの間に，リン酸については差がないのに対して，窒素については差があることを示している。ソルガムとはどんな植物？と気になった受験生もいるかと思う（イネ科モロコシ属の一年草である）。しかし，ソルガムについての知識が求められているのではなく，リード文に与えられている情報から，判断すればよい。「ソルガムやトウモロコシは，土壌中のリン酸や窒素といった無機栄養が欠乏した環境において，菌根菌を根に定着させる」とあることと，設問文の「マメ科牧草のアカツメクサ」に着目すれば，図２－２の窒素についての差が，マメ科植物が窒素固定を行う根粒菌と共生することの反映だと推論できるはずである。設問文の「無機栄養の獲得戦略の観点」というのも，大きな手掛かりになる。つまり，植物にとっては〈リン酸の不足→化合物Ｓの分泌→菌根菌を誘引→共生によるリン酸の獲得〉というストーリーと〈窒素の不足→化合物Ｓの分泌→菌根菌を誘引→共生による窒素の獲得〉というストーリーがあり，マメ科植物は前者だけを行うということを答えればよい（下表参照）。

	リン酸	窒素
ソルガム	菌根菌と共生して獲得	菌根菌と共生して獲得
アカツメクサ(マメ科)	菌根菌と共生して獲得	根粒菌と共生して獲得

C　リード文の下線部(ウ)および続く部分には「化合物Ｓは，不安定で壊れやすい物質であり，根から分泌された後，土壌中を数mm拡散する間に短時間で消失する。このような性質により，根の周囲には化合物Ｓの濃度勾配が生じ，菌根菌の菌糸はそれに沿って根に向かう」とあるので，濃度勾配が根の方向を知る手掛かりになることが読み取れる。しかし，濃度勾配について述べても正解にならない。設問が求めているのは，濃度勾配に関してではないからである（この判断を誤ると正しい内容を書いて0点となる）。設問が求めているのは，化合物Ｓの「不安定で壊れやすい」性質がストライガ（寄生者）にとって有利にはたらく点であり，正答する上で重要なのは，不安定な化合物Ｓは根の周囲数mmにしか存在しないことと，リード文の「土壌中で発芽したストライガは，数日のうちに宿主へ寄生できなければ枯れてしまう」を結びつけることである。ストライガの種子にとって，化合物Ｓを受容（感知）するということは，数mmのところに宿主

の根が存在するというシグナルとなるので，寄生する上で有利にはたらくのである。

D　問Cと同様，発芽したストライガは，数日以内に宿主に寄生できないと枯れるという情報を使うのが出発点となる。当然のことだが，発芽しないまま土壌中にストライガの種子が残ると作物に被害が出るので，すべての種子を発芽させてしまいたい。そう考えれば，ストライガの発芽を誘導する活性を高めることが望ましいと判断できるだろう。注意が必要なのが，菌根菌を誘引する活性の方である。見落としてはいけないのが「化合物Sの土壌での安定性を高めた類似化合物」という前提である。つまり，この類似化合物を，耕作していない時期の農地に撒いた場合，耕作するときにも残留している可能性がある。仮に，菌根菌を誘引する活性が等しい類似化合物を，多量に土壌に散布した場合，菌根菌は根のある方向に菌糸を伸ばすことが難しくなり，うまく共生できない可能性がある。逆に，誘引活性がまったくないならば，多量に残存しても，菌根菌は化合物Sにだけ誘引され，菌糸を根の方に伸ばすことができる。つまり，植物が分泌する化合物Sと類似化合物の両方が存在する状態でも菌根菌が植物と共生できるには，類似化合物の菌根菌を誘引する活性は低い方が望ましいのである。

Ⅱ　E　葉の表面温度の高低を，蒸散量と結びつければよい（2013年の東大入試でも同様の題材が出題されている）。実験1では，アブシシン酸を投与しているので，アブシシン酸の作用を受けて気孔が閉じ，蒸散速度が低下した結果，葉の表面から奪われる熱が減ったことを述べればよい。

F　実験1・実験2の結果は，次のように整理できる。

①　タンパク質Xを過剰発現させた形質転換体では，アブシシン酸を投与しても気孔が閉じない（実験1で葉面温度が上昇しない）し，水の供給を制限しても気孔が閉じない（実験2で葉面温度が上昇しない）。

②　タンパク質Yを過剰発現させた形質転換体は，水の供給を制限すると，野生型より遅く気孔が閉じる（実験2で葉面温度が上昇する）。

③　タンパク質Yのはたらきが欠失している変異体は，水の供給を制限する（アブシシン酸の合成が増える）と，野生型より早く気孔が閉じる（実験2で葉面温度が上昇する）。

①から，タンパク質Xがアブシシン酸（気孔を閉鎖させる）の作用を阻害し，②から，タンパク質Yもアブシシン酸の作用を阻害すると判断できる（つまり(6)が正答と判断できる）のだが，丁寧に確認しておこう。(1)〜(4)はアブシシン酸合成に影響（促進・抑制）すると述べているが，(1)・(3)タンパク質Xがア

ブシシン酸合成を促進するなら，実験１の形質転換体の表面温度は，アブシシン酸投与のある・なしに関係なく高いはずであり（①と矛盾），(2)・(4)タンパク質Ｘがアブシシン酸合成を抑制するなら，実験１でＸを過剰に発現する形質転換体にアブシシン酸を投与すれば効くはず（①と矛盾）なので，(1)～(4)は適切ではない。(5)～(8)は気孔に対するアブシシン酸の作用に影響（促進・抑制）すると述べている。(5)・(7)タンパク質Ｘが作用を促進するなら，実験１の形質転換体（Ｘを過剰発現している）は，アブシシン酸を投与した際に気孔が閉じるはずだが，実際には閉じていない（①より）ので，不適切。(5)・(8)タンパク質Ｙが作用を促進するなら，実験２のＹを過剰発現する形質転換体は野生型よりも早く気孔が閉じることが予想されるが，実際には遅く（②より），Ｙのはたらきを欠失させた変異体は野生型よりも遅く閉じることが予想されるが，実際には早い（③より）ので，不適切。よって，(6)が正答となる。

Ｇ　タンパク質Ｘとタンパク質Ｙについて比較するためには，リード文と実験１・実験２で述べられていることを，次のように整理するのが出発点となる。

④　タンパク質Ｘは，陸上植物に広く存在するタンパク質Ｙに，あるアミノ酸変異が起こって生じた。

⑤　タンパク質Ｘのはたらきにより，気孔が開いたまま維持される。

⑥　タンパク質Ｙは，アブシシン酸濃度の上昇に応じ，その活性が変化する。

⑦　タンパク質Ｘとタンパク質Ｙの発現量は変化していない。

問Ｆで，タンパク質Ｘもタンパク質Ｙも，気孔に対するアブシシン酸の作用を阻害することが推論できているので，⑤を手がかりに，図２－４の＊について，次のように説明することになる。水の供給を制限する前，タンパク質Ｘが存在し，気孔は開いている。水の供給を制限するとアブシシン酸濃度が上昇するが，タンパク質Ｘがもつ「気孔に対するアブシシン酸の作用を抑制する」活性は変化せず，気孔が閉じることなく，葉の表面温度が上昇しない。つまり，④のアミノ酸変異によって，⑥のアブシシン酸への応答性が失われているという仮説である。では，⑥の活性変化をどのように考えれば，実験２の残りの結果について説明できるだろう？　アブシシン酸濃度の上昇でタンパク質Ｙの活性が高まるなら，気孔はアブシシン酸に応答しにくく，アブシシン酸濃度の上昇で活性が低下するなら，気孔はアブシシン酸に応答しやすい。したがって，妥当な仮説は後者であり，次のように結果を説明することになる。水の供給を制限する前，タンパク質Ｙが存在し，そのはたらきで気孔は開いている（⑤とも一貫する）。水の供給を制限すると，アブシシン酸合成が高まり，アブシシン酸濃度が上昇する結果，タンパク質Yの活性が下がり，気孔が閉じる結果，葉の表面温度が上昇する。このとき，野生型とタンパク質Yを過剰発現する形質転換体の違いは，すべてのタンパク質Yの活性が失われるのに必要なアブシシン酸濃度が形質転換体の方が高いため，気孔が閉じるのが遅くなる（葉の表面温度の上昇が遅くなる）と説明できる。

H　この設問では，「最も早く葉の光合成活性が低下したと考えられるものは4種類のうちどれか」と「その後も，水の供給を制限し続けたとき，最も早く萎れると考えられるものはどれか」の2つについて，それぞれ理由も含めて答えることが求められている。最初の問いに答える際の前提は，「実験2の7日間の計測期間中」は「どれも葉の萎れを示さなかった」という事実だが，ここから，光合成活性について，水不足による低下は考えなくて良いこと，言い換えれば，気孔閉鎖による二酸化炭素の取り込みがポイントだと気づくことが重要である。これに気づければ，葉の表面温度の上昇が最も早い変異体が，最も早く気孔が閉じているのだから，光合成活性の低下も早いと判断できる。二つ目の問いの方が考えやすかったと思われるが，こちらは図2－4から，タンパク質Xを過剰発現させた形質転換体では気孔が閉じないことに着目すればよい。

（注）　配点は，Ⅰ－A 2点（各1点），B 3点，C 2点，D 4点（各2点），Ⅱ－E 1点，F 2点，G 2点，H 4点（各2点）と推定。

解 答

Ⅰ　A　与える前－(2)，(6)　与えた後－(4)

B　ソルガムは，菌根菌と共生してリン酸と窒素を得るので，いずれかが欠乏した土壌では菌根菌を誘引する化合物Sを分泌する。マメ科のアカツメクサは根粒菌との共生により窒素を得るので，リン酸が欠乏した土壌でのみ化合物Sを分泌する。

C　宿主のごく近くでのみ発芽することで，枯れないうちに寄生することができる。

D　ストライガの種子がわずかでも残ると作物に被害が生じるため，土壌中の全ての種子を発芽させ枯死させるために，ストライガの発芽を誘導する活性を高めることが望ましい。

土壌中に残存している類似化合物が，化合物Sによる菌根菌の誘引を妨げ，ソルガムと共生する菌根菌の数が減るのを防ぐために，菌根菌を誘引する活性は低下させることが望ましい。

Ⅱ　E　アブシシン酸の作用で気孔が閉じ蒸散速度が低下した結果，気化熱が奪われにくくなったので。

F　(6)

G　タンパク質Xの活性はアブシシン酸濃度が上昇しても高いまま維持されるが，タンパク質Yの活性はアブシシン酸濃度が上昇すると低下する。

H　水の供給を制限した後，最も早く葉面温度が上昇したことから，タンパク質Yのはたらきを欠失させた変異体では，すぐに気孔が閉じ，二酸化炭素を取り込みにくくなり，光合成活性が低下したと考えられる。

タンパク質Xを過剰発現させた形質転換体は，水の供給を制限した後も葉面温度が上昇しないことから，気孔が閉じないと考えられ，水の供給を制限し続けても，活発な蒸散が続き，最も早く萎れると考えられる。

第3問

解説　第3問は，後生動物（多細胞動物）の系統分類が題材であった。Ⅰでは，後生動物の系統進化と発生過程，Ⅱでは，珍渦虫という動物の系統学的位置，Ⅲでは，後生動物の起源が扱われた。

Ⅰ　A　系統樹の空欄を埋める知識問題であったが，教科書的な内容であり，教科書をしっかりと見ていれば答えられる設問であった。

B　動物の系統進化のうち，胚葉について問われた。扱われた動物のうち，(5)のクシクラゲは，載っていない教科書もあるが，図3－1で，無胚葉性の海綿動物と二胚葉性の刺胞動物に挟まれていることから，二胚葉性と判断できただろう。

C　旧口動物と新口動物の「初期発生の過程」の違いを答える知識論述問題だが，問題集などで頻出であり，書きやすかったはずである。「2行程度」なので，ポイント2つと判断し，旧口動物では……，新口動物では……，と対比して書くことが望ましい。

D　この設問は，知識論述なのだが，問われていることを正確に読解しないと，何を書くべきか迷うかもしれない。設問文は「ウニやヒトデなどの棘皮動物は，五放射相称の体制を有するにもかかわらず，左右相称動物の系統に属する」と，体制で系統が決まっているのではないことを述べ，「発生過程を見るとよくわかる」と，進化と発生を結びつけることが指示されている。つまり，ウニの発生過程を想起して，体制を考えることがポイントとなる。すると，受精卵から原腸胚までは放射相称だが，プルテウス幼生は左右相称であることに思い当たるだろう。成体（ウニ）は，プルテウス幼生が二次的に放射相称の形態に変化したものである。

Ⅱ　E　5つの仮説の内容を読解し，対応する系統樹を選ぶのだが，正確な読解が重要な設問であった。ポイントを一つ一つ確認しよう。まず，選択肢の系統樹にある水腔動物は，下線部(オ)のところに「半索動物と棘皮動物を合わせた群」とあり，半索動物の位置は図３－１で確認できる。すると，選択肢の系統樹１～４における新口動物の範囲は，旧口動物との関係から，次の図のように判断できる。また，１～３の系統樹に登場する珍無腸動物は，リード文の「無腸動物が珍渦虫に近縁であることが示され，両者を統合した珍無腸動物門が新たに創設された」という部分と結びつけて理解することになる。そのうえで，これらの系統樹と(ア)～(オ)の仮説を対比していく。

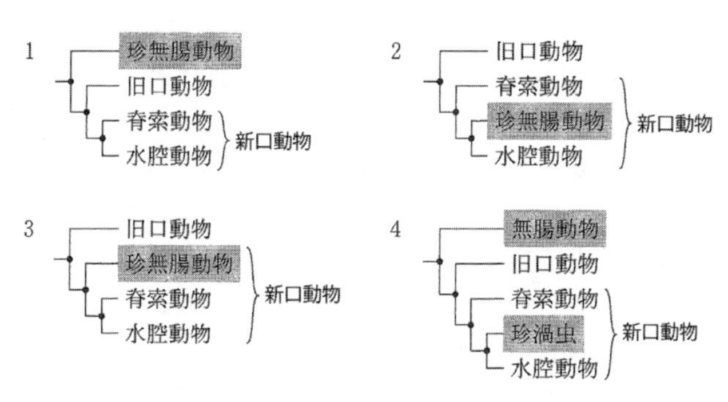

(ア)の「珍渦虫は新口動物の一員である」という仮説に，珍渦虫を含む珍無腸動物が新口動物に含まれていない１は該当せず，２～４は該当する。

(イ)の「旧口動物と新口動物が分岐するよりも前に出現した原始的な左右相称動物である」という仮説に該当するのは，珍無腸動物が旧口動物・新口動物よりも早く分岐している１の系統樹だけである。

(ウ)の「珍渦虫と無腸動物は近縁でない」という説では，珍無腸動物門が認められないので，４の系統樹となる。

(エ)の「珍渦虫と無腸動物は近縁であり（珍無腸動物），これらは左右相称動物の最も初期に分岐したグループである」という仮説について判断するには，問Ａで図３－１の空欄２に「左右相称動物」が入ることがわかっている必要がある。これを踏まえることで，「左右相称動物の最も初期に分岐した」というのが，１の系統樹に対応する内容だと判断できる。

(オ)の「珍無腸動物は水腔動物（半索動物と棘皮動物を合わせた群）にもっとも近縁である」という仮説では，水腔動物と珍無腸動物の分岐が最も新しいはずなので，該当するのは２の系統樹である。

Ｆ　この設問も，求められていることを正確に読解することが重要であった。設問文では「珍渦虫には口はあるが肛門はない」という事実と，下線部(ア)の仮説「珍渦虫は新口動物の一員である」を両立させると,「その分類群の中ではかなり不自然な発生過程をたどることになる」と述べられている。つまり,推論の前提と推論の結果が与えられており,「不自然」な結果が得られる理由を答えなくてはならない。このような問い方は,東大入試では珍しくはないが,多くもない。問題集などでは,あまり見ないスタイルであり,書きにくく感じた受験生もいたと思う。種を明かせば,新口動物なら,発生過程で原口が肛門になり,反対側に口ができる（問C）はずで,口があり肛門がない形態は,先にできたものが消え,後からできたものが存在する点で,不自然だというだけなのである。

Ⅲ　G　リード文の空欄に入る語句を,リード文の内容を理解した上で選ぶ設問であり,これも読解が重要であった。まず,群体鞭毛虫仮説での仮想の祖先動物（ガストレア）が,「多くの動物の初期胚に見られる原腸胚（嚢胚）のように原腸（消化管のくぼみ）を有する」とあるところから考えたいのだが,ウニの原腸胚は放射相称である一方,カエルの原腸胚は左右相称であり,ここだけで単純に決めるのは難しい。保留して先を読むと,「多核体繊毛虫仮説では,繊毛を用いて一方向に動く単細胞繊毛虫が多核化を経て多細胞化した」とある。ここの「一方向に動く」というのが前後をもつ,言い換えると「左右相称」ということなので,こちらについては,空欄8に左右相称動物,空欄9に放射相称動物が入ると判断できる。さらに,リード文を読むと,最後に「現在ではヘッケルの群体鞭毛虫仮説が有力と考えられている」とあるので,図3－1が,群体鞭毛虫仮説に対応することが推定できる。すると,図3－1で,放射相称動物が先に生じ（空欄1）,左右相称動物が後から生じている（空欄2）ことを手がかりに,空欄6に放射相称動物,空欄7に左右相称動物が入ると判断できよう。

H　設問文が回りくどいが,選択肢(4)の社会性昆虫という語句を見れば,「同種の血縁集団として生活し,その中に不妊個体を含む異なる表現型を持つ個体が出現する動物」に該当すると気づけるだろう。たとえばミツバチでは,はたらきバチは不妊個体であり,女王バチとは大きさも行動も異なる。さらに,繁殖だけに関わる雄バチもいる。(1)アブラムシの翅多型とは,有翅型と無翅型の多型で,有翅型は移住性,無翅型は定住性と考えることができ,密度効果の一種（相変異）であるが,群体性ではない（昨2019年度の東大入試〔3〕のリード文に登場している）。(2)ミジンコの誘導防御は,昨2019年度の東大入試〔3〕の主たる題材であり,環境応答による表現型多型である（群体性ではない）。(3)クワガタムシの大顎とは,頭部に発達したハサミ状の構造のことであり,同じ種でも,大きさなどに多様性(変異)が見られる。ただし,群体性と関係ないことは明らかだろう。

(5)ゾウアザラシのハーレムは，1個体の雄と多数の雌とからなる繁殖集団である。

Ｉ　この設問では，「ガストレア」が後生動物の起源だとして，現生の動物門の中で「ガストレア」の状態に最も近い動物門は何かを推論し，その推論の理由を答えることが求められているのだが，手がかりとなる情報（リード文と図3－3）だけでは，確定的な結論には至らない。おそらく，合理的な推論であれば正答として扱うということであろう。さて，リード文にある「多くの動物の初期胚に見られる原腸胚（嚢胚）のように原腸（消化管のくぼみ）を有する」という部分を出発点にすると，二胚葉性という可能性が推論できる（たとえばウニの原腸胚では，外側をおおう1層の細胞が外胚葉，原腸を構成する細胞が内胚葉である）。さらに，原腸のくぼみがある図3－3は，口と肛門の区別がない刺胞動物の体制と似ていると言える。こうしたことから，ガストレアに近いのは刺胞動物と判断するというのが，一つの妥当な推論だろう。しかし，図3－3で示されているガストレアの模式図では，形は原腸胚のように凹んでいるが，外層の細胞と凹み部分の細胞の形態は同じであり，いずれも襟鞭毛虫と似ている。細胞の形態が同じということから胚葉分化がないと判断すれば，無胚葉性の海綿動物がガストレアに近いと判断することもできよう。

（注1）　配点は，Ｉ－Ａ1点，Ｂ2点（完答），Ｃ2点，Ｄ2点，Ⅱ－Ｅ5点（各1点），Ｆ2点，Ⅲ－Ｇ2点，Ｈ1点，Ｉ3点と推定。

（注2）　設問Ｉに関しては，正解と認められる理由の述べ方はさまざまにありうるので，後述の解答はあくまで解答例の一つである。

解答

Ｉ　Ａ　(2)

Ｂ　(1)　二胚葉性　(2)　三胚葉性　(3)　三胚葉性　(4)　三胚葉性
(5)　二胚葉性　(6)　三胚葉性

Ｃ　旧口動物では，原口が将来の口になり，反対側に肛門が生じるのに対して，新口動物では，原口が将来の肛門になり，反対側に口が生じる。

Ｄ　プルテウス幼生は左右相称の体制をもち，その後，変態して五放射相称の体制をもつ成体に発生する。

Ⅱ　Ｅ　(ア)－2，3，4　(イ)－1　(ウ)－4　(エ)－1　(オ)－2

Ｆ　新口動物の一般的な発生過程では，原口が肛門となり，反対側に口が生じるので，口があり肛門がない珍渦虫の形態は，口が生じた後，肛門が塞がれることになるから。

Ⅲ　Ｇ　(1)

H　(4)

I　例1）ガストレアは原腸をもち，原腸胚に相当する形態をもつので，外胚葉と内胚葉が分化し，消化管はもつが口と肛門が分かれていない刺胞動物門がガストレアの状態に最も近い動物門と考えられる。

例2）ガストレアは原腸を有するとされるが，図では，外層の細胞とくぼみの細胞の形態が同じであり，細胞分化がない状態なので，胚葉が未分化段階の海綿動物門が，ガストレアの状態に最も近い動物門と考えられる。

2019年

第1問

解説 第1問は，線虫を題材に，発生・分化と遺伝子発現を扱っている。Ⅰでは，隣接する細胞同士が影響しあう機構が扱われ，Ⅱでは，Ⅰで扱われた機構と誘導の両方が関わる現象が扱われた。

Ⅰ　B　実験1の条件と結果を表にまとめると次のようになる。

	Xタンパク質の機能	A細胞	B細胞
*X(−)*変異体	な　し	C細胞に	C細胞に
*X(+)*型	あ　り	C細胞に	D細胞に
*X(+)*型	あ　り	D細胞に	C細胞に
*X(++)*変異体	常に機能	D細胞に	D細胞に

また，実験2の条件と結果をまとめると次のようになる。

A細胞	B細胞	A細胞	B細胞
*X(−)*変異体	*X(+)*型	*X(+)*型	*X(−)*変異体
C細胞に	D細胞に	D細胞に	C細胞に

(4)〜(6)については，上表から，Xタンパク質の機能が無いと細胞Dに分化できないことがわかり，下表から，Xタンパク質がはたらいた細胞が細胞Dに分化するとわかるので，(5)が適切である。選択肢(1)〜(3)については，直感的に(1)が正しいと判断できた受験生もいるだろうが，ここでは，ロジックを確認しておく。(2)のように「他方の細胞とは関係なくそれぞれの分化を決定する」機構では「C細胞が2個またはD細胞が2個できることはない」という文1で述べられている事実をうまく説明できない。では，(1)と(3)はどうだろうか？　(1)の「相互に影響を及ぼし合いながらそれぞれの分化を決定」する機構であれば，一方がC細胞なら他方はD細胞という結果を説明しやすいだけでなく，実験2（図1−2(c)）の結果も説明できる。(3)の「A細胞はB細胞に影響を及ぼさないが，B細胞はA細胞に影響を及ぼしてA細胞の分化を決定する」機構でも，B細胞がC細胞に決まると，その影響でA細胞がD細胞になり，B細胞がD細胞に決まると，その影響でA細胞がC細胞になるはずなので，実験結果は説明できるようにみえる。しかし，この機構をもとに実験1の*X(+)*型の結果を説明しようとすると，B細胞がランダムにC細胞またはD細胞に分化し，その影響でA細胞がどちらに分化するか決まると考えることになる（つまり，最初に分化が決まる

B細胞の分化はランダムと考えることになる)。すると,実験2のA細胞が*X(−)*変異体,B細胞が*X(+)*型のときに,B細胞がC細胞に分化するケースが無い(かならずD細胞に分化している)ことが説明できなくなる。よって,(3)も不適切なのである。

C　実験3の結果(図1－3(a))で,Xタンパク質はD細胞で多くC細胞で少ないことが示されている(設問Bと一貫する)。また,実験4の結果(図1－3(b))で,Yタンパク質はD細胞で少なくC細胞で多いことが示されている。図1－4で,Xタンパク質が活性化すると,*X*遺伝子と*Y*遺伝子の発現を制御することが示されているが,以上の事実を一貫して説明するには,*X*遺伝子と*Y*遺伝子の発現調節の方向が逆である(一方を増加させ,他方を減少させる)ことが必要である。つまり,Xタンパク質が増加した細胞では,Yタンパク質が減少し,D細胞へと分化する一方,Xタンパク質が減少した細胞では,Yタンパク質が増加し,C細胞へと分化する。ここまでを読み取れていれば,空欄4は「減少」と決められ,空欄5は「C」と判断できる。また,空欄1に「X」が入るのは図1－4と文2から明らかだろう。空欄2と空欄3はすこし難しい。こうした複数の要素が関わる機構に関する考察では,自分なりに仮定をおいて推論を進めるのが有効である。そこで,仮にA細胞からB細胞への作用が,B細胞からA細胞への作用より,少しだけ強くなったとしてみよう(つまり,B細胞のXタンパク質の方がより活性化する)。このとき,Xタンパク質の活性化によって*Y*遺伝子の発現が減少(*X*遺伝子の発現が増加)すると考えると,B細胞のYタンパク質が減ることでB細胞からA細胞への作用がより小さくなり,A細胞からB細胞への作用とB細胞からA細胞への作用との差が拡大する。これが繰り返されれば,A細胞ではYタンパク質が増え(Xタンパク質は減少し)続け,B細胞ではYタンパク質が減り(Xタンパク質は増加し)続けることになり,考察文の「Yタンパク質の量は一方の細胞で急激に増えて他方の細胞では急激に減ることになる」に合致する。仮定を逆にして,Xタンパク質の活性化によって*Y*遺伝子の発現が増加すると考えると,B細胞のYタンパク質が増えることでB細胞からA細胞への作用がより大きくなり,A細胞からB細胞への作用とB細胞からA細胞への作用との差が縮小するので,考察文の「Yタンパク質の量は一方の細胞で急激に増えて他方の細胞では急激に減ることになる」と合致しない。

D　設問Cで整理した機構にもとづいて予想する。正常型でA細胞とB細胞の一方が破壊されると,残った方は隣接する細胞を失うことになる。これは隣接する細胞がもつYタンパク質との相互作用がまったくなくなるということであり,

Xタンパク質は活性化されず，Y遺伝子の転写は減少せず，X遺伝子の転写は増加しない。つまり，Yタンパク質が多く，Xタンパク質が少ない細胞となるので，C細胞へと分化するはずである。設問では「いずれになると予想されるか」を「理由も含めて2行程度」で答えることが求められているので，〈隣接する細胞のYタンパク質が自身のXタンパク質に結合することがない〉ため，〈自身のXタンパク質が活性化されない〉ので，〈C細胞へと分化する〉という内容を簡潔に述べればよい。

Ⅱ　E　「正常の発生過程で，E細胞からの影響を直接または間接的に受けて分化が決まる」かどうかを判断するには，表1－1の正常型について，E細胞の「操作なし」と「破壊」で差があるかどうかをみればよい。P1とP5はどちらでも表皮に分化するので影響はなく，P2～P4は分化する細胞が変化しているので影響があると判断できる。

F　「Xタンパク質がはたらいた表皮の前駆細胞はどのタイプの細胞に分化する」かを判断するには，$X(++)$変異体について，Zタンパク質がはたらかないようにE細胞を「破壊」したときの結果（P1～P5のすべてが「壁細胞」になる）をみればよい。

G　文3によれば「Zタンパク質は離れた細胞のWタンパク質の細胞外の部分に結合し，Wタンパク質を活性化する」ので，設問で問われている「Wタンパク質の活性化」について考えるには，表1－1のP3細胞に着目する。正常型の(a)「操作なし」と(b)「破壊」の対比から，Zタンパク質によってWタンパク質が活性化すると穴細胞に分化することがわかる。そして，$X(-)$変異の(d)「操作なし」と(e)「破壊」の対比から，穴細胞への分化にXタンパク質は不要であることがわかる。また，表1－1の(e)と(g)から，Xタンパク質が細胞を壁細胞に分化させることがわかる。Ⅰでみたように，Xタンパク質とYタンパク質で相互作用する隣接細胞では，Xタンパク質とYタンパク質の増減が逆方向なので，P3細胞でYタンパク質が増加（Xタンパク質は減少）し，隣接するP2細胞とP4細胞ではXタンパク質が増加（Yタンパク質は減少）することが推論できる。この設問では「Wタンパク質の直接の効果」という条件もあるので，文3の「この効果は相手の細胞との距離が近いほど強い」という部分から，(4)ではなく(1)が正解になることに注意しよう。

H　文3で扱われている内容全体を整理して，ひとつのストーリー（仮説）にまとめることが求められている。正常型における分化パターンを考える際に着目しなければならない要素を改めて整理すると，以下のようになる。

① E細胞から分泌されたZタンパク質によるWタンパク質の活性化は，P3細胞で強く，P2細胞とP4細胞では中程度，P1細胞とP5細胞では弱い（表1－1(c)から，P4にもZタンパク質の作用を受ける能力があることがわかる）。

② Wタンパク質が活性化すると，*Y*遺伝子の発現が増加する。

③ Xタンパク質とYタンパク質の相互作用で，隣接細胞は互いのXタンパク質とYタンパク質の量を調節しあっている。

④ Xタンパク質が増加した細胞は壁細胞に分化する。

⑤ Yタンパク質が増加するだけでは，穴細胞への分化に十分ではない（P2細胞とP4細胞でXタンパク質が増加すると，P1細胞とP5細胞ではYタンパク質が増加すると考えられるが，P1細胞とP5細胞は穴細胞には分化していないので）。

⑥ 穴細胞への分化に，Wタンパク質が十分に強く活性化することだけで十分なのか，Wタンパク質が活性化し，かつYタンパク質も増加することが必要なのかを判断する直接的な証拠はない。シンプルなのは前者だが，表1－1(d)でP2細胞とP4細胞が穴細胞に分化していることから，P2細胞とP4細胞の位置でも，Zタンパク質は十分な濃度で到達していると考えられる。したがって，後者の考え方を採用したい。

以上から，次のようなストーリーを考えることができる。

E細胞にもっとも近いP3細胞では，Zタンパク質によってWタンパク質が活性化し，Yタンパク質が増加して，穴細胞へと分化する。P2細胞・P4細胞へもZタンパク質の作用はあるが，P3細胞への作用の方が強いので，Yタンパク質の増加の度合いはP3細胞の方が大きい。そのため，P2細胞とP4細胞では，隣接するP3細胞との相互作用でYタンパク質が減少，Xタンパク質が増加することになり，壁細胞へと分化する。P1細胞とP5細胞は，隣接するP2細胞・P4細胞との相互作用でYタンパク質が増えると考えられるが，E細胞から遠いためZタンパク質による作用が弱く，穴細胞にはならず，表皮細胞へと分化する。

（注1） 配点は，I－A1点，B3点，C3点，D3点，II－E2点，F2点，G2点，H4点と推定。

（注2） 行数制限の解答の際は1行あたり35～40字相当としたが，「～行程度」とある場合は，次の行に入る程度は許容されるだろう（以下同）。

解答

I　A　誘導

B　(1)，(5)

C　1－⑤，　2－⑩，　3－⑨，　4－⑩，　5－③

D　Yタンパク質をもつ隣接細胞がなくなるため，残った細胞のXタンパク質はYタンパク質と結合せず活性化しないので，残った細胞はC細胞へと分化する。

Ⅱ　E　P2，P3，P4

F　(2)

G　(1)

H　Zタンパク質の作用を最も強く受けるP3細胞は，Wタンパク質が活性化し，Yタンパク質が増加して，穴細胞に分化する。隣接するP2細胞・P4細胞は，P3細胞との相互作用を介してYタンパク質が減少しXタンパク質が増加するため，壁細胞へ分化する。P1細胞とP5細胞は，隣接するP2細胞・P4細胞との相互作用でYタンパク質は増えるが，Wタンパク質が活性化していないため表皮細胞へ分化する。

第2問

解説　第2問は，光合成と葉緑体を中心に扱っている。Ⅰでは，光合成速度と環境要因の関係などが問われ，Ⅱでは光化学系の損傷を修復するしくみとタンパク質合成の関係などが問われた。

Ⅰ　A　チラコイドの反応系（以下，チラコイド系）で生産され，ストロマでのカルビン・ベンソン回路で利用されるATPとNADPHを答える基本的な知識を問う設問だが，以下の設問B～Dでの判断の土台となる内容でもある。

B　図2－1（光－光合成曲線）を「葉面積あたり」のグラフとし，環境条件の違いによって，光合成速度と呼吸速度がどのように変化するかを推理する（暗黙の前提として，比較する要因以外は同じとして考える）。(ア)では，富栄養の環境と貧栄養の環境を比較する。リード文に「最大光合成速度は光合成に関わる酵素タンパク質の量に比例する」ことと，「カルビン・ベンソン回路の酵素タンパク質を多く保持し最大光合成速度が大きな葉は，呼吸速度も大きくなる」ことが述べられ，下線部(ア)に「貧栄養の土壌では酵素タンパク質が十分に合成されず」とあることから，呼吸速度が小さくなるはずだと予想できる。また，設問文に「貧栄養のときの最大光合成速度は富栄養のときの半分とする」とあるので，最大光合成速度と呼吸速度の両方が図2－1より小さくなると判断すればよい（グラフの(6)と(9)が該当する)。(6)と(9)では弱光条件での傾きに違いがある。この違いが生じるのは，チラコイド系の能力に差がある場合で，富栄養と貧栄養でチラコイド系の能力に差がある可能性も否定できない。しかし，(9)では光補償点と光飽和点の両方が図２－１と一致しており（あまりに）不自然である。よって，(6)を選べばよい。(イ)では，土壌が湿っている環境と乾燥している環境を比べることが求められているので，チラコイド系の能力にも，カルビン・ベンソン回路の酵素タンパク質にも差はないものと判断すればよい。すると，呼吸速度と傾きが図２－１と同じで，最大光合成速度だけが小さくなるはずであり，該当するのは(4)となる。

C　陽葉と陰葉の光－光合成曲線について，「陰葉の面積あたりの質量と最大光合成速度は陽葉の半分」とし，「葉の質量あたりに含まれる光合成に関係するタンパク質の量は変化しない」とした上で，対比することが求められている。(ウ)では「面積あたりの光－光合成曲線」を考える。この場合，「陰葉の面積あたりの質量」が「陽葉の半分」であり，「質量あたりに含まれる光合成に関係するタンパク質の量は変化しない」ことから，陰葉の葉面積あたりの呼吸速度は陽葉のそれよりも小さい。陰葉の「面積あたり」の「最大光合成速度は陽葉の半分」とされているので，該当するグラフは(6)と(9)である。前の設問のところで述べたように(9)には不自然な点があるので，(6)を選ぶことになる。(エ)では，「質量あたりの光－光合成曲線」を考える。この場合，「陰葉の面積あたりの質量と最大光合成速度は陽葉の半分」という条件は，陰葉の質量あたりの最大光合成速度は陽葉と同じという意味になる。よって，最大光合成速度が同じになっている(5)と(7)のいずれかを選ぶことになる。(5)と(7)は呼吸速度が違っているので，そこで判断する。上で述べたように，陰葉の葉面積あたりの呼吸速度は陽葉のそれよりも小さいが，質量あたりでは同じになることが判断のポイントで，(7)を選べばよい。

D　設問Ｃにつけられていた条件を使って考えるとわかりやすい。「陰葉の面積あたりの質量と最大光合成速度は陽葉の半分」で，「葉の質量あたりに含まれる光合成に関係するタンパク質の量は変化しない」場合，葉面積あたりの呼吸速度は陰葉の方が小さいが，質量あたりの呼吸速度は変わらない。つまり，「面積あたりの質量の小さい陰葉」は，呼吸速度の点では不利にはならない。考察のポイントは，設問の「ただし」以下の部分で，とくに「葉から失われる水の量は葉面積に比例する」である（なお，「葉が重なり合うことはない」は，光合成速度が葉によって異なることを考慮せずにすむように付けられている）。

東大入試では，生物のサイズに関して，体積あたりの面積（面積あたりの体積）で考える設問がよく登場する（たとえば，相似形で長さが２倍になると，面積は

4倍（2の2乗），体積は8倍（2の3乗）になるので，体積あたりの面積は半分になる）。過去には，体温保持・植物プランクトン・ミトコンドリアを題材に，この視点での出題がある。実は，この設問も同じ視点で考えることが求められているのである（密度が同じと仮定すれば，「体積あたり」と「質量あたり」は相互に読み替えることができる）。ここで，陽葉を1としたときに陰葉がどの程度にあたるかをまとめると，次のようになる。

	陽葉	陰葉
葉面積あたりの質量	1	0.5
質量あたりの葉面積	1	2
葉面積あたりの最大光合成速度	1	0.5
質量あたりの最大光合成速度	1	1
葉面積あたりの水損失量	1	1
質量あたりの水損失量	1	2

水の量は質量（体積）に依存するので，水を失いやすいのは陰葉であり，乾燥条件で気孔をより閉じるのは陰葉だと推理できる。これを踏まえて解答をつくるのだが，設問B・Cもヒントになっている（C(エ)で質量あたりの光－光合成曲線を比較し，B(イ)で乾燥条件での葉面積あたりの光－光合成曲線を比較している）。求められている環境を含む図を示すとすれば(8)のようになり，乾燥していて光が強い環境では，陰葉の質量あたりの光合成速度が陽葉を下回ることになる。

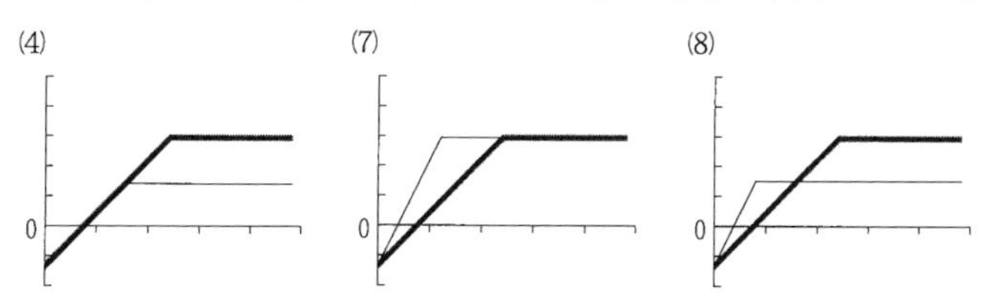

Ⅱ　E　選択肢(1)のロドプシンは，桿体細胞がもつ光受容タンパク質なので，「植物の光受容体」という条件を満たさず，正解とならない。(2)クリプトクロムと(4)フォトトロピンは植物の青色光受容体である。

F　選択肢(1)の花芽形成は，フィトクロムが関与するだけでなく，クリプトクロムによる青色光の感知も関与していることがわかっている。しかも，このことは改訂版の高校生物の教科書の一部では記載されている。しかし，多くの受験生が使用しているであろう改訂前の高校生物の教科書には記載がない。そのため，生物学的には(1)を選ばないのが正しいのだが，(1)・(3)と選ぶ受験生が多いと予想される（東京大学からは，(1)・(3)と(3)の両方を正解とするという発表があった）。

なお，選択肢(2)の光屈性と(4)の気孔開閉はフォトトロピンが光受容体であり，(3)の光発芽はフィトクロムが光受容体である。

G　光合成（チラコイドでの光化学反応）に関する基本的な知識を問うている。

H　この設問では「D1タンパク質の量は変わらないにもかかわらず」の部分に着目して，リード文の「活性酸素がD1タンパク質などの酵素タンパク質に高温や極端なpHにさらされたときのような変化」つまりタンパク質の変性による失活と結びつければよい。

I　図2－2から，強光によって受けた光化学系Ⅱの損傷が回復するには，新規のタンパク質合成が必要だとわかる。また，図2－3で，新規のタンパク質合成を阻害すると，正常型植物ではD1タンパク質が減少するが，変異体*V*では減少しないことから，損傷を受けたD1タンパク質が分解されることが正常なのだとわかる。リード文に「正常型の*V*遺伝子からは損傷を受けたD1タンパク質を分解する酵素が発現する」とあることを考え合わせれば，正常型植物では，D1タンパク質が損傷を受けると，*V*遺伝子の産物がD1タンパク質を分解し，新規にD1タンパク質を合成することで，光化学系Ⅱの機能が回復する（図2－2）というストーリー（仮説）が想定できる。すると，図2－3の実験結果の正常型植物では，D1タンパク質の分解だけが起こるので，D1タンパク質の量が減少したと説明でき，(4)が適切，(5)は不適切と判断できる。図2－4でわかるように，変異体*V*でも強光によって光化学系Ⅱの能力が低下しており，D1タンパク質が損傷を受ける。注意が必要なのは，図2－3で示されているD1タンパク質の量は，正常なD1タンパク質という意味ではない点である。つまり，変異体*V*でD1タンパク質が減っていないといっても，それは損傷を受けたD1タンパク質を分解できないという事実を示しており，変異体*V*の変異した*V*遺伝子の産物に機能がないと判断すべきだということである。よって，(2)が適切，(1)・(3)は不適切と判断できる。なお，(1)は，正常型植物で作用しているタンパク質合成阻害剤が，変異体*V*の試料で作用しないと判断する理由が無いので（この実験結果から推察できることとして）適切でないと判断してもよい。

J　設問HとIで述べたように，損傷を受けたD1タンパク質は，*V*遺伝子からつくられるタンパク質分解酵素によって分解される。そして，新規にD1タンパク質が合成されて，光化学系Ⅱの機能が回復する。この設問では，「光化学系Ⅱの能力が復活する過程」を述べるのだが，「正常型*V*遺伝子からつくられるタンパク質分解酵素の役割をふまえ」ることと，「D1タンパク質に注目」することが求められている。着目すべきは，リード文の「光化学系Ⅱは複数種類のタンパク質と［　3　］からなる構造体」という部分と「D1タンパク質はその光化学系Ⅱの反応中心にあるタンパク質である」という部分である。つまり，D1タンパク質は単独ではたらくのではなく，他のタンパク質などと複合体をつくってはたらくのである。ここから，光化学系Ⅱがはたらくには，D1タンパク質が複合体の中で正しい位置に存在する必要があることに気づければ，「損傷を受けたD1タンパク質が分解される」ことで，「光化学系Ⅱの複合体から（機能を失った）D1タンパク質が取り除かれ」，その場所に「新たに合成されたD1タンパク質が配置される」という過程（仮説的なストーリー）が思い浮かぶだろう。

（注）配点は，Ⅰ－A 2点（各1点），B 2点（各1点），C 2点（各1点），D 3点，Ⅱ－E 1点，F 1点，G 2点（各1点），H 2点，Ｉ 2点，J 3点と推定。

解答

Ⅰ　A　1－ATP，2－NADPH（順不同）

B　ア－(6)，イ－(4)

C　ウ－(6)，エ－(7)

D　陰葉は質量あたりの表面積が陽葉より大きいため，乾燥した環境では水を失いやすい。水を失うと気孔が閉じ，二酸化炭素を取り込む速度が低下するため，乾燥し光が強い環境では質量あたりの光合成速度が陽葉よりも低下する。

Ⅱ　E　(3)

F　(1)・(3)　または　(3)

G　3－クロロフィル，4－水

H　光化学系を構成するD1タンパク質が変性し，はたらきを失ったため。

I　(2)，(4)

J　損傷を受けたD1タンパク質は，*V*遺伝子からつくられるタンパク質分解酵素によって分解され，光化学系Ⅱから除去される。その後，新たに合成された正常なD1タンパク質が複合体に配置されることで，光化学系Ⅱの能力が復活する。

第3問

解説　第3問は，生物の多型性と環境について扱っている。Ⅰではミジンコやチョウなどの形態の多型性と環境条件の関係が扱われ，Ⅱでは多型性をうむ生理的な機構が扱われた。

Ⅰ　A　生物の変異（英語ではvariation）には，遺伝しない環境変異（英語ではenvironmental variation）と遺伝する遺伝的変異（英語ではheritable variation, genetic variation）がある。突然変異（英語では mutation）は，ゲノム（染色体・遺伝子）の変化のことであり，この設問では正答とならない。

B　選択肢(1)はラマルクの用不用説で，現在では否定されている。(3)は中立説の説明で，分子レベルの進化（分子進化）を説明する考え方として認められている。(4)も，内容は正しいが，自然選択を中心とするダーウィニズムではない。

C　設問文に「湖によって『カイロモンの濃度』と『腹部長に対する頭部長の比（≒角の長さ)』の関係が異なることから」とあるのは，図3－1の3つの曲線の形が異なることを指している。この実験は，他の条件をそろえてカイロモンの濃度だけを変えた（はずだ）と考えれば，結果の違いにはミジンコの性質の違いが反映している可能性が高い。したがって，(2)・(3)のような，ミジンコにとっての環境要因は判断できない。カイロモンは「捕食者の分泌する化学物質」なので，これが高濃度であることが捕食者の密度が高いことに対応すると推論できれば，湖A由来のミジンコと湖B由来のミジンコが，カイロモンの濃度に応じて角を生やしていることを「捕食者の数に応じて」と考えるのは妥当である。

D　この設問は，生理機構に閾値がなくても表現型多型が生じる理由を求めているが，何を要求されているのか，理解しにくく感じた受験生もいたと思う。設問の要求を理解するには，事例2の説明を正確に理解する必要があるので，まず，そこから確認しよう。事例2で示されているのは次のような図（図3－2）である。

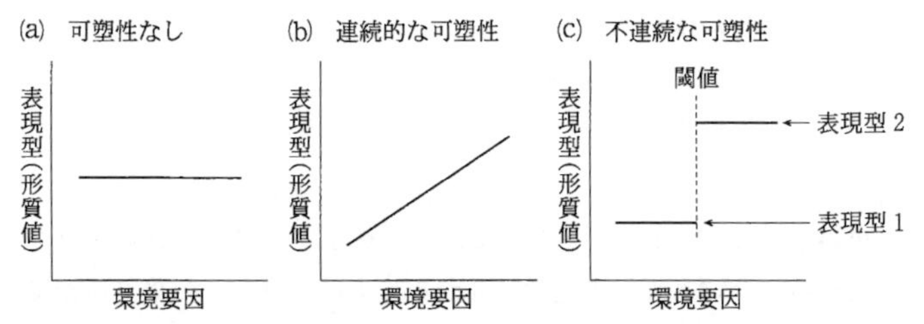

この図の(a)可塑性なしの表現型とは，ヒトで言えばRh式血液型やABO式血液型のように遺伝子型だけで決まるということに対応する（表現型が1つしかないという意味ではないことに注意しなければならない)。

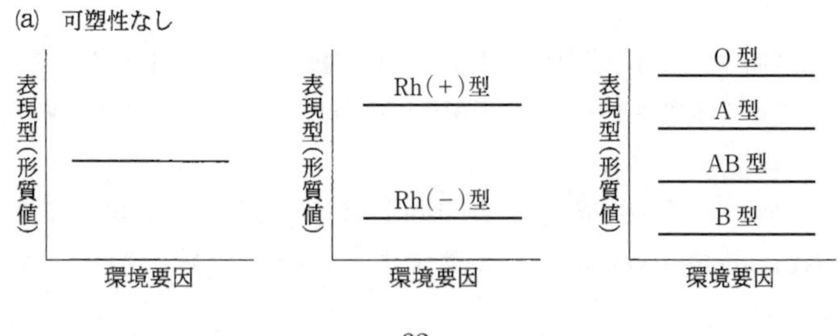

次に(b)連続的な可塑性だが，わかりやすいのは数量的な形質だろう。たとえば事例1の角である。下図右は図3－1の湖A由来の曲線で，中央はその点線に挟まれた範囲だけを示している。カイロモンの濃度という環境要因によって，角の長さという表現型が連続的に変化していることが納得できると思う。

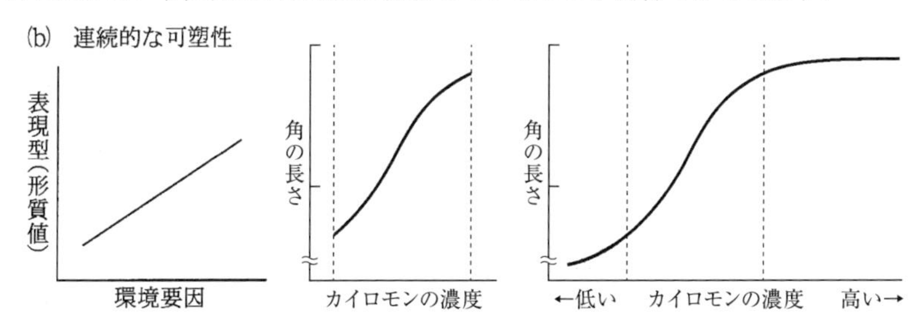

さて，(c)不連続な可塑性は，図中に「閾値」とあり，説明は「環境要因の変化に対してあるところで急激に形質値を変化させる，すなわち不連続に表現型が変化するもの」となっている。

ここで注意が必要なのは，表現型多型について「同種であっても環境条件によって複数のタイプの表現型が出現するものを『表現型多型』と呼ぶ」と説明され，その例として「社会性昆虫のカースト多型，バッタの相変異，アブラムシの翅多型」が挙げられている点である。つまり，表現型が不連続な場合を表現型多型としているのであり，湖A由来のミジンコの角の長さの変異（多様性）は，表現型多型には該当しないのである。こう理解を進めてくれば，「表現型多型を示すものには，図3－2(c)のように，体内の生理機構に閾値(いきち)が存在することによって，表現型を急激に変化させるものがいる」というのは，ミジンコの角でいえば，カイロモン濃度がある濃度以上になれば角を生やすが，その濃度未満では角を生やさないという話になる（この場合，角がある・角がないという表現型多型）。では，下線部(エ)は何を言っているのだろうか。「体内の生理機構に閾値は備わっていない」のだから，図3－2(b)のように変化するはずである。

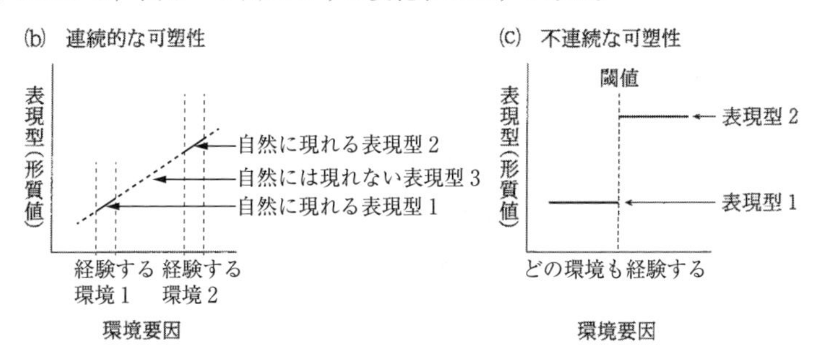

ポイントは,「経験する環境要因が不連続である」の意味で，前頁左図に示したように，生物は連続的な可塑性を示す能力をもっているが，経験する環境が環境1または環境2と離れている（不連続)。この場合，表現型1と表現型2が不連続になり「表現型多型」となりうる。

以上を踏まえて,「温帯域で1年に2度出現するチョウ」に「表現型多型（春型・夏型)」が生じる理由を推論すればよい。このような特徴を示すチョウの種類は多いが，ここでは特定のチョウについての知識を求められているのではなく，原理的なストーリーを述べればよいだろう。「温帯域」なので，1年の中で，気温や日長が（連続的に）変化する。しかし，特定のタイミング（たとえば，幼虫が蛹になるタイミング）を考えれば，前頁図左のようになりうる。春型のチョウが産卵し，そこから孵化し成長した幼虫（夏型になる幼虫）が蛹になる時期と，夏型のチョウが産卵した卵から孵化・成長した幼虫（春型になる幼虫）が蛹になる時期を想定すれば，イメージしやすいかと思う（同じ個体が春型から夏型に変化するわけではないことに注意しよう)。

E　設問Dで説明した内容を理解できれば，この設問が求めている「生理機構に閾値がないことを示す」ための実験が，前頁図左の表現型3が現れることを確かめる実験だとわかるだろう。気温であれ日長であれ，環境要因に中間的な条件を段階的に設定した際に，その条件に応じて表現型が段階的に変化すれば，前頁図左のように閾値のない連続的な可塑性であり，どの条件でもどちらかのタイプだけが現れれば前頁図右（図3－2(c)）のような閾値のあるケースである。さらに具体的に述べれば，たとえば明暗周期を〈明15時間・暗9時間〉にした飼育箱，〈明14時間・暗10時間〉にした飼育箱，……，〈明10時間・暗14時間〉にした飼育箱，〈明9時間・暗15時間〉にした飼育箱を用意し，他の条件は揃えて，卵から成虫まで育てる（段階的に条件を変えて飼育するということ)。これで，表現型が連続的になるのか，不連続になるのかを調べるのである。

Ⅱ　F　物質Xは「遺伝情報を改変することなく発生過程に影響を与える物質」なので，突然変異を誘発しているわけではない（よって(4)は不適切）が，中胸が倍化しやすくなっている。これは，ウォディントンの実験において，物質Xによって中胸が倍化しやすい遺伝子をもつ個体が（人為的に）選択されているからだと考えられる。よって(1)が適切だと判断できる。選択肢(2)は「中胸が倍化する個体が排除された」というのが説明されている事実に反し，選択肢(3)も「後胸にも翅を生じさせた」というのが説明されている事実に反するので，どちらも不適切である。

G　実験1の結果を示す図3－4の(a)において，黒色選択群の「カラースコア（平均値）」は世代とともに小さくなっており，6世代を過ぎるとほとんど0である。これは，緑色になった個体がほとんどいないことを示しており，表現型可塑性がほとんどなくなったと考えられる。一方，緑色選択群の「カラースコア（平均値）」は世代とともに大きくなっており，13世代目では4に近い。これは，熱処理を受けた個体の多くが正常に近い緑色に変化したことを示している。また，図3－4(b)の緑色選択群の結果とを比べると，緑色選択群の方がより低い温度で体色変化を起こしている。そして，両者の曲線の形は，緑色選択群が図3－2(c)に近いのに対して，対照群が図3－2(b)に近いとみることができる。つまり，緑色選択群では，表現型可塑性が高まった（起こりやすくなった）だけでなく，より不連続な可塑性に近づいている。設問には「3行程度」とあり，①黒色選択群では表現型可塑性が低下してほとんどなくなったこと，②緑色選択群では表現型可塑性が高まったこと，③緑色選択群の可塑性がより不連続になっていること，の3つを答えたい。

H　この設問では「実験2の結紮実験の結果のみにより否定される」ことを選ぶのだが，「のみ」と明記されていることから，実験3の内容を使わずに判断することになる。ホルモンαは頭部の内分泌腺から，ホルモンβは胸部の内分泌腺から分泌されるので，実験2の結果だけから，それぞれの部位に作用しうるホルモンと，緑色選択群における体色を整理すると次のようになる。

結紮部位	頭部	胸部	腹部の前側	腹部の後側
頸部	α	β	β	β
	不明	黒	黒	黒
腹部	$\alpha\ \beta$	$\alpha\ \beta$	$\alpha\ \beta$	なし
	不明	緑	緑	黒

これでわかるように，緑色に変化した部分にはαとβの両方のホルモンが作用しうるので，この実験からでは，どちらかが緑化を引き起こしているのか，両方がそろうと緑化が起こるのか，まったく判断できない。しかし，ホルモンβだけが作用した部位が黒いことから，選択肢(2)だけは否定できることになる。

I　実験3に関する説明を整理すると，次のようになる。

①　ホルモンαの投与量に応じて緑色化が起きた。

②　①の緑色化は，熱処理の有無には無関係であった。

③　①の緑色化は，選択群には無関係であった。

④　緑色選択群では，熱処理をするとホルモンαの濃度が上昇する。

⑤　黒色選択群では，熱処理をしてもホルモンαの濃度が上昇しない。

⑥　ホルモンβについては，選択群によらず熱処理しても濃度は変化しない。

①から，ホルモンαが緑色化を引き起こすことがわかり，②から，ホルモンαの受容から緑色化までの過程に，熱処理が影響していないことが推定できる。特に重要なのが③で，この結果は，黒色選択群においても，ホルモンαの受容能力や緑色化する過程には違いがないことを示している。このことと⑤を考え合わせると，黒色選択群では，熱処理を受けてもホルモンαの分泌が高まらない，つまり，黒色選択群の「可塑性の変遷」は，選択肢(5)によって説明するのが適切だと考えられる。言い換えると，選択肢(3)にあるように，実験１開始前の黒色変異体で熱処理によってある程度の緑色化が起こるのも，ホルモンαの分泌の上昇で説明するのが適切ということになる。他の選択肢を確認すると，(1)は④と矛盾し，(2)・(4)は⑥と矛盾するので，明らかな誤りとして排除すればよい。

（注１）　配点は，Ⅰ－A２点（各１点），B１点，C２点，D３点，E３点，Ⅱ－F２点，G３点，H２点，I２点（各１点）と推定。

（注２）　設問Dと設問Eに関しては，日長条件ではなく温度条件で述べることも可能であるなど，正解と認められる解答はさまざまにありうるので，後述の解答はあくまで解答例の一つである。

解答

Ⅰ　A　環境変異，遺伝的変異

B　(2)

C　(1)

D　夏型が産んだ卵は，短日条件の時期に発生・成長して，短日条件に応じた形質が発現した春型となるのに対して，春型が産んだ卵は，長日条件の時期に発生・成長するので，長日条件に応じた形質が発現した夏型となる。

E　春型および夏型が産んだ卵を多数採取して，複数のグループに分け，日長条件を段階的に変えた条件で，それぞれを飼育する。どちらの卵であっても，春型と夏型に加え，段階的に中間の表現型が現れれば，閾値がないことが示せる。

Ⅱ　F　(1)

G　黒色選択群では，表現型可塑性が低下し，ほとんど可塑性がなくなった。緑色選択群では，表現型可塑性が上昇しただけでなく，連続的な可塑性から不連続な可塑性に変化している。

H　(2)

I　(3)，(5)

2018年

第1問

解説　第1問は，計算問題，考察問題も含まれているが，考察論述問題はなく，東大入試としては標準的な難易度だった。Ⅰでは，遺伝子発現，とくに選択的スプライシングが題材となった。Ⅱでは，バイオインフォマティクスが扱われた。バイオインフォマティクスは新しい学問分野で，東京大学では，2017年に生物情報科学科が新設されている。解答する上で必要のない「バイオインフォマティクス」という用語がリード文中に登場するのは，受験生へのメッセージだろうと思われる。

Ⅰ　A　真核生物における転写の基本的なメカニズムに関する知識論述問題である。書くべきことは1行で1つという目安を使うと，この設問では三つになる。指定語句が「基本転写因子，プロモーター，RNAポリメラーゼ，片方のDNA鎖，$5' \rightarrow 3'$」なので，①プロモーターに基本転写因子を介してRNAポリメラーゼが結合する，②二本鎖が解け，片方のDNA鎖が鋳型になる，③RNA鎖の伸長は$5' \rightarrow 3'$の方向に進む，の内容が必要だろう。鋳型鎖とRNA鎖の塩基配列が相補的であることは③に含めたい。なお，解答例では，基質が4種類のリボヌクレオチドであることは必須ではないと考えて含めていない（もちろん含めて良い）。語句を指定して知識論述させるこの形式は昨年もあり，こうした形式の練習が必要だろう。

B　選択的スプライシングに関する計算問題で指示に従えば良い。「エキソン1とエキソン6は必ず使用」され，「エキソン2～5がそれぞれ使用されるかスキップされるかはランダムに決まる」ので，エキソン2～5の4つについて使用される・スキップされるの2通りが独立に選ばれるとして，$2^4 = 16$通りとなる。

C　与えられた情報（図1－1，表1－1，設問文）に従って考えればよい。平滑筋で発現しているα-トロポミオシンは284アミノ酸からなるので，mRNAのうちアミノ酸を指定する部分は852塩基（$= 284 \times 3$）である。開始コドンは「エキソン1aの192～194塩基目」にあり，エキソン1aは305塩基なので，エキソン1aのうちアミノ酸を指定する部分は114塩基（$= 305 - 191$）である。以下，平滑筋で発現するmRNAに含まれるエキソン2a，エキソン3，エキソン4，エキソン5，エキソン6b，エキソン7，エキソン8までの合計は772塩基となる。これは852塩基より小さいので，終止コドンは最後のエキソン9dに含まれる。そして，エキソン9dの最初の80塩基（$852 - 772 = 80$）が，アミノ酸の指定にはたらくので，終止コドンは81～83塩基目である。

D　リード文と考察文を読解し考察するのだが，登場する要素が多く複雑なので，メモなどをつくって整理するのが良い。要点を整理すると次のようになる。

ア）*SMN1* 遺伝子の欠損が原因となって脊髄性筋萎縮症が生じる。

イ）*SMN1* 遺伝子では塩基C，*SMN2* 遺伝子では塩基Tで異なる（DNAで示されているが，図1－2から鋳型鎖でないことがわかる）。

ウ）*SMN2* 遺伝子に由来するmRNAは2種類あり，約9割はエキソン7を含まず，残りの約1割はエキソン7を含む。

エ）エキソン7を含まない *SMN2* mRNAからできる $\Delta 7$ 型SMNタンパク質は，すぐに分解される（つまり，細胞内で機能できない）。

オ）エキソン7を含む *SMN2* mRNAからできる全長型SMNタンパク質は，*SMN1* 遺伝子由来のタンパク質とアミノ酸配列が同じ。

オ）から，*SMN2* 遺伝子由来の全長型SMNタンパク質は，*SMN1* 遺伝子由来のタンパク質と同じ機能をもつはずなので，全長型SMNタンパク質を増やせば治療に有効である。つまり，核酸分子Xは，$\Delta 7$ 型SMNタンパク質を減らし，全長型SMNタンパク質を増やすように，ウ）スプライシングを補正するのである。

これを踏まえて設問の考察文を見ると，次のように整理できる。

カ）タンパク質Yは *SMN1* mRNAのCAGACAAを認識して結合する。

キ）タンパク質Yは *SMN2* mRNAの［ a ］には結合できない。

ここで，イ）より，*SMN1* mRNAでCである位置が，*SMN2* mRNAではUなので，［ a ］には③UAGACAAが入るとわかる。

ク）タンパク質Yが結合しない *SMN2* mRNAの約9割でエキソン7がスキップされることから，タンパク質Yはエキソン7の⑤使用（［ b ］）を促進すると判断できる。

ケ）タンパク質Zは，*SMN1* mRNAと *SMN2* mRNAの両方に結合する。

コ）核酸分子Xは，タンパク質ZのmRNAへの結合を阻害する。

核酸分子Xは，$\Delta 7$ 型SMNタンパク質を減らし，⑩全長（［ e ］）型SMNタンパク質を増やす，言い換えればエキソン7のスキップを抑えるので，タンパク質Zはエキソン7が⑥スキップ（［ c ］）されることを促進し，核酸分子Xが⑧ *SMN2*（［ d ］）遺伝子由来のmRNAのスプライシングでエキソン7がスキップされないよう補正すると判断できる。なお，脊髄性筋萎縮症の患者は *SMN1* 遺伝子を欠損していることから［ d ］を判断してもよい。

Ⅱ　E　ヒトゲノムが30億塩基対からなることを答える知識問題。

F　完成したmRNAの3′末端には「アデニンが多数連なったポリA配列と呼ばれる構造」があるので，アデニンとチミンの相補的な結合を利用することで，多様なRNAが混在する細胞抽出液からmRNAを集めることが可能になる。

G　リード配列といった用語に惑わされず，求められていることを的確に把握すればよい。たとえば，一方の鎖に5′-AAAAAAAAAA-3′とAが10個並んでいる場合，他方の鎖の同じ位置は3′-TTTTTTTTTT-5′となり同じ塩基配列ではないが，一方の鎖が5′-AAAAATTTTT-3′，他方の鎖が3′-TTTTTAAAAA-5′であれば，同じ塩基配列となる。このような構造は回文構造と呼ばれるが，制限酵素が認識する塩基配列の特徴として知っていた受験生もいたと思われる。「例を1つ」求められているので，回文構造をもつ10塩基の塩基配列はすべて正解である。

H　リード文のRNA-Seqに関する説明を読んで，その原理，とくにマッピングを理解することが求められている。リード文と設問文の要点を整理していこう。

①　細胞からmRNAを得る（さまざまな遺伝子のmRNAが混在している）。

②　mRNAを切断し，それぞれの断片の塩基配列＝リード配列を決める。

③　それぞれのリード配列がゲノムのどこに位置するかを調べる。

試験場で未知の内容を理解しなければならない場合，極端な状況を想定してみるのが有用である。たとえば，細胞内で2つの遺伝子だけが転写されている場合，細胞内には2種類のmRNAだけが存在する（選択的スプライシングはなしと仮定）。すると，それぞれのmRNAからできる短い断片は，どちらかの遺伝子の位置にマッピングされるが，まったく同じ塩基配列の断片が生じれば，その断片は2カ所にマッピングされる（この設問では「いずれかの遺伝子のエキソン内の1カ所に明確にマッピングされた」と明記されているので気にする必要はない）。

④　mRNAサンプルに対してRNA-Seqを行い，遺伝子のエキソンにマッピングされたリード配列を数える。

未知の内容を理解する上ではシンプルにするのも有用である。たとえば，2つの遺伝子のmRNAの分子数が同じと仮定すれば，エキソンの塩基数が同じならマッピングされるリード配列の数は同じで，エキソンの塩基数が違うならリード配列の数は違うはずである（ランダムに切断されているので，1000塩基と500塩基ならば，前者の方が2倍多い）。また，2つの遺伝子のmRNAの分子数が異なる場合，エキソンの塩基数が同じなら，マッピングされるリード配列は分子数が多いmRNAの方が多いはずである。

⑤　表1－2では，利用されたエキソンの塩基数が6種類の遺伝子で異なっているので，分子数を推定するには，塩基数の違いを補正する必要がある。

(あ)　⑤から補正が必要だが，リード配列の数の合計をエキソンの塩基数の合計で割ればよい（塩基数1にそろえることに相当）。イメージしにくければ，割った結果を1000倍してもよい（1000塩基にそろえることに相当）。

遺伝子	エキソンの塩基数の合計（A）	エキソン内にマッピングされたリード配列の数の合計（B）	B/A
6	1800	9000	5
5	1500	7000	4.67
1	1000	4500	4.5
3	3000	10000	3.33
2	800	50	0.0625
4	2500	150	0.06

なお，設問に「選択的スプライシングを受けないものとする」とあるのは，エキソンの数でそのエキソンを含むmRNAの分子数を推定できる（エキソンの存在数とmRNAの存在数が等しい）と保証するためである。

(い)　この設問では，エキソンごとにリード配列の数が調べられているが，(あ)と同じ計算で，エキソンごとの存在数の相対値を知ることができる。

エキソン	エキソンの塩基数（A）	エキソン内にマッピングされたリード配列の数（B）	B/A
1	800	16800	21
2	600	3600	6
3	400	3200	8
4	1000	21000	21

選択的スプライシングによって生じる4種類のmRNAの分子数をx，y，z，wとおくと，次の関係が成立する（ただし，Nは自然数）。

エキソン1および4の存在数：$x + y + z + w = 21N$　…　式(＊1)

エキソン2の存在数：$x + z = 6N$　…………………………　式(＊2)

エキソン3の存在数：$x + y = 8N$　…………………………　式(＊3)

$x = 0$とすれば，$y = 8N$，$z = 6N$，$w = 21N - (0 + 8N + 6N) = 7N$　と表せるので，整数比を求めることができる。

(う)　式(＊1)～(＊3)をもとに，$x \neq 0$として，各選択肢を判断する。なお，分子数であるx～wは0以上の整数であることに注意が必要である。

(1)　式(＊3) より $y = 8N - x$ なので，$x < y$ は，$x < 4N$ では成り立つが，$x \geqq 4N$ では成り立たない。

(2)　式(＊2) より左辺は $x + z = 6N$，右辺は $y + w = 21N - (x + z) = 15N$ なので，表１－３のデータから判断する限り，常に成立する。

(3)　右辺 $w = 21N - (x + y + z) = 21N - (14N - x) = 7N + x$ なので，常に成り立つ。

(4)　左辺 $y = 8N - x$，右辺 $z = 6N - x$ と表せる。x，y，z がすべて０以上の整数という条件を満たす範囲では，$y > z$ は常に成り立つ。

(5)　左辺 $y = 8N - x$，右辺 $w = 7N + x$ なので，$y > w$ は $x \geqq N$ で成り立たない。

(6)　左辺 $z = 6N - x$，右辺 $w = 7N + x$ なので，$z < w$ は常に成り立つ。

(注１)　配点は，Ⅰ－Ａ３点，Ｂ１点，Ｃ２点，Ｄ５点（各１点)，Ⅱ－Ｅ１点，Ｆ１点，Ｇ１点，Ｈ(あ)２点（各１点)，(い)２点，(う)２点（各１点）と推定。

(注２)　行数制限の解答の際は１行あたり35～40字相当としたが，「～行程度」とある場合は，次の行に入る程度は許容されるだろう（以下同)。

解答

Ⅰ　Ａ　遺伝子のプロモーターに基本転写因子を介してRNAポリメラーゼが結合する。二本鎖DNAが解け，RNAポリメラーゼが，片方のDNA鎖を鋳型として，相補的な塩基配列をもつRNA鎖を5′→3′の方向に伸ばしていく。

Ｂ　16種類

Ｃ　エキソン9dの81～83塩基目

Ｄ　a－③　b－⑤　c－⑥　d－⑧　e－⑩

Ⅱ　Ｅ　9

Ｆ　チミン

Ｇ　CTTGGCCAAG，AAAGGCCTTT，ATGAATTCAT　などから１つ

Ｈ　(あ)　g－6　h－4　(い)　8：6：7　(う)　(1)，(5)

第２問

解説　第２問は，タスマニアデビルを題材に，有袋類の進化から免疫，遺伝子と形質，突然変異とがんなど，幅広く問う問題である。知識論述問題に加えて，考察論述問題も含まれているが，東大入試としては標準的な難易度だった。

Ａ　有袋類がオーストラリア地域に多く生息する一方，他の地域にほとんど見られない理由を答える知識論述問題である。３行程度なので，①オーストラリアが他

の大陸と分離される以前にすでに有袋類が生息していた，②他の大陸では，真獣類との競争に負けて有袋類は絶滅した，③オーストラリアには真獣類が進出しなかったため，有袋類が適応放散した，の3つの内容を述べればよいだろう。

B　下線部(イ)のPCR法では，DNAを一本鎖に解く際に反応液を高温にするため，高温でも失活しない好熱菌由来のDNAポリメラーゼを利用する。

下線部(ウ)は，cDNAがmRNAを鋳型としてつくられると説明されているので，逆転写酵素と判断すればよい。逆転写酵素はレトロウイルスの一種（RNA腫瘍ウイルス）から発見されたが，そこまで求められてはいない。ただし，HIVと答えてしまった場合は許容されないと思われる。

C　神経に関する基本的な知識を問う設問。[1]はグリア細胞以外にも，神経膠細胞，オリゴデンドロサイト，オリゴデンドログリアなども正解である。

D　ゲル電気泳動の結果から親子関係を判定するので，正常細胞に見られる2本のバンドの一方が個体7由来，他方が個体8由来の個体を選べばよい（下図参照）。

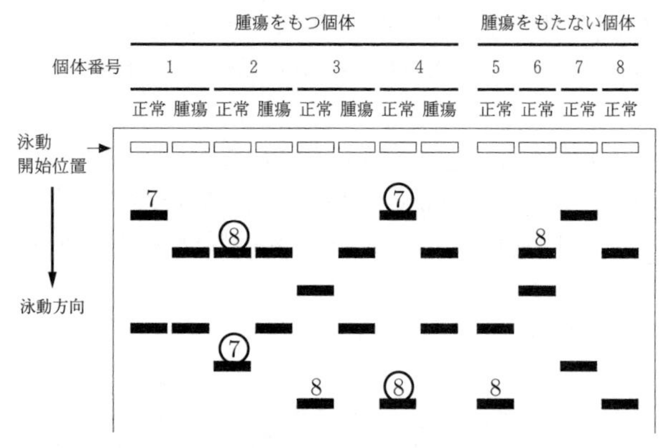

E　個体1～4のいずれでも，腫瘍組織のバンドと正常組織のバンドの位置は一致しない。「正常細胞が悪性腫瘍化した場合にも，このマイクロサテライトの繰り返し回数は変化しない」ので，悪性腫瘍は各個体の正常細胞から変化したものではなく，(1)の可能性はない。個体1～4の腫瘍はすべて同じ位置にバンドがあるが，個体1～4だけでなく5～8とも一致しない。ここで，腫瘍が伝染するという可能性に気づくことが大切である。すると，個体1～4の腫瘍の起源が同じ可能性はあるが，その起源は個体1～8ではありえず，(4)の可能性はなく，(5)の可能性はあると判断できる。個体7と8の子である可能性がある個体2と個体4で，正常細胞のもつバンドがひとつも共通しないことからわかるように，(2)個体1と2が兄弟姉妹である可能性も，(3)個体3と4が兄弟姉妹である可能

性も，図2－2からは否定できない。悪性腫瘍が親から伝わったと仮定すると，腫瘍細胞（親の細胞）のバンドと正常細胞（子の細胞）のバンドの少なくとも1つが一致するはずである。(2)個体1と2は，どちらも正常細胞の2本のバンドのうち1つが腫瘍細胞のバンドと一致しており，同じ親から伝わった可能性がある。一方，(3)個体3と個体4では，正常細胞のバンドと腫瘍細胞のバンドが一致しないので，この腫瘍細胞は親由来ではなく，(3)の可能性はない。

F　腫瘍における遺伝子 X の mRNA 量は薬剤Yを与えないと非常に少ないが，与えると正常細胞と等しくなることと，薬剤Yが「ヒストンの DNA への結合を阻害」することから，腫瘍ではヒストンが DNA から離れないために転写が起こらないというストーリーに気づけるだろう。なぜヒストンが DNA から離れないか？　悪性腫瘍は「体細胞の突然変異によって生じた」ことも踏まえれば，遺伝子 X を含む DNA 領域の塩基配列が変化し，ヒストンとの結合が強くなったと推論できる。制限行数が2行程度，「遺伝子 X にどのようなことが起きていると考えられるか」と問われているので，① DNA がヒストンと強く結合するように変化したことと，②ヒストンが外れない（ため転写が起きない）ことを述べる必要があるだろう。

G　正解の(1)と(5)は，(1)mRNA 量とタンパク質量からでは，遺伝子の位置関係に関する情報は得られず，(5)MHC の遺伝子に再編成は起こらないことから不適切と判断できる。では，残りの選択肢が適切であることを説明しておこう。実験3において，遺伝子 X をノックアウトしたマウス（以下，KO マウス）のシュワン細胞で，MHC の mRNA が正常マウスとほぼ等しく，細胞膜上の MHC タンパク質量が大きく減少している。(2)遺伝子 X の KO マウスでも MHC の mRNA は正常量存在することから，遺伝子 X は MHC の転写に必要ないとわかる。(3)・(4)は，実験結果を説明できる遺伝子 X の機能を考えたもの（遺伝子 X のはたらきに関する仮説）である。(3)遺伝子 X（産物）が MHC の翻訳を制御（促進）するという仮説は，KO マウスで翻訳が遅くなり MHC タンパク質の量が減ると結果を説明できる。(4)遺伝子 X（産物）が MHC の輸送を制御（促進）するという仮説も，KO マウスでは MHC タンパク質はつくられるが細胞膜へ移動しないため細胞膜上の MHC タンパク質の量が少なくなると結果を説明できる。

H　実験2と3の結果（設問F・G）をもとに推論する。腫瘍では遺伝子 X の発現量が減少している（図2－3）ので，遺伝子 X の KO マウスと同様に，MHC の mRNA 量は変わらず，細胞膜上の MHC タンパク質は減少することが推測でき，(2)は不適，(3)は適切と判断する。薬剤Yで処理すると，腫瘍でも遺伝子 X

が十分量発現する（図 2 － 3）ので，細胞膜上の MHC タンパク質が回復すると推測でき，(4)は適切と判断する。(1)･(5)遺伝子 X がノックアウトされている場合，遺伝子 X の発現はないので，薬剤 Y の効果は現れず，移植の結果は変わらない。よって不適切な予想である。なお，実験 3 の冒頭で「遺伝子 X はヒトやマウスなどの動物に共通して存在し，同一の機能をもつと考えられた」とあるのは，マウスの結果からタスマニアデビル（の悪性腫瘍）について推論してよいという示唆である。

I　移植された皮膚は，非自己と認識されれば拒絶され，自己と認識されれば生着する。この教科書的な理解をもとに，遺伝子 X がはたらかないことで MHC タンパク質が細胞膜に分布しなくなった皮膚が拒絶されないのは，非自己の目印がなくなったためだというストーリーを考えればよい。要求が 3 行程度なので，①正常マウスの皮膚では細胞表面に MHC タンパク質が存在する，②遺伝子 X の KO マウスの皮膚では細胞表面に MHC タンパク質がほとんど存在しない，③別系統の MHC があると拒絶する，という 3 つの内容を含めれば正解となろう。

J　設問 E の解説で述べたように，タスマニアデビルの悪性腫瘍は伝染する。(1)～(3)は，リード文の「気性が荒く，同種の個体どうしで餌や繁殖相手をめぐって頻繁に争うため，顔や首などに傷を負うことがしばしばある」という説明を結びつけて判断する。(1)争いが増えると伝染しやすくなり不利だが，(2)攻撃性が低下すれば争いが減り，(3)儀式化した示威行動で争えば（争いは減らなくても）傷を負いにくくなるので，伝染しにくくなり有利と考えられる。(4)～(6)は，悪性腫瘍（タスマニアデビルの体細胞）が侵入してくることに注意して判断する。(4)のトル様受容体は自然免疫で中心的にはたらくタンパク質で，拒絶反応には関わらないので適切とは言えない。(5)ナチュラルキラー（NK）細胞は，悪性腫瘍（がん細胞）の排除にはたらくので，その能力が高まるのは有利にはたらく。(6)ウイルスに対する体液性免疫の能力が高まること自体は好都合な変化だが，悪性腫瘍を排除する細胞性免疫の能力が高まるわけではない。

（注）　配点は，A 2 点，B 2 点（各 1 点），C 2 点（誤り 1 つ 1 点減点），D 2 点（完答），E 2 点，F 2 点，G 2 点（各 1 点），H 2 点（各 1 点），I 2 点，J 2 点（完答）と推定。

解答

A　オーストラリア以外の地域では，ほとんどの有袋類が真獣類との生存競争に負けて絶滅したが，オーストラリアは真獣類が進出する前に他の大陸から分離したため，真獣類との競争が起こらず，有袋類が適応放散した。

B　イ－DNAポリメラーゼ，好熱菌　ウ－逆転写酵素，レトロウイルス

C　1－グリア細胞　2－軸索　3－髄鞘　4－有髄
5－ランビエ絞輪　6－跳躍伝導　7－無髄　8－大きい

D　個体2，個体4

E　(2)，(5)

F　塩基配列が変化して，遺伝子Xを含む領域のDNAにヒストンが強く結合するようになり，ヒストンが外れないため転写がほとんど起きなくなっている。

G　(1)，(5)

H　(3)，(4)

I　別系統のマウスに移植された正常マウスの皮膚は，細胞表面にMHCタンパク質が存在するため拒絶されるが，遺伝子Xノックアウトマウスの皮膚は，細胞表面にMHCタンパク質がほとんど存在しないため拒絶されなかった。

J　(2)，(3)，(5)

第3問

解説　第3問は，計算してグラフを描く問題や実験条件を答える論述問題，考察論述問題が含まれるうえ，単純な知識問題がなく，東大受験生にとってもやや難しいと感じられる問題であった。Ⅰでは春化，Ⅱではフィトクロムと胚軸の伸長が扱われた。

Ⅰ　A　実験結果から支持される記述かどうかを判断する考察問題で，支持される・否定される・判断できないの三択で答えさせている。実験の概要・結果が図だけで示されて説明文がなかったため，(3)では，やや判断に困る部分があった（後述）。

ゴウダソウは春化要求性の長日植物なので，低温を経験すると，日長に応答して花芽形成（花成）する能力を獲得する。実験から推論できることをまとめると，次のようになる（ア～カの記号は執筆者による注。次頁図を参照のこと）。

ア－1）低温・短日条件で日長に応答する能力を獲得するが，適温・短日条件では花成せず，適温・長日条件で花成する。

ア－2）低温経験で獲得した日長応答能力は，適温・短日条件でも維持される（低温を経験したことは，適温・短日条件の間も“記憶”される）。

イ－1）①の葉は低温処理前から存在する。つまり，葉（分化した細胞）として低温を経験した細胞から再生した植物は，日長応答能力をもっていない。

ウ－1）②の葉は低温処理後に形成された。つまり，芽として低温を経験した細胞に由来する細胞であり，その細胞から再生した植物は日長応答能力をも

つ（低温経験を"記憶"している）。

エ－1）低温経験がない（日長応答能力を獲得していない）ため，適温・短日条件だけでなく，適温・長日条件でも花成しない。

オ－1）切り取った葉を低温・短日条件で培養すると，切り口の細胞が脱分化して増殖を始める。この細胞集団から芽ができ再生した植物は，日長応答能力をもっている（低温経験を"記憶"している）。

カ－1）低温を経験した葉の切り口にできた細胞集団を切除し，再び切り口で細胞増殖させて生じた細胞集団から再生した植物は，日長応答能力をもっていない（低温経験を"記憶"していない，つまり，どこかで消された）。

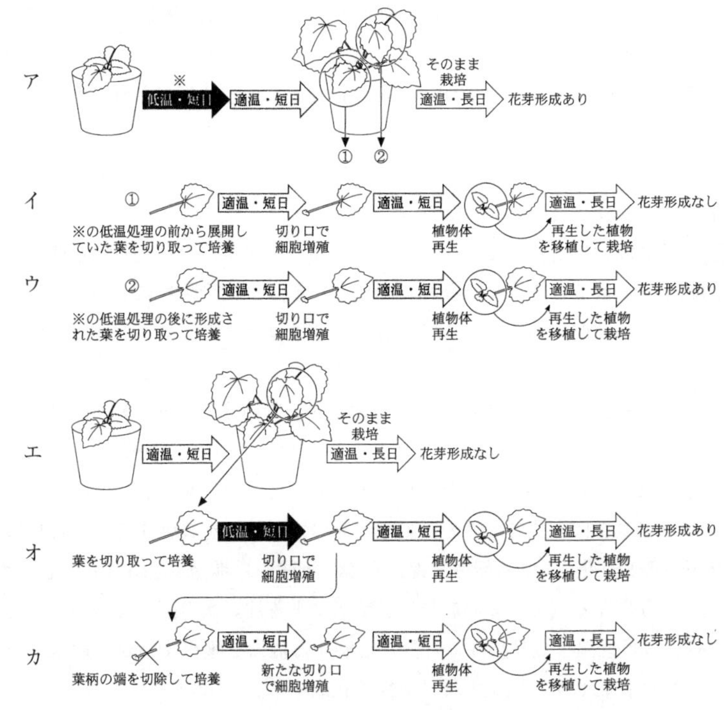

(1)の「一旦春化が成立すると，その性質は細胞分裂を経ても継承される」は"記憶"に相当し，上のウ－1）やオ－1）で，低温処理と花成の間に細胞分裂が含まれていることから支持される。

(2)の「植物体の一部で春化が成立すると，その性質は植物体全体に伝播する」が正しいなら，②の葉（春化が成立している）から①の葉へ伝播し，両方とも再生した植物が花成することが予想できる。しかし，イ－1）とウ－1）で結果が異なっている（予想と実際が一致しない）ので，(2)の記述は支持されない。

(3)の「春化の成立には，分裂している細胞が低温に曝露されることが必要である」は，どのように判断できるか考えてみよう。この内容が正しいならば，分裂していない細胞が低温に曝露されても春化は成立しないし，分裂している細胞が低温に曝露されなければ春化は成立しないはずである。つまり次表のようになる。

	分裂している細胞	分裂していない細胞
低温に曝露される	春化成立 長日・適温で花成する	春化成立せず 長日・適温で花成せず
低温に曝露されない	春化成立せず 長日・適温で花成せず	春化成立せず 長日・適温で花成せず

ここで，イ－1）の葉の細胞は分裂していない細胞，ウ－1）の芽の細胞は分裂している細胞に対応すると考えれば，イ－1）とウ－1）を比べることは，上表の低温に曝露される条件（上段）での比較にあたることになり，分裂している細胞でないと春化が成立しないことになる。また，オ－1）とカ－1）の比較は，脱分化して細胞分裂するときに低温に曝露されるか曝露されないか，つまり，上表の分裂している細胞同士の縦の比較にあたることになり，分裂している細胞でも，低温に曝露されないと春化が成立しないことになる。よって，「分裂している細胞が低温に曝露されることが必要」と言えるので支持されると判断できる。

ところで，ウ－1）で，②の葉の細胞は，「芽として低温を経験した細胞に由来する細胞」であり，低温経験を記憶していると整理したが，②の葉を構成している細胞の元になった細胞は，低温に曝露されている期間にほんとうに分裂していたのか？と疑問を感じた諸君はいなかっただろうか？

ウ－2）②の葉は，芽の中で<u>分裂しているときに</u>低温を経験した細胞に由来するため，その細胞から再生した植物は日長応答能力をもつ。

ウ－3）②の葉は，芽の中で<u>分裂していないときに</u>低温を経験した細胞に由来するため，その細胞から再生した植物は日長応答能力をもつ。

出題者は，芽を構成している細胞は分裂している細胞とみなし，ウ－2）に基づいて選ぶことを期待していたと推測できる。しかし，条件の説明が不足しているため，ウ－2）とウ－3）のどちらなのか明確でないと感じても不合理ではない。

また，図3－1のオの部分で，低温・短日条件の間に細胞分裂したと言い切れるのか？と疑問を感じた諸君もいたかもしれない。図3－1（前掲の図）は，低温・短日条件から適温・短日条件に切り替えた時点で，切り口には増殖してできた細胞集団が存在することを示す意図だと推測できるが，やはり，低温・短日条件の間にほんとうに細胞分裂していたと言い切れるのか疑問を感じても不合理ではない。そして，切り口にできた細胞集団を取り，細胞分裂している状態で低温に曝露する実験が必要だと考えて，判断できないの方を選んだ諸君もいたかもしれない。厳密に考えようとしたその思考過程は胸を張って良いと思う。

(4)の「春化は脱分化によって解消され，春化が成立していない状態に戻る」は，オ－1）の結果と矛盾するので，支持されない。

(5)の「低温処理時の日長によって，春化が成立するまでにかかる時間が異なる」かどうかを知るには，低温をさまざまな日長条件で経験させた上で，春化が成立したかどうかを経時的に調べる必要があるが，そのような実験条件は設定されておらず，この実験結果からは判断できない。

B　この設問では，次のような〈仮説検証の考え方〉のなかで，仮説を検証する実験を構成することが求められている。

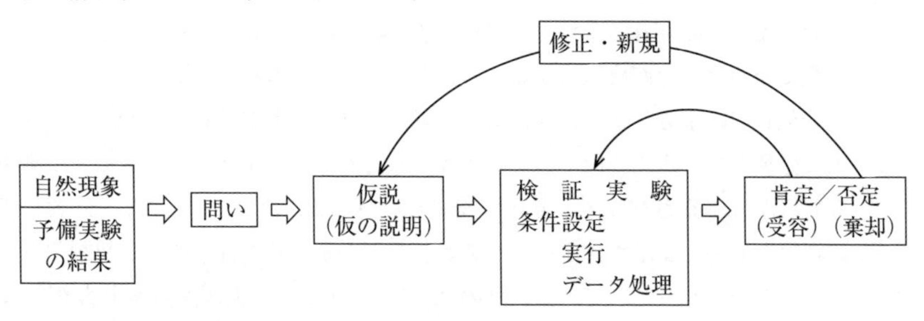

上の図に即して整理してみよう。現象は〈春化によって花芽形成能力を獲得する〉ことである。これに対して〈どのようなしくみで獲得するのか〉という問いがあり，仮説1〈花成ホルモンを産生する能力の獲得〉と仮説2〈花成ホルモンを受容し応答する能力の獲得〉の2つが考えられている。つまり，花成不可の状

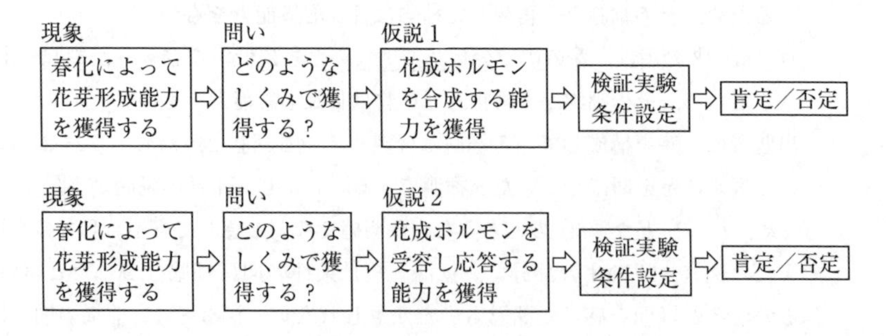

態から春化によって花成可能になり，適切な日長条件で花成を開始する現象を，花成ホルモンの合成と花成ホルモンの受容・応答の2つの段階に分けているので

ある。ただし,〈産生する能力の獲得〉によって〈花芽形成能力を獲得〉するには,受容・応答能力はもっている必要があり,〈受容し応答する能力の獲得〉によって〈花芽形成能力を獲得〉するには,日長条件に応じて花成ホルモンを合成する能力はもっている必要がある。それを含めて模式的に示すと次図になる。

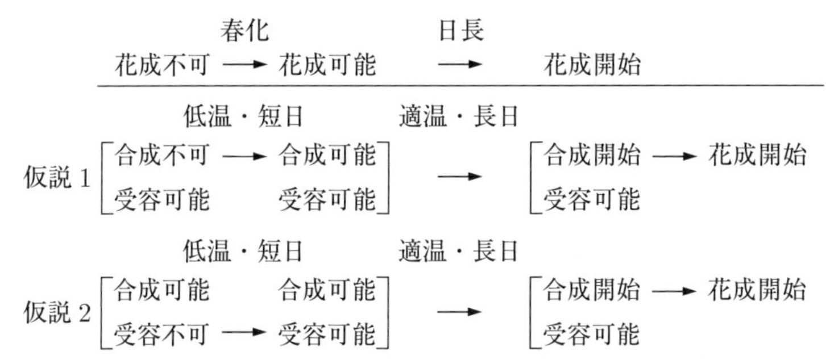

仮説1では,春化によって〈合成能力なし・受容能力あり〉の状態から〈合成能力あり·受容能力あり〉に変化し,仮説2では,春化によって〈合成能力あり・受容能力なし〉の状態から〈合成能力あり・受容能力あり〉に変化する。使うのは春化要求性長日植物なので,春化だけを成立させるには低温·短日条件におき,その後に適温・長日条件に変えれば,花芽形成が始まることになる。

では,それぞれを判定する(仮説を肯定ないし否定する)実験を考えよう。接ぎ木実験と方法が指定されているので,花成ホルモンの移動を利用して,花成ホルモンを供給する側の植物体と,受容・応答する側の植物体を分けて調べるというアイデアを思いつければ,あとは仮説の正誤によって結果が異なるような条件を設定すればよい。なお,受容・応答する側に用いる植物体は,自身で花成ホルモンを合成しないように,芽だけを残し葉をすべて除去する必要がある。

まず,仮説1を検証する実験を考える(仮説を検証するには,仮説が正しいと仮定して結果を予想し,実際の結果と比べればよい)。低温に曝露した(春化が成立した)植物体を花成ホルモンの供給側,低温に曝露していない植物体を受容側とした接ぎ木実験を行うと,仮説1が正しいならば,低温に曝露していない植物体でも花芽形成が起こるはずであり,起こらなければ仮説1は否定される。具体的には,低温・短日条件で栽培した植物体(以下,植物P)と,適温・短日条件で栽培した植物体(以下,植物Q)を用意し,植物Qの葉をすべて除いて芽だけ残して接ぎ木する。そして,接ぎ木後に適温・長日条件におくと,仮説1が正しいならば,植物Pで花成ホルモンが合成され,植物Qに移動,植物Qはもともと受容・応答可能なので植物Qで花芽が形成される。つまり,仮説1は,植物Qに花成が起これば肯定され，起こらなければ否定される。なお，仮説2が正しい場合，植物Qに花成は起こらないので，仮説1が否定されると仮説2が肯定される関係になる。

植物P　低温・短日　合成能力を獲得
植物Q　適温・短日　受容能力はもともとある
仮説1が正しい場合
接ぎ木して適温・長日におくと
植物P　葉 ⟶ 花成ホルモン ⟶ 植物Q(葉なし)　芽 ⟶ 花成

次に，仮説2を検証する実験を考える。低温に曝露した（春化が成立した）植物体を花成ホルモンの受容側，低温に曝露していない植物体を供給側とした接ぎ木実験を行うと，仮説2が正しいならば，低温に曝露した植物体で花芽形成が起こるはずであり，起きなければ仮説2は否定される。具体的には，低温・短日条件で栽培した植物Pと，適温・短日条件で栽培した植物Qを用意し，植物Pの葉をすべて除いて芽だけ残して接ぎ木する（前の実験とは植物PとQの役割が逆）。そして，接ぎ木後に適温・長日条件におくと，仮説2が正しいならば，植物Qで合成された花成ホルモンが植物Pに移動，植物Pで花成が開始されるはずである。つまり，仮説2は，植物Pに花成が起これば肯定され，起こらなければ否定される。なお，仮説1が正しい場合，こちらの実験では植物Pに花成が起こらないので，仮説2が否定されると仮説1が肯定されるという関係になる。

植物P　低温・短日　受容・応答能力を獲得
植物Q　適温・短日　合成能力はもともとある
仮説2が正しい場合
接ぎ木して適温・長日におくと
植物Q　葉 ⟶ 花成ホルモン ⟶ 植物P(葉なし)　芽 ⟶ 花成

設問文に「これらそれぞれを判定するため」とあること，制限行数が5行程度と長いことから，解答には次の5つのポイントを含めれば満点と推定できる。

① 低温・短日条件で栽培した植物体と適温・短日条件で栽培した植物体を用意する。

② 前者の植物体の芽を残し葉をすべて除去した上で後者と接ぎ木し，適温・

長日条件で栽培する。

③　②で，前者の植物体に花成が起これば，受容し応答する能力の獲得である。

④　後者の植物体の芽を残し葉をすべて除去した上で前者と接ぎ木し，適温・長日条件で栽培する。

⑤　④で，後者の植物体に花成が起これば，産生する能力の獲得である。

ただし，以下に示すように，実験の一方だけでも正解とされた可能性もある。

別解1)　低温・短日条件で栽培した植物体と適温・短日条件で栽培した植物体を用意し，前者の芽を残し葉をすべて除いたうえで後者と接ぎ木する。接ぎ木した2個体を適温・長日条件で栽培して，前者で花芽が形成されれば花成ホルモンを受容し応答する能力の獲得であり，花芽が形成されなければ花成ホルモンを産生する能力の獲得である。

別解2)　低温・短日条件で栽培した植物体と適温・短日条件で栽培した植物体を用意し，後者の芽を残し葉をすべて除いたうえで前者と接ぎ木する。接ぎ木した2個体を適温・長日条件で栽培して，後者の植物体で花芽が形成されれば花成ホルモンを産生する能力の獲得であり，花芽が形成されなければ花成ホルモンを受容し応答する能力の獲得である。

C　クロマチン構造の変化と遺伝子発現の関係(これが「*FLC* 抑制と同様の仕組み」である）を扱った設問である。(5) X 染色体の不活性化だけが，染色体の凝縮というクロマチン構造の変化に関連する内容なので，これを選べばよい。(1)ラクトースオペロンは原核細胞での遺伝子発現の調節機構で，クロマチン構造は関与しない。(2)酸素濃度に応じて代謝を切り替える現象で，遺伝子発現が直接関わるものではない（酸素濃度が高い条件でアルコール発酵が抑えられる現象をパスツール効果という)。(3)成長・物質輸送の調節であり遺伝子発現の調節ではない。(4)母性効果遺伝子の mRNA の濃度勾配により遺伝子発現が調節される機構では，調節タンパク質が中心的であり，クロマチン構造の変化とは言えない。(6)ハーディ・ワインベルグの法則に関する記述で，遺伝子発現の調節とは関係がない。

D　フィトクロムは Pfr が活性型である（教科書に載っており，知っている必要がある)。下線部(エ)の前にある「胚軸の伸長は，明所では抑制され，暗所で促進される」に着目すれば，明所（赤色光がある）では Pfr の割合が高くなり，伸長が抑制されるという流れが推論できる。すると，フィトクロム完全欠損変異体では，Pfr が存在せず伸長を抑制できないため，明所でも伸長すると下線部(エ)の現象を解釈できる（よって(4)が最も適当)。なお,(1)の「Pr が伸長成長を促進する」は，明所で伸長が抑制され暗所で促進されることは説明できるが，完全欠損変異体で伸長が抑えられないことを説明できないので適当でないと判断できる。

E　グラフから値を読み取って計算を行い，別のグラフに書き換える設問は，東大の生物入試では珍しい。今後，出題がみられる可能性もあるので意識しておいた方が良いだろう。さて，下線部(オ)では，純粋なPrの水溶液に赤色光を照射している。PrとPfrの変換を図3－2をもとに考えると，この条件ではPfrからPrへの変換は光と無関係になるので，$v_1 = v_3$となったところでPrとPfrの割合が一定になる（図3－4で線が水平になる）と考えられる。

$v_1 = k_1[\mathrm{Pr}]$，$v_3 = k_3[\mathrm{Pfr}]$と与えられているので，

$k_1[\mathrm{Pr}] = k_3[\mathrm{Pfr}]$　　よって，$k_3 = k_1 \times ([\mathrm{Pr}]/[\mathrm{Pfr}])$

$[\mathrm{Pr}]/[\mathrm{Pfr}]$を図3－4から求めれば，$k_3$を$k_1$で表すことができる。

27℃では，$[\mathrm{Pr}]/[\mathrm{Pfr}] = 0.8/0.2$　　より　$k_3 = 4 \times k_1$

22℃では，$[\mathrm{Pr}]/[\mathrm{Pfr}] = 0.6/0.4$　　より　$k_3 = 3/2 \times k_1$

17℃では，$[\mathrm{Pr}]/[\mathrm{Pfr}] = 0.4/0.6$　　より　$k_3 = 2/3 \times k_1$

12℃では，$[\mathrm{Pr}]/[\mathrm{Pfr}] = 0.2/0.8$　　より　$k_3 = 1/4 \times k_1$

グラフの縦軸については，27℃のときのk_3の値を1とする相対値と指定されているが，リード文に「光による変換の係数であるk_1とk_2は，光に依存するが，温度には依存しない」とあり，k_1を定数として扱えるので，各温度での値は，22℃が$3/8 \fallingdotseq 0.38$，17℃が$1/6 \fallingdotseq 0.17$，12℃が$1/16 \fallingdotseq 0.063$と計算できる。

F　この設問の条件では$v_2 \neq 0$なので，$v_1 = v_2 + v_3$となってPrとPfrの割合が一定になる。$v_1 = k_1[\mathrm{Pr}]$，$v_2 = k_2[\mathrm{Pfr}]$，$v_3 = k_3[\mathrm{Pfr}]$より，平衡時には

$k_1[\mathrm{Pr}] = (k_2 + k_3)[\mathrm{Pfr}]$

が成立する。k_1，k_2，k_3の値は与えられていないが，12℃～27℃の範囲でk_3がk_1の1/4倍から4倍と著しく変化することを踏まえると，k_2が極端に大きな値(不自然な状況）でないかぎり温度の影響が現れる。よって「温度によらず」とある(1)・(2)は適当でない。赤色光と遠赤色光を照射する条件では，赤色光だけを照射する条件に比べ，平衡時の［Pr］はより大きく，［Pfr］はより小さいはずである（よって(5)は適当でない)。では(3)と(4)のどちらが適当だろうか？立式して考える必要はなく，以下のように定性的に判断すればよい。$v_2 \neq 0$の条件で同様のグラフを描くと，$v_2 \neq 0$の分だけPfrが減るので，グラフは，図3－4($v_2 = 0$）に比べて上下方向が圧縮される。すると線の間隔が狭くなるが，これは温度の影響が弱くなることを示している。よって(3)が適当，(4)が不適当である。

G　この設問では，「高温で伸長が促進される性質」が「自然選択によって進化した」

と考えた場合，どのような環境でどのような点が好都合だったのかを答えることが求められている。「自由な発想で考え，合理的に説明できる理由の１つ」とあることからわかるように妥当な仮説をつくればよい。考えやすいのは「茎や葉柄でも」とあるので「茎」に着目し，高温でより背が高くなると光をめぐる競争で有利になるというストーリーだろう。設問文に「自然選択」とあるので，環境条件や生存・繁殖に触れると望ましい（後掲の解答例は，冷温帯を想定して作成した）。

（注）　配点は，Ⅰ－Ａ５点（各１点），Ｂ４点，Ｃ１点，Ⅱ－Ｄ２点，Ｅ３点，Ｆ２点，Ｇ３点と推定。

解 答

Ⅰ　Ａ　(1)　○　　(2)　×　　(3)　○　　(4)　×　　(5)　？

Ｂ　低温・短日条件で栽培した植物体と，適温・短日条件で栽培した植物体を用意する。前者の芽を残し葉をすべて除去した上で後者と接ぎ木し，適温・長日条件で栽培した場合に前者で花芽が形成されれば，花成ホルモンを受容し応答する能力の獲得である。後者の芽を残し葉をすべて除去した上で前者と接ぎ木し，適温・長日条件で栽培した場合に後者で花芽が形成されれば，産生する能力の獲得である。

Ｃ　(5)

Ⅱ　Ｄ　(4)

Ｅ

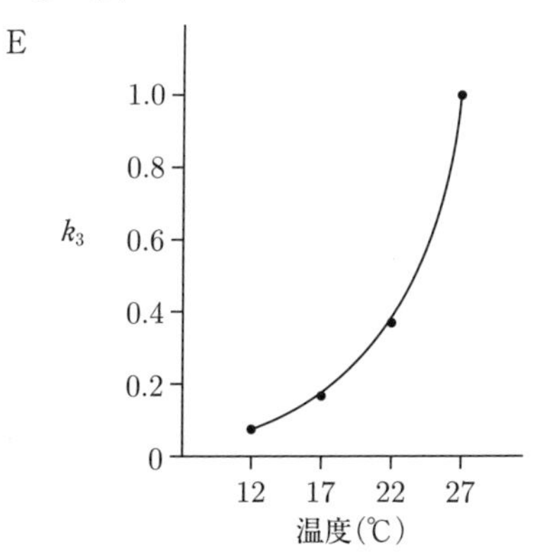

Ｆ　(3)

Ｇ　降水量が豊富で温度の季節変動がある環境では，温度が上昇した際に，速やかに伸長して他の植物よりも上に葉を展開すると，より多くの光を獲得できるため，生存率が高くなり，より多くの子孫を残せる点で有利となる。

2017年

第1問

解説

I　RNA 干渉は一部の教科書でのみ取り上げられている現象であるが，データからの推論は，東大入試としては標準的な難易度であった。論述問題は1問のみで残りは選択式での出題であり，受験生の負荷を軽くする配慮がなされたのだろう。

A　図1－1の㋖とは「翻訳」であり，基本的な内容に関する知識論述問題である。語句「mRNA，tRNA，リボソーム，アミノ酸，コドン，ペプチド結合」をすべて用いる指定だが，どこまで書くか（あるいは書かないか）が悩ましい。図1－1が「配列情報間の伝達経路」なので，塩基配列がアミノ酸配列に変換される基本的な仕組み，つまり，① mRNA のコドンと tRNA のアンチコドンが結合すること，② tRNA が指定されたアミノ酸をリボソームに輸送すること，③指定された順序に並んだアミノ酸がペプチド結合で連結されること，を述べることが必要だろう。なお，リボソームが mRNA と結合する段階や，終止コドンに関わることは，行数から判断して必須ではないと考えられよう（東大入試の論述問題では，答えるべきポイント1つにつき1行というのが目安である）。

B　(a)　設問の要求は「このメモにおいてクリックが存在しないと主張したと考えられるもの」を選ぶことなので，メモの「情報が一度タンパク質分子になってしまえば，そこから再び出て行くことはない」を素直に解釈して，図1－1のタンパク質から出ている矢印を選べばよい。

(b)　図1－1の㋐は複製，㋑は転写，㋒は逆転写，㋖は翻訳である。㋕のRNA を鋳型としたRNA 合成はインフルエンザウイルスなどが行っている（後出の設問で存在することが推論できるようになっている）。

発展的に学習している受験生の中には，ウシ海綿状脳症（狂牛病）のようなプリオン病が気になった諸君もいたかもしれない。プリオン病は，異常プリオンタンパク質の蓄積によるもので，異常タンパク質が正常タンパク質を異常タンパク質に変える。この変化が，図1－1の㋘のタンパク質→タンパク質の情報伝達に当たるのか当たらないのか迷うのも無理はないが，図および設問文には「配列情報間の伝達経路」とあることから，該当しないと判断すればよい。なお，プリオンの場合，正常タンパク質から異常タンパク質へ立体構造が変化する（アミノ酸配列の変化ではない）。

C　図1－2から，x 変異体ハエも y 変異体ハエもFウイルスに対して抵抗性を示さないことがわかる。つまり，RNA干渉が正常にはたらかないとFウイルスに抵抗できないと判断できる。表1－1で，x 変異体ハエにFウイルス由来の短いRNAがあることから，x 変異体ではダイサーがはたらいたと推論できるので，タンパク質Xはアルゴノートと判断できる。一方，y 変異体ハエにはFウイルス由来の短いRNAが検出されないのでタンパク質Yがダイサーと判断できる。B2タンパク質はそもそもウイルスのタンパク質なので，ハエの突然変異体で失われることはない。

D　考察文の空欄を補充する形式では，考察文の筋道に合わせて考えることが大切である。実験1において，RNA干渉に関わるタンパク質を欠失しているハエ（x 変異体や y 変異体）の生存率が低下している事実は，RNA干渉（［2］）がFウイルス（［1］）への抵抗性に関与することを意味する。リード文にある「RNA干渉とは，真核生物の細胞内に二本鎖のRNAが存在すると，その配列に対応する標的mRNAが分解されてしまうという現象である」から，［3］が二本鎖RNAと判断できる。野生型FウイルスとB2タンパク質の機能を欠失した ΔB2Fウイルスを比較する実験2で，ΔB2Fウイルスは，野生型ハエではほとんど増殖できなくなる一方，変異体ハエでは野生型Fウイルスと同様に増殖できている。この事実は，B2タンパク質がRNA干渉（［6］）を抑制（［7］）すると考えれば説明できる。こうした設問を見て発展的内容を覚えたくなる受験生もいるだろうが，東大志望の諸君には「覚えるべき」と受け取るのではなく，科学雑誌，科学番組などで「知る」という姿勢を勧めたい。

Ⅱ　生体防御と循環系，細胞分化と遺伝子の関係などが扱われた。計算問題はあったが論述問題はなく，受験生の負担軽減がはかられていた。

A　図1－3で，表現型Bの雄と表現型Bの雌の間に生まれた子において，A・B・Cのすべての表現型をもつ雌雄が現れていることから，常染色体上の遺伝子によって決まること，そして，不完全優性を示すことが判断できる。つまり，変異遺伝子を r，正常な対立遺伝子を R とすると，表現型Aの遺伝子型は RR，表現型Bは Rr，表現型Cは rr と表せる。図1－5の交配は，表現型A・RR ×表現型C・rr → Rr となり，♂の遺伝子型は Rr に決まる。表現型A・RR ×表現型B・Rr → RR（確率1/2），Rr（確率1/2）であり，♀の遺伝子型が RR の場合，子に表現型C・rr は現れないことに注意すると，子マウスに表現型Cの雌が生まれる確率は，〔♀が Rr である確率〕×〔Rr × Rr で rr の子が生まれる確率〕×〔子が雌である確率〕＝1/2 × 1/4 × 1/2 ＝ 1/16。

B　免疫系と循環系に関する基本的な知識を問う設問。合格には完答したい。

C　図1－4で，レシピエントの表現型がAであれば，ドナーの表現型によらずT細胞の割合は40%と同程度に高いことから，表現型B，C由来の骨髄細胞は正常だと推論でき，選択肢(4)は誤りと判断できる。一方，ドナーの表現型がAの場合，骨髄細胞は正常なはずなのに，レシピエントの表現型がBであればT細胞は約8%，レシピエントの表現型がCであればT細胞は約2%しかなく，表現型B，Cのマウスの胸腺に異常があることが推論できる（よって選択肢(5)は妥当)。なお，T細胞が多様なT細胞抗原受容体を発現するのは，核ゲノムに存在するT細胞受容体遺伝子の再編成によるので，分化したT細胞を用いてクローンを作製しても，多様な受容体は発現しない(よって選択肢(2)は誤り)。また，抗体産生にはヘルパーT細胞が関与するので，表現型Cのマウスのように T細胞が著しく減少すると抗体産生にも影響が現れる（よって選択肢(3)は誤り)。

D　この設問では，次のような〈仮説検証の考え方〉が扱われている。

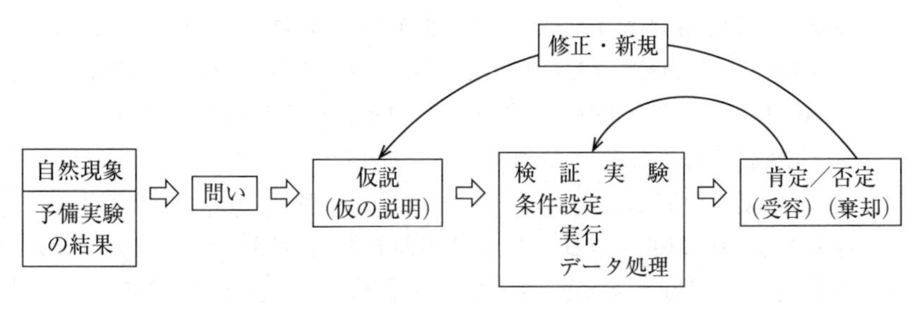

ある突然変異体のマウスが表現型C（T細胞の割合が野生型の約1/20）を示すという事実について，「なぜ？」という問いが生まれる。その問いに答える仮説をつくるために「表現型Cのマウスのゲノムを調べた」ところ，「タンパク質Zをコードする遺伝子*Z*の塩基配列にアミノ酸置換をもたらす一塩基変異が見つかった」ことから，「遺伝子*Z*に突然変異が生じて，タンパク質Zがはたらかなかった結果，マウスは表現型Cを示した」という仮説＊がつくられた。そして，この仮説を検証するために「元の近交系マウスのゲノムから遺伝子*Z*を取り除いたノックアウトマウスを作製」して，表現型を調べたのである。この仮説＊が正しいならば，「遺伝子*Z*ノックアウトマウスの血液中の白血球におけるT細胞の割合」は低下すると予想されるが，実際には「元の近交系マウスや表現型Aのマウスと同程度」で割合は低下しなかった。つまり，仮説＊からの予想と実際の結果が一致せず，仮説＊は否定されることになる。選択肢(4)は，この否定された仮説＊と同じく，「タンパク質Zの発現の消失がT細胞の減少の原因」とし

ており，不適切な解釈（正答）になる。残る3つの選択肢も確認しておこう。選択肢(3)は，仮説＊が否定されたので，原因となる他の遺伝子の変異を探す（新しい仮説をつくる）という話である。選択肢(2)では，遺伝子 Z（タンパク質Z）の変異が原因という部分は変えず，タンパク質Zが存在しない（遺伝子 Z のノックアウト）場合はT細胞の割合に影響せず，実験4で見つかった変異の場合はT細胞の割合が低下するという二つの（一見矛盾する）事実を，仮説＊を修正した仮説（変異タンパク質Zが他のタンパク質のはたらきを阻害することでT細胞の割合が低下する）で説明したのである。選択肢(1)は，一般論になるが，同じはたらきをもつ遺伝子が複数存在する場合，1つをノックアウトしても表現型に影響が出ないことがある。ここでは，遺伝子 Z のノックアウトによりタンパク質Zは存在しなくなるが，同様の機能をもつ他のタンパク質が存在する（つまり機能は欠失していない）ため，T細胞の割合が低下しないと解釈している。ずるい印象を受ける諸君もいると思うが不可能な解釈ではない。

（注1）　配点は，I－A 3点，B(a) 1点，(b) 1点，C 2点，D 3点（空欄1･2で1点，3･4で1点，空欄5～7が完答で1点），II－A 2点，B 2点（空欄8～11で1点，空欄12～15で1点），C 4点（各2点），D 2点と推定。

（注2）　行数制限の解答の際は1行あたり35～40字相当としたが，「～行程度」とある場合は，次の行に入る程度は許容されるだろう（以下同）。

解 答

I　A　mRNAに結合したリボソームに，mRNAのコドンと相補的なアンチコドンをもつtRNAが，指定されたアミノ酸を運び，アミノ酸同士がペプチド結合でつながれて，mRNAの塩基配列に指定されたアミノ酸配列をもつタンパク質ができる。

B　(a)　㋔・㋗・㋘　　(b)　㋓・㋔・㋗・㋘

C　(3)

D　1－②　　2－⑭　　3－⑩　　4－⑫　　5－①　　6－⑭　　7－⑤

II　A　1/16

B　8－獲得（適応）　　9－HIV（エイズウイルス）　　10－自然

11－好中球（マクロファージ，樹状細胞）　　12－毛細血管　　13－閉鎖

14－組織液　　15－開放

C　(1)，(5)

D　(4)

第２問

解説

Ⅰ　光合成と呼吸の複合が題材である。安易に扱うと誤答する落とし穴があり，説明されている状況を具体的にイメージすることが重要であった。

A　光合成や呼吸を含め，生体内で化学反応が進む際には，エネルギーの一部は熱として失われる（エネルギー効率が100％になることはない）。したがって，チラコイド系でATPやNADPHを生産するとき，1分子のグルコースの合成に必要なATPとNADPHがもつエネルギーの合計（$12\alpha + 18\beta$）よりも多くの光エネルギーが必要になる。つまり，$12\alpha + 18\beta <$ 光エネルギーである。また，グルコースを合成する際に，$12\alpha + 18\beta$ のエネルギーを消費するが，その一部しかグルコースには含まれず，呼吸ではグルコースのもつエネルギーの一部だけがATP生産に利用されるので，$38\beta <$ 1分子のグルコースがもつエネルギー $< 12\alpha + 18\beta$ となる。

B　リード文の最後の段落で強調されているように，光合成生物の気体交換（酸素と二酸化炭素の交換）は光合成速度と呼吸速度の両方を反映する。では，設問の実験条件を整理してみよう。まず，「単細胞緑藻の培養液に $^{18}O_2$ を通気し，通気を止めた後に」の部分で，培養液中の O_2 のすべてが $^{18}O_2$ になっているのか，$^{18}O_2$ 以外に $^{16}O_2$ も存在するのかはっきりしない。また，選択肢のグラフで縦軸に数値がないため，$^{18}O_2$ 濃度と $^{16}O_2$ 濃度を直接比べることもできない。したがって，$^{18}O_2$ 濃度の変化と $^{16}O_2$ 濃度の変化は別々に考える必要がある。次に「光条件を短時間に明→暗→明と切り替えながら」の部分で，「短時間」というのはどの程度で，どういう意味をもつのだろうか？　呼吸速度は O_2 濃度の影響を受け，光合成速度は CO_2 濃度の影響を受けるので，それぞれの速度が変化しないうちに切り替えたと言いたいのだろうが曖昧である。「培養液中の $^{18}O_2$ 濃度と $^{16}O_2$ 濃度の変化を測定する」の部分は，何をしたかについては明確だが，培養液中の濃度と細胞内の濃度との関係が示されていない。単細胞緑藻である（移動距離が短い）ことや，細胞壁・細胞膜は酸素の透過に対して障壁にならない（酸素の透過性は高い）ことから，培養液中の濃度と細胞質基質中の濃度はほぼ等しい（すみやかに平衡に達する）と見なせそうであるが，明記して欲しかったところである。では，以上を踏まえて（とくに波線部），選択肢のグラフを見よう。暗条件では呼吸のみが進むはずなので O_2 濃度が上昇することはあり得ず，暗条件で $^{16}O_2$ の濃度が上昇している(1)・(2)は誤りである。残る(3)～(6)は，$^{18}O_2$ 濃度の変化では，明条件で下がるか一定濃度を保つかという点のみが違い，$^{16}O_2$ 濃度の変化では，暗条件で低下するか一定を保つかのみが違う。$^{18}O_2$ 濃度を考える場合，時間が経過すると，呼吸で $H_2{}^{18}O$ が生じ，光合成で $^{18}O_2$ が生じるようになるため考えにくいが，「測定開始時点では与えた $^{18}O_2$ 以外に ^{18}O を含む物質は培養液中に存在しない」とするので測定開始前後に着目しよう。測定開始直前（図 a 左）に $H_2{}^{18}O$ はないのだから，通気を止め測定を始めると，$^{18}O_2$ は，培養液中 $^{18}O_2$→拡散→細胞中 $^{18}O_2$→呼吸という流れ（図 a 中央）だけになり，明条件でも $^{18}O_2$ 濃度は低下することが予想できる。もし(4)・(6)のように $^{18}O_2$ 濃度が一定を保つとすれば，測定開始直後は $^{18}O_2$ が生じないのだから $^{18}O_2$ が呼吸に使われないと考えざるをえないが，同位体は同じように化学反応に利用されるので適切ではない。次に $^{16}O_2$ 濃度を考える。暗条件で $^{16}O_2$ 濃度は低下するか一定を保つか，どちらが妥当だろうか。暗条件では図 a 右のように，$^{18}O_2$ が呼吸に使われるだけでなく，光合成で発生して培養液に出た $^{16}O_2$ も，培養液中 $^{16}O_2$→拡散→細胞中 $^{16}O_2$→呼吸となることが予想できる。この場合も，前述の議論と同様，$^{16}O_2$ 濃度が一定を保つとすれば，暗条件では光合成が起こらないのだから $^{16}O_2$ が呼吸に使われないと考えざるをえないが，同位体は同じように化学反応に利用されるので適切ではない。よって(5)がもっとも適切である。ただし，$^{18}O_2$ の濃度変化の傾きが一定であることは納得しにくいかもしれない。あくまで低下するか，一定濃度を保つかを判断させる問題であったと考えよう。

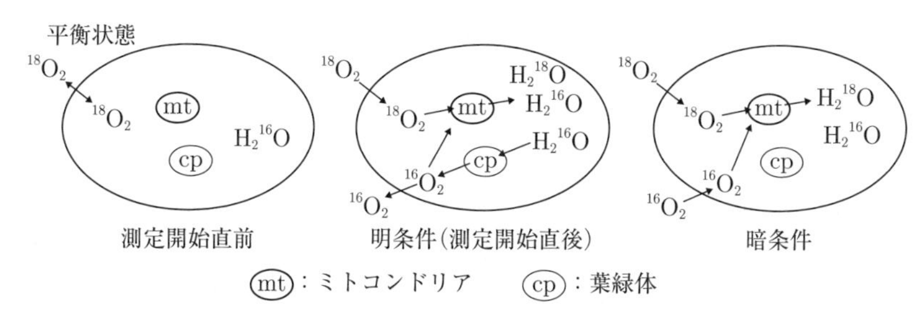

図 a

Ⅱ　つる植物を題材に複数の視点から問うている。試験場では，扱いやすい設問を選んで解答し，扱いづらい設問を飛ばすことが必要だったかもしれない。

A　知識問題であるが，クリプトクロムが茎の伸長抑制にはたらくことは，一部の教科書にしか記載がなかった（消去法で選んだ受験生も多かっただろう）。茎の伸長を促進させる植物ホルモンとしてジベレリンは外せない。2つめにはオーキシンかブラシノステロイドのどちらかを挙げればよいだろう。

B　与えられた条件から推論（思考実験）する設問だが，具体的なイメージを浮かべないとわからないので，自立性植物Xとつる植物Yをイメージしてみよう。茎の長さ・重量比（長さ/重量）が1と4で何がどう違うのだろうか？

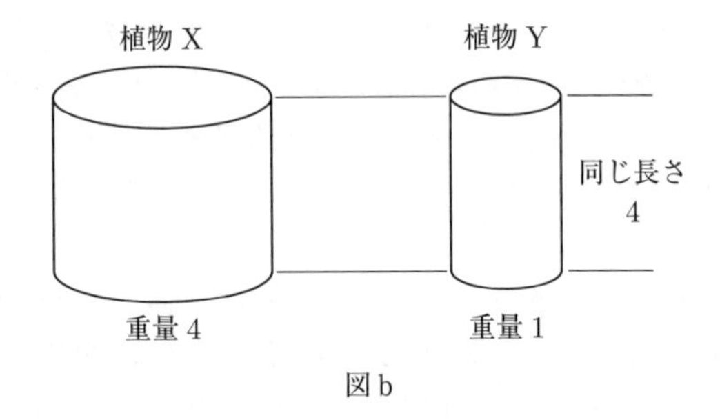

図b

図bを思い浮かべれば明らかだが，植物Yの茎の方が細いのである（リード文にも書かれている)。理屈で確認してみると以下のようになる。2つの植物の茎を円柱とし，密度はρで等しいと仮定する。Xの茎の半径をDx，長さをLxと表すと，重量 = $\rho\pi Dx^2Lx$で，茎の長さ・重量比 = $Lx/(\rho\pi Dx^2Lx)$ = $1/(\rho\pi Dx^2)$ = 1となる。同様に，Yの茎の半径をDy，長さをLyと表すと，重量 = $\rho\pi Dy^2Ly$，茎の長さ・重量比 = $Ly/(\rho\pi Dy^2Ly) = 1/(\rho\pi Dy^2) = 4$となる。$\rho\pi Dx^2 = 1$，$\rho\pi Dy^2 = 1/4$から，$Dx^2 = 4Dy^2$となり，植物Yの茎の太さはXの半分になる（実は，東大入試で頻出の面積は2乗，体積は3乗の話である)。

さて，推論(思考実験)の前提は，「植物個体が光合成で有機物を生産する速度は，その時点で個体がもつ葉の量に比例」することと，「生産した有機物は，葉とそれ以外の器官に一定の割合で分配されて，各器官の成長に使われる」ことである。条件をシンプルにすると考えやすいので，ある時点で，2つの植物のもっている葉の量が同じとしよう。すると，時間あたりに生産される有機物量は同じになる。植物Yが戦略②をとった場合，各器官への物質分配はXと同じなので，葉の量の増え方はXとYで同じになり，時間がたっても葉の量に差はつかない。一方，Yの茎はXより4倍速く伸び（下線部(ク)の後半が述べているのは，このことである)，これも時間がたっても変わらない（茎の伸長速度の比が4で一定)。ここまで考えれば，選択肢(1)が適切だと正答を選ぶことができる。

戦略①の場合も確認しておこう（練習の意味で，以下を読む前に自分で考えてみるとよい)。この戦略では，茎への物質分配をXの1/4に減らし，葉への物質分配をXの2倍にする。ある時点で，2つの植物の葉の量が同じ（時間あたりに生産される有機物量が同じ）だとしても，葉への物質分配が多いYでは，葉の量がXより多くなり（葉の厚さ・大きさを一定，XとYで同じと仮定すると，新たにできる枚数がYはXの2倍になる)，その差は時間とともに広がる（時間あたりに生産される有機物量の差も広がる)。有機物生産量が等しいときに，茎への物質分配をXの1/4に減らすと，(前述のようにYの茎の太さがXの茎の半分だとすれば)，茎の伸長速度は同じになるが，Yの方がより葉が増えるため，有機物生産量が増え，Yの茎の成長速度はXのそれよりも，より速くなっていくことになる。選択肢のグラフの縦軸は対数目盛なので，選択肢(1)の①の直線は，r_Y/r_X の比が一定の率で増加していることを表している。

C　植物に触れる経験の多い受験生は，あれこれと思い浮かんだだろうが，実物に触れる機会の少ない受験生には厳しかったかもしれない。巻きひげで支柱に絡みつく植物としては，メンデルが遺伝の実験に用いたエンドウのほか，ブドウやキュウリ，ヘチマ，ゴーヤなどがある。巻きひげをもたず茎全体で巻きつく植物としてはアサガオのほか，フジ，インゲンマメ，ヤマノイモなどがある。なお，「種名は，標準的な和名」と指示されているので，ブドウはヤマブドウあるいはノブドウ，ゴーヤはニガウリあるいはツルレイシと答えるべきだろう。

D　植物Zについては，図2－2の葉脈のパターンから双子葉植物と判断できる程度で，十分な情報がないため，茎が特殊化したのか，葉が特殊化したのかを，図2－2だけから判断することになる。断面図の維管束の配置を手がかりにする場合，

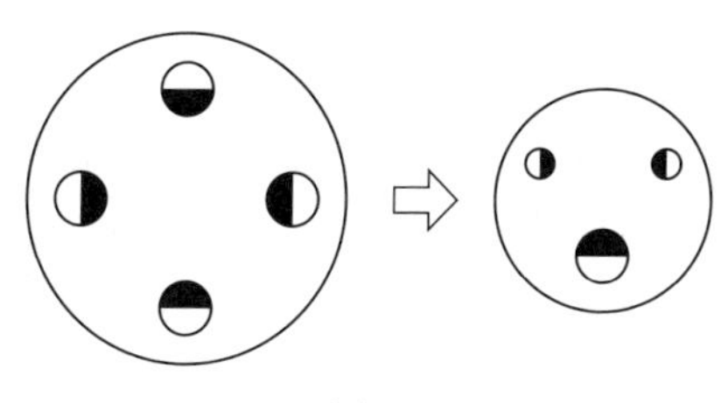
図c

双子葉植物の茎では維管束が円周上に並び，木部が中心側，師部が外側になるのに対して，葉では，表側に木部，裏側に師部が位置するという知識が出発点になる（現行教科書では，植物の体制の扱いが軽いため，知識をもっていなかった受験生もいたかもしれない)。仮に，茎が特殊化して巻きひげとなったと考えると，図cを想定することになる。この場合，維管束の退化・消失（左右の維管束が小さくなり，上面の維管束は消失）が起きたことになる。一方，葉が特殊化して巻きひげとなったと考えると，図dを想定することになる。この場合，維管束の消

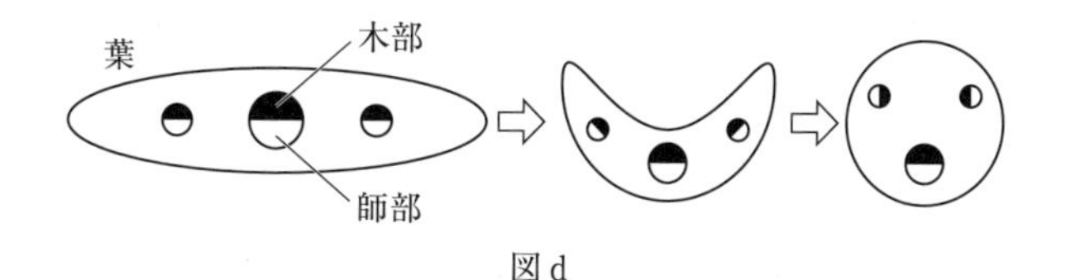

図d

失は想定しなくてよいが，平たい葉が丸まり，巻きひげとなったことを想定することになる。〈茎→巻きひげ〉と〈葉→巻きひげ〉のどちらが妥当か判断する材料が足りないが，〈茎→巻きひげ〉で想定される不均等な維管束の退化に必然性がないうえ，図2－2で3つの維管束の師部と木部を結ぶ線を描くと巻きひげの中心を通らないこと（図e）や，〈葉→巻きひげ〉では，葉が丸まることで維管束の方向や太さの違い（太いのが主脈・細いのが支脈と想定できる）が説明できることから，後者を答えるべきだと判断したい（ただし，どちらを選んでもよく，根拠を適切に述べているかどうかを採点した可能性もある）。なお，図2－2において，2枚の葉が茎の同じ位置についているのと同様，巻きひげも茎の同じ位置から両側に出ている事実に着目した受験生がいたかもしれない。良い着眼点だが，茎の枝分れは側芽の成長によって起き，その側芽は葉の付け根に生じるので，この事実でも二つの可能性に決着がつくわけではない。

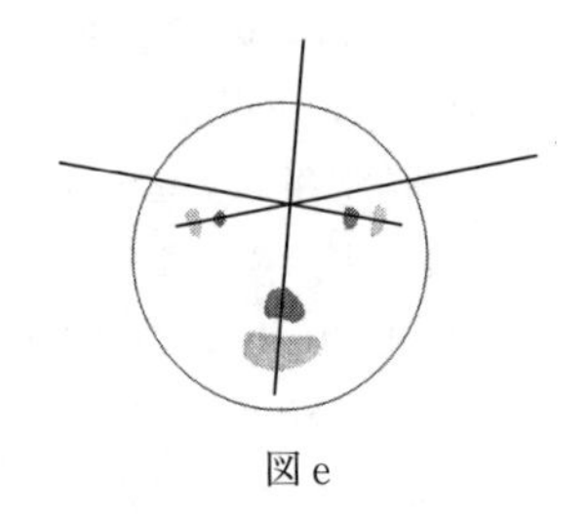
図e

E　設問文にもあるが，最近，回旋運動に重力屈性が関与することが示されている一方，その機構については未解明の部分が大きい（2016年の学術発表でも未解明との記述がある）。最先端の話題を題材とする東大らしい設問だが，その分，受験生にとってハードルが高くなる。では丁寧に整理しながら解読していこう。

設問文で紹介されている有力な仮説を単純化すれば〈重力屈性→往復振動→回旋運動〉という流れである。正答するには，回旋運動と往復振動の関係（図2－1）を具体的にイメージする必要があるが，空間図形を脳内でイメージすることが得意な人間ばかりではない（筆者も苦手である）ので，以下では，苦手な諸君に向けて説明する。図2－1左上で xyz 空間での茎先端の軌跡が示されているが，これを z 軸方向から見ると次頁の図f左になる（番号順に追えば，頭を回旋するイメージができるだろう）。図2－1左下の往復振動パターンの図は，この回旋運動を x 方向と y 方向に分解して描いている。図f中の番号を対応させるとわかるが，振幅が大きくなったことは省略されている（そのため，“パターン”とされているのだろう）。

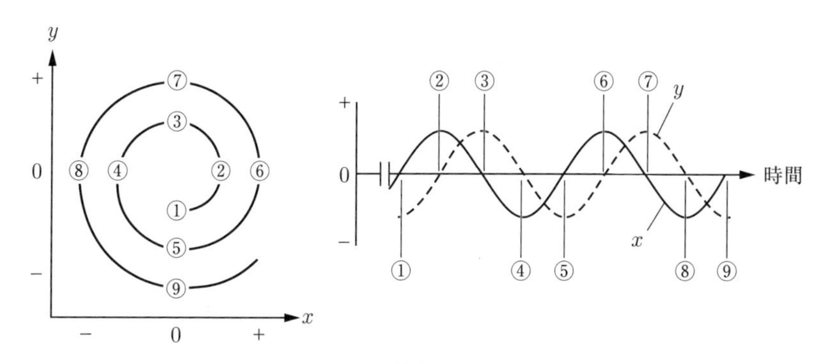

図 f

設問文には，往復振動を生じない重力屈性として「茎は重力に対して a 鉛直上方向に向かおうとする b 一定の強さの負の重力屈性を示し，重力と茎がなす角度を c 伸長域で感知し，ずれが d わずかでもあると e すみやかに屈曲する」という説明がある。(d) わずかに曲がっただけで，(e) すぐに，(a) 真上に伸びるように方向を変えるのだから，真上に真上にと伸び往復振動は生じない。では，どのように成長すればよいだろうか？　種明かしをすれば図 g になる（図 f 左同様に z 軸方向から見ている)。ここで，⑤→⑥→⑦の方向転換は，⑤→⑥（ア）を基準にすれば〈左に 90 度〉，⑥→⑦→⑧の方向転換も，⑥→⑦（イ）を基準にすれば〈左に 90 度〉，⑦→⑧→⑨の方向転換も，⑦→⑧（ウ）を基準にすれば〈左に 90 度〉となっていることがポイントである。これが選択肢(1)の「鉛直斜め上方向」に対応するのは明らかだろう。

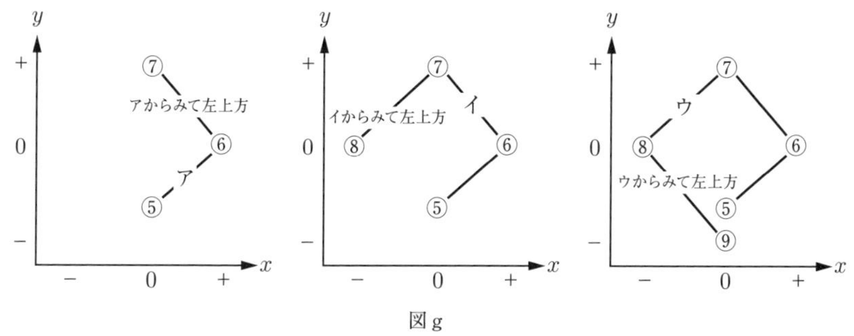

図 g

F　この設問では，屈性と傾性の違いに基づいて，現象を説明する（仮説をつくる）ことが求められている。接触屈性で巻きつくのであれば，接触刺激を受けた側に曲がると説明すればよい。しかし，接触傾性では，刺激の方向とは無関係に一定の応答が起こるのだから，一定の応答で茎が支柱に巻きつける機構を考えなければならない。ヒントは図2－1右図（図hに再掲）で，これを手がかりに，図h右のようなイメージをもてれば，回旋運動を行っている植物の場合，接触刺激を受容すると水平方向での曲がる角度（図g参照）が大きくなる機構（刺激を受けてから屈曲するまでの時間が短くなる機構あるいは伸長成長に対して屈曲が大きくなる機構）があれば，自然に巻きつくことがわかる。なお，一定方向に回旋運動を行っている場合，接触刺激は曲がる側で受容することが多くなるので，同じ方向で支柱に巻きつくことになる。受験生の中には，接触刺激を受容できるのが片側だけというアイデアを思いついた諸君もいただろう。素晴らしいのだが，刺激を受けた側に曲がるという点で“接触屈性”になってしまう（実際，茎の片側だけで接触刺激を受容できる植物も知られている）。

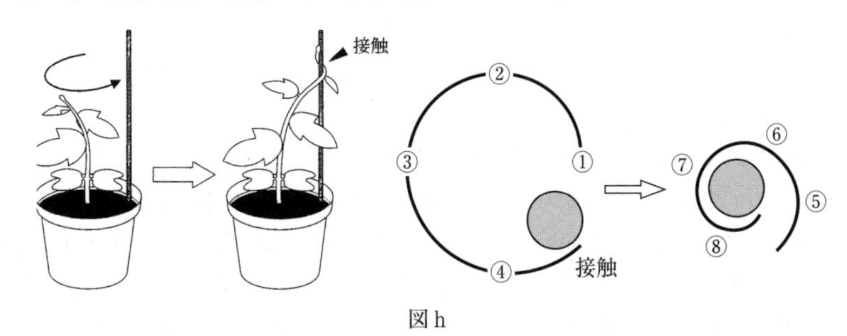

図h

G　形質変化の回数を最少にするという条件に注意する。種2～種4については「fでつる性の獲得が起きた」の1回で説明可能だが，種5～種7を1回で説明することはできない。そのため，種5～種7において「gでつる性の獲得が起き，jでつる性の喪失が起きた」または「hとkでつる性の獲得が起きた」の2回，合計3回で説明することになる。

（注）　配点は，Ⅰ－A 2点，B 2点，Ⅱ－A 3点（各1点），B 2点，C 2点（各1点），D 3点，E 2点，F 2点，G 2点と推定。

解 答

Ⅰ　A　(6)

B　(5)

Ⅱ　A　光受容体－クリプトクロム

植物ホルモン－ジベレリン，オーキシンまたはブラシノステロイド

B　(1)

C　巻きひげ－エンドウ　　茎全体－アサガオ

D　大きな維管束が下側，小さな維管束が両側に位置し，師部の中心と木部の中

心を結ぶ3本の線の交点が，巻きひげの中心からずれているので，葉が丸まって特殊化したものと判断できる。

E　(1)

F　接触刺激を受容すると回旋運動の角度が大きくなる傾性があると，伸長速度に対して回旋運動が速くなり，速やかに屈曲して支柱に巻きつくことになる。

G　fとgでつる性の獲得が起き，jでつる性の喪失が起きた。
　f，h，kでつる性の獲得が起きた。

第3問

解説

Ⅰ　生物の集団と生物進化について，基本的な知識が問われた。

A　用語を選択して空欄補充させる形式で，基本的な知識を問うている。合格には完答したいところである。

B　生物の種間関係を，利益・不利益の観点から整理した表を完成させる設問であるが，問われている内容は基本的な知識であった。この設問も完答したい。

Ⅱ　タンガニイカ湖に生息する鱗を主食とする魚を題材とし，種間関係や繁殖戦略について考察することが求められた。状況を正確に読解すれば，正答への論理は見出しやすかったと思われる。

A　図3－1上段の図は，種Aが種Cを襲うことに関して，単独の状況，周辺に種Aがいる状況，周辺に種Bがいる状況の3つを比較しており，周辺に種Bがいる場合のみ採餌成功率が上がる。図3－1下段の図は，種Bが種Cを襲うことに関して，単独の状況，周辺に種Bがいる状況，周辺に種Aがいる状況の3つを比較しており，周辺に種Aがいる場合のみ採餌成功率が上がる。つまり，同種個体が周辺にいても成功率は上がらないが，異種個体がいると成功率が上昇するという傾向が，種A・種Bの両方に同様に見られる。なお，「読み取れる傾向」が求められているので，グラフから読み取れる事実を述べればよい。また，上昇する度合いは種Bの方が大きいが，そこまで含める必要はないだろう。

B　設問Aで答えた「傾向」が生じた「理由」を答える設問で，「種Cの行動面から」という指定が要求でもありヒントでもある。リード文に，種Aは「底沿いに忍び寄り，遠くから突進」して襲い，種Bは「無害な藻食魚のような泳ぎ方で種Cに近寄り，至近距離からいきなり」襲うとある。これを種Cの視点からイメージすると，種Aについては，自分より下（湖底）方向の離れたところに見つけたら警戒する必要がある一方，種Bについては，近いところの個体を警戒する必要がある。つまり，種Aが単独でも複数でも，警戒すべきところは同じだが，種Bが自分の周辺にいると近くを警戒するため，遠いところからの種Aの襲撃に対する警戒が弱くなる。同様に，種Bが単独でも複数でも，警戒すべきところは同じだが，種Aを見つけると遠くを警戒するため，近づいてくる種Bに対する警戒が弱くなる。これが，図3－1にみられる傾向が生じる原因である。

C　下線部(イ)の「単一の遺伝子座にある対立遺伝子に支配される左曲がり劣性のメンデル遺伝」が出発点なので，右曲がりの対立遺伝子を R，左曲がりの対立遺伝子を r とおく。すると，右曲がり個体の遺伝子型は RR または Rr となり，右曲がり同士の交配で生まれる子の理論上の比率は，$RR \times RR$ →右曲がりのみ，$RR \times Rr$ →右曲がりのみ，$Rr \times Rr$ →右曲がり：左曲がり＝3：1となる。

D　図3－3に見られる左右の偏り（事実）の原因を推論する設問だが，なぜ偏りが生じたのかという問いに対する説明（仮説）としての妥当性を考えることになる。注意すべき点は，右曲がり個体が鱗を食うと左側に跡が残り，左曲がり個体が鱗を食うと右側に跡が残ることである(雑に読んで逆にすると誤答する)。さて，図3－3では,口が左に曲がる個体が多数を占めた年は右曲がり個体に食われ(左側に跡が多い)，口が右に曲がる個体が多数を占めた年は左曲がり個体に食われている（右側に跡が多い)。要するに，多数派を警戒していると少数派に対する警戒が弱くなり食われるという話である（よって(2)・(6)が適切)。選択肢の「専念した」という言い回しが気になった受験生もいたと思うが,「(1)～(3)から１つ」という指定があったので(2)を選べるだろう。

E　口が左に曲がった個体（遺伝子型 rr）は，左曲がり個体（rr）と配偶すれば，子はすべて左曲がりとなり，右曲がり個体（RR または Rr）と配偶すれば子の多くは右曲がりとなる。設問は「どちらのタイプの個体を選択するのが子の生存に有利となるか」なので，子の生存率で判断すればよい。「口が右に曲がった個体の数が左に曲がった個体の数を大きく上回っている場合」，図3－3によれば，左曲がり個体の方が採餌成功率が高く,生存率が高いことが予想できる。したがって，左曲がり個体を配偶相手に選ぶ方が有利となる。

F　種Aと種Bのそれぞれにおける右曲がり個体と左曲がり個体の割合が周期的に変動することと，その変動がほぼ同調すること，この二つの事実に関する考察として不適切な選択肢を選ぶ設問なので，選択肢を検討し，明確な誤りを探すのが早道である。図3－3（設問D）でわかるように，種Cは多数派を警戒するのだから，選択肢(3)と(4)の「種Aの個体数が種Bよりもはるかに多い場合」には，主に種Aを警戒することが予想できる。したがって，「種Aにおける口が左に曲がった個体の割合に応じて」左右のどちらを警戒するかを変えるはずであり，防御のやり方を変えるという選択肢(3)は適切である。また，図3－1（設問A・B）でわかるように，種Cは種Aと種Bを同時に同程度警戒することができないので，主に種Aを警戒すると，種Bの採餌成功率が高くなるが，「種Aにおける口が左に曲がった個体の割合」の影響はどうだろうか？　思考実験では極端な状況を想定すると判断しやすいので，（実際にはないが）種Aの99％が左曲がりという状況を考えてみよう。このとき種Cは右側ばかりを警戒するはずであり，種Bも右側から襲う左曲がり個体ばかりを見つけることになるだろう。多数派（種A）の中の多数派（左曲がり）を警戒すると，少数派（種B）についても同じ曲がり方（左曲がり）の方が不利になるからこそ，図3－4のように種Aと種Bの左曲がり個体の割合の変動が同調することになる。よって，「種Aにおける口が左に曲がった個体の割合は，種Bの採餌成功率を左右しない」という選択肢(4)は不適切である。選択肢(1)は，約5年の振動周期（図3－4）は，「子が鱗を食べるようになるまでの時間」が10年であればあり得ないことを考えれば，「影響を及ぼす」という考察が適切だとわかるだろう。選択肢(2)は設問A・B・Dで考えたことの要約であり，もちろん適切な考察である。

（注）配点は，Ⅰ－A 2点（完答），B 2点（完答），Ⅱ－A 3点，B 3点，C 2点（完答），D 2点，E 4点，F 2点と推定。

解答

Ⅰ　A　1－⑪　　2－⑩　　3－⑤　　4－⑦

　B　(1)－③　　(2)－②　　(3)－④　　(4)－⑤　　(5)－①　　(6)－②

Ⅱ　A　種Aと種Bのどちらも，周辺に同種の個体がいても，採餌成功率は単独で襲う場合と変わらないが，周辺に別種の個体がいると採餌成功率が上昇する。

　B　種Aを見つけると遠方を警戒するため近くから襲う種Bへの警戒が弱まり，種Bを見つけると近くを警戒するため遠くから襲う種Aへの警戒が弱まるので。

　C　(1)，(5)

　D　(2)，(6)

　E　左曲がり

　右曲がり個体の数が大きく上回っている場合，左曲がり個体の方が採餌成功率が高いので，左曲がり個体と配偶し左曲がり個体を生んだ方が，子の生存に有利となる。

　F　(4)

2016年

第1問

解説 細胞分化と遺伝子発現が題材である。すでに他大学の入試でも出題されている内容であり，類似問題を学習していた諸君には解きやすかったと思われる。

A　基本的な知識について，誤った選択肢を選ぶ設問である。(2)では，血液と血しょうの違いが問われた。(4)は，自然免疫が昆虫でも見られることを知っていれば判断できる。(5)では，ランゲルハンス島のB細胞（インスリン産生細胞）とリンパ球のB細胞の違いが問われた。

B　赤血球に寿命があり失われる一方，幹細胞から生み出され補充されることが，下線部(ア)のすぐ後ろで述べられており，これをもとに推論すればよい。設問文に「骨髄細胞の移植による治療の場合と対比させて，2行程度」とあるので，〈輸血で投与した赤血球はやがて失われるので対症療法にしかならない〉という内容と〈骨髄移植で投与した幹細胞から正常な赤血球が産生されるので根本的な治療になる〉という内容を対比すればよい（東大入試の論述問題では，答えるべきポイント1つにつき1行というのが目安である）。

C　肝臓と腎臓を排出の視点から理解しているかどうかを問う設問であるが，生物基礎の教科書にある視点であり，出題者は基本的内容を問う知識問題と考えていると予想する。空欄4は，「［　4　］を通じて」とあるので，胆管が最も望ましいが，胆液・胆のうも許容されたのではないかと思われる。

D　設問文の冒頭「実験1の結果のみから」の「のみ」を見落としてはいけない。実験1の条件では，GFPは*Lgr5*遺伝子が発現する細胞つまりCBC細胞でだけ発現する。したがって，実験1の結果だけからわかるのは，生後2箇月～14箇月の間，CBC細胞の数も変わらず，位置も変化しないことだけであり，絨毛部分の上皮細胞の作られ方については判断できない。

E　この設問は，設問文の「DNAがいったん切断された後につなぎ合わされることで再編成されるという現象」を読んだときに，免疫グロブリンの可変部の情報をもつDNA領域でみられる遺伝子の再構成が連想できるかどうかで，正解・不正解が分かれる知識問題である。連想できれば，「タンパク質の機能と関連づけて」というのが，〈抗原と特異的に結合するという抗体の機能〉のことであり，「ゲノムDNAの再編成が起こる意義」というのが〈著しく多様な抗原と反応できるという免疫の特性〉であることに気づけたはずである。

F　実験2に関する説明から，次の流れを読み取ることがポイントである。

① 酵素Cの発現は，*Lgr5* 遺伝子の転写調節領域に支配される（同じ調節を受けるので，*Lgr5* 遺伝子を発現する細胞でだけ酵素Cが発現する）。

② 酵素Cは，化合物Tの存在下でのみ領域Lを取り除く。

③ 領域Lが除かれると，GFPの発現は，*R* 遺伝子の転写調節領域に支配される。

④ *R* 遺伝子の転写調節領域は，遺伝子を「あらゆる細胞で常に発現させる」ので，領域Lがなくなった細胞ではGFPが常に発現する。

⑤ GFPの発現と *Lgr5* 遺伝子の転写調節領域の間に直接の関係はない。

⑴の「化合物Tを投与した時点から観察時までの間，常に *Lgr5* を発現している細胞」では，化合物Tを投与した時点（ごく短時間と解釈する）で酵素Cが存在するので領域Lが除かれ（①・②），*R* 遺伝子の転写調節領域とGFPをコードする遺伝子がつなぎ合わされるため蛍光を発するようになる（③・④）。

⑵の「化合物Tを投与した時点から観察時までの間，常に *Lgr5* を発現していない細胞」では酵素Cが発現しない（①）ので，化合物Tが投与されても領域Lが除かれず，蛍光を発するようにはならない。

⑶の「化合物Tを投与した時点では *Lgr5* を発現していたが，その後，観察時までの間に *Lgr5* を発現しなくなった細胞」では，化合物Tを与えた時点で酵素Cが存在するため，領域Lが除かれる（①・②）。領域Lが除かれた後は，*Lgr5* 遺伝子が発現していなくても，細胞は蛍光を発する（③～⑤）。

⑷の「化合物Tを投与した時点では *Lgr5* を発現していなかったが，その後，観察時までの間に *Lgr5* を発現するようになった細胞」は，化合物T投与時には酵素Cが存在しないため領域Lは除かれず，酵素Cが発現した後は化合物Tが存在しないため領域Lを除く作用は現れず，結局，GFPを発現するようにはならない（蛍光を発するようにならない）。

正答は以上のように導けるが，この設問が以下のヒントになっていることを意識することが重要である。一度，整理しておこう。まず，実験1の結果（図1－3）からCBC細胞は生後2箇月～14箇月の間，*Lgr5* 遺伝子を発現するとわかるので，CBC細胞は⑴の細胞に相当することがわかる。*Lgr5* 遺伝子は「小腸上皮組織でCBC細胞にのみ発現」するのだから，分化した上皮細胞（絨毛の上皮細胞）は発現していない。つまり，化合物T投与時点で存在する絨毛の上皮細胞は⑵の細胞に相当する。このように整理すれば，⑶が，CBC細胞が絨毛の上皮細胞へと分化することを述べていることも推論できるはずである。

G　上述の①～⑤の流れをもとに考察する。実験3では，生後2箇月の時点で化合物Tを投与する。投与直後（投与0日目）にCBC細胞で蛍光が観察されたのは，酵素Cが存在するためゲノム上から領域Lが除かれて，GFPが発現するからである。「実験2で核ゲノムに組み込んだ*Lgr5*遺伝子の転写調節領域」つまり酵素Cの発現を調節する領域が変異によってはたらきを失っても，領域Lが除去された後である以上，GFPの発現には影響せず，細胞の蛍光は維持される。理由としては以上をまとめて，〈変異が生じた時点で，既に*R*遺伝子の転写調節領域とGFPをコードする遺伝子がつなぎ合わされた状態である〉ため，〈*Lgr5*遺伝子の転写調節領域はGFPの発現に影響を与えない〉ということを述べればよい。

H　この設問では総合的に考察することが求められるが，リード文・第2段落の最後「小腸上皮組織の維持におけるCBC細胞の役割を明らかにするために」が，一連の実験の意味を教えている。実験3の結果で，化合物Tの投与直後（0日目）に蛍光を発するのはCBC細胞だけである。これはCBC細胞だけが*Lgr5*遺伝子を発現するのだから当然であろう。再確認すれば，CBC細胞には酵素Cが存在しゲノムDNAの再編成作用が起こってGFPを発現するようになるが，絨毛の上皮細胞には酵素Cが存在せず再編成されないためである。では，3日目と5日目の絨毛に，蛍光を発している細胞と発していない細胞の両方が観察されることを，どう解釈すればよいか？　設問Fの(3)を踏まえれば，絨毛にある蛍光を発している上皮細胞はCBC細胞に由来すると推論でき，設問Fの(2)から，蛍光を発していない細胞は，化合物T投与時にすでに分化していた細胞（CBC細胞ではなくなっていた細胞）であると推論できる。図1－5で蛍光を発する細胞が占める範囲が広がる様子から，CBC細胞から生じた蛍光を発する細胞が，くぼみから絨毛の先端の方向へ順々に送り出されていることも推論できる。図1－3（実験1の結果）でCBC細胞の数と位置は変化しないことを合わせて考えると，CBC細胞が分裂して2個の細胞になると，一方はCBC細胞の性質を維持し，もう一方が分化への道をたどる（最終的に分化した上皮細胞になる）という「CBC細胞の性質」が推論できる。分裂してできた2個の細胞のうち1つが元の性質を保ち，もう1つが分化への過程を進むという性質は，幹細胞に一般的に見られる性質であり，発展的事項として聞いたことのある諸君もいたと思う。ただ，東大志望の諸君には，こうした知識を「覚えるべき」と考えるのではなく，新聞や科学雑誌，科学番組などで「知る」という姿勢を勧めたい。

（注1）　配点は，A2点（完答），B2点，C2点（完答），D2点，E3点（名称1点・意義2点），F4点（各1点），G3点，H2点と推定。

（注2）行数制限の解答の際は1行あたり35～40字相当としたが，「～行程度」とある場合は，次の行に入る程度は許容されるだろう（以下同）。

解答

A (2), (4), (5)

B 骨髄細胞を移植すれば，正常な赤血球を継続して産生できるようになるが，増殖能力のない赤血球を輸血しても，やがて寿命を迎えて失われていくため。

C 1－肝門脈　2－肝臓　3－腎臓　4－胆管　5－十二指腸

D (4)

E 免疫グロブリン

抗原と特異的に結合する抗体の可変部が，ゲノムDNAの再編成によって著しく多様化し，非常に多くの種類の外来物質に対して応答できるようになる。

F (1) 発する　(2) 発しない　(3) 発する　(4) 発しない

G 蛍光）維持される

理由）変異が生じた時点で，すでに*R*遺伝子の転写調節領域とGFPをコードする遺伝子がつなぎ合わされており，*Lgr5*遺伝子の転写調節領域とは無関係にGFPが発現するので。

H CBC細胞の体細胞分裂で生じた2個の細胞のうち，一方がCBC細胞としての性質を保ち，他方が上皮細胞へと分化する。

第2問

解説

I 葉緑体の遺伝子発現が題材であるが，分子レベルの機構に関する説明を正確に理解することが重要である。

A 基本的な知識を問う設問だが，現行課程の教科書では，生物の体制の扱いが軽くなっているため，空欄2・3に悩んだ諸君もいたかもしれない。リード文から2つの空欄には「未分化な細胞」を含む分裂組織しか入らず，“形成層組織”という用語は無いので，茎頂と根端を分けて答えることになる。

B シアノバクテリアの光合成によって酸素が放出された結果，酸素を利用する好気性細菌が進化したこと，さらに大気中に溜まった酸素からオゾン層が形成されて地表に届く有害な紫外線が減り，生物の陸上進出が可能になったこと，いずれも基本的な知識である。ここでは，設問文に「大気における多量の酸素の蓄積」とあることに着目して，オゾン層形成をもとに答えることになる。「どのような生物が進化することを可能にしたか」と問われているので，オゾン層や紫外線のことではなく，〈陸上生物〉を明示して答えたい。解答例では植物と動物を分けたが，まとめて多細胞生物としてもよいだろう。

C　色素体には，葉緑体のほか，アミロプラスト，有色体，白色体などがある。

D　リード文と設問文を正確に読解して答える設問である。下線部(ウ)の直前に「PEP と呼ばれる RNA ポリメラーゼ」とあり，下線部(ウ)にも「コアとシグマ因子から構成される複合体を形成することで，RNA ポリメラーゼとして機能する」とあるので，RNA ポリメラーゼがプロモーターに結合することを思い出せば空欄 6 は決まる。空欄 7 は RNA 合成の基質を答えるが,「4 種の」に続くので，ヌクレオチドまたはヌクレオシド三リン酸と答えればよい。もしかすると，塩基と答えた諸君もいるかもしれないが，塩基だけでは RNA の鎖をつくることはできないので，基質としては不適切である。

E　実験 1 の結果（図 2 − 1）で，正常なタンパク質 P は葉緑体に局在し，領域Ⅱがない場合も領域Ⅲがない場合も葉緑体に局在することから，この二つの領域がタンパク質 P の葉緑体への輸送に関わらないことがわかる。それに対して，領域Ⅰがない場合は，細胞質に局在するようになるので，領域Ⅰがタンパク質 P の葉緑体への輸送に必要なことがわかる。1 行程度という要求なので，〈葉緑体へ輸送されるように示すはたらき〉，あるいは〈葉緑体への輸送を示すシグナル〉といったかたちで述べればよい。もちろん，シグナルペプチドとしての機能と答えてもよいが，シグナルペプチドの用語が要求されてはいないと推定する。

F　実験 2 では，原核生物の翻訳のみを阻害するリンコマイシンを真核生物である植物に与える。これは，細胞質基質にあるリボソームによる翻訳（つまり，核遺伝子にコードされたタンパク質の発現）は抑えず，葉緑体内での翻訳（つまり，色素体遺伝子にコードされたタンパク質の発現）を抑える条件である。表 2 − 1 の結果から，子葉細胞での葉緑体形成および，子葉の緑化には，核遺伝子にコードされたタンパク質だけでは不十分で，色素体遺伝子にコードされたタンパク質が必須であることがわかる。この設問では,「色素体遺伝子と葉緑体の形成との関係について，1 行程度で」述べることが求められているので，単純に〈葉緑体形成に色素体遺伝子の発現が必須である〉ことを答えればよいだろう。

G　色素体遺伝子には，PEP で発現するものと NEP で発現するものがある。設問 D の文によれば，RNA ポリメラーゼ活性をもつのはコアサブユニットなので, PEP のコアサブユニットを破壊すると PEP による転写はおきない。つまり，表 2 − 4 の破壊株で検出されない遺伝子（タイプ A）が PEP によって転写される遺伝子であり，破壊株で検出される遺伝子（タイプ B）が NEP によって転写される遺伝子である。(b)では，表中の*rpoB*がタイプBであることに着目する。この遺伝子は「PEPのコアサブユニットの1つをコード」するのだから，PEPの発現がNEPに依存する関係が推論できる。これに気づけば，(オ)NEPが発現，(イ)・(ア)NEPのはたらきで，PEPのサブユニットの1つである*rpoB*が発現，(ア)シグマ因子と結合，(エ)PEPがはたらき，タイプAの遺伝子が発現，(ウ)光合成に関わる遺伝子が発現，という流れがつくれるはずである。

Ⅱ　植物の代謝と成長が題材であるが，こちらでも変異体の形質から物質レベルのしくみを推論することが求められている。

A　体外から，CO_2やNH_4^+など無機物を取り入れるだけで生きていけるのが独立栄養生物で，炭酸同化を行う植物や藻類（光合成），一部の細菌（光合成，化学合成）があてはまる。一方，体外から有機物を取り入れる必要がある（炭酸同化を行えない）のが従属栄養生物で，動物や菌類，大部分の細菌類があてはまる。植物にも，寄生植物（ナンバンギセルなど）や腐生植物（ギンリョウソウなど）といった従属栄養のものがある。

B　これも基本的な用語を問う設問だが，空欄10のところが「～と呼ばれる膜」となっているので，チラコイド膜が最善の解答だろう。ただ，チラコイドを許容した可能性はある（厳密にはチラコイドは袋状の構造体の名称である）。

C　代謝と成長について推論する設問である。実験3の条件と結果，設問文に与えられている条件と結果を，ショ糖添加に着目して整理すると，次表になる。

ショ糖添加	野生株	変異体x	変異体y
なし	葉）正常	葉）異常	葉）異常
	根）正常	根）異常	根）異常
あり	葉）正常	葉）正常	葉）正常
	根）正常	根）正常	根）正常

リード文の第3段落冒頭に，シロイヌナズナの種子の貯蔵物質が脂肪だと述べられているので，脂肪の代謝経路に変異があれば，呼吸基質として利用できず（ATPを十分に生産できず），芽生えの成長が異常になるのは解釈しやすい。ポイントは，ショ糖添加で変異体の成長が正常になることから，変異体がショ糖を呼吸基質として利用し，正常に成長したと推論することである（ショ糖は，植物が転流の際につかう二糖類で，グルコースとフルクトースが結合していることを想起したい）。ここまで推論できれば，野生株では，貯蔵物質である脂肪から糖がつくれるので，ショ糖添加がなくても正常に成長できるという流れを見つけやすいだろう。ところで，語群に重大なヒント（同時に大きな要求）が含まれてい

ることに気づけただろうか？　それは「エネルギー源」と「炭素源」の両方が語群に含まれている点である。たとえば細菌の培養で炭素源としてグルコースを加えると書いた場合，呼吸基質（エネルギー源）として利用される。一方，光合成生物の場合，炭素源の二酸化炭素はエネルギー源ではない。では，この設問は？　芽生えは光合成を行えないので，貯蔵物質の脂肪を呼吸基質（エネルギー源）として利用するが，これを答えさせるだけならエネルギー源と炭素源の両方を語群に入れる必要はない。植物細胞は細胞壁をもつので，成長には細胞壁（セルロース）合成の基質としての糖が必要になることを想起できれば，糖新生経路が語群にある意味も明確になるだろう。野生株は〈脂肪をエネルギー源として利用する〉と同時に〈糖新生経路でつくった糖を成長に必要な構成成分の原料とする〉という2つのポイントが要求されているのである。

D　脂肪はグリセリンに3個の脂肪酸が結合した物質であるという知識が要求されている。これを知っていれば，リード文のβ酸化経路に関する説明から，炭素数16のパルミチン酸の炭素が2個ずつ切り出されて$16 \div 2 = 8$個のC_2化合物ができるので，合成されるアセチルCoAは，合計$8 \times 3 = 24$分子と求まる。

E　IBAがβ酸化経路で代謝されるとインドール酢酸（オーキシン）が生じると書かれているので，これと，実験4の結果（表2－3）を結びつけて，野生株では，IBAからオーキシンが生じ，その濃度が高くなりすぎて，根の伸長が抑えられた（異常）というストーリーに気づきたい。これに気づけば，変異体yでもオーキシンが生じている（つまりβ酸化経路は正常）が，変異体xではオーキシンが生じていない（つまりβ酸化経路は正常にはたらいていない）と推論できる。なお，変異体yはβ酸化経路が正常なのに，なぜ，ショ糖添加を必要とするのか疑問に思った諸君もいたかもしれないが，実験3の説明には「貯蔵物質の代謝が異常になった」とあるので，貯蔵物質の分解（異化）ができないとは限らず，貯蔵物質の合成（同化）の変異体もあり得ることに注意しよう。

（注）　配点は，Ⅰ－A 2点（完答），B 1点，C 1点，D 2点（各1点），E1点，F 1点，G(a)1点（完答），(b)1点（完答），Ⅱ－A 1点（完答），B 3点（各1点），C 2点，D 1点，E 3点（記号1点・理由2点）と推定。

解　答

Ⅰ　A　1－共生（細胞内共生）　2，3－根端分裂，茎頂分裂

B　陸上で生活する植物や動物が進化することを可能にした。

C　アミロプラスト，有色体，白色体から1つ

D　6－プロモーター　7－ヌクレオチド（ヌクレオシド三リン酸）

E　領域Ⅰは，葉緑体に輸送されるタンパク質であることを示す機能をもつ。

F　原色素体が葉緑体に分化するためには，色素体遺伝子にコードされるタンパク質が必要である。

G　(a)　8－B　9－A

(b)　(オ)→(イ)→(ア)→(エ)→(ウ)

Ⅱ　A　4－独立栄養　5－従属栄養

B　10－チラコイド膜　11－クロロフィル　12－カルビン・ベンソン

C　脂肪を代謝して得たアセチルCoAをエネルギー源として利用し，さらに糖新生経路で合成した糖を，細胞壁などを合成するための炭素源として利用する。

D　24分子

E　(3)

変異体yはβ酸化経路が正常にはたらきIBAからIAAが生じるため，IBAを添加すると，野生株と同様，過剰なIAAが生じて根の伸長が阻害される。

第3問

解説

Ⅰ　生態系と物質生産に関する知識を問うているが，Ⅱの導入という意味を持たせているように感じられる。

A　用語を選択して空欄補充させる形式で，基本的な知識を問うている。

Ⅱ　海洋生態系を題材とし，間接効果やキーストーン種について考察するのだが，情報が少ないので，正答を導くには設問の流れに乗る必要がある。

A　褐藻類であるケルプが生息するには，光や無機塩類といった資源を必要とするが，この点は設問文に「浅場ほど光の量が多いことが考えられる」と書かれている。設問は，ケルプが浅場に多く深場に少ない「これ以外の理由を，ラッコが果たした役割を踏まえて」推論することを求めているので，〈浅場はラッコの捕食でウニが少ない〉ため，〈ウニによる捕食が減ってケルプが多い〉という関係を答えることになる。ラッコは，水中で生活する哺乳類だが，あまり深くまでは潜水できず，比較的浅いところで採餌する。もちろん，その知識が求められているわけではなく，ケルプ→ウニ→ラッコという食物連鎖をもとに推論すればよい。

B　ラッコが生息するX島では種数や生物量が多いのに対して，ラッコが生息しないY島では種数や生物量が少ない。この違いを生む原因を推論する設問である。設問文に「基礎生産をまかなうサンゴモの生産性がケルプより低いことなどが考えられる」と述べられているが，文1にあるように，同化効率は100%未満なので，基礎生産量が多ければ生物群集の生物量が大きくなり，基礎生産量が少なければ生物量が小さくなる。設問の要求は「このような餌生物としての特性の違い以外」の「理由となりうるケルプとサンゴモの違い」なので，下線部(イ)の直前にある「光合成を行うサンゴモはウニの餌となる藻類であるが，ケルプのような背の高い群落を形成することは無く，海底の岩盤を薄く覆うように広がる」の部分に着目することになる。ケルプは背が高い，言い換えると海底から海面まで垂直方向に体が長いので，魚類の隠れ家になるなど，多様なニッチ（生態的地位）を提供することになる。垂直方向の違いは，陸上生態系ならば森林と草原にあたり，教科書の内容を連想することで正答に到達できたはずである。

C　キーストーン種の役割に関連してグラフを選ぶ設問である。まず，正答への道筋を説明しよう。設問文に「生物多様性が著しく低い状態から健全な自然界のレベルまで増加するに従い，生態系機能がどのように変化するかを表す概念図」とある。概念図なので，生物多様性と生態系機能との理論的な関係から，生物多様性が高いほど生態系機能が低い図(4)～(6)は不適切と判断すればよい。次に，「キーストーン種が存在していることを示すもっとも適切な」という設問の要求から図(1)～(3)を見直す。キーストーン種とは，「群集の食物連鎖において種間関係構造を決定するのに重要な役割を果たしている優占的な捕食者」（岩波生物学辞典第5版）で，高校教科書では次のように説明されている。

数研出版：アラスカ沿岸のラッコのように，生態系にはそのバランスを保つのに重要な役割を果たす生物（キーストーン種）がいることがある。

第一学習社：生態系内で食物網の上位にあって他の生物の生活に大きな影響を与える生物種は，キーストーン種と呼ばれる。

啓林館：生態系の中には，その生態系のバランスそのものに大きな影響を及ぼす生物が存在することがある。このような生物をキーストーン種という。たった1種類のキーストーン種の増減によって，バランスが変化してしまう生態系もある。

キーストーン種は，要するに，その生態系にとって特別な種である。さて，図(1)は生物多様性と生態系機能が直線的な関係で，非現実的ではあるが極端に単純化して考えれば“1種が1つの機能”という関係である。言い換えると特別な種が存在しない場合であり，キーストーン種が存在していることを示す図とは言えない。では(2)と(3)のどちらがキーストーン種の存在を示しているだろうか？生物多様性が高い状態の生物群集からキーストーン種だけがいなくなると，生態系機能が大きく損なわれるはずであり，その関係性を示しているのは図(2)である。図(3)では，生物多様性が高い状態の生物群集からかなりの種が失われても（生物多様性が中程度になっても）生態系機能はほとんど低下しないという関係性なのでキーストーン種の存在を示しているとは言えない。

以上の道筋で正解を導けるが，納得できない諸君もいることと思う。たとえば，キーストーン種が存在する生物群集からキーストーン種以外の種を取り除いていけば図(2)にはならず，図(3)になるのではないか？という疑問をもった諸君もいるだろう。その通りである。では，なぜ(2)が正解なのか？　設問文の「キーストーン種が存在していることを示す」という言い回しの意味を考えよう。これは“キーストーン種が存在している生物群集に該当する”という言い回しとは意味が異なる。キーストーン種がいる生物群集は取り除く種によって図(2)または図(3)を示すが，図(2)はキーストーン種が存在していることを示す。言葉使いのクイズのようになってしまうが，概念図を選ぶこの設問では，“理屈”で判断するしかない。なお，この概念図は生態学の新しい考え方に関わるもので，図(2)はキーストーン仮説（keystonehypothesis），図(3)は冗長性仮説（redundancyhypothesis）の概念図であり，冗長性仮説で説明されるのは，生態系における1つの役割を複数の種が担っている場合である。

D　エネルギーの移行に関する計算問題である。文1で説明されている同化効率（同化効率＝同化量÷捕食量）を用いる。シャチは1日あたり200,000 kcalを必要とするので，365日では200,000 × 365 kcal（…①）が必要となる。シャチが1頭のラッコを食べると，同化効率70％より，$30 \times 10^3 \times 2 \times 0.7$ kcal（…②）のエネルギーを得られる。よって，年間に必要なラッコの数は①÷②で求められる。

E　X島周辺海域にシャチが定住してラッコのみを捕食するとラッコの生息数が減り，ウニへの捕食圧が低下してウニの個体数が増加，ウニが増えたことによりケルプがより多く食べられて減少する，という流れが予想できる。この予想（ラッコとケルプが減り，ウニが増える）に合致するグラフは(4)である。

Ⅲ　概日リズムと動物・植物の種間関係について考える問題で，与えられた図と説明を細かいところまで理解することが重要である。

A　トライコームが取り上げられているが，解答する上でトライコームに関する知識は必要ない。空欄6・7は「通常の体細胞分裂」に関する知識問題，空欄8・9は「核および細胞質の分裂がおこらず核DNAの複製だけが繰り返される」という部分から，$2n$ が $4n$ になり，$4n$ が $8n$ になると推論できる。なお，トライコームとは，茎・葉・花に見られる細かい毛のことで，植物種によって単細胞のものも多細胞のものもあり，長さ・硬さも多様である。身近なものとしては，木綿の原料はワタの種子のトライコームである。トライコーム内部に防御物質を含む種や，害虫の天敵を誘引する物質を放出する種も知られている。

B　この設問では「図3－2のみから判断できることとして」と「のみ」がついていることに注意が必要である（第1問の設問Dと同じ）。図3－2では，連続暗条件にした後も，ジャスモン酸類の量および摂食量がおよそ24時間周期で変動しており，自律的に持続していると判断できる。以下，正解以外の選択肢について簡単に触れておく。選択肢(1)：「個体の活動には反映されない」の部分は，図(b)で「ガP幼虫の採餌量」が増減している（採餌という個体の活動が変動している）ので不適切である。選択肢(2)：明暗条件と連続暗条件を比較すると，図(a)ではジャスモン酸類の量の変動幅が小さくなり（極大点での濃度が低下し），図(b)では採餌量がほとんど変化しないので，「暗条件下で活性化する」とは言えない。選択肢(4)：概日リズムが温度に影響を受けないこと自体は正しいが，異なる温度での実験結果がないので判断できない。

C　遺伝子の発現調節に関する知識をもとに考える設問である。設問文に「当初は限られた数種類の調節タンパク質だけが活性化される」が，「これらの調節タンパク質により直接調節されない遺伝子も含め数百種類もの遺伝子の発現が変動する」とあることが手掛かりだが，特に重要なのが下線を入れた「直接」である。調節タンパク質はDNAに結合して遺伝子の転写を調節するタンパク質なので，次のような関係図をイメージすると，直接・間接の違いが理解しやすいだろう。

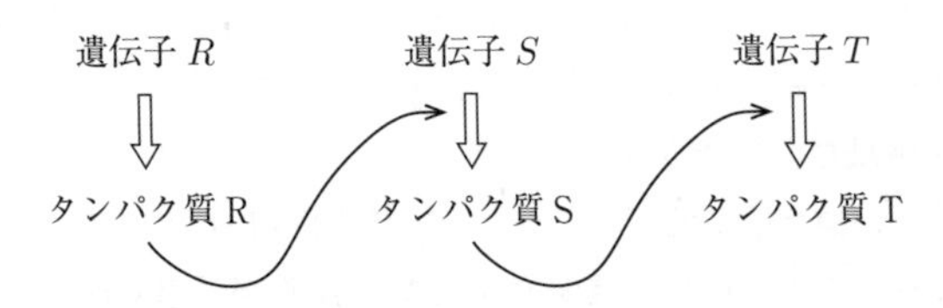

この関係図の場合，タンパク質Rは「遺伝子 S の発現を直接促進」し，「遺伝子 T の発現を間接的に促進」していることになる。設問では「発現が変動」とあって促進だけではないのだが，この図のイメージで，〈当初活性化される調節タンパク質によって発現が促進される標的の中に他の調節タンパク質の遺伝子がある〉ことと，〈新たに発現した調節タンパク質によってさらに多くの遺伝子の発現が促進される〉ことを書ければ許容されよう。標的遺伝子の転写を高める転写促進因子と，標的遺伝子の転写を低下させる転写抑制因子の両方のタイプがあることを踏まえれば，解答例のような書き方になる。

D　図3－2(a)を見ると，植物A体内のジャスモン酸類の量は，暗期に入ってから8時間後に極小，明期に入ってから4時間後に極大となる周期で変動する。一方，(b)を見ると，ガP幼虫の採餌量は，明期に入ってから12時間後に極大，暗期に入ってから12時間後に極小となる周期で変動する。連続暗条件に移しても同じ周期で変動するが，植物Aは暗期の始まりに相当するタイミングで連続暗条件になるので，ジャスモン酸類の量がピークを迎えるのは16時間後（暗期の始まりから12時間＋4時間）である。ガP幼虫は明期の始まりに相当するタイミングで連続暗条件になるので，採餌量のピークは12時間後である。この設問では,図3－2で植物Aのグラフが上,ガP幼虫のグラフが下にあるのに対して,図3－3の明期と暗期の位相を示す図では，ガP幼虫が上，植物Aが下になっていることに注意が必要である。これに気づかないと,ジャスモン酸類の量のピークを4時間後，採餌量のピークを24時間後と誤答することになる。

E　リード文および各設問での情報を総合して，図3－4の結果を説明する設問である。着目すべき点は，リード文の第1段落の最後の「第二の対抗策は，植食者にとっての毒物や忌避物質を体内に蓄積する『化学的防御』である。化学的防御の誘導には，植物ホルモンの一種であるジャスモン酸類のはたらきが重要である」の部分，さらに，設問Cの「ジャスモン酸類の量の増加に伴い，植物A体内においては様々な化学的防御反応が引き起こされる」の部分である。この二つを踏まえると，この設問が「化学的防御反応と幼虫の採餌活動の関係に注目」することを要求している意味は明確だろう。図3－2に示されている，植物A体内のジャスモン酸類の量の変動とガP幼虫の採餌量の変動を対比すると，ジャスモン酸類の量のピーク（明期開始4時間後）は，採餌量のピーク（明期開始12時間後）より8時間先行している。つまり，設問Cの「ジャスモン酸類の量がピークを迎えてから約6時間の間に，これらの調節タンパク質により直接調節されない遺伝子も含め数百種類もの遺伝子の発現が変動するようになる」というのは，化学的防御の誘導の際の遺伝子発現の変化を示唆している（もちろん，それ以外も含まれるだろうが)。さて，以上をまとめると，同位相の場合，植物Aの体内でジャスモン酸類が増えて化学的防御が誘導されるのが，ガP幼虫の摂食活動に先行するので，植物Aの葉の食べられた面積は約2と小さい（残存葉面積は植物A単独の対照群で16，共存群で約14)。逆位相の場合，幼虫の摂食活動が上昇する時期（幼虫の概日リズムでは昼）に，植物A体内のジャスモン酸類の量が低下する（植物の概日リズムでは夜）ことになるので，化学的防御が弱い。こう推論すれば，植物Aの葉の食べられた面積が約8と大きい（残存葉面積は植物A単独の対照群で約16,共存群で約8)ことが説明できる。設問が「同位相下の場合と逆位相下の場合を比較しながら，3行程度で」答えることを要求しているので，〈同位相では化学的防御の強い時期と採餌が活発な時期が一致する〉ことと，〈逆位相では化学的防御の弱い時期と採餌が活発な時期が一致する〉ことを明示したい。3つめのポイントとしては〈ジャスモン酸類が遺伝子発現を調節して化学的防御を誘導する〉ことを述べればよいだろう。

(注)　配点は，Ⅰ－A 2点（完答），Ⅱ－A 2点，B 2点，C 1点，D 2点（式1点・答1点），E 1点，Ⅲ－A 2点（完答），B 1点，C 2点，D 2点（各1点），E 3点と推定。

解答

Ⅰ　A　1－⑫　2－④　3－⑥　4－⑩　5－⑤

Ⅱ　A　より浅い位置にいるウニほどラッコに捕食されやすいため，浅場では，ウニによる摂食量が減りケルプの生物量が多くなった。

B　海底の岩盤を覆うサンゴモとは異なり，背丈が高いケルプは海底から水面まで広がり，魚類や甲殻類などに隠れ家や産卵場を提供するなどニッチを多様にする。

C　(2)

D　式）200,000 kcal/日 × 365 日 ÷ (30 × 10^3 g × 2 kcal/g × 70/100)

≒ 1738.09…

答）1738 頭

E　(4)

Ⅲ　A　6－S期　7－一定に保たれる　8－$4n$　9－$8n$

B　(3)

C　ジャスモン酸により活性化される調節タンパク質が複数の調節タンパク質の発現を調節し，後者の調節タンパク質のそれぞれが複数の遺伝子の発現を調節する。

D　植物Aのジャスモン酸類の量のピーク：16時間後

ガP幼虫の採餌量のピーク：12時間後

E　同位相の場合，ジャスモン酸類に誘導され化学的防御が強まる頃に，幼虫の採餌活動が活発になるため，食われる量が少ない。逆位相の場合，ジャスモン酸類が減少して化学的防御が弱まる頃に採餌活動が活発になるため，食われる量が多くなる。

2015年

第1問

解説

I　腎臓機能と体液浸透圧の調節が題材である。見慣れない用語に惑わされず，意味するところを理解した上で，尿形成に関する知識を使えば解答できる。

A　いずれも腎臓の機能と浸透圧の調節に関する基本的な用語である。

B　正しくない選択肢を選び正しくない理由を述べる設問だが，(c)は「腎臓でグルコースを分泌し」の部分，(d)は「水分が過剰になるとアブシシン酸が合成されて」の部分が明らかな誤りである。選択肢の文の意味に曖昧さがある(b)は判断に迷う。「ヒトの心臓では左心室の壁は右心室よりも厚く筋力も大きい」までは明らかに正しい。後半の「これは左心室が酸素に富む血液を体循環へと送り出すためである」も深読みしなければ正しいのだが，直接的な原因が「酸素に富む血液を送るから」かというと違う。左心室が厚い（つまり強い力で血液を送り出す）のは「肺循環よりも体循環の方が距離が長いから」，あるいは「心臓より高い位置にある頭部に血液を送るため」といった理由を挙げて「正しくない」と判断することが求められているのではないかと推定する。

C　空欄は多いが，細胞膜の機能に関する基本的内容を問う知識問題である。

D　表1－1および設問文に与えられた値を使って，次のように計算する。

「1日あたりの糸球体ろ過量」×「尿量/糸球体ろ過量」=「1日あたりの尿量」

「1日あたりの糸球体ろ過量」×「血しょう中のナトリウムイオン濃度」×「Na^+排出量/Na^+ろ過量」=「1日あたりのNa^+排出量」

求める「尿中のナトリウムイオン濃度」=「1日あたりのNa^+排出量」÷「1日あたりの尿量」

淡水魚）「1日あたりの尿量」= 0.24 L/day × 0.69

「1日あたりのNa^+排出量」= 0.24 L/day × 140 ミリ mol/L × 0.024

よって，「尿中のナトリウムイオン濃度」

= (0.24 L/day × 140 ミリ mol/L × 0.024) ÷ (0.24 L/day × 0.69)

≒ 4.86…ミリ mol/L

海水魚）「1日あたりの尿量」= 0.013 L/day × 0.66

「1日あたりのNa^+排出量」= 0.013 L/day × 150 ミリ mol/L × 0.23

よって，「尿中のナトリウムイオン濃度」

$= (0.013\ \mathrm{L/day} \times 150$ ミリ $\mathrm{mol/L} \times 0.23) \div (0.013\ \mathrm{L/day} \times 0.66)$

$\fallingdotseq 52.27\cdots$ ミリ mol/L

E　ヒトと淡水魚の細尿管（集合管を含む）の機能（再吸収）の違いを読み取るのだが,「水とナトリウムイオンの再吸収」と指定されているので,

「水の再吸収率(%)」=（1 −尿量/糸球体ろ過量）×100

「ナトリウムイオンの再吸収率(%)」=（1 − Na^+ 排出量 /Na^+ ろ過量）× 100

を，表1 − 1から計算する。

ヒト）「水の再吸収率(%)」=（1 − 0.0094）× 100 = 99.06

「ナトリウムイオンの再吸収率(%)」=（1 − 0.010）× 100 = 99

水，ナトリウムイオンとも 99%再吸収している。

淡水魚）「水の再吸収率(%)」=（1 − 0.69）× 100 = 31

「ナトリウムイオンの再吸収率（%）」=（1 − 0.024）× 100 = 97.6

水は 31%，ナトリウムイオンは 98%再吸収している。

なお，設問文に「それぞれ1行程度」と指定されているので，ヒトと淡水魚を分けて答えるように注意したい。

F　この設問では,求められている内容を読み取ることが大切である。設問文の「恒常性維持の観点」は，冒頭の「体内に過剰となるナトリウムイオンを主として鰓の塩類細胞から排出している」の部分だけでなく,リード文第一段落の「体内の水・塩環境を整える」という部分ともつながる。つまり，海水魚の体内の水が焦点になっているのであり，これに気づくことがポイントとなる。表1 − 1で，海水魚の「糸球体ろ過量ならびに尿量」に関わる数値を見ると,「尿量/糸球体ろ過量」が 0.66 と高い。これは，ろ過量の 66%が尿として体外に出ることを意味し，体内の水を保持するのに不都合なことは明らかである。なお,「表1 − 1にある数値を根拠として」とあるので，数値を明記した解答が望ましい。

Ⅱ　ホルモンと動物の生殖が題材である。説明を正確に読解した上で，設問の流れに乗って実験の狙いを理解できれば解答しやすい。

A　この設問では「父，母，仔それぞれの遺伝子型が仔マウスの 24 時間後の生存率に与える影響について」，表1 − 2の結果を整理し直して文章化すればよい。父の遺伝子型で整理すると, *OT/ot*（交配1と4）では 96 〜 100%（交配1）と 0%（交配4）と分かれ，*ot/ot*（交配2と3）でも 96 〜 100%（交配3）と 0%（交配2）と分かれるので，影響しないと判断できる。仔の遺伝子型で整理すると，*OT/Ot* は 98%（交配1），100%（交配3），0%（交配4）と分かれ，*ot/ot* も 100%（交配1），96%（交配3），0%（交配2，交配4）と分かれるので，影響しないと判

断できる。なお，*OT/OT* の仔は交配1でのみ生じ，父・母の遺伝子型が異なるケースと比較できないので判断から外さざるを得ない。母の遺伝子型で整理すると，*OT/ot*（交配1と3）では96～100%，*ot/ot*（交配2と4）では0%となり，母の遺伝子型が仔の24時間後の生存率に影響することがわかる。

B　複数のポイントを読み取ることが重要である。着目すべきポイントを挙げると，①リード文第一段落の「子宮平滑筋の収縮はオキシトシンの作用のひとつ」という部分，②実験1に「どの交配でも，親マウスは正常な性行動，妊娠，分娩を示し，生まれた直後にはすべての仔マウスが生存している」とあること，③実験2に「マウスのオキシトシン受容体は1種類」で「乳腺の平滑筋」に存在するとあること，④実験3に，すべての母マウスで「うずくまって授乳しようとするなど，その保育行動に違いは見られなかった」とあることである。これらを結びつければ，遺伝子型 *ot/ot* の母マウスでは，オキシトシンが合成できないため，乳腺平滑筋が収縮できず，授乳しようとしても乳が出ないため，仔マウスが死んでしまうという因果関係が推定できるだろう。

C　設問ⅡBの推論(仮説)の検証実験を構成する設問である。仮説を検証する場合，比較すべき要因を明確にすることと，それ以外の要因を揃えることが重要である。〈仔マウスが生後24時間以内に死亡してしまう原因は，母マウスから乳が出なかったため〉という仮説を確かめるには，遺伝子型 *ot/ot* の母から生まれた仔マウスが乳を飲める条件を設定すればよい。設問文に「仔マウスを用いて」とあるので，人の手で乳を与える実験がもっとも単純であろう。なお，遺伝子型 *ot/ot* の母にオキシトシンを注射する実験は，上述の仮説の検証ではなく，〈*ot/ot* マウスで乳が出ない原因は，オキシトシンが作用しないことである〉という異なる仮説の検証になることに注意しよう。

(注1)　配点は，Ⅰ－A2点（各1点），B3点（各1点），C2点（完答），D2点（各1点），E2点（各1点），F2点，Ⅱ－A2点，B3点（記号1点・理由2点），C2点と推定。

(注2)　行数制限の解答の際は1行あたり35～40字相当としたが，「～行程度」とある場合は，少々超過しても許容されるだろう（以下同）。

解答

Ⅰ　A　1－再吸収　　2－透過性

B　(b)　理由）酸素に富む血液を送るからではなく，肺循環よりも体循環の方が距離が長いためである。

(c)　理由）グルコースが尿中に排出されるのは，再吸収の限界を越えるためである。

(d)　理由）アブシシン酸の合成は，水分が不足した場合に起こる。

C　3 －④，4 －①，5 －⑦，6 －⑨，7 －⑥，8 －⑪，9 －⑫，10 －⑫，
11 －⑪

D　淡水魚）4.9 ミリ mol/L　　海水魚）52.3 ミリ mol/L

E　ヒトでは，水とナトリウムイオンのどちらも 99%再吸収する。
淡水魚では，ナトリウムイオンは 98%再吸収するが，水は 31%しか再吸収しない。

F　糸球体ろ過量の 66%が尿として排出されるため，糸球体ろ過量を抑制して尿量を減らすことで，多量の水が失われるのを防ぎ，体内の水を維持している。

II　A　父や仔自身の遺伝子型は影響せず，母の遺伝子型だけが影響し，母が *ot/ot* だと仔マウスの生存率は 0%になり，*OT/ot* であればほぼ 100%になる。

B　(5)
理由）オキシトシンがないため乳腺平滑筋が収縮できず乳が出ないと考えると，保育行動が正常な遺伝子型 *ot/ot* の母の仔が生後に死ぬことを説明できる。

C　遺伝子型 *ot/ot* の母から生まれた仔マウスに乳を与えると，仔マウスは 24 時間生存率が 100%近くなる。

第2問

解説

I　自家不和合性が題材であるが，分子レベルの機構に関する説明を正確に理解することが重要である。

A　被子植物の生殖に関する知識を使って判断する設問である。自家受精しない植物種は，子孫の遺伝的多様性が高く，環境の変化に対応できる個体が存在する可能性は高い（よって(3)は正しい）が，1 個体では子孫を残せないなど，自家受精する植物に比べて子を残せない危険性が高い（よって，(1)・(2)は誤り）。

B　リード文に，花粉表面の雄性因子（タンパク質 X）と柱頭の細胞表面の雌性因子（タンパク質 Y）が結合することで自家不和合性が発動するとあるので，実験 1 で発芽しなかった組合せ（$X^{A1}-Y^{B2}$）では因子が結合し，発芽した組合せでは因子が結合しないことが推論できる。B 種は，タンパク質 X と Y の遺伝子をもちながら自家不和合性を示さないと述べられており，$X^{B2}-Y^{B2}$ の組合せでも結合しないはずである。雌性因子 Y^{B2} に着目すれば，雄性因子 X^{A1} とは結合

し, X^{B2} とは結合しないことになり, 両者の比較をポイントとする設問につながっている。解答への道筋は，コドンが3塩基であることと翻訳の読み枠に注意して表2－1を読むことである。19番目からの（つまり，7番目と8番目のアミノ酸を指定する）7塩基に読み枠を入れるとA1株が「UUU|GUG|G」，B2株が「UUU|AUG|G」となり，8番目のアミノ酸がバリンからメチオニンに置換したとわかる（考察文の空欄1と2)。以下，同様に考えて，60番目からの7塩基は，A1株が「U|UUC|GAA」，B2株が「U|UUU|GAA」で，21番目のアミノ酸はフェニルアラニンで同じ（同義置換）である。164番目からの7塩基はA1株が「GC|AGU|GC」，B2株が「GC|AAU|GC」で，56番目のアミノ酸がセリンからアスパラギンに置換している（空欄3と4)。184番目からの7塩基はA1株が「GCG|UCA|A」，B2株が「GCG|UAA|A」で，63番目のアミノ酸（セリン）を指定するコドンが終止コドンに変化している。A1株のタンパク質Xは89アミノ酸からなるので, B2株では89－62＝27個短くなっている（空欄5)。なお，空欄3に63，空欄4に終止コドンを入れた諸君もいると思うが，これではアミノ酸が終止コドンに置換することになり正答とはできない（置換は，同じカテゴリーのものが置き替わることである)。

C・D　B2株（野生型株）にタンパク質 X^{A1} をつくらせる人工遺伝子が導入された形質転換株の花粉が野生型株の柱頭で発芽しないのは，雄性因子 X^{A1} が柱頭の雌性因子 Y^{B2} と結合したためである。つまり，B2株の雌性因子 Y^{B2} は正常で，B2株が自家不和合性を示さない原因は雄性因子X（X^{B2}）の機能の欠損と推論できる。一方，形質転換株の柱頭にはB2株と同じく雌性因子 Y^{B2} が発現するはずなので，B2株の花粉は自家不和合性が発動しないが，形質転換株のつくる花粉（X^{A1}）では自家不和合性が発動すると推論できる。なお，実験3で「人工遺伝子がホモ接合になるようにし」たとあるので，形質転換株のつくる花粉はすべて雄性因子 X^{A1} をもつ（したがって，すべての花粉が発芽しない）ことに注意が必要である。

E　自家不和合性は，雄性因子Xと雌性因子Yが，特定の組合せ（$X^{A1}-Y^{A1}$，$X^{A2}-Y^{A2}$ など）で結合することにより発動する。この仕組みが「世代を超えて安定に保たれる」には，Xの対立遺伝子とYの対立遺伝子の組合せが変化せず伝わること（完全連鎖）が必要である。仮にXの遺伝子とYの遺伝子が独立あるいは不完全連鎖であった場合，$X^{A1}X^{A2}$，$Y^{A3}Y^{A4}$ といった組合せの個体が生じ，自家受精が可能になるが，完全連鎖であれば，X遺伝子がヘテロ接合の個体も対応するY遺伝子をもつ（たとえば $X^{A1}X^{A2}$ の個体は $Y^{A1}Y^{A2}$ をもつ）ので自家不和合性を示すことになる。解答としては，「染色体上でどのような位置関係にある」かと「安定に保たれる理由」を問われているのに合わせ，同じ染色体のごく近くに位置する必要があることと対立遺伝子の組合せが変化しないことを述べればよい。

Ⅱ　花粉管の誘引が題材で，助細胞の役割を理解することが重要であるが，胚のうの構造（助細胞は２個ある）に関する知識も要求されている。

A　被子植物の胚のう形成に関する知識を問う設問だが，設問文の「(イ)の過程が始まる前の時点における胚のう母細胞の核あたりのDNA量を２とする」という指定の解釈が悩ましい。下線部(イ)は「胚のう母細胞が分裂を繰り返し」と始まるので，「(イ)の過程が始まる前の時点」を「減数分裂の直前」と解釈すればDNA複製が完了した細胞核を基準にした解答の左図となり，「減数分裂の直前のDNA合成が始まる前」と解釈すれば解答の右図となる。

B　重複受精は被子植物（イネ，エンドウ）の特徴であり，裸子植物（イチョウ，ソテツ），コケ植物（ゼニゴケ），シダ植物（ワラビ）は行わない。

C　重複受精では，精細胞（n）と卵細胞（n）が合体して受精卵（$2n$）となり，受精卵が胚（$2n$）に発生する一方，もう一つの精細胞（n）が中央細胞と合体する。中央細胞は２個の極核（n）を含むので，胚乳は$3n$である。

D　実験１，２を理解する出発点は，リード文第三段落で説明されている変異mについて，①ヘテロ接合体から得られる花粉の50％は異常で，受精が成立しないことと，②異常な花粉も「花粉管の内容物を放出するまでの過程」は野生型と同じ（正常である）ことを読み取ることである。そして，第二段落の「花粉管が胚のうへと進入する際には，１個の助細胞が崩壊」するという部分と②を結びつけることが重要になる。１個の胚のうは２個の助細胞を含むことを想起すれば，実験２の結果は，１個しかない助細胞に誘引された１本の花粉管が正常ならば（確率50％）受精が成立し，異常ならば成立しないことを示すと解読できよう。すると，実験１の結果２と結果３は，１本目に正常な花粉管が到達すると花粉管が１本のみ，１本目に異常な花粉管が到達すると花粉管が２本観察されることを示すとわかる。ここから，１本目の花粉管で受精が成立すれば助細胞からの花粉管誘引物質の放出が止まることを推論できれば，考察文の空欄補充は難しくない。もちろん，考察文を手掛かりに実験１を解読しても構わない。

E　実験１では助細胞が２個あるので，最大２本の花粉管を誘引できるが，２本とも異常な花粉管であれば（確率25％），最終的に受精が成立しない。３行程度とあるので，花粉管の１本目が50％の確率で受精を成立させ，不成立だった場合は２本目の花粉管が50%の確率で受精を成立させることを述べておきたい。

（注）　配点は，Ⅰ－Ａ２点（各１点），Ｂ３点（1・2で１点，3・4で１点，5で１点），Ｃ２点，Ｄ２点，Ｅ２点，Ⅱ－Ａ２点，Ｂ１点（完答），Ｃ１点（完答），Ｄ２点（完答），Ｅ３点と推定。

解答

Ⅰ　Ａ　(1)，(2)

Ｂ　1－8　　2－メチオニン　　3－56　　4－アスパラギン　　5－27

Ｃ　すべての花粉が発芽しなかった。

形質転換株の柱頭には雌性因子 Y^{B2} が発現しているため，花粉表面にタンパク質 X^{A1} が発現する形質転換株の花粉は発芽しないと考えられる。

Ｄ　(1)

Ｅ　遺伝子ＸとＹが同じ染色体のごく近くに位置する必要がある。この場合，遺伝子ＸとＹの特定の対立遺伝子の組合せが変化せずに次世代に伝えられ，自家不和合性の仕組みが保たれる。

Ⅱ　Ａ

核あたりのＤＮＡ量（相対値）
2
1
時間

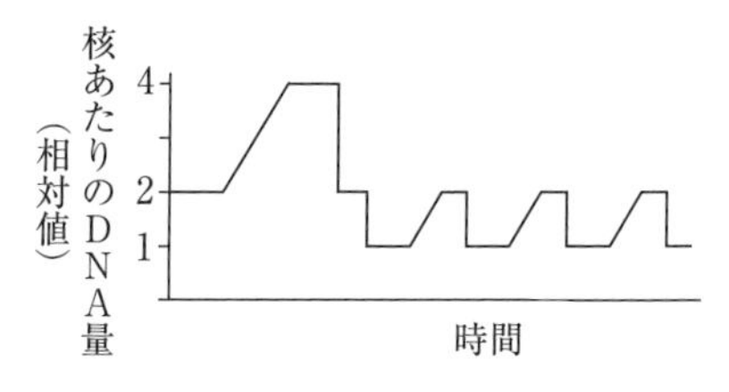

Ｂ　イネ，エンドウ

Ｃ　卵細胞：n　　胚：$2n$　　胚乳：$3n$

Ｄ　1－助　　2－花粉管誘引　　3－抑制

Ｅ　ヘテロ接合体の花粉は50%が正常なので，１本目の花粉管で受精が成立する確率は50%である。受精が成立しないと２本目の花粉管が伸びるが，２本目で受精が成立する確率も50%なので，全体として75%の確率で重複受精が成立する。

第３問

解説

Ⅰ　生態系と物質生産が題材で，複雑な考察を要する設問はなく，練習を積んだ受験生には取り組みやすいだろう。

Ａ　植物の三大肥料は窒素，リン，カリウムであるが，海洋中では窒素とリンが不足しやすい。植物細胞の細胞壁の主成分であるセルロースは，動物が消化できない物質である。

B　温帯草原（ステップ）と温帯落葉樹林（夏緑樹林）を比較する設問であるが，東大以外でも頻出であり，問題集などで取り組んだ経験があるだろう。草原の優占種である草本は，寿命が短いため生産物が現存量として蓄積せず，現存量に占める同化器官の割合が大きい。一方，森林の優占種である樹木は，寿命が長く，生産物が非同化器官（幹や根）として長年にわたって蓄積されるので，現存量が非常に大きくなる。純生産量は，総生産量から呼吸量を引いたものなので，同化器官（葉）が多く，呼吸のみ行う非同化器官（茎・根）が少ない方が多くなる。草原と森林を比べると，森林の方が同化器官も多いが，非同化器官の割合が高いため，純生産量の差は縮まることになる。この設問では，こうした知識を想起して答えるのだが，2行程度と短いので，ポイントを絞って解答する必要がある。解答例1では，寿命と，現存量に占める同化器官と非同化器官の割合を述べているが，解答例2のように，対比を明確にしながら，草本と樹木の一方を述べるのも許容されるだろう。

C　シロアリと腸内微生物の共生は一部の高校教科書に掲載されているが，知らなくとも，ヒトの腸管内に多様な細菌が共生していることから連想できよう。

D　リード文第三段落に，草原では純生産量の25%が消費者に摂食されることが述べられ，設問文に「草原において，生産者の純生産量に対する一次消費者の純生産量の比率が2%」とあるので，生産者の純生産量 = 1とすると，摂食量 = 0.25，一次消費者の純生産量 = 0.02となる。「排泄と代謝によって失われるエネルギー量」は教科書の用語で言えば不消化排出量と呼吸量なので，消費者の純生産量 = 摂食量 −（不消化排出量 + 呼吸量）の関係から，（不消化排出量 + 呼吸量）= 0.25 − 0.02 = 0.23である。よって，0.23 ÷ 0.25 × 100 = 92%を答えればよい。

Ⅱ　草原における多様性を題材とし，土壌への窒素化合物の添加と草食獣による摂食の影響を実験結果から考察するのだが，少ない情報から判断する必要があり，正答を導くには設問の流れに乗る必要がある。

A　窒素化合物の添加の影響は，実験区aとbの比較（摂食あり）および実験区cとdの比較（摂食なし）から判断でき，確かに種数が減っている。この結果だけでは減少した理由は推定できないが，考察文を手掛かりにすれば，植物の成長を制限している要因が，窒素（空欄3）から窒素以外の何か（空欄4）に変化し，その何か（空欄4）をめぐる競争（空欄5）が激化して，競争に弱い種が排除されたと気づけるだろう。何をめぐる競争かについては，図3－1の「光の強さ」のグラフで地面に届く光が減っていることから，光と推論する。

B　実験区aとcの対比から，窒素化合物を添加しなくても，草食獣による摂食が無いと種数が減る，言い換えると，草食獣の摂食が植物の多様性を高めることがわかる。植物の種数は，実験区bではaに比べおよそ半分に，実験区dではcに比べ約$\frac{1}{5}$になるので，窒素化合物の添加が種数を減らし，動物による摂食が減少を抑えることがわかる。その理由を推論するのだが，設問ⅡAで「光をめぐる競争が激化し，競争に弱い種が排除された」としているのだから，草食獣による摂食が「光をめぐる競争を緩和した」可能性に気づけるだろう。

C　実験2の実験区e（窒素化合物は非添加）を，実験区aおよびcと比較して考察する。さて，実験区cとeで種数が同程度に減るが，種構成が異なるということは，実験区cでだけ消える種と実験区eでだけ消える種が同程度ということである（両方で消える種があってもよい）。実験区eは実験区aより現存量が少ないので，家畜による〈摂食量が多い〉と考えられ，実験区eで種数が減った理由として「光をめぐる競争の激化」は考えられない。〈摂食量が多い〉ことと種数の減少の関係を考える上で，選択肢(1)の「トゲのある植物」がヒントになるだろう。家畜が好んで食べる植物と嫌って食べない植物があり，前者が消え後者が残るのである。選択肢(1)の「トゲのある植物」は家畜が嫌うため多く残ると予想でき，(2)の「葉の柔らかい植物」は家畜が好むため多く残るとは考えにくい。(3)の「丈の高い植物」は「光をめぐる競争」に強いので，実験区cでは多く残りそうだが，実験区eで多いとは考えにくい。(4)の「タンニンを多く含む植物」は，タンニンが渋柿や緑茶の渋味の原因と知っていれば，家畜が嫌い実験区eで多く残ると予想できよう。(5)の「成長の遅い植物」は，成長が遅いと摂食された際に回復する力が弱いと考えられ，〈摂食が少ない〉実験区aでは消えなくても，〈摂食が多い〉実験区eでは消える可能性がある。家畜の好き嫌いが同じなら，成長の速い方が残り遅い方が消えそうであり，実験区eで多いとは予想できない（成長が遅い植物は，背丈が低く，光をめぐる競争でも負け，実験区cでも消えそうである）。

Ⅲ　里山を題材とし，生態系の保全について考える問題で，与えられた図と説明を細かいところまで理解することが重要である。

A　無脊椎動物の系統分類に関する基本的な知識問題。ユスリカ（昆虫類）とトンボ（昆虫類）が最も近くaとbに対応し，同じ節足動物であるアメリカザリガニ（甲殻類）がそれに次いでcに対応する。同じ旧口動物ではあるが，脱皮動物ではないイトミミズ（環形動物）が4つの中では最も縁が遠いのでdに対応する。ヒトデ（棘皮動物）は新口動物で，さらに縁が遠い。

B　設問文にある「間接的な正の影響」が指す内容を，図３－２とリード文，設問文から理解するのが重要である。まず，図３－２でトンボ幼虫に出入りする矢印（トンボ幼虫と他の生物との関係）を見てすぐに気づくのは，トンボ幼虫がアメリカザリガニにも捕食され，アメリカザリガニがオオクチバスに捕食されることである。つまり，アメリカザリガニから「負の影響」を受けており，その「負の影響」はアメリカザリガニがオオクチバスに食べられることで弱まる。これがオオクチバスによる「間接的な正の影響」の一つめである。図３－２でトンボ幼虫に出入りする矢印のうち，イトミミズ・ユスリカ幼虫からの「物質やエネルギーの流れ」については，設問文のただし書きで「小魚やアメリカザリガニが，ユスリカの幼虫やイトミミズに与える影響は無視できる」とあり，オオクチバスが小魚やアメリカザリガニを食べることによる影響も無視することになるので，水草からの「環境形成による正の影響」に着目する必要がある。リード文第二段落に「水草には，水生昆虫や小魚に隠れ家や産卵場所を提供し」とあるので，水草が増えると，トンボ幼虫に対する「正の影響」が強まることは明らかだろう。水草を餌とするアメリカザリガニを食べて水草を増やすことで，オオクチバスはトンボ幼虫に「間接的な正の影響」を与えているのである。さらに，水草からの「環境形成による正の影響」の矢印が小魚にも伸びていることに注意が必要である。これは，トンボ幼虫と小魚が隠れ家や産卵場所をめぐる競争関係にあることを示し，オオクチバスは，小魚を食べて競争者を減らすことを通じても，トンボ幼虫に水草を介した「間接的な正の影響」を与えているのである。

C　生物群集の復元方法を推論するのだが，オオクチバスがいない条件で，いかにアメリカザリガニを減らすかが焦点である。設問が求める「駆除以外の有効な方法」は，図３－２の範囲では，アメリカザリガニの餌を減らすことしかなく，トンボ幼虫や水草などの「在来生物への影響がもっとも少ない」のは，明らかに落葉の流入を防ぐことである。設問は「その理由」を２行程度で求めているが，「図３－２の相互作用をもとに」という指定もあるので，落葉の流入を減らすことで直接の餌が減ることと，イトミミズやユスリカ幼虫が減ることで間接的に影響を与えることの二点を述べればよいだろう。

（注）　配点は，Ⅰ－Ａ２点（各１点），Ｂ２点，Ｃ２点，Ｄ２点，Ⅱ－Ａ３点（各１点），Ｂ２点，Ｃ２点，Ⅲ－Ａ１点，Ｂ２点（各１点），Ｃ２点と推定。

解 答

Ⅰ　Ａ　１－リン　　２－セルロース

Ｂ　例１）　草原は，現存量に占める同化器官の割合が大きく寿命の短い草本が優占するのに対し，森林は，寿命が長く現存量に占める非同化器官の割合が大きい樹木が優占するので。

例2）草原の優占種である草本に比べて，森林の優占種である樹木は寿命が長く，茎や根を長期間蓄積する結果，現存量に占める非同化器官の割合が非常に大きくなるため。

C　消化管にセルロースやリグニンの分解酵素をもつ微生物が共生しているため。

D　92％

Ⅱ　A　3－窒素　4－光　5－競争

B　草食獣の摂食によって植物の現存量が減少し，光をめぐる植物の種間競争が弱められた結果，競争に弱い種が排除される度合いが低下した。

C　(2)，(3)，(5)

Ⅲ　A　(2)

B　アメリカザリガニを捕食し，捕食されるトンボ幼虫の量を減らす。

小魚やアメリカザリガニを捕食し，トンボ幼虫が利用できる水草を増やす。

C　雑木林からの落葉の流入を減らすことで，アメリカザリガニの直接の餌が減るだけでなく，イトミミズ・ユスリカ幼虫といったアメリカザリガニの餌も減らすことができる。

2014年

第1問

解説 動物の系統分類, 哺乳類の発生, 酸素解離曲線, キメラ, ゲノム刷り込みを扱った大問である。設問が連動しているため, その流れに乗れば解答しやすいが, 入口を見つけられないと苦労しただろう。

I 文1は, 動物の哺乳類の分類と酸素解離曲線を扱っている。

A 哺乳類は単孔類 (カモノハシ), 有袋類 (コアラ・カンガルーなど), 真獣類 (胎盤が発達する群) に分かれるという系統分類に関する知識が求められている。

B 胎盤を介して母体から胎仔に酸素が供給されるメカニズムを扱った設問で, 酸素解離曲線 (図1－2) の解読が求められた。グラフは「胎盤における二酸化炭素分圧のとき」の酸素解離曲線だが,「胎盤と胎仔末梢組織における二酸化炭素分圧の差, 胎盤から胎仔末梢組織に達するまでの酸素の放出, および血漿に溶解している酸素は無視できる」という仮定なので, 末梢組織もこのグラフを読めばよい。左の曲線が胎仔型, 右の曲線が成体型であり,「成体型ヘモグロビンの40%が酸素結合型」から, 胎盤における酸素分圧は30 mmHgと読み取れる。この分圧では, 胎仔型ヘモグロビンの70%が酸素結合型である。「胎仔末梢組織における酸素分圧が10 mmHg」から, 胎仔末梢組織では酸素結合型が20%と読み取れる。したがって, 胎仔末梢組織ではヘモグロビンの50%が酸素を解離するので, 血液100 mLあたりでは20 mL × 0.5 = 10 mLの酸素が放出される。

II 文2は哺乳類の発生とキメラ, 文3はゲノム刷り込みを扱っている。

A 与えられた情報を理解し, 新たな条件での結果を予想する設問である。出発点は, キメラマウスにおける細胞の分布様式のデータ (表1－1) だが, 見落としてはならないのは文3・第2段落の「遺伝子機能の欠損によってある種類の細胞が正常につくられず組織の形成と機能に異常が生じる場合, 正常細胞が混在したキメラを作製すると, 失われるはずの細胞種を正常細胞が補い, 組織は正常に形成されその機能も回復する」という部分である。表1－1の3つの実験結果は次のように解釈できる。①8細胞期胚同士の合体の場合, 8細胞期胚の細胞が胎盤と胎仔のどちらにも分化できるので「胎盤と胎仔の両方で遺伝的に異なる細胞が混在」する。②8細胞期胚とES細胞の合体の場合, ES細胞が胎盤に分化できないので胎盤は8細胞期胚由来の細胞のみになる。引用した「失われるはずの細胞種を正常細胞が補い」の部分と呼応させれば, ES細胞だけでは失われるはずの胎盤を8細胞期胚由来の細胞が補ったと解釈できる。③二倍体と四倍体の8細胞期胚同士の合体の場合，四倍体の細胞は胎盤にしか分化できないため「胎仔には分布しない」と解釈できる。これらを踏まえれば，「ES細胞と四倍体8細胞期胚を合わせてキメラを作製」すると，ES細胞（胎盤に分化できない）から胎仔が，四倍体細胞（胎仔に分化できない）から胎盤が形成されることが予想できよう。

B　ある結果が生じる理由，つまり，原因・メカニズムを推論する。「二倍体である体細胞の核」では得られるクローン個体が，やはり二倍体の「精原細胞の核」では得られない原因・メカニズムを推論する手掛かりは，文3のゲノム刷り込みである（四倍体細胞の話は無関係）。ゲノム刷り込みは下線部(イ)の前に説明されており，重要なポイントは，①哺乳類では，父由来染色体と母由来染色体は機能的に等価ではなく，一方の対立遺伝子が不活性化され，他方のみが発現する場合があること，②父由来・母由来，いずれの相同染色体で発現するかは，遺伝子により異なること，③始原生殖細胞で，その個体の性に応じてオス型あるいはメス型の印が染色体上につけられること，である。すると，精原細胞は一対の相同染色体の両方にオス型の印がつけられ，その核を移植すると，母由来のみが発現する遺伝子は発現せず，正常発生できないことが説明できる。解答には，精原細胞では染色体にオス型の印がつく（ゲノム刷り込み）ため，精原細胞の核を移植しても，母由来の対立遺伝子のみが発現する遺伝子が発現せず，正常発生に必要な遺伝子産物が揃わないという内容を述べれば良いだろう。

C　実験1の結果が得られた理由を考察する。考察を空欄補充で問う形式の場合，その論の進め方に乗る必要がある。さて，実験1で得られたキメラのオスは遺伝子型 Aa と AA の細胞が混在しているので，精子には Aa 由来の a・Aa 由来の A・AA 由来の A の3種類があり得る。野生型のメスがつくる卵は A のみであり，F1の10%が遺伝子型 Aa という結果から，キメラのオスがつくる精子のうち，Aa 由来の a が10%とわかる。すると，Aa 由来の A が10%，野生型 AA 由来の A が80%と推論できよう。［3］の答え方としては，精子（解答例）のほか，（一次）精母細胞，精原細胞も許容されると思われる。

D　設問文の「Aa の表現型を決定する条件について，何が否定されたか」は，Aa の表現型を決定するメカニズムに関する仮説について何が否定されたか，と言い換えられる（この設問は，仮説検証の考え方を直接的に扱った東大らしい出題なのだ）。さて，実験2は「実験1の結果を受け」て行われているので，まず，実験1から解読する。実験1では，かけあわせが2通りあり，Aa の胎仔の発生の結果が異なっている。つまり，実験1の条件の違いは胎仔の発生に大きな影響を与える要因の違いである。実験1の条件の違いを整理する。

精子	卵	Aa 胎仔の発生	母体
Aa 由来の a 精子	AA 由来の A 卵	正常	AA
AA 由来の A 精子	Aa 由来の a 卵	停止	Aa

上表に示すように，遺伝子 A が精子由来か卵由来かの違いに加え，母体の遺伝子型が異なっており，Aa の表現型（正常発生するか発生停止か）の原因がゲノム刷り込みである可能性（仮説）のほかに，母体の遺伝子型の影響の可能性（仮説）が残っている。実験2は，この後者の可能性を否定するために行われたのである（これを答えればよい）。念のために条件を整理しておこう。

精子	卵	Aa 胎仔の発生	仮親
Aa 由来の a 精子	AA 由来の A 卵	正常	AA
Aa 由来の a 精子	AA 由来の A 卵	正常	Aa
AA 由来の A 精子	Aa 由来の a 卵	停止	AA
AA 由来の A 精子	Aa 由来の a 卵	停止	Aa

これで明らかなように，胚が発生する仮親（レシピエント）の遺伝子型が違っても Aa 胎仔の発生の結果は同じなので，Aa の表現型に母体の遺伝子型が影響する可能性（仮説）が否定されたことになる。これで，オス型の印がついた染色体上の遺伝子 A は不活性化されており，発生過程で，メス型の印がついた染色体上の遺伝子 A のみが発現すること，そのため，a 卵に由来する胎仔は正常発生できないこと，が妥当な説明（妥当な仮説）と認められることになる。

E　Aa 同士の交配で生じ得る胎仔は AA，Aa，aa の3種類だが，設問ⅡDまでで考察したように，胎仔の表現型にはゲノム刷り込みが影響する。「遺伝子型 Aa の個体に予想される表現型と，その理由」を問うこの設問では，ゲノム刷り込みを踏まえて表現型が生じるメカニズムを答えることが求められる。さて，上述のように，オス由来の A は不活性化され，メス由来の A のみが発現するので，それを明示して交配を書いてみよう（不活性化を * とする）。すると，Aa 同士の交配で生じる胎仔は AA^*，Aa^*，A^*a，aa^* の4種類になる。つまり，Aa のうち Aa^* は A 遺伝子が発現し正常発生するが，A^*a は A 遺伝子が発現せず発生が停止すると予想できる（メス由来の遺伝子が A か a かで表現型が決まるのである）。

F　この設問も，「このことから，『発生停止は胎盤の機能が不十分なために起こる二次的な表現型である』との仮説を立て，その検証のためのキメラ作製実験を計画した」という文章から明らかなように，仮説検証を直接的に扱っている。考察の手掛かりが下線部「発生が停止するはずの遺伝子型の個体において，胎盤のみに正常に機能する細胞を分布させて胎盤の機能を補完した場合の胎仔の表現型を見ればよい」として与えられているので，文2（設問Ⅱ A）と結びつければ，胎盤にしか分化しない四倍体細胞と二倍体細胞でキメラをつくること，四倍体細胞を正常細胞（AA）由来とし，二倍体細胞は A が発現しないものにすればよいことが導ける。A が発現しない8細胞期胚を得るには，Aa のメスと Aa のオスとのかけあわせで aa の受精卵を得る方法（選択肢の(2)に相当）と，Aa のメスと AA のオスとのかけあわせで $A^{*}a$ の受精卵を得る方法（選択肢の(7)に相当）が使える。しかし，Aa のメスと Aa のオスとのかけあわせで Aa の受精卵を得る方法（選択肢の(1)に相当）は，Aa 胎仔のすべてが発生停止するとは言えず（$A^{*}a$ と Aa^{*} がいる），検証に使えないことに注意が必要である。

（注1）　配点は，Ⅰ－A 2点（各1点），B 2点，Ⅱ－A 2点，B 2点，C 2点（各1点），D 2点，E4点（表現型2点，理由2点），F 4点（各2点）と推定。

（注2）　行数制限の解答の際は1行あたり35～40字相当としたが，「～行程度」とある場合は，少々超過しても許容されるだろう（以下同）。

解答

Ⅰ　A　1－単孔　　2－有袋

　B　10 mL

Ⅱ　A　胎盤には四倍体細胞のみ分布し，胎仔にはES細胞に由来する細胞のみ分布する。

　B　精原細胞では染色体にオス型の印がつけられているため，メス型の印をもった染色体でのみ発現する遺伝子の産物が合成されず，正常に発生できない。

　C　3－精子　　4－80

　D　Aa の胎仔の発生が停止するかどうかに，メス親の遺伝子型が影響する可能性が否定された。

　E　表現型－半数は正常に発生し，半数は妊娠中期に発生が停止する。

　　理由－オス由来の遺伝子 A は発現せず，メス由来の遺伝子で表現型が決まるため。

　F　(2)，(7)

第2問

解説　マメ科植物と根粒菌の共生を中心として，窒素代謝，化学合成，植物ホルモン，突然変異と形質，環境への応答などを扱った大問である。落ち着いて考えれば答えに到達できる設問も，短い試験時間では難しく感じた受験生が多かったかもしれない。

Ⅰ　文1は，植物と微生物の窒素代謝を扱っている。

A　窒素を含む有機化合物を選ぶ設問で，生体物質に関する基本的な知識を問われている。尿酸は窒素排出物として知っているだろう。コラーゲンがタンパク質であることを見落とさなければ正解できるはずである。

B　酸化還元反応を反応式として示すことが求められている。このように化学の視点からの設問が出題されるのは久しぶりであり，面食らった受験生も多いと思われる。$NO_2^- \longrightarrow NO_3^-$ の「酸化反応で，電子伝達系を動かし，ATPの生産をもたらす」という設問文を手掛かりに，ミトコンドリアの電子伝達系での反応

$$\frac{1}{2}O_2 + 2[H] \longrightarrow H_2O \quad (\text{または} \quad \frac{1}{2}O_2 + 2H^+ + 2e^- \longrightarrow H_2O)$$

を想起するのが出発点である。ミトコンドリアの場合，有機物が酸化されて[H]が生産されるが，化学的には有機酸に水を付加して脱炭酸する。ピルビン酸が酸化的に分解される反応を示せば

$2C_3H_4O_3 + 6H_2O \longrightarrow 6CO_2 + 20[H]$　であり，ここから類推して

$NO_2^- + H_2O \longrightarrow NO_3^- + 2[H]$

（または　$NO_2^- + H_2O \longrightarrow NO_3^- + 2H^+ + 2e^-$）

を導けば正答できよう。

C　窒素代謝に関する知識を問う設問。「すべて」が求められているので，正確な知識が必要となるが，還元反応・合成反応にはエネルギーを与えることが必要で，酸化反応でエネルギーを取り出せることを知っていれば正答できよう。図2－1の①は窒素固定で，窒素分子を還元するのに非常に多くのエネルギーを必要とする。亜硝酸菌の行う反応②は，アンモニアの酸化反応で，化学合成におけるエネルギー獲得反応である。③・④は，植物が行う還元反応であり，エネルギー（還元力）を必要とする。⑤は合成反応でエネルギーを必要とする。

D　仮説を検証する実験を答える設問であり，仮説検証を問う頻度が高い東大入試らしい設問である。このような設問では，何が行われ，何が起こり，何が求められているかを整理することが出発点であり，この設問では次のようになる。

グルホシネートでグルタミン合成酵素を阻害すると NH_4^+ が蓄積する。

グルホシネートでグルタミン合成酵素を阻害すると窒素同化産物が欠乏する。
グルホシネートでグルタミン合成酵素を阻害すると植物が枯死する。

仮説1）グルホシネート処理をすると，NH_4^+ が蓄積することが直接の引き金で植物が枯死する。

仮説2）グルホシネート処理をすると，窒素同化産物が欠乏することが直接の引き金で植物が枯死する。

求められているのは，仮説1と仮説2の真偽を見極めることである。では，どのような実験条件を設定すれば真偽を判定できるだろうか。仮説を検証する場合，1つの要因のみ異なる組合せでの比較が重要である。つまり，下表の4つの条件の組合せでは，①と②，①と③，②と④，③と④の4通りである。

	NH_4^+ の蓄積	窒素同化産物の欠乏
条件①	あり	あり
条件②	あり	なし
条件③	なし	あり
条件④	なし	なし

考案しやすいのは①と②の比較だろう。②は，グルホシネート処理で NH_4^+ が蓄積しても窒素同化産物が存在する条件なので，たとえば，グルホシネート処理を行う際に，植物にグルタミンを取り込ませる実験が考えられよう（実際，イネでアミノ酸が直接吸収されることが示されている）。②で植物が枯死しなければ NH_4^+ の蓄積は引き金ではなく，枯死するならば NH_4^+ の蓄積が引き金と判断できる（ただし，グルタミンを取り込まれたことを確認する必要がある）。

次に考えやすいのは②と④を比較する実験だろう。窒素同化産物の欠乏が起こらないようにグルタミンを与えた上でグルホシネート処理を行い，② NH_4^+ が蓄積する条件と④蓄積しない条件を設定する。これは，②硝酸塩を含む培養液と④含まない培養液を利用すれば可能であろう。②で枯死し④で枯死しないならば NH_4^+ の蓄積が引き金であり，どちらも枯死しないなら引き金ではない。

注意が必要なのは①と③の比較である。この場合，どちらの条件でも窒素同化産物が欠乏するので最終的には枯死するはずであり，仮説1と仮説2の「直接の引き金」の部分をどのように検証するかが難しい。一つの方法は枯死までの時間であり，① NH_4^+ の蓄積がある条件の方が③蓄積がない条件よりも枯死が早いならば NH_4^+ の蓄積が引き金であり，枯死までの時間に差が無ければ引き金ではないと判断することになる。ただし，前述の2つの実験が枯死する・枯死しないという明確な違いで判断できたのに比べるとやや弱い（減点はないと思われる）。方法としては，植物を2群に分け，一方は硝酸を含む培養液でグルホシネート処理を行い，他方は硝酸を含まない培養液でグルホシネート処理を行えばよい。

これら以外にも，高濃度のNH_4^+を添加した培養液でグルホシネート処理を行うことでNH_4^+の蓄積を起こりやすくし，通常の培養液と枯死までの時間を比較するなど，許容される実験はあるだろうが，③と④の比較は許容されないと思われる。窒素化合物を含まない培養液でグルホシネート処理を行い，グルタミン非投与群③と投与群④を設定すると，仮説1が正しく仮説2が誤りの場合に③群が枯死し④群は枯死しないはずだが，仮説1が誤りで仮説2が正しい場合もやはり③群は枯死し④群は枯死しないはずで，どちらの仮説が正しいか判断できない。また，問われているのが「グルホシネートによる除草で」の枯死の引き金なので，グルホシネート処理をする実験を答えることが大切であろう。

Ⅱ　文2は，マメ科植物と根粒菌の共生と，根粒形成の調節と細胞間情報伝達物質（植物ホルモン）を扱っている。

A　倍加日数（乾燥重量が2倍になるのにかかる日数）を，データから算出する設問である。片対数方眼紙を用いる必要があったため，受験生にとってハードルが高かったかもしれない。データ（表2－1）が0.30～1.80(g)の範囲なので縦軸を0.1～10，横軸を16～36(日)でとると次のようになる。

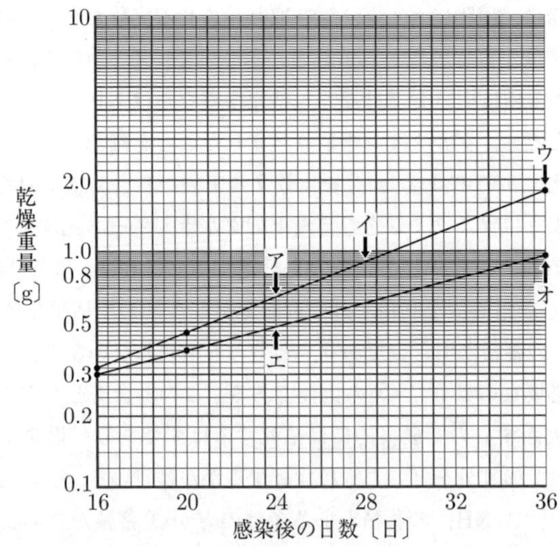

野生型の場合，16日目の0.32gの倍にあたる0.64g（グラフのア）の日を読むと24日であり，倍加日数が8日とわかる。また，36日目の1.80g（グラフのウ）

の半分である0.90 g(グラフのイ)の日を読んでもよい。もちろん, 20日後の0.45 gと36日後の1.80 gで1.80 = 0.45 × 2 × 2と気づけば8日間で2倍と計算できる。変異体xの場合, 36日後の0.96 g(グラフのオ)の半分である0.48 g(グラフのエ)の日が24日後と読み，倍加日数12日を求めることになる。

B　実験結果をメカニズムに基づいて説明する設問である。まず，(1)根は，根粒形成を知らせるシグナル（根が生成するのでシグナルNと仮称する）を生成して地上部へ送る，(2)地上部は，シグナルNを受容すると新たな根粒形成を抑制するシグナル（地上部のシュートが生成するのでシグナルSと仮称する）を生成して根に送る，(3)根は，シグナルSを受容し根粒形成を停止する，というメカニズムを理解することが出発点である。感染の時間差によらず，最終的な根粒の数が同じで一定（図2－3から約80個と読み取れる）という事実は，根が受容するシグナルSが一定の強さに達すると根粒形成が停止すること，そして，シグナルSの強さが根粒数に比例すること，根系1と根系2に同じ強さで伝わることも推論できる。シグナルSを生成する地上部に根粒数を伝える必要があり，その役割を果たすのがシグナルNなので，根が生成して地上部に送るシグナルNの強さも根粒数に比例し，地上部はシグナルNの強さに比例してシグナルSを生成すること，根系1と根系2のシグナルを区別しない（同じ物質と考えればよい）こともわかる。同時に感染すると根系1と根系2からシグナルNが地上部に送られ，その強さに応じたシグナルSが根系1と根系2に伝わり，それぞれ約40個の根粒ができたところで限界に達するが，時間差があると，根系1からのシグナルNに応じて生成したシグナルSが根系1だけでなく根粒のない根系2にも届くため，根系2に生じる根粒が減ることになる。答案では，量的に比例関係になること，完全に抑制される限界値があることを明確に述べておきたい。

C　変異体yは，タンパク質Yの機能を欠損した結果，根粒が過剰になる。実験3の接ぎ木実験で，地上部が変異体yだと正常形質，根が変異体yだと変異形質を示すことから，Yが根ではたらく可能性が示唆される（設問文の冒頭「実験3の結果は，タンパク質Yが根で根粒数の調節にはたらくことを示している」につながる)。根ではたらくとすれば，段階(1)〈シグナルNを生成して地上部に送る〉と段階(3)〈シグナルSを受容し根粒形成を停止する〉のどちらなのか？
このように仮説の検証が進むのだが，実験3の結果（図2－5）から推理できることはまだある。根が変異体yで根粒数が過剰になることは，異常が段階(1)ならシグナルNが生成できない（根粒数に比べて弱い）ということであり，段階

(3)ならシグナルSを受容できない（受容しても根粒形成を抑制できない）ということである。設問では，処理群（根系1が野生型，根系2が変異体y）の結果を予想するので，前述のメカニズム（仮説）が正しいものとして考える。

Yが段階(1)に関与する場合，変異体yは〈シグナルNを生成して地上部に送る〉ことができないので，処理群では，地上部に送られるシグナルNが根系1(野生型)に由来する分だけになる。したがって，野生型対照群（根系1・根系2の両方が野生型の群）に比べ，根粒の総数が増加すると予想される。変異体yの段階(3)〈シグナルSを受容し根粒形成を停止する〉ことは正常と考えるので，根系1（野生型）と根系2（変異体y）は同じ数で根粒形成を停止するはずだと予想でき，これに該当するのは選択肢cだけである。

Yが段階(3)に関与する場合，変異体yは〈シグナルNを生成して地上部に送る〉ことは正常なので，処理群では，両方の根系からシグナルNが送られ，それに応じたシグナルSが根に伝えられる。根粒が増えるとシグナルSも強くなるが，変異体yは〈シグナルSを受容し根粒形成を停止する〉ことに異常があるため根粒形成が抑制されず，根系2の根粒数は野生型対照群より多くなる。根系1(正常型）では正常に抑制され，野生型対照群と同じか少ないはずである（該当する選択肢はe，f，h)。選択肢eとfでは，根系2（変異体y）の根粒数が，変異体対照群（両方の根系が変異体yの対照群）に比べて少ないが，この結果はうまく説明できない。変異体対照群では，両方の根系からシグナルNが送られ，その強さに応じたシグナルSが根に伝わるが，処理群では，根系1（野生型）の根粒が少ないので，根系2（変異体y）の根粒が変異体対照群より少ない状態で，根粒形成が停止することはないからである。よって正答はhになる。

ところで，根粒数を調節するシグナルの正体は何？と思った諸君も多いだろう。植物体内を移動し情報を伝えるシグナルNやシグナルSは植物ホルモンの一種と考えられ，既知の植物ホルモンや新たな物質（グリコペプチドホルモン）が研究されており，一部の植物ではエチレンが根粒数を抑制することや，ダイズではシグナルSが葉身で合成されることが示され，ミヤコグサのシグナルS，Nの候補となる分泌タンパク質も発見されている。さらに，受容体や細胞内でのシグナル伝達系の研究も活発に行われているのだが，根粒数調節のメカニズムは，まだ完全には解明されていない。

（注）　配点は，Ⅰ－A2点（完答），B2点（各1点），C2点，D4点（各2点），Ⅱ－A4点（各2点），B2点，C4点（各2点）と推定。

解答

Ⅰ　A　RNA，ATP，コラーゲン，DNA，尿酸

B　例 1）　電子供与反応）　$NO_2^- + H_2O \longrightarrow NO_3^- + 2[H]$

電子受容反応）　$\frac{1}{2}O_2 + 2[H] \longrightarrow H_2O$

例 2）　電子供与反応）　$NO_2^- + H_2O \longrightarrow NO_3^- + 2H^+ + 2e^-$

電子受容反応）　$\frac{1}{2}O_2 + 2H^+ + 2e^- \longrightarrow H_2O$

C　②

D　植物を２群に分けてグルホシネート処理を行い，一方は通常の培養液，他方はグルタミンを添加した培養液を与える。

植物を２群に分けてグルホシネート処理を行い，窒素化合物として一方にはグルタミンのみ，他方にはグルタミンと硝酸を与える。

Ⅱ　A　野生型－８日　　変異体 x －12日

B　根は，根粒形成を知らせるシグナルを，根粒数に比例した強さで地上部に送る。地上部は，二つの根系からのシグナルを合わせて受容し，その強さに比例した強さで，根粒形成を抑制するシグナルを根に送る。根が受容する抑制のシグナルが一定の強さに達すると新たな根粒形成が停止するため，総数が一定になる。

C　段階(1)に関与する場合－ｃ　　段階(3)に関与する場合－ｈ

第３問

解説　細胞周期と細胞分裂，DNA 合成，DNA 損傷と修復，遺伝子発現，タンパク質の構造と機能を考える大問である。DNA 損傷と修復は受験生が見慣れない話題だが，時間をかけてロジックを追えば解決できるだろう。しかし，限られた試験時間では解読しきれない諸君が多かったかもしれない。

Ⅰ　文１は，遺伝子発現と DNA の複製，細胞周期などを扱っている。

A　DNA と遺伝子発現に関する文の正誤判定と誤りの指摘を求められている。(1)は適切。(2)は判断に迷う受験生もいただろう。前半の原核生物の説明は適切だが，後半の「真核生物の RNA ポリメラーゼは，プロモーター領域に結合し，転写する際に，基本転写因子を必要とする」の部分を，〈RNA ポリメラーゼは，プロモーター領域に結合するだけでなく，転写する際にも基本転写因子を必要とする〉と読むと誤りと判断したくなる（的確に指摘すれば許容されるかもしれない）が，〈プ

ロモーター領域に結合しないと転写できないのだから，結合・転写に基本転写因子を必要とする〉と読めば適切だと判断できる。(3)は誤り。解答に示したように，免疫グロブリンの多様性は可変部の再編成で生み出されている。(4)は適切な内容だが，厳密に言うと，4096塩基対に1回が期待されるのは，回文構造の6塩基対の配列を認識する制限酵素の場合である。

B　細胞周期とDNAの複製に関する知識を問う設問で，問題集などで定番の内容である。G1期の細胞のDNA量を2とすれば，DNA合成が完了した後のG2期とM期の細胞のDNA量は4，DNA合成が進行しているS期の細胞のDNA量は2～4の中間になる。実験では，「細胞内のDNA量を蛍光強度として検出」しているのだから，蛍光強度が低い領域aがG1期，蛍光強度が高い領域cがG2期とM期，中間的な蛍光強度の領域bがS期と判断すればよい。

Ⅱ　文2は，細胞周期の進行の監視機構とDNAの損傷・修復の関係を扱っている。

さて，A～Cの各設問に答えるには，メカニズムを正確に理解し，その上で実験条件に合わせて推論することが必要になる。まず，着目すべき点を整理しよう。

① 細胞周期の正しい進行には，各段階がそれぞれ誤りなく完全に終了した後に，次の段階に移行する必要があるので，細胞は，各ステップが完全に終了したかどうか，異常が起きていないかどうかを確認する機構をもつ。

② G2期にある正常な酵母は，X線照射で染色体の2本鎖DNAが切断されても，損傷部位と同じ配列をもつDNA（複製された姉妹染色体DNAのこと）を利用して修復するため死なない。

③ G1期やM期の酵母細胞は，X線によるDNA損傷を修復することができず，ほとんどが死滅してしまう。

では，正常細胞の結果を整理しよう。実験2で，盛んに増殖している酵母にX線を照射すると，10時間後にG2期にある細胞の割合が高まっている。これを，②と③から，G1期やM期の細胞が死滅するためG2期の細胞の割合が高まると解釈して良いだろうか？　この解釈が正しいなら照射10時間後にG2期にある細胞は，X線照射のときにG2期だったことになるが，実験3の説明の最後に酵母の細胞周期が約2時間だとある。ならば10時間で細胞周期を5周したのだろうか？実験3の結果は，そうではないことを示している。実験3では，紡錘体形成を阻害することで細胞周期をG2期で停止させ，X線照射後，紡錘体形成阻害剤を除去する。図3－2の正常細胞の結果を見ると，照射の有無とは無関係に，ほとんどの細胞が2時間G2期に留まっているので，これは，紡錘体形成阻害剤の影響が消えるまでの時間だと解釈できる。その後，照射なし群に比べ，照射あり群ではG2

期から次の段階へと進む細胞の割合がかなり低い。これは，何を意味するのか？前述の①を思い出すと，X線照射を受けたG2期の細胞で異常が見つかり，次の段階に進行しないよう調節された可能性に気づくだろう。X線照射を受けたG2期の細胞はG2期を延長するのである。したがって，実験2の結果も，G1期とM期の細胞が死滅するためG2期の細胞の割合が高まるという解釈だけでは不十分で，G2期が延長されて割合が高まると解釈する。

A　変異細胞Aでの結果を予想する設問で，上のまとめから考える。前述①を踏まえると，X線照射を受けたときにG2期にある変異細胞AはG2期で停止するが，「DNA損傷を修復する酵素が完全に機能を失っている」のでDNAが修復できず，G2期に留まり続けることが予想できる。したがって，照射10時間後にG2期にある細胞の割合は正常細胞の50％より高いと考えられ，該当する選択肢は(7)と(8)である。また，コロニーで調べた生存率は正常細胞より低いことも予想できる。よって，最も適切な選択肢は(7)になる。

B　変異細胞Bの生存率低下の理由を考察する設問で，やはり，上のまとめを踏まえて考える。実験3の結果（図3－2）で，変異細胞Bの場合，照射なし群と照射あり群の曲線が一致している。つまり，変異細胞Bでは，前述①の機構が機能しておらず，DNAに損傷を受けたG2期の細胞がG2期に留まらないで次の段階に進んでしまうのだ。前述②・③のように，G2期であればDNAの損傷を修復できるがM期では修復できないので，死滅する細胞が多くなり生存率が低下する。G2期の延長は，DNAを修復する時間を確保する意味をもつのである。

C　紡錘体形成阻害剤を利用した実験で，「変異細胞Bで欠失している遺伝子が，DNA損傷修復酵素をコードする遺伝子ではないことを確認する」にはどうするかを考察する設問である。設問Bで推定したように，G2期で停止できないことが原因で変異細胞Bで生存率が低いなら，紡錘体形成阻害剤で人工的にG2期を延長すれば，DNA損傷修復酵素がはたらき生存率が上昇するはずである。逆に，生存率が上昇すれば，変異細胞Bで欠失している遺伝子がDNA損傷修復酵素をコードする遺伝子ではないことが確認できる。実験と予測される結果を求められているので，（ある程度）具体的な方法と結果を答えたい。後述の解答例1は，正常細胞を対照群，変異細胞Bを処理群として比較している。紡錘体形成阻害剤の処理時間を8時間としているのは，図3－2の正常細胞で阻害剤除去後8時間でX線照射の有無による差がなくなることから，修復に十分だと推定した結果である。解答例2は，人工的にG2期に留まる時間を変え，それが生存率に影響することを示すことで，DNA修復が進行している（つまり，DNA損傷修復酵素をコードする遺伝子の欠失ではない）ことを示そうとしている。

ところで，交配を利用して，同じ遺伝子を欠失しているかどうか調べる方法もある。酵母の場合，一倍体と二倍体が利用でき，減数分裂や接合も可能である。たとえば，遺伝子Rを欠損（rとする）し遺伝子Tは正常な細胞と，遺伝子Rは正常で遺伝子Tを欠損（tとする）した細胞を接合させると，$RrTt$となって正常形質が回復する。これを利用すると，DNA損傷修復酵素をコードする遺伝子の機能を欠損した変異細胞と変異細胞Bを接合させて表現型が正常に戻るかどうか調べる方法も可能である（ただし，紡錘体形成阻害剤を利用した実験という設問の要求も満たさないと点数は与えられない）。

Ⅲ　文3は，酵素タンパク質の構造と機能（タンパク質のドメイン）を扱っている。

A　欠失型タンパク質Ⅰ～Ⅶの中で，完全に活性を失っている（検出限界以下）なのは，e領域だけを欠失したタンパク質Ⅶである。したがって，酵素としての活性をもつのはe領域と判断できる。

B・C　タンパク質Xはタンパク質Yが添加されると酵素活性が高い。つまり，Yが結合するとXの活性が高まるのである。さて，欠失型タンパク質の結果を見ていこう。a領域の欠失（Ⅰ）は活性に影響しないので，a領域はY結合領域ではない。b領域が欠失する（Ⅳ）と，YがあってもXの活性は上昇しないが，b領域がY結合領域と考えれば説明できる（この解釈はⅡで活性が上昇しないことも説明できる）。c領域が欠失（Ⅴ）すると，Yがなくても活性が高い。つまり，c領域はe領域のもつ酵素活性を抑制する役割を果たしている（Cは選択肢(4)が適切）。これで正解は得られるのだが，全体を説明できるメカニズムを確認しておこう。b領域をY結合領域，c領域を酵素活性抑制領域と考えると，Yが存在しないとき，c領域の抑制作用が現れるためXの酵素活性は低く，Yが添加されると，b領域にYが結合することでc領域の抑制作用が抑えられ（次の設問Dで問われている）る結果，本来の活性が現れてXの活性が上昇する。このメカニズムは，他の欠失型タンパク質の結果も説明できる。Ⅲの場合，Y結合領域（b領域）と酵素活性抑制領域（c領域）がないため，Yの有無に関係なく活性が抑制されず高い酵素活性が現れる。Ⅵの場合，酵素活性抑制領域がないのでYがない条件でも酵素活性が高く，Yが結合しても活性は変化しない。

D　細胞でのXの酵素活性の変化を，メカニズムを含めて答える設問である。着目するのは，実験4の説明にある「タンパク質Yは，ふだんは細胞内にほとんど発現していないが，ホルモンZで細胞を刺激すると，その発現量が著しく増加する」という部分で，これと設問Cで解説したXの各領域の機能とYの作用をまとめれば，細胞をZで刺激すると，Yの発現量が増加し，YがXに結合する結果，c領域による活性抑制作用が解除され，Xの活性が上昇すると推定できる。

E　新たな実験条件での結果を推理する設問で,考察文の空欄補充の形式である。この形式では考察文の流れに乗ることが大切になる。さて，設問に登場する欠失型タンパク質Ⅷは，活性部位（e領域）をもたないが，Y結合領域（b領域）はもつ分子であり，XとⅧが混在する液にYを加えると，X－Y複合体とⅧ－Y複合体の両方が形成される。つまり，YをめぐってXとⅧが競争するのである。これを踏まえて考察文を見ていこう。「加えた欠失型タンパク質Ⅷの量が，タンパク質Xおよびタンパク質Yの量より十分に多い」ならば，ほぼすべてのYはⅧと結合してⅧ－Y複合体となり，X－Y複合体はほとんど生じないので，Xの活性はⅧが存在しないときに比べ低い。一方，「タンパク質Yの量が，欠失型タンパク質Ⅷおよびタンパク質Xの量よりも十分に多い」ならば，Ⅷ－Y複合体もできるが，X－Y複合体も形成されるので，Xの活性は上昇する。このとき，Ⅷが存在しても存在しなくてもX－Y複合体の量は同じなので，Xの酵素活性は「欠失型タンパク質Ⅷが存在しない場合と比較して」同等である。

（注）配点は，Ⅰ－A 3点（番号1点，説明2点），B 4点（各1点），Ⅱ－A 2点，B 2点，C 2点，Ⅲ－A 1点，B 1点，C 1点，D 2点，E 2点（各1点）と推定。

解答

Ⅰ　A　(3)

免疫グロブリンの多様性は，B細胞が分化する過程で，可変部の情報をもつ遺伝子DNAに再編成が起こることで生み出されている。

B　G1－a領域　　G2－c領域　　S－b領域　　M－c領域

Ⅱ　A　(7)

B　X線照射でDNAが損傷を受けると，正常細胞ではG2期で細胞周期が停止しDNAが修復されるのに対して，変異細胞BではG2期で停止しないため，DNAの修復が十分に行えず死滅する細胞が多くなるので。

C　例1）紡錘体形成阻害剤で処理した正常細胞および変異細胞BにX線を照射する。8時間そのまま培養を続け，その後，薬剤を除去して3日後の生存率を調べると，正常細胞と変異細胞Bの生存率がほぼ等しいと予測される。

例2)　X線照射した変異細胞Bを，さまざまな時間，紡錘体形成阻害剤で処理し，それぞれの場合の3日後の生存率を調べる。処理時間が長くなるにつれて生存率が高くなることが予測される。

Ⅲ　A　e

B　b

C　(4)

D　細胞をホルモンZで刺激すると，タンパク質Yが発現し，タンパク質Xのb領域に結合する。その結果,c領域によるe領域に対する抑制作用が解除され,タンパク質Xの酵素活性が上昇する。

E　3 −(3)　　4 −(5)

2013年

第1問

解説 動物の系統と遺伝，特に性決定と連鎖・組換えを扱った大問である。答えるべきことは明確な設問が多かったので，時間を気にしなければ解ける問題だったと思われるが，逆に，時間を使いすぎる失敗をする受験生が多かったかもしれない。

Ⅰ　文1は，動物の生殖様式と性決定を扱っている。

A　図の下にある「胚葉の獲得」を手掛かりに［1］が海綿動物，「左右相称の体の獲得」を手掛かりに［2］が刺胞動物と判断できる。そして，「外套膜の獲得」が決め手になって［6］が軟体動物とわかる。なお，図中に「体節構造の獲得」が2ヶ所にあるのは，節足動物の系統と［4］の環形動物で独立に体節構造の獲得が起きたと考えていることを示している。

B　図の［8］は節足動物を含むグループへの系統，［9］は脊索動物を含む系統なので，［8］が旧口動物，［9］が新口動物である。両者を対比した場合，後者の特徴としては，原口の位置に肛門ができ反対側に口ができることが重要である（体腔が原腸壁から形成されることも知っておくとよい）。

C　ホルモンによる情報伝達のしくみに関する知識を問う設問である。ペプチドホルモンは細胞膜を通過できないため，受容体は細胞表面に結合部位を出しているのに対して，ステロイドホルモンは細胞膜を通過できるので，受容体は細胞内（細胞質基質または核内）に存在する。設問文に「どのように細胞内に情報を伝達するか」とあるので，ペプチドホルモンの方では，ホルモンを受容すると細胞内で別の物質（二次メッセンジャー）が合成されて情報伝達が起こることを述べるべきだろう。

Ⅱ　文2は，ニホンメダカの性決定と連鎖・組換えを扱っている。

A　基本的な知識である。生物種と代表的な伴性遺伝形質としては，解答例のほか，「ヒト，血友病」，「キイロショウジョウバエ，白眼」などがある。

B　連鎖と組換えに関する設問であるが，リード文に述べられている内容を読み取ることが前提となる。ニホンメダカのY染色体は「大きさやもっている遺伝子とその配置がX染色体とほぼ同じ」であり，「Y染色体には雄の形質を決める遺伝子yがあり，この遺伝子の有無により，Y染色体とX染色体が区別される」とあるので，Y染色体を〈遺伝子yをもつ染色体〉，X染色体を〈遺伝子yをもたない染色体〉と考えればよいということである。雄の形質を決める遺伝子yの

近傍に遺伝子 $R(r)$ と $L(l)$ があり，「$\boldsymbol{y}$ は R と L の間に位置する」ことも述べられているので，ここで扱われている領域を模式図にすると下のようになる。

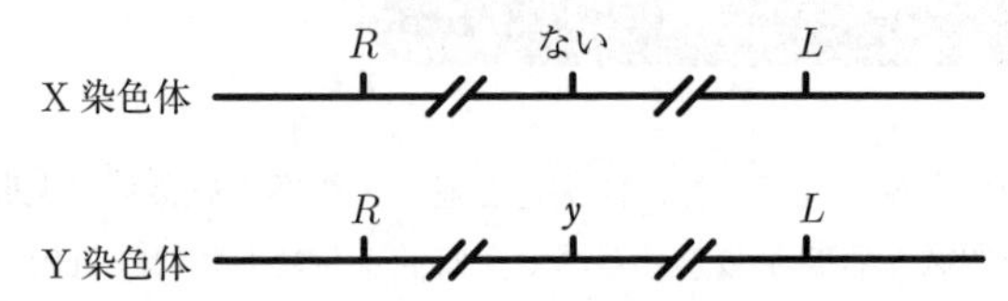

交配1では，ヘテロ雄（X^rY^R）に劣性ホモの雌（X^rX^r）を交配して組換えを調べている。遺伝子 $R(r)$ と何の間で？と思った諸君もいたかもしれないが，前述のようにY染色体上には遺伝子 $\boldsymbol{y}$ が存在するので，体色と性を調べることで，遺伝子 R と遺伝子 $\boldsymbol{y}$ の組換え価を調べているのである。「染色体のどの部分でもXとYの間で乗換えがおこる」のだから，交配1の雄 X^rY^R がつくる精子が含む性染色体には，組換えの起こっていない X^r，Y^R のほかに，組換えで生じる X^R，Y^r が存在する（下図）ので，［10］，［11］は X^rX^R，X^rY^r である。

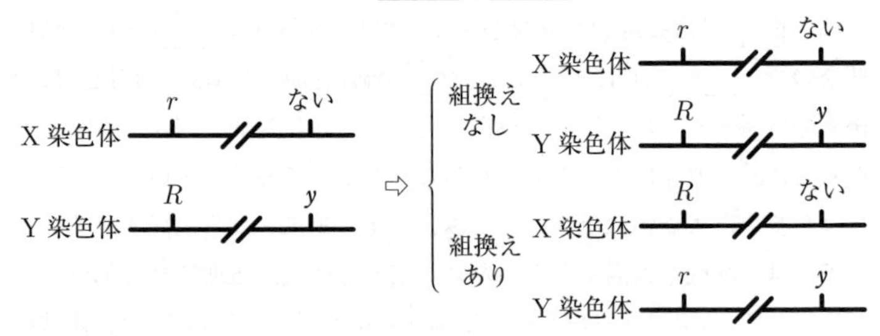

交配2はヘテロ雄（$RrLl$）の検定交配なので，［12］は劣性ホモ（$rrll$）だと判断できる。そして，このヘテロ雄のつくる精子の遺伝子型が RL，rl（組換えなし），Rl，rL（組換えあり）の4種類と考えるまでが，推論の最初の段階である。交配1について示した上図でもわかるように，遺伝子 $\boldsymbol{y}$ が存在する染色体がY染色体なので，乗換えが遺伝子 $R(r)$ と遺伝子 $\boldsymbol{y}$ の間で起きた場合と，遺伝子 $\boldsymbol{y}$ と遺伝子 $L(l)$ の間で起きた場合を分けて扱う必要がある。交配2のヘテロ雄（$X^{rl}Y^{RL}$）のつくる精子が含む性染色体には，組換えの起こっていない X^{rl}，Y^{RL} のほかに，乗換えが $R(r)-\boldsymbol{y}$ 間で起きた場合の X^{Rl}，Y^{rL} と，乗換えが $\boldsymbol{y}-L(l)$ 間で起きた場合の X^{rL}，Y^{Rl} が存在する。これらの配偶子が雌親由来の X^{rl} と受精するので，［13］，［14］は $X^{rl}X^{Rl}$，$X^{rl}Y^{rL}$ である。

C　(a)　ふ化（受精後7日）の時点で性染色体の組合せを知るには，「受精後1ヶ月たたないと判別できない」赤い体色では不適切であり，「受精後2日で現れ」る白色素胞を利用する必要がある。白色素胞を標識として利用するには，雌雄の一方で白色素胞が生じ，他方で生じないような染色体と対立遺伝子の組合せを考えればよい。雄がホモ接合（LL または ll）では，どのような雌と交配させても，白色素胞が性染色体の組合せの目印にならないので，雄はヘテロ接合（Ll）でなくてはならず，X^LY^l か X^lY^L，交配する雌は X^lX^l となる。雄が X^LY^l であれば，$y-L(l)$ 間で組換えがない限り，精子は X^L と Y^l，卵が X^l なので，次世代の雌は X^lX^L で白色素胞をもち雄は X^lY^l で白色素胞をもたず区別はできる。しかし，次世代の雌がヘテロ接合になってしまい「系統」という条件を満たさない。雄が X^lY^L，雌が X^lX^l であれば，$y-L(l)$ 間で組換えがない限り，次世代の雌は X^lX^l（白色素胞なし），雄は X^lY^L（白色素胞あり）で区別でき，「系統」という条件も満たすことになる。

(b)　この方法で，色の表現型と遺伝子型としての性が一致するのは，$y-L(l)$ 間で組換えが起こらない場合であり，その確率(%)は 100 −（$y-L(l)$ 間の組換え価）で求まる。しかし，表1−1から $y-L(l)$ 間の組換え価を直接求めることができないので，次のように考えて求めることになる。

交配1の結果より，$R-y$ 間の組換え価は $11 \div 6395 \times 100 \fallingdotseq 0.17$(%)

交配2の結果より，$R-L$ 間の組換え価は $102 \div 4478 \times 100 \fallingdotseq 2.28$(%)

$R(r)-y-L(l)$ の順に並んでいて，乗換えは1回と考えるので，$y-L$ 間の組換え価は $2.28 - 0.17 = 2.11$(%)と予想できる。よって，色の表現型と遺伝子型としての性が一致する確率は $100 - 2.11 = 97.89$(%)である。

Ⅲ　文3は，性決定様式を推論する実験を扱っている。設問が考察文の空欄を補充する形式なので，考察文に沿って推論していけばよい。

性決定様式が XY 型の場合，受精卵を E で処理して得た雌個体には XX と XY が含まれる。文1の最後に「性比が偏る事例」が述べられているが，性染色体による性決定では，通常，雌雄が1：1で産まれることが期待される。つまり，E 処理で得た雌個体は XX：XY＝1：1だと考えることになる（→ 15 が50）。未処理の雄は XY なので，〈XX 雌 × XY 雄〉の次世代は雌：雄＝1：1，〈XY 雌 × XY 雄〉の次世代は雌：雄＝1：3（XY のほか YY も雄になる）となる（→ 16 が75）。一方，ZW 型の場合，E で処理して得た雌個体には ZW と ZZ が1：1に含まれ（→ 17 が50），未処理の雄は ZZ なので，〈ZW 雌 × ZZ 雄〉の次世代は雌：雄＝1：1，〈ZZ 雌 × ZZ 雄〉の次世代は雌：雄＝0：1（→ 18 が100）となる。

(注1)　配点は，Ⅰ−A 3点（各1点），B 2点（空欄補充1点，特徴1点），C 2点，Ⅱ−A 2点（名称1点，生物種と形質合わせて1点），B(a) 2点（遺伝子1点，表現型1点），(b) 3点（10，11完答で1点，12で1点，13，14完答で1点），C(a)

2点（遺伝子型1点，表現型1点），(b)2点，Ⅲ－2点（15，16完答で1点，17，18完答で1点）と推定。

（注2）　行数制限の解答の際は1行あたり35～40字相当としたが，「～行程度」とある場合は，少々超過しても許容されるだろう（以下同）。

解 答

Ⅰ　A　ア－2－刺胞　　イ－7－棘皮　　エ－6－軟体

B　8－旧口　　9－新口

原口の位置に肛門ができ，原腸壁から遊離した中胚葉から真体腔を生じる。

C　ペプチドホルモンが細胞表面の受容体に結合すると，細胞内で別の物質が合成されて情報が伝達されるが，ステロイドホルモンは細胞膜を通り，細胞内の受容体に結合して情報が伝達される。

Ⅱ　A　伴性遺伝　　ヒト，赤緑色覚変異

B　(a)　遺伝子yと遺伝子R　　表現型：赤い雌と赤くない雄

(b)　10，11－X^rX^R，X^rY^r　　12－$X^{rl}X^{rl}$　　13，14－$X^{rl}X^{Rl}$，$X^{rl}Y^{rL}$

C　(a)　遺伝子型：X染色体－l，Y染色体－L

表現型：雌は白色素胞なし，雄は白色素胞あり

(b)　97.9％

Ⅲ　15－50　　16－75　　17－50　　18－100

第2問

解説　気孔を題材として，運動の調節や環境への応答から，光合成や蒸散との関係，さらに細胞分化と気孔の分布まで，総合的に問う大問である。時間をかけて落ち着いて読めば解ける問題が多いが，短時間では難しく感じた受験生が多かったかもしれない。

Ⅰ　文1は，気孔の構造と機能を扱っている。

A　レタスを代表とする光発芽種子の発芽に見られる光応答の特徴は，教科書に載っている基本的な事項である。設問文に「光の波長（色）との関係から」とあるので，赤色光・遠赤色光を明示して書く必要があろう。なお，リード文に「光照射で速やかに誘導される気孔開口は，特定の色素タンパク質による光受容を介する」とあるが，この色素タンパク質は青色光を吸収するフォトトロピンである。

B　気孔が開くしくみに関して推論するための実験1について考える設問だが，考察文の空欄補充という形式なので，考察文の流れに従って考えればよい。考察文にもあるように，植物細胞の場合，細胞外液の浸透圧と細胞の吸水力（＝細胞の

浸透圧－膨圧）の差で水の移動方向が決まる。水が流入するのは，外液の浸透圧＜細胞の吸水力＝細胞の浸透圧－膨圧のときであり，これを考察文の言い回しに合わせれば，外液の浸透圧＋膨圧＜細胞の浸透圧のときになる。このように考えれば正答は導けるが，リード文と考察文の意味するところを少し補足しておこう。東大入試でしばしば求められる〈しくみの推論〉で重要なのは〈順序〉である。たとえば，〈外液の浸透圧が低くなる→植物細胞に水が入る→細胞の浸透圧が下がる〉という順序で考えるのと，〈細胞の浸透圧が上がる→植物細胞に水が入る〉という順序で考えるのでは，話が違うのである。気孔の場合，イオンが移動することで細胞の浸透圧が変化し，〈その結果として〉水が移動する。これが考察文の最後の部分が述べていることである。

C　気孔は，ガス交換（酸素と二酸化炭素の交換）の通路であると同時に，蒸散（水蒸気の放出）の経路でもある。また，蒸散には，葉の細胞の吸水力を上昇させ根から水を吸い上げる原動力を生み出す役割と，気化熱を利用して葉の温度を下げる役割がある。こうした基本的な知識を使えば，次のようなロジックで候補株を選抜することが推論できるはずである。アブシシン酸を投与すると，野生型では気孔が閉じ蒸散が抑えられる一方，不応変異株では気孔が閉じないため蒸散が続く。その結果，野生型では葉の温度が上昇し，不応変異株では葉の温度は上昇しない（あるいは，さらに低下する）はずである。したがって，葉の温度が低い個体を選べば，アブシシン酸不応変異体である可能性が高いわけである。

D　アブシシン酸不応変異株の表現型を推理する設問だが，「気孔閉口だけでなく，全てのアブシシン酸応答を示さないとしたら」という仮定なので，アブシシン酸のはたらきに関する知識から推理すればよい。教科書に載っている代表的なはたらきは休眠の誘導と維持（発芽の抑制）なので，休眠が起きないという解答で十分である。なお，気孔が閉じない（閉じにくい）ことから，不応変異株は「しおれやすい」と予想されるが，「気孔閉口の異常とは直接の関係がない表現型」という設問の要求を満たさないので正答とはならない。

Ⅱ　文2は，孔辺細胞の分化と気孔の分布を調節するしくみを扱っている。

A　リード文の第2段落で述べられていることのうち，タンパク質Xが孔辺前駆細胞から分泌され，原表皮細胞の細胞膜タンパク質Yに特異的に結合すること，孔辺前駆細胞が孔辺細胞に分化すること，を図式化して表したものが下図である。

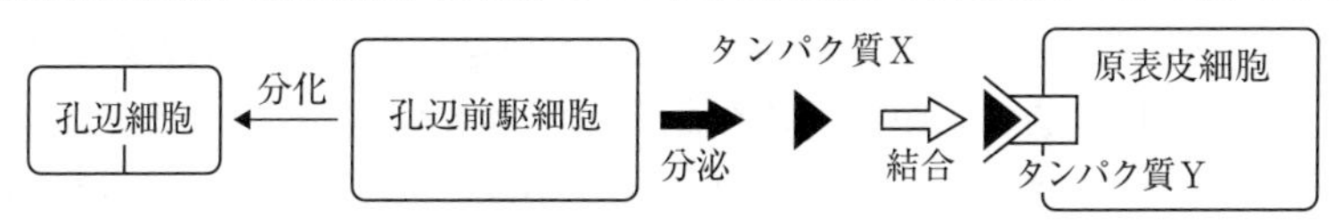

(a)　タンパク質Xがない変異体xでも，タンパク質Yがない変異体yでも「気孔の密度が増大」することから，XとYが結合することで，気孔形成を抑制していることが推論できる。Xを受容するのが運命が決まっていない原表皮細胞なので，原表皮細胞が孔辺前駆細胞に分化するのを妨げると考えるのが妥当である。

(b)　2つの方式(1)・(2)のどちらが仮説として妥当かを問う設問なので，それぞれの仮説が現象を説明できるかどうかを確かめることになる。方式(1)では，XがYに結合するとYが活性化し，細胞内で反応が引き起こされる結果，最終的に気孔の形成が抑制されると考えることになる。すると，変異体xでも変異体yでも，反応が始まらないため，気孔の形成が抑制されず，気孔の密度が増大すると予想できる。これは，実際の表現型と一致するので，方式(1)は肯定される。一方，方式(2)では，XがYに結合するとYが不活性化し，細胞内での反応が停止する結果，最終的に気孔の形成が抑制されると考えることになる。変異体xでは，Yが不活性化されないため，反応は停止せず，気孔の形成が抑制されないので，気孔の密度が増大すると予想できる（実際と一致する）。しかし，変異体yでは，Yが存在しないため，細胞内での反応を引き起こすことができないはずである。すると，気孔の形成は抑制されるはずで，気孔の密度が増大するという実際の表現型と一致しない。したがって，方式(2)は否定されることになる。解答としては，方式(2)が否定されることだけ述べれば十分である。

(c)　前掲の模式図と設問(a)，方式(1)をもとに考えると，野生型では，周辺に孔辺前駆細胞がない原表皮細胞の一部が孔辺前駆細胞に分化する一方，周辺に孔辺前駆細胞がある原表皮細胞は孔辺前駆細胞に分化しないため，分布は均等分布に近づくことが推論できる。変異体xとyでは，原表皮細胞が孔辺前駆細胞に分化することが妨げられない。この分化に特別なパターンがあると判断する根拠がないので，ランダムに起こると推論するのが妥当である。すると，分布はランダム分布に近くなることが予想される。

B　図2－2から光合成と環境条件との関係を判断する設問である。光強度が①のとき，左図で光強度を高めると光合成速度が上昇することから，光が限定要因と判断できる。また，右図で外気CO_2濃度を0.04％から高くしても光合成速度が上昇しないので，外気CO_2濃度は限定要因ではない。光強度が②のとき，左図で光強度を高めても光合成速度が上昇しないので，光は限定要因ではない。また，右図で外気CO_2濃度を0.04％から高くすると光合成速度が上昇するので，外気 CO_2 濃度が限定要因である。

C　気孔密度が2倍程度に増加した変異体 z では気体透過性が高いため，同じ外気 CO_2 濃度でも CO_2 を取り入れる速度は大きくなるはずである。外気 CO_2 濃度が0.04％のときの光強度－光合成速度のグラフの場合，光が限定要因の範囲では CO_2 を取り入れる速度が大きくなっても光合成速度は上昇せず，野生型と等しいと予想される。よって，(2)，(4)，(6)は不適切である。そして，CO_2 を取り入れる速度が大きいことは光飽和点の上昇を引き起こすと考えられるので，(3)が適切である。光強度が②のときの外気 CO_2 濃度－光合成速度のグラフの場合，外気 CO_2 濃度0.04％では外気 CO_2 濃度が限定要因になっているので，気体透過性の上昇は光合成速度の上昇につながると予想できる。よって，(7)，(9)，(11)，(12)は不適切である。そして，気体透過性が高くなることは，より低い外気 CO_2 濃度で光合成速度が上限に達することにつながると予想できる。よって(8)が適切である。

（注）　配点は，Ⅰ－A 2点，B 3点（各1点），C 3点（個体1点，理由2点），D 1点，Ⅱ－A(a) 2点，(b) 3点（番号1点，理由2点），(c) 2点，B 2点（各1点），C 2点（各1点）と推定。

解答

Ⅰ　A　赤色光に応答して発芽し，その効果は遠赤色光によって打ち消され，この反応は可逆的である。

B　1－膨圧　　2－浸透圧　　3－大きく

C　選び出す個体：葉の温度が低い個体

（理由）アブシシン酸不応変異体では，気孔が閉じず蒸散が起こるため，蒸散に伴う葉面温度の低下が起こっていると考えられるため。

D　種子の休眠が起こらない。

Ⅱ　A　(a)　(2)

(b)　(2)

（理由）(2)が正しいとすると，x では多く気孔ができるため，Yは気孔形成を促進することになる。これはYの活性のない y で，多くの気孔ができる事実と矛盾する。

(c)　(4)

B　①　光強度　　②　外気の CO_2 濃度

C　(3)－(8)

第3問

解説 ダックスフントを例に，ゲノムと進化を考える大問である。レトロトランスポゾンや逆転写による遺伝子重複など，受験生にとって見慣れない話題が扱われた。時間をかけてロジックを追えば決して難しくはないが，限られた試験時間では解読しきれない諸君が多かったかもしれない。

Ⅰ　文1は，セントラルドグマと逆転写，レトロトランスポゾンなどを扱っている。

A　ヒトに感染し病気を引き起こすレトロウイルスとして，HIV（ヒト免疫不全ウイルス）は知っているはずである（レトロウイルスという名称は知らなくても，逆転写酵素の話から推測できるだろう）。なお，核酸にRNAをもつウイルスにはインフルエンザウイルスなどもあるが，このウイルスはRNAからRNAを複製し，逆転写は行わないので，不適である。東大の生物入試では，細かすぎる知識や高校生物を大幅に逸脱した知識を求められることはないので，HIV以外のものを知っている必要はない。

B　真核生物の遺伝子の構造と発現の機構に関する知識を問う設問である。いずれも基本的な用語であり，東大受験生にとって空欄に入る語を答えるのは難しくないだろう。ところで，この設問の文章は，最初の2行で空欄が埋まってしまうので，それより後ろを読まなかった諸君が少なくないのではないかと危惧する。実は，この文章の後半は後の設問のヒントになっているので，読まないのは損なのだ。東大入試では時間が足りないと感じる受験生が多く，それで普通なのだが，関係なさそうなところを飛ばす「拾い読み」という誤った方法は避けなければならない。ざっと内容をつかむ読み方と正確に理解する精読を使い分けるのが正しい対応策である。

Ⅱ　ダックスフントを例に，遺伝子と形質の関係や系統の進化，一塩基置換を手掛かりにしたゲノムの進化の分析などを扱っている。

A　ここでいう必要条件と十分条件は，日常的な意味で考えて大丈夫である（数学の必要条件・十分条件と似ているが，そこまで厳密にしなくてよい）。ここでいう「必要」とは，ある表現型（仮に〔R〕としよう）が発現するのに，ある遺伝子（*R*としよう）が必要だという意味であり，表現型〔R〕を示している系統から遺伝子*R*を欠失させると〔R〕を示さなくなることで示せる。また，ここでいう「十分」とは，表現型〔R〕を示すのに遺伝子*R*だけでよいという意味で，〔R〕を示していない系統に遺伝子*R*を導入すると〔R〕を示すようになることで示すことができる。(a)・(b)の小問では，この考え方で，ダックスフントなどに見られる脚の短さの原因遺伝子が*FGF4L*であることを示すことになる。

(a) 十分条件を示すのだから，普通の長さの脚のイヌに *FGF4L* だけを導入すれば脚が短くなることを示せばよい。また，脚の短いイヌの血統において短い脚が優性遺伝するのだから，*FGF4L* が原因遺伝子ならば，*FGF4L* の導入によって発現した短い脚の遺伝形質も優性になるはずである。

(b) 必要条件を示す実験では，*FGF4L* が短い脚の発現に必要であること，つまり，*FGF4L* がないと短い脚が発現しないことを示すことになる。したがって，もともと短い脚をもつイヌから *FGF4L* を欠失させ，脚の長さが普通になることを示せばよいのだが，この時，遺伝子操作で，両方の相同染色体から *FGF4L* を除くのは難しい。そこで，一方のみ欠失させたヘテロ個体をつくり，ヘテロ個体同士を交配させて *FGF4L* をもたない個体をつくることになる。設問文には「行なう遺伝子操作，ならびに脚の表現型と遺伝形式を含めて」とあるので，*FGF4L* を相同染色体の一方から欠失させること，短い脚が優性であること（ヘテロ個体では脚は短いこと），普通の長さの脚が劣性であること（ヘテロ同士で交配した次世代に1/4の確率で普通の長さの脚をもつ個体が生じること）を述べればよい。

B　文２の第２段落・第３段落から，次のような内容を把握するのがポイントとなる。*FGF4* の遺伝子 DNA は 6,200 塩基対，これからできる mRNA は 5,000 塩基程度である（つまり，*FGF4* にはイントロンが存在し，合計 1,200 塩基である）。一方，*FGF4L* の遺伝子 DNA は 5,000 塩基対，これからできる mRNA も 5,000 塩基程度である。*FGF4* と *FGF4L* の mRNA は全く同じアミノ酸配列をコードしている，つまり，塩基配列は非常によく一致している。ここで，文１のレトロトランスポゾンの話，さらに，設問ＩＢの文章の後半を合わせて考えると，*FGF4* 遺伝子が転写されスプライシングを受けてできた mRNA が逆転写され，その DNA がゲノムに挿入されて *FGF4L* 遺伝子となったという流れが見えるはずである。設問の要求のうち，「どのような過程で生じたと考えられるか」を述べるには，以上をまとめればよい。設問は「それは体内のどの細胞で起きたと考えられるか」も求めているので，生殖細胞に起きた突然変異だけが次世代に伝わることを踏まえ，この突然変異（遺伝子の重複）が生殖細胞（精原細胞・精母細胞，卵原細胞，卵母細胞など）で起きたことも答えることになる。また，「根拠と共に」とあるので，判断の根拠となった上述の事実やロジックを明記しなくてはならない。

C　考察文に従って，図３－２と表３－１を見ていくことが理解（そして解答）への道筋となる。では，考察文に沿って確認していこう。*FGF4L* のハプロタイプは図3－2(C)から ACA（ 8 ）とわかる。*FGF4L* が *FGF4* から由来すると考えるので，*FGF4* のハプロタイプが ACA であれば話は単純になる。しかし，表3－1の *FGF4* のハプロタイプの欄を見ると，*FGF4L* 有のイヌでは *FGF4* のハプロタイプに ACA はなく，見つかるのは ATG と GCG（ 9 ， 10 ）である。ハプロタイプが一致しないので，この *FGF4* が *FGF4L* になったとは考えにくいというわけである。考察文は，被挿入領域に着目する。表3－1で，7種類の被挿入領域のハプロタイプのうち，*FGF4L* をもつイヌ（*FGF4L* 有）に見られるのは GTTA と TTAG の2つだけであり，98％が GTTA（ 11 ）である。一方，7種類の被挿入領域のハプロタイプのうち，*FGF4* のハプロタイプが ACA のイヌは1種類（TCAG， 12 ）しかない。つまり，現存のイヌでは，*FGF4* のハプロタイプと *FGF4L* のハプロタイプ，そして被挿入領域のハプロタイプの3つが対応するものが見つからないのである。そこで，考察はオオカミに進む。オオカミの場合，7種類の被挿入領域のハプロタイプのうち，*FGF4* のハプロタイプ ACA を含むものが5種類（GTTA，TCAG，TCTG，TTAG，TTTG）ある。このうち GTTA（ 13 ）はオオカミ中で29％と出現頻度が高い上に，*FGF4L* をもつイヌの被挿入領域のハプロタイプと一致する。以上から，次のような *FGF4L* の進化のストーリーが推論できる。被挿入領域のハプロタイプが GTTA，*FGF4* のハプロタイプが ACA というオオカミにおいて，*FGF4* の mRNA から逆転写された DNA が挿入されて *FGF4L* 遺伝子（ハプロタイプは ACA）が生じた。あるいは，被挿入領域のハプロタイプが GTTA，*FGF4* のハプロタイプが ACA というオオカミに由来するイヌ（現存しない）において，*FGF4* の mRNA から逆転写された DNA が挿入されて *FGF4L* 遺伝子（ハプロタイプは ACA）が生じた。いずれが正しいかは確定できないが，このようにゲノムの情報をもとに地道な作業を積み上げることで，進化の過程を明らかにすることが可能になってきているのである。

(注)　配点は，I－A 1点，B 3点（各1点），II－A(a) 4点（各1点），(b) 3点，B 3点，C 6点（各1点）と推定。

解答

I　A　HIV

　B　1－エキソン　　2－イントロン　　3－プロモーター

II　A　(a)　4－(2)　　5－(3)　　6－(4)　　7－(6)

　　(b)　相同染色体上の *FGF4L* の一方を欠失させたヘテロ接合体は脚が短いままであるが，ヘテロ接合の雌雄を交配させると，短い：長い＝3：1の分離比が得られることを確認する。

B　*FGF4L* と *FGF4* の mRNA がともに 5,000 塩基程度で全く同じアミノ酸配列をコードしていること，*FGF4L* 遺伝子の長さが 5,000 塩基対であることから，*FGF4* の mRNA が逆転写されて生じた DNA が挿入されて *FGF4L* となったと考えられる。また，子孫に伝わったことから，遺伝子の重複は減数分裂前の生殖細胞で生じたと考えられる。

C　8 － ACA　9，10 － ATG，GCG　11 － GTTA　12 － TCAG
13 － GTTA

2012年

第1問

解説 動物の発生，特に形態形成運動を扱った大問である。答え方に迷う設問が多いので，時間を無駄にしないように注意する必要があるだろう。

I　母性因子と体軸（背腹軸）の決定を，分子レベルで扱っている。

A　基本的な用語である。

B　イモリなどの両生類では，受精後に灰色三日月環が見られ，こちら側が将来の背側になることは知っているはずである。第1卵割は，灰色三日月環を通る場合が多いが通らない場合もある事実を知っていればもちろん，知らなくとも「灰色三日月環という語を用いて」という設問文から気づけるだろう。東大入試では制限行数が書くべきポイントの目安(1行＝1ポイント)となる。ここでは「2行程度」なので，2つの割球が正常発生する場合と片方だけが正常発生する場合の両方を書きたい。

C　リード文と図1−1から，Aタンパク質は表層回転によって移動するわけではない（移動するのは背側化因子）が，この背側化因子の影響を受けて「胚内で偏って機能」し，胚の背側で「A，Bなどのタンパク質を介した遺伝子の発現」が起こることが読み取れる。リード文には「二次胚は，胚の背側を決めるタンパク質をコードする伝令RNAを胚に直接注入することでも形成される」ともあり，実験1の下線部(イ)には，「A RNAをアフリカツメガエルの4細胞期胚の腹側割球に……注入し，……発生させたところ，二次胚が形成された」とある。つまり，Aタンパク質が胚の背側を決めている。問われているのが，Aタンパク質が背側の決定にどのようなはたらきをもつか，なので《背側を決める》と単純に答えればよいのだが，これで十分なのか，もっと複雑なことを求められているのでは？と考えすぎた諸君もいたかもしれない。科学では《事実の確認》も重要であり，下線部(イ)は，Aタンパク質が背側を決めるはたらきをもつことを確かめている。だからこそ「理由」として根拠となる実験結果（＝A RNAを胚の腹側に注入すると二次胚が生じたこと）を書くことも求められている。

D　Aタンパク質とBタンパク質の関係を読み取り，結果を予想する設問である。実験1には「Bタンパク質には背側の決定を阻害する効果がある」ことと「Bタンパク質はAタンパク質のはたらきに対して影響を与えるが，Aタンパク質はBタンパク質のはたらきに影響を与えないこと」が明記されており，設問の条件のように「一定量のA RNAにB RNAを加えた混合液を……腹側割球に注入」する際に「加えるB RNAの量を少しずつ増や」すと，腹側割球での背側化（＝二次胚の形成）が起こりにくくなることが予想でき，(1)が適切なグラフとなる。なお，(3)・(4)の縦軸の「頭部肥大胚」は背側化とは別の話であり，(5)・(6)の「背側構造が小さい胚」はBタンパク質を背側割球に注入した時に得られる胚であるから，事実上，二択の設問である。

E　A，Bの2つのタンパク質と背側化因子の関係を推論する設問である。Aタンパク質が背側化を引き起こし（設問C），Bタンパク質がAタンパク質のはたらきに影響することで背側化を阻害する（設問D）のだから，《Bタンパク質がAタンパク質のはたらきを抑える》ことが推論できる。すると《背側化因子がBタンパク質のはたらきを抑える》ことで《Aタンパク質がはたらけるようにして背側化を引き起こす》という流れ《抑制の抑制というパターン》が推論できる。設問文に「結果として」とあるのは，背側化因子がBタンパク質を介して間接的にAタンパク質に影響を与えていることのヒントである。

Ⅱ　原腸形成を引き起こす細胞運動について，分子レベルで扱っている。

A　基本的な用語である。

B　原腸形成の際に細胞がどのように動くのかを，「中胚葉の細胞はおのおの，もぐり込む方向ではなく，もぐり込む方向と直交するように動く。正中線に向けて集まるように細胞が移動することによって，中胚葉の細胞群は全体としてもぐり込みの方向に伸びる」というリード文と，図1－4から推論する設問である。下のように，図1－4の細胞に仮の番号を振ってみると，引用部分が，横に並んでいた細胞が縦に並ぶように変わることを意味しているのが明確になるだろう。図1－4は胚の背側方向から見ているので，細胞群（＝細胞集団）の幅が狭くなりつつ，奥に入っていくことを示しているのである。

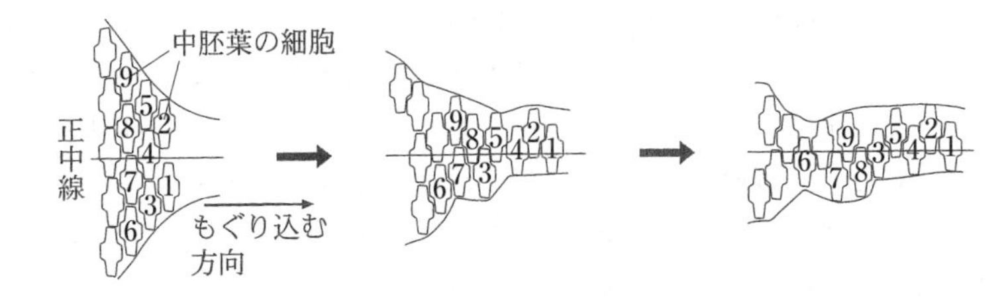

外植体は，2つの原口背唇部を内側同士で張り合わせているので，細胞が正中線に集まるように移動すると，幅は狭くなるが，もぐり込むことはないため，細長くなるはずである。

C　原腸形成時の細胞運動に関与するCタンパク質の機能を推論し，それに基づいて実験結果を説明する仮説を考える設問である。dnC RNAの注入によりCタンパク質のはたらきを阻害すると「外植体ではおこるはずの変形」，つまり，秩序だった細胞運動が起こらなくなる。リード文には，Cタンパク質が「細胞膜付近の，ある2か所に偏って存在」し，その位置が「近隣の細胞で同じ方向性」をもつことが述べられており，Cタンパク質が移動の方向を決める可能性（選択肢(2)）や，Cタンパク質が移動そのものに必須である可能性（選択肢(5)）が推論できる。なお，「dnC RNAの注入で，細胞の分化は影響をうけなかった」とあるので(1)，(3)は妥当ではない。また，(4)は，下線部(ウ)に「外植体は細胞数をそれほど増やさない」とあるので，やはり妥当でない。

D　原腸形成に関する細胞運動を抑制した胚で体長が短くなった理由（しくみ）を推論する。胚にdnC RNAを注入すればCタンパク質の機能が阻害され，中胚葉細胞の移動が抑えられるはずである。リード文の「将来頭になる部分から尾になる部分にかけ，正中線……の背側に沿って中胚葉が配置される。この……胚の基本的な構造をもとにして，尾芽胚期には胴部が伸び」という部分に着目すれば，胴部が伸びる際に必要な中胚葉細胞の移動が十分に起こらず，体長が短くなったと推論できる。この設問も，これだけ？もっと複雑で細かいことを要求されているのでは……と考えすぎると，書きづらかったかもしれないが，Cタンパク質の機能を阻害した実験から考察するのだから，《Cタンパク質の阻害→もぐり込み方向への伸長の抑制→胴部の伸長の抑制》というしくみを答えればよい。

E　Cタンパク質の量を過剰にすると正常な胚発生が起こらなくなる理由を推論する設問である。「Cタンパク質の細胞内における分布と関連づけながら」というヒントがあるので，Cタンパク質が「細胞質中で均一に分布せず，細胞膜付近の，ある2か所に偏って存在」することがポイントになると気づけるだろう。制限行数が1行程度なので，解答としては重要なポイントである《Cタンパク質が過剰にできる→細胞内での局在性が失われる→移動が異常になる→中胚葉の細胞群が正常に伸長できない》という流れを答えればよい。また，1行に収めて書くのは困難だが，「程度」がついているので2行になって構わない。

(注1)　配点は，Ⅰ－A 1点，B 2点，C 2点，D 2点，E 3点，Ⅱ－A 1点，B 2点，C 2点（各1点），D 3点，E 2点と推定。

(注2)　行数制限の解答の際は，1行あたり40字相当とした（以下同）。

解 答

Ⅰ　A　形成体

B　分離した割球の両方に灰色三日月環が含まれていれば両方とも正常に発生するが，一方にしか含まれない場合，灰色三日月環を含む割球のみが正常に発生する。

C　腹側割球にA RNAを注入すると，背側構造ができ二次胚が形成されたことから，Aタンパク質には，胚の背側を決定するはたらきがあると考えられる。

D　(1)

E　Bタンパク質がAタンパク質の機能を阻害する効果を，背側化因子が抑えることによって，結果として，Aタンパク質が高い活性ではたらくようにする。

Ⅱ　A　脊索

B　(3)

C　(2), (5)

D　Cタンパク質の作用が阻害され，中胚葉の細胞群のもぐり込み方向への伸長が起こりにくくなったため，尾芽胚の胴部も伸びず，幼生の体長が短くなった。

E　過剰に発現した結果，Cタンパク質の細胞内局在性が失われ，中胚葉の伸長が正常に起こらなくなった。

第2問

解説　戻し交配とDNAマーカー選抜法，遺伝子操作という，古典的な技術と現代的な技術を扱っている大問である。素直な設問が多く，答えやすかったと思われる。

Ⅰ　イネの品種改良を扱っている。コシヒカリは人気の高い品種だが，倒伏しやすい，いもち病に弱いなどの欠点があり，長年にわたり，こうした形質を改良する品種改良（育種）が行われてきている。品種Aは，病気（いもち病）に対する耐性を導入することでつくられたコシヒカリBL，アミロース含量が低く粘り気の強い品種Bはミルキークイーンなど，品種Cは*sd1*という変異遺伝子によって背丈が低くなった短稈コシヒカリ品種に対応すると考えられる。なお，近年，新たな変異遺伝子による複数の短稈コシヒカリ品種も開発されている。

A　まず，リード文に「それぞれの形質は1遺伝子によって支配され，独立に遺伝するものとする」とあるのを見落とさないことが重要である。実験1では，3つの形質のそれぞれについてヘテロ接合のF_1をつくり，そのF_1個体を自家受粉させている。$Rr \times Rr$の交配の次世代では劣性ホモ（rr）個体が1/4を占める（$RR : Rr : rr = 1 : 2 : 1$）のだから，実験1の結果，25%の割合で現れた「病気に強い個体」，「粘りが強いコメのみをつける個体」，「草丈が低い個体」は劣性形質を示している個体である。したがって，品種A（病気に強い）とコシヒカリのF_1はすべて病気に弱い個体（＝優性形質を示す個体）である。

B　重要なのは，コメの粘り気の強さが「胚乳に蓄積する2種類のデンプン分子，アミロースとアミロペクチンの割合によって」決まる点，つまり，胚乳の形質だという点である（胚乳は，雌親由来の極核2個を含む中央細胞と雄親由来の核1個を含む精細胞の受精で生じる）。この点は設問文に「被子植物特有の受精様式を考慮した上で」とヒントがあるので，容易に気づけただろう。では，粘り気の強さを決める対立遺伝子をT（粘り気が弱い，優性），t（粘り気が強い，劣性）として遺伝子型で考えてみよう。コシヒカリ（TT）を雌親として品種B（tt）と交配すると胚（F_1）はTt，胚乳はTTtである。雌雄を入れ替え，品種B（tt）を雌親としてコシヒカリ（TT）と交配すると胚（F_1）はTtで変わらないが，胚乳はTttとなる。もちろん，コシヒカリの自家受粉でできる胚乳はTTT，品種Bの自家受粉でできる胚乳はtttである。胚乳のアミロース含量の「コシヒカリ＞コシヒカリを雌親としたF_1＞品種Bを雌親としたF_1＞品種B」という順は，含まれるTの個数の順であり，このことから，Tがアミロース含量という点では不完全優性だということに気づけば正解に到達できる。

C　病気に対する強さを決める対立遺伝子をR（弱い，優性），r（強い，劣性），背丈を決める対立遺伝子をH（高い，優性），h（低い，劣性）として，遺伝子型を考えると，コシヒカリは$RRTTHH$，品種Aは$rrTTHH$，品種Bは$RRttHH$，品種Cは$RRTThh$となる。すると，図2−2の交配は，品種A×品種B→$RrTtHH$，これに品種Cを交配するので，個体Qでは，病気に関してはRRの確率が1/2，Rrの確率が1/2，粘り気に関してはTTの確率が1/2，Ttの確率が1/2，背丈に関してはHhの確率が1である。そして，個体Qの自家受粉で得た次世代に3つの劣性形質を兼ね備えた個体が出現したのだから，個体Qの遺伝子型は$RrTtHh$と確定する。個体Qの自家受粉でできる次世代（種子集団R）では，病気に関してRRの確率が1/4，rrの確率が1/4なので，ホモ接合になる確率は1/2，同様に，粘り気に関してホモ接合になる確率が1/2，背丈に関してホモ接合になる確率が1/2であるから，純系になる（3対の対立遺伝子をすべてホモでもつ）確率は$(1/2)^3 = 1/8$である。

D　戻し交配とDNAマーカー選抜法に関して問う設問である。

(a)　病気に強い品種（P）とコシヒカリ（K）との間のF_1で，ある遺伝子（座）についてヘテロ接合（Ff, Fがコシヒカリ由来とする）になったと仮定しよう。このF_1個体をコシヒカリと戻し交配して得られる個体F_1BC_1ではFFとなる確率が1/2，Ffとなる確率が1/2である。2回目の戻し交配で得られる個体

F_1BC_2 が Ff である確率は（1回目で Ff の確率）×(2回目で Ff の確率)＝1/4 である。同様に，3回目の戻し交配で得られる個体 F_1BC_3 が Ff である確率は (2回目まで Ff の確率)×(3回目で Ff の確率)＝1/8，4回目の戻し交配で得られる個体 F_1BC_4 が Ff である確率は（3回目まで Ff の確率)×(4回目で Ff の確率)＝1/16である。「独立に遺伝する n 対の遺伝子が存在するとした場合，交配相手とコシヒカリの対立遺伝子がヘテロ接合になると期待される遺伝子対の数」は，ヘテロ接合になる対立遺伝子の期待値なので n 対×（1/16）となる。

(b)　品種Aと同等な性質をもつ品種を作出するには，病気に強い対立遺伝子 r をホモにもち，それ以外の遺伝子はコシヒカリ（K）と同じであるようにしなくてはならない。PとKの F_1 にKを戻し交配してできた F_1BC_1 の多数の個体のうち，どういう個体を選んで2回目の戻し交配に用いればよいだろうか？まず，病気に強い対立遺伝子 r をもつ個体を選ばなくてはならないが，劣性形質である「病気に強い」という性質は現れないので，検定交雑を行って r をもつヘテロ個体を探さなくてはならない。しかも，コシヒカリは病気に強い対立遺伝子をもたないため，r をもつ個体を確かめる検定交雑は戻し交配のたびに行う必要がある。さらに，F_1BC_1 のうちKと同じ表現型を示すものを選ぶわけだが，コシヒカリ由来の形質が劣性形質であれば，それは劣性ホモ個体を選抜することになる（劣性形質が現れている個体は劣性ホモ接合である）ので，以降の戻し交配ではその表現型のみが現れる。しかし，コシヒカリ由来の形質が優性形質である場合，F_1BC_1 が優性形質を示していても優性ホモ個体だとは限らない。いちいち検定交雑せずに優性形質を示す個体を選抜して戻し交配に用いることを繰り返す（設問(a)はこの条件である）と，F_1 でヘテロ接合だった遺伝子が x 回の戻し交配の後でもヘテロ接合である確率は（$(1/2)^x$）である。イネゲノムにある遺伝子は約3万2000個と言われているので，4回の戻し交配($x = 4$)の後でもかなりの数の遺伝子がヘテロ接合の状態と予想できる。10回の戻し交配（$x = 10$）の後なら1/1024となるが，それぞれの戻し交配で r をもつ個体を確認する検定交雑が必要なことを考えると，非常に長い年月がかかることがわかるだろう。仮に，種まき～収穫のサイクルが年に1回だと，10回の戻し交配とそのたびの検定交雑で20年かかることになる。DNAマーカー選抜法を用いれば，目的の劣性遺伝子（ここでは r）をもつ個体を戻し交配なしに選び出せるので，各世代に関する検定交雑が不要になるだけでなく，コシヒカリ由来の対立遺伝子がホモになっている割合が高い個体を選んで次の戻し交配に用いるので，より少ない回数で，ほとんどの遺伝子をコシヒカリ由来のホモ接合にできるのである。

E　劣性形質は，劣性対立遺伝子がホモ接合にならないと，表現型に現れない。二倍体では，背丈に関してヘテロ接合の個体（Hh）同士を交配させれば，次世代の25%が劣性ホモ接合の低い草丈の個体（hh）となるが，六倍体では，ヘテロ接合の個体（$H_1h_1H_2h_2H_3h_3$）同士を交配させた場合に，1/64しか劣性ホモ接合（$h_1h_1h_2h_2h_3h_3$）にならない。解答としては，これを書ければ十分だと思われるが，実際の事情は，もう少し複雑である。パンコムギは異質六倍体で，そのゲノムは，一粒コムギ由来のAゲノム（7本），起源が未確定のBゲノム（7本），タルホコムギ由来のDゲノム（7本）からなる。A，B，Dの各ゲノムはコムギ類のゲノムとして共通性は高いのだが，対合するのは同じゲノムの中だけである（つまり，$2n = 42$のパンコムギでは減数分裂の際に21本の二価染色体が生じるが，対合するのはAゲノムの7本同士，Bゲノムの7本同士，Dゲノムの7本同士である）。背丈に関する遺伝子がA，B，Dの各ゲノムに存在する（H_A，H_B，H_Dとする）ため，H_Aに関して背丈が低くなる変異遺伝子（h_A）を得て，それをホモ接合（$h_Ah_AH_BH_BH_DH_D$）にしても背丈は低くならない。H_BとH_Dについても同様に背丈を低くする変異遺伝子（h_Bとh_D）を得る必要があり，同質六倍体（同一ゲノムを6組持つ）の場合以上に，劣性変異が利用しにくいのである。

Ⅱ　トランスジェニック植物を中心に，遺伝子操作を扱っている。

A　遺伝子操作で用いられる酵素に関する知識を問う基本的な設問である。

B　種子には，有胚乳種子と無胚乳種子があり，イネは前者の例，エンドウは後者の例である。植物の生殖に関する基本的な知識であり，合格のためには正解しなければならない。「種子貯蔵物質の蓄積の様式」が求められているので，物質の違いではなく，蓄積部位の違いを答えることになる。

C　いずれも基本的な用語である。胚の細胞や芽の細胞は分化細胞であり，カルスは未分化な植物細胞の集団なので，胚の細胞からカルスへの変化は脱分化，カルスから芽への変化は再分化と呼ばれる。

D　カルス形成と植物体の再分化に関わる植物ホルモンは，オーキシンとサイトカイニンである。これは基本的な知識であり，選択肢からこれらを説明したものを選ぶのも難しくはないはずである。(1)離層形成を促進するのはエチレン（アブシシン酸は間接的に促進する），(2)幼葉鞘の先端から基部へ移動するのはオーキシン，(3)種子に与えるとデンプン分解を促進するのはジベレリン，(4)葉の老化を抑制するのはサイトカイニン，(5)果実の成熟を促進するのはエチレン，(6)は馬鹿苗病菌の話で物質はジベレリン，である。なお，実験4では，植物ホルモンXを含む培地でカルスが形成され，植物ホルモンXとYを含む培地で芽が分化しており，オーキシンとサイトカイニンを含む培地でカルスを形成させるという教科書的な説明とは違っているが，これは植物種の違いによる（実際，イネの胚をオーキシン培地で培養するとカルスが形成される）。この違いにこだわると，かえって正解しにくかったかもしれないが，生物には「例外」が多いことは頭に留めておこう。

E　細胞に遺伝子を導入する操作を行っても，すべての細胞に入るわけではないので，遺伝子が導入された細胞を選抜する必要がある。その際，一つ一つ調べる手間を省ければ好都合である。この設問にあるように，「除草剤に対して耐性となる遺伝子」をプラスミドに組み込んでおき，培地に除草剤を加えておけば，プラスミドによって遺伝子が組み込まれなかった細胞は生育できないので，増殖した細胞は除草剤耐性，つまりプラスミドによって遺伝子が組み込まれた細胞ということになり，トランスジェニック個体を効率よく取得することができる。

（注）　配点は，Ⅰ－A 2点，B 2点，C 2点，D(a) 2点，(b) 2点，E 2点，Ⅱ－A 2点（完答），B 2点，C 1点（完答），D 1点（完答），E 2点と推定。

解答

Ⅰ　A　すべて病気に弱い。

B　品種Bを雌親とした胚乳ではアミロース含量を高くする優性対立遺伝子が1個だが，コシヒカリを雌親とした胚乳では優性対立遺伝子が2個なので，後者でアミロースの割合が高くなった。

C　$\frac{1}{8}$

D　(a)　$\frac{n}{16}$

(b)　戻し交配のたびに，検定交雑を行って病気に強い劣性対立遺伝子をもつ個体を選ぶ必要があるほか，多くの遺伝子をホモ接合にするのに，多くの回数の戻し交配が必要なので。

E　六倍体では6個の対立遺伝子が存在するため，劣性変異が表現型に現れるためには6個の対立遺伝子のすべてが劣性遺伝子になる必要があるから。

Ⅱ　A　(イ)－(1)　(ウ)－(4)　(エ)－(2)

B　エンドウの種子が無胚乳種子で子葉に貯蔵物質を蓄積しているのに対して，イネの種子は有胚乳種子であり，胚乳に貯蔵物質を蓄積している。

C　(ク)－脱分化　(サ)－再分化

D　(2), (4)

E　除草剤を加えた培地では，プラスミドによって遺伝子を組み込まれなかった細胞は死滅するので，トランスジェニック個体のみを選ぶことができるため。

第3問

解説　動物と植物の進化と分布を，温度の変化と高度との関係で考える大問である。適応は東大入試で頻出の重要な視点であり，しっかりと取組んでおきたい。

I　ルリクワガタの種分化と分布を扱っている。

A　いずれも基本的な用語である。

B　設問文に「種の概念と関連づけて」とあることから，種が，その内部で交配可能な生物の集団であり，種分化が《生殖的隔離》によって判断されることを思い出せばよい。すると，交尾器の形態の違いが，交尾が成功するか失敗するかに関わる重要な違いであることに気づくはずである。ただし，異なる種と認められている2種の間の種間雑種が繁殖能力をもつ場合もあるなど，実際には，同種か異種かの判断は困難な場合も多く，種の定義についても確定してはいない。

C　本州中央部で標高500～1500 mの範囲の植物群系は夏緑樹林帯である。

D　リード文に述べられていることを整理すると，種Aと種Bは「長らく1つの種として扱われてきた」ほど形態が似ている近縁種だが，「気候変動にともなって隔離されて種分化し」た。そして「分布を拡大して，現在のような分布状態」になった。図3-3が現在なので，このまとめに合うように過去を推定すると，寒冷化によって分布域が平地に下がった結果，山地によって地理的に隔離され，それぞれの土地で種Aと種Bへと種分化，再び，気候の温暖化にともなって分布域の高度が上昇したと考えられる（下図）。解答としては，このストーリーに合致する(2)を選べば良い。

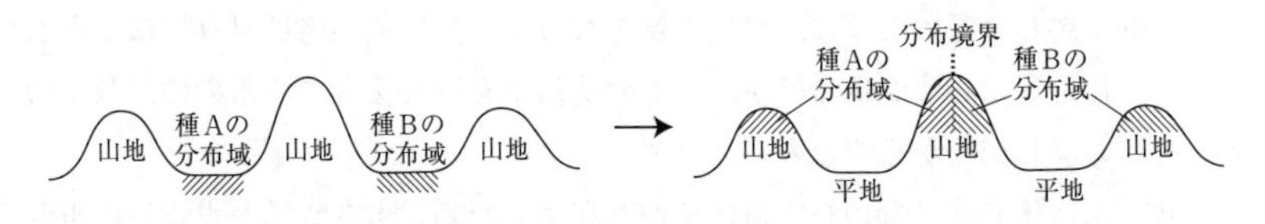

II　オオシラビソの分布と気候変動の関係を扱っている。

A　いずれも基本的な用語である。アカマツ・クロマツは陽樹，エゾマツ・トドマツは陰樹と覚えている受験生は［ 4 ］で迷ったかもしれないが，「オオシラビソやトウヒなどの高木は反対に［ 5 ］樹の性質を示す」と続くので，判断できるはずである。

B 「オオシラビソの生育に適していると考えられる気温の範囲であるにもかかわらず，この種が分布しない理由」を考察する設問である。各選択肢を検討していこう。(1)「暖温帯の気候下」という選択肢の文意をどう解釈するか迷うが，高標高ならば気温は低下するので「生育に適していると考えられる気温の範囲で」分布しない理由は気温ではない。とすると，暖温帯の高標高地域にオオシラビソを分布させない原因となる特殊な「気候」があるということになり，暖温帯の山に分布せず，冷温帯の山に分布するというならともかく，「本州中部〜東北地方の山岳地帯に広く分布する一方で，分布を欠く山も多くみられる」ことを説明するには適切でない。(2)積雪量は，日本海側と太平洋側で異なるなど，標高や気温などが同じでも，同じになるとは限らない。ということは，積雪量がオオシラビソの分布に影響するならば，生育に適した気温の範囲で分布しないことが説明可能となる。(3)強風の吹きやすさも山によって異なると考えられるので，(2)と同様，生育に適した気温の範囲で分布しないことが説明可能となる。(4)オオシラビソは陰樹なので，この選択肢は内容に誤りがあり不適切である。(5)〔文１〕の設問Ｄから類推すればよい。温度の寒冷化・温暖化にともなって，オオシラビソの分布域の標高が低下・上昇している可能性は高い。とすれば，まだ分布を広げられていないという説明は可能である。

C　花粉分析では，下線部(エ)にあるように「植物の花粉を同定する」のだが，これには，顕微鏡で形態を調べたり，DNA を抽出して塩基配列を調べたりする必要がある。つまり，花粉が分解されずに残っていないと，花粉分析の手法は使えないのである。このことと，湿地の地層中では O_2 が少なく分解者の活動が活発でないことを結び付けられれば（湿性遷移は知らなくとも）正解に到達できるだろう。

D　気温は，高度が 100 m 高くなると 0.6℃低下するので，約 300 〜 400 m の高度差では約 1.8 〜 2.4℃の温度差となる。樹木の垂直分布が現在より「標高の高い方にずれて」いるということは，同じ標高での温度が現在よりも高かったということである。したがって，正解は(1)となる。

E　現在のオオシラビソの分布の特徴を，過去の分布の様子を踏まえて考察し，説明する設問である。現在の分布を示す図３−４で注意しなければならないのは，●が「オオシラビソが分布する山の緯度と頂上の標高」を示し，分布域の標高を示しているのではないことである。つまり，「それらの緯度 1°ごとの下限を結んだ」という a 線は，分布域ではなく，オオシラビソが分布する山の頂上の高さの下限である。一方，白丸（○）は「オオシラビソが分布している最低標高の地点の緯度と標高」なので,「それらの緯度1°ごとの下限を結んだ」b線(破線)は,オオシラビソの分布標高の下限を示している。さて,設問文には「下線部(オ)を考慮して」とあるので,そこを検討すると,約3500年前には,現在よりも気温が高かったため,オオシラビソの分布が現在よりも約300～400m高く,その後,寒冷化にともなって分布標高が下がったことがわかる。ここで,下線部(ウ)の直前にある「a線とb線は,緯度によらず標高差300～400mを保ってほぼ平行である」という一文と,高度の変化が一致していることに注意が向かなくてはならない。a線とb線の標高差が300～400mだということは,現在,オオシラビソが分布しているのは,現在の分布標高の下限よりも300～400m以上高い山だということ,つまり,約3500年前にも頂上付近にオオシラビソが分布できた山だということである。逆に,現在の分布標高の下限よりも200mだけ高い山を考えてみると,約3500年前にオオシラビソは分布していなかったはずであり,現在,その山にオオシラビソが分布しないのは,昔,生息していなかったからなのだと説明できる。

(注)　配点は,Ⅰ－A3点(各1点),B2点,C2点(樹林帯名:1点,樹種:完答1点),D2点,Ⅱ－A4点(各1点),B2点(各1点),C2点,D1点,E2点と推定。

解答

Ⅰ　A　1－氷期(氷河期)　2－すみわけ　3－競争

B　種はその内部で交配可能な集団であるが,交尾器の形態に違いがあると交配不可能であるから。

C　樹林帯名:夏緑樹林,　代表的樹種:(3),(5)

D　(2)

Ⅱ　A　4－陽　5－陰　6－頂上　7－寒冷

B　(1),(4)

C　寒冷や嫌気条件のため有機物の分解が遅く,花粉があまり分解されずに地層に残っている可能性が高いため。

D　(1)

E　約3500年前は現在より温暖で,オオシラビソは,a線よりも高い山には分布していたが,a線より低い山には分布していなかったため,現在も,a線よりも低い山には分布していない。

2011年

第1問

解説 動物の生殖・発生，受精，精子の運動と代謝を扱った大問である。やや細かい内容が多いので，注意深く読む必要があるだろう。

Ⅰ　哺乳類の配偶子形成，減数分裂，卵成熟を，やや細かく扱っている。

A　いずれも動物の配偶子形成に関する基本的な内容，用語である。

B　卵割と体細胞分裂の違いは，基本的な知識論述として頻出のものである。①卵割は周期が短い（間期が短い），②卵割では細胞成長なしに分裂が繰り返される（割球が小さくなる，胚全体の大きさは変わらない），③卵割では各細胞（割球）が同調的に分裂する。この３つの内容を簡潔に述べることがポイントである。

C・D　排卵の際に，卵が減数分裂のどの段階にあるかは，動物によって異なる。リード文にあるように哺乳類では二次卵母細胞であり，ウニでは卵細胞である（減数分裂を完了している）。では，ヒトデでは？　下線部(ウ)で述べられている「細胞内部に」「観察された」大きな核が，一次卵母細胞に見られる卵核胞を指していると気づけば解決する。なお，下線部(ウ)の「核は見えなくなり」という部分が前期から中期への変化であることは明白であろう。

E　下線部(エ)の「極端な不等分裂」とは極体放出のことである。卵黄を多く含んだ卵母細胞では核が偏った位置に存在するため不等分裂になるのだから(1)・(2)はあり得ず，紡錘体が細胞内に２つ生じている(5)もあり得ない。また，紡錘体の両極を結ぶ方向に極体が放出されるのだから(4)が適切であり，(3)は不適切である。

F　実験２から判断して選ぶ。実験２では，「紡錘体が形成され始めたころ」に紡錘体を除去する条件と「紡錘体がほぼ完全に形成された後に」除去する条件が比較されている。前者では「くびれ」が生じない（細胞分裂が起こらない）のに対して，後者では「くびれ」が生じたのだから，「細胞にくびれを生じさせ分裂させるしくみ」そのものは紡錘体には存在しない（よって(3)・(4)は不適切）。また，注射針で吸い取るという実験方法では，細胞質の一部もいっしょに除かれると予想できるので，くびれを含む平面の細胞質“全体”だとするより「細胞膜のすぐ内側」と考える方が適切である（よって，(2)ではなく(1)を選ぶ)。なお，染色体は紡錘体のはたらきで赤道面に並ぶのだから，(5)が適切と考える根拠はない。

Ⅱ　鞭毛運動を支えるATP生産の機構について，科学的推論を求めている。

A　実験３の条件①～⑥において「基質と阻害剤を精子の培養液に加えた直後は」「精子は高い運動活性とATP濃度を示した」とあるので，30分後（図１－１）においてATP濃度が高い（条件①・②）のは，ATPが使われなかったからではなく，充分な速度でATPが合成されたからだとわかる。言い換えると，ATP濃度が低い（条件③～⑥）のは，鞭毛運動で消費される速度に見合うだけの速度でATPを生産できなかったことを意味している。たとえば，条件⑥の場合，阻害剤はないが呼吸基質もないため，細胞内の基質を消費してしまうと，細胞内のADP濃度が上昇し，2ADP → ATP ＋ AMPの反応によってATPが生産された（その結果，AMP濃度が上昇した）と考えることができる。また，条件③の場合，阻害剤Yで解糖系が阻害され，基質がグルコースなのでミトコンドリアでのATP生産も起こらない。そのため，細胞内のADP濃度が上昇，2ADP → ATP ＋ AMPの反応によってATPが生産された結果AMP濃度が上昇したと推論することができる。では，基質としてピルビン酸を与えた条件④・⑤はどう考えられるのだろうか？　この二つについて考察する上で重要なのは，条件②で，阻害剤XによってミトコンドリアでのATP生産が阻害されているにもかかわらずATP生産が足りていること，つまり，マウスの精子ではミトコンドリアでのATP生産が鞭毛運動を支える上で必要ないことである。これを踏まえて条件④・⑤を解釈してみよう（実験３の説明の末尾「なお，ピルビン酸を基質として用い，ミトコンドリアにおける代謝を調べる実験条件については，精子細胞内に存在するグルコースの影響を除くために，薬剤Yを加えてある」は読み落としてはならない部分である)。まず，条件④の場合，阻害剤の影響によって，解糖系でのATP生産もミトコンドリアでのATP生産も起こらないため，細胞内のADP濃度が上昇し，2ADP → ATP ＋ AMPの反応によってATPが生産され，AMP濃度が上昇したと考えられる。そして条件⑤の場合，阻害剤によって解糖系でのATP生産は起こらないが，ミトコンドリアでのATP生産は可能である。しかし，ミトコンドリアでのATP生産では鞭毛運動に必要な量が供給できないため，細胞内のADP濃度が上昇し，2ADP → ATP ＋ AMPの反応によってATPが生産され，AMP濃度が上昇したと考えられる。なお，答案には，解糖系が重要であることは述べておきたい。

B　上記Aの解説に尽きるのだが，各選択肢について補足しておく。⑴実験結果から，マウスの精子ではグルコースを解糖系で代謝して生産したATPが重要だとわかる。このこととリード文の「鞭毛内の細胞質基質に存在する解糖系で生産されるATPが主に用いられる場合には，解糖系の基質が，精子の細胞外から鞭毛全体に十分に供給されるしくみが必要となる」を合わせて考えれば，妥当な記述と判断できる。(2)これはATP濃度が低いという結果の原因が誤っている。正しくは，ATPを生産する必要がないのではなく，必要量を生産できないのである。(3)これもATP濃度が高いという結果の原因が誤っている。正しくは，必要なATP量が少ないのではなく，多量にATPを生産できているのである。(4)と(5)は前述の通りである。

C　選択肢(1)～(5)は，細胞内で呼吸基質となりうる有機物である。このうち(3)タンパク質，(4)アミノ酸は呼吸基質として利用される際にアンモニアが生じるが「尿酸や尿素のような窒素を含む老廃物の量は増加していなかった」という条件であるから該当しない。そして，ミトコンドリアでの代謝を阻害（阻害剤X）すると「運動活性が低下する」のに対して，解糖系を阻害（阻害剤Y）しても「運動活性の阻害はほとんどみられなかった」のだから，ウニの精子の鞭毛運動は，主にミトコンドリアによるATP生産で支えられていることがわかる。したがって，想定される呼吸基質は炭水化物ではなく(5)脂質と判断できる。

D　設問が求めているのは，ウニと哺乳類（マウス）の対比である。対比する視点としては，主な呼吸基質，鞭毛運動に必要なATPを主に生産している代謝系，そして設問文にある「受精の環境」などがある。

	マウス	ウニ
主な基質	グルコース	脂質
主な代謝系	解糖系	ミトコンドリア系
受精	体内受精	体外受精

体内受精のマウス（哺乳類）の場合，精子は膣から子宮を通り，輸卵管の上部まで移動して卵と出会う。この間，充分な酸素を得られるとは考えにくいが，粘膜からグルコースのような呼吸基質を供給することは充分可能である。一方，体外受精のウニの場合，精子は海水中を移動して卵と出会う。海水中にグルコースのような呼吸基質が存在することは考えられないが，酸素は充分に存在すると考えてよいだろう。つまり，ウニは，細胞内に蓄積した呼吸基質を，外界から得た酸素を用いて好気的に代謝することで，必要量のATPを生産するのである。設問は，「ウニの精子が，細胞中の成分Zを代謝して遊泳運動のためのエネルギーを得ている理由を，受精の環境がほ乳類と異なることを考慮して」述べることを求めているので，「体外受精であり，充分な酸素が得られる」点は答える必要がある。また，脂質は，単位重量あたりのエネルギー量が炭水化物より大きいことも答えると良いであろう。

E　高エネルギーリン酸結合をもつ化合物で，ADPにリン酸基を転移できるという情報だけでは迷うかもしれないが，「骨格筋にも存在し」とあるので，クレアチンリン酸と判断できるはずである。

(注1)　配点は，I－A 3点（各1点），B 3点，C 1点，D 1点，E 1点，F 1点，II－A 3点，B 2点（完答），C 1点，D 3点，E 1点と推定。

(注2)　行数制限の解答の際は，1行あたり40字相当とした（以下同）。

解答

I　A　1－中　2－精原　3－極体

B　卵割では，細胞が成長せずに短い周期で同調的な分裂を繰り返す。

C　(3)

D　(2)

E　(4)

F　(1)

II　A　解糖系によるATP合成が停止しているので，2分子のADPをATPとAMPに変えてATPを合成する反応が起こり，AMPがつくられているから。

B　(2)，(3)

C　(5)

D　ウニは体外受精を行うので，外界から酸素は得られるが，呼吸基質は得られない。そのため，重量当たりのエネルギー量が多い脂質を貯え，呼吸で代謝してATPを得ている。

E　クレアチンリン酸

第2問

解説　植物の体制について，個体レベルで扱った大問である。古典的な内容であり，高校生物の教科書には載っていないが，リード文をきちんと読めば，東大受験生にとっては理解できるはずの題材であった。

I　植物の茎の構造（器官）と陸上植物の生活史（進化）を扱っている。

A　ツルコケモモやコンテリクラマゴケ，マルバハネゴケといった見慣れない植物名や一見すると茎と葉に見える「見た目」に惑わされてはいけない。答えるべき内容は，被子植物とシダ植物，コケ植物の体制に関する基本的な内容であり，(i)では，生活史において中心となる植物体（本体）が，コケ植物では核相n（単相）の配偶体であるのに対して，シダ植物・被子植物では核相$2n$（複相）の胞子体であることを述べればよい。(ii)では，「シダ植物とコケ植物の，このような体の構造について，おもな違い」を答えるのだが，「このような」という指示をどう解釈するか，ちょっと悩んだ受験生もいたかもしれない。ここは素直に「本体」ととればよく，シダ植物の本体（＝胞子体）には維管束があるが，コケ植物の本体（＝配偶体）には維管束がないことを答えれば充分である。ところで，このような基本的な内容がなぜ東大入試で出題されているのだろうか？　この設問を出題した意図を推論すれば，生物の分類において「見た目」は重要ではないこと，ここではマルバハネゴケは茎と葉の“ような”形の構造をもつが，コケ植物に分類されている以上，これは茎と葉では“ない”。この判断（科学的判断）ができることを求めていると考えられる。東大入試の生物では，こうした「試験場で科学する」ことが大切なのである。

B　植物の構造に関する知識が求められている。やや細かいものもあり，生きた生物に疎い受験生には苦しいものだったかもしれない。(1)エンドウの巻きひげは葉が変形したもの，(3)バラのトゲは表皮が変形したものである。

Ⅱ　〔文１〕で説明された葉序と開度をきちんと理解し，それを使って考えることが求められている。

A　地下茎は「茎」であるから，この設問は茎と根を区別する形態的特徴という基本的な内容に関する知識を問う設問である。一般に，茎と根は，①維管束の並び方，②根毛の有無，③内皮の発達，④気孔の有無，⑤節と節間の有無，⑥葉の有無，⑦側芽の有無，といった点で異なる。ただし，④気孔は，主に葉にあり茎にはない場合も多いこと，また，⑤～⑦は〔文１〕・〔文２〕に述べられていることであるので，①～③の３つを答えるのが適切だろう。

B　葉序について開度を求める，つまり，〔文１〕・〔文２〕の内容を理解して実践することが求められている。では，計算過程を確認しよう。ウラシマソウ（次頁図(b)）では，芽１から芽２，芽３，芽４と時計回りに見ていくと，芽３と芽４の間で１周（図中の★），芽５，芽６でちょうど２周（図中の★）である。したがって，$360° \times 2$周$\div (6-1) = 144°$が開度となる。マムシグサ（次頁図(c)）の場合，時計回りに芽１から芽２，１周（★）して，芽３，芽４，２周（★）して，芽５，芽６，３周（★）して，芽７となる。芽７がちょうど芽１に対して90°の位置にあるので，これを使って計算すると，$(360° \times 3$周$+ 90°) \div (7-1) = 1170 \div 6 = 195°$となる。注意すべきは，〔文１〕に「連続する２つの葉が，茎の軸を中心としてなす角度（0°以上，180°以下）を開度という」とあることで，マムシグサの開度は$360° - 195° = 165°$となる。

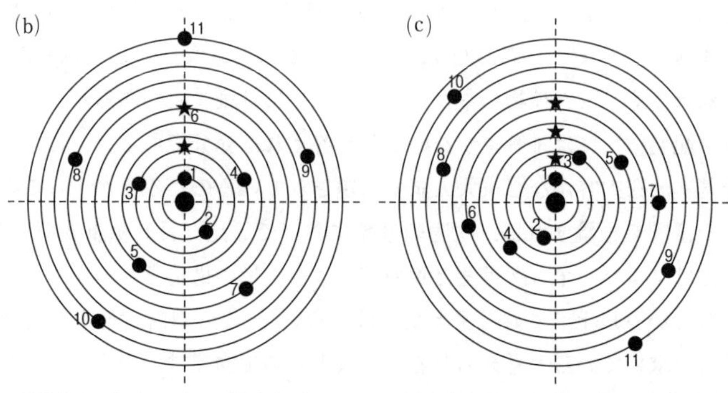

C　この設問は，粘土の上で枝を回転させた痕跡(実験1の結果)から葉序を見出し，開度を計算することが出発点になる。この実験の様子をイメージできる諸君はよいが，そうでない受験生のために，模式図で示してみよう。

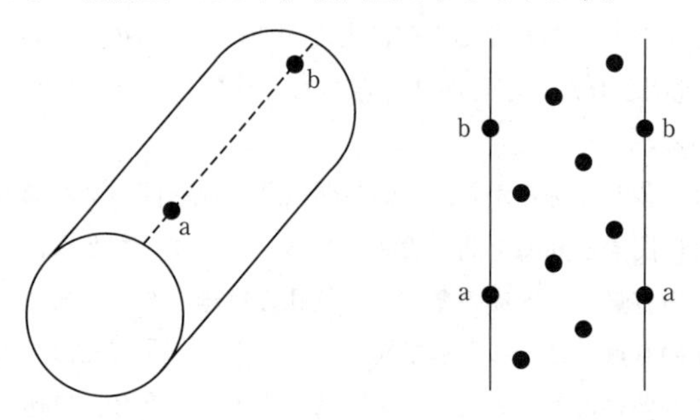

上図左のような枝があったとする。側芽のうちちょうどn周（$360°\times n$，ただしnは自然数）ずれたものをａとｂとする（他の側芽は省略）と，粘土につく痕跡にはａが2つ，ｂが2つ存在することになる（上図右）。つまり，ａから出発してｂに至る線が葉序を示すのであり，それを視覚的に明示すると下図左になる(下図右は葉序を示していない)。

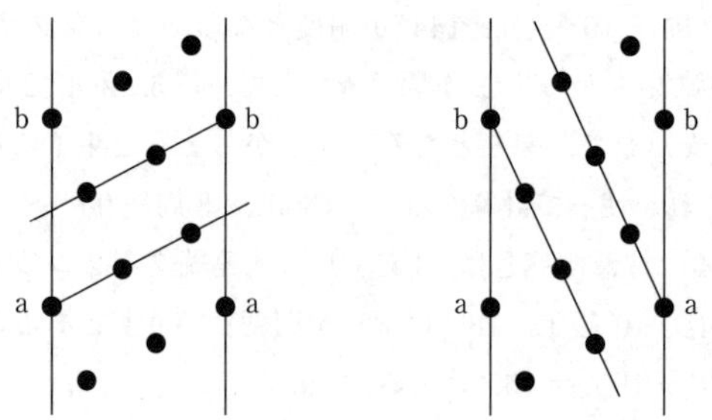

(i)　上図左は，図２－３のＡに相当する。ａからｂに至るまでに，葉序は２周，

aを芽1とするとbは芽6なので，開度は$360° \times 2$周$\div (6-1) = 144°$と求めることができる。

(ii) 図2－3のAの部分（下図左）とBの部分（下図右）の葉序を比べると，傾きが逆，つまり，らせんの巻き方が逆になっていることがわかる。

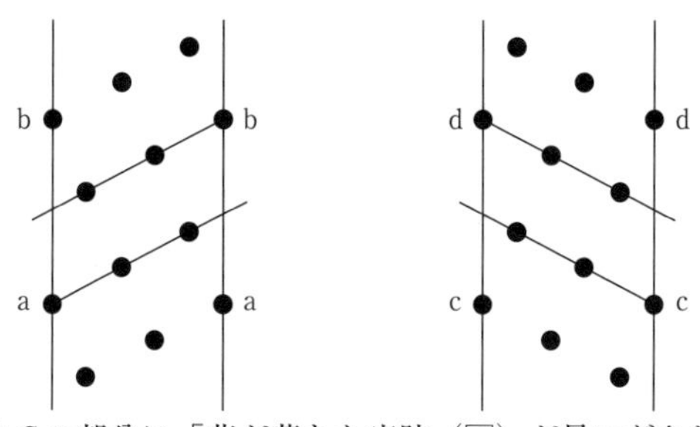

(iii) Aの部分とCの部分に「花が落ちた痕跡（□）が見いだされた」という設問文と，〔文1〕の「花が形成されると頂端分裂組織の活動が終わる」を対応させることがポイントになる。Cの部分が枝（茎）として伸びている以上，頂端分裂組織の細胞が増殖したはずである。しかし，頂芽が花になっている以上，Cの部分をつくったのは「側芽の頂端分裂組織」でしかあり得ない。このように推論することになる。

(iv) 前設問(iii)の内容を模式図に示すとどうなるか？　これが問われている内容である。ポイントは，Aの部分とCの部分が「直線的に連続している」のは見かけ上のことであって，Cの部分がAの部分の「側芽」から伸びたこと。これを反映した図(b)を選べばよいのである。なお，誤った選択肢について簡単に確認しておく。まず，(a)は，花のついた枝の付け根に側芽が描かれているのがおかしい。(c)では側芽から伸びた枝の先端に花が付いている。(d)は，葉の付け根でないところに側芽があったことになってしまう。

（注）配点は，Ⅰ－A(i)3点・(ii)2点，B 2点（各1点），Ⅱ－A 3点，B 2点（各1点），C(i)2点・(ii)2点・(iii)2点（完答）・(iv)2点と推定。

解答

Ⅰ　A　(i) ツルコケモモとコンテリクラマゴケの体は複相の胞子体であるが，マルバハネゴケの体は単相の配偶体であるから。

(ii) シダ植物には維管束が存在するが，コケ植物では維管束が存在しない。

B　(1)，(3)

Ⅱ　A　地下茎では木部と師部が内外に接しており，根毛もなく内皮も発達していないが，根では木部と師部が離れて交互に並び，根毛や内皮が発達する。

B　ウラシマソウ：144°　　　マムシグサ：165°

C　(i)　144°

　(ii)　開度は同じであるが，らせんの巻き方が逆転している。

　(iii)　1－側芽　　2－頂芽

　(iv)　(b)

第3問

解説　遺伝子発現の調節，遺伝子と形質の関係を中心に扱った大問である。条件が細かく述べられているので，リード文・設問文を短時間で読み，正確に理解する力がより必要とされた大問である。

I　転写調節の分子的なメカニズムが題材になっている。タンパク質の修飾や分解など，かなり複雑な機構であり，リード文の内容を正確に理解するのに時間を要した受験生もいたと思われる。

A　いずれもタンパク質の構造と酵素に関する基本的な用語である。

B　メタン生成菌は古細菌，乳酸菌と大腸菌は細菌，ネンジュモはシアノバクテリアで，いずれも原核生物である。

C・D　リード文（〔文1〕の第2段落）の内容を丁寧に整理し，表3－1の結果も含めて，メカニズムを推論することが要求されている。ポイントとなる部分を列挙してみよう。

① T分子には，TaとTa–S，Tbの3種類がある。

② Ta＋S→Ta–Sの反応は，酵素E（遺伝子Eの産物）が触媒すると考えられる（表3－1より）。

③ Ta–S→Tbの反応は，プロテアーゼP（遺伝子Pの産物）が触媒すると考えられる（表3－1より・設問Dの解答）。

④ Ta＋S→Ta–S→Tbという経路が想定できる（E遺伝子欠損株，P遺伝子欠損株のそれぞれで蓄積している物質から）。

⑤ T遺伝子の産物（＝転写因子）　⇒　L遺伝子の発現を促進

⑥ Taが存在(E遺伝子欠損株)あるいはTaとTa–Sが存在(P遺伝子欠損株)しても，L遺伝子は発現しない。

⑦ Taは小胞体の「膜上」でTa–Sとなり，Taが切断されて生じたTbは「膜から離れ」て「核内」に移動すると推論できる（Ta，Ta–S，Tbの細胞内分布より）。

なお，Cでは推論の根拠（＝Tbが転写調節因子だと判断する理由）が求められているので，Tbが転写調節因子であることを支持する事実（上記の⑥・⑦）を答えることになる。

E　再度，一連の反応（メカニズム）を整理してみよう。遺伝子Tから発現したTa分子は，酵素Eの作用で分子Sと結合してTa-Sとなり，Ta-Sは，プロテアーゼPの作用でTbとなって，核内に移動，転写因子として機能する。このメカニズムの中で，酵素EはプロテアーゼPの基質（Ta-S）を生成する役割を果たしていることは明白だろう。答えにくいのは分子Sの役割だろう。酵素Eの基質の一つと答えても，メカニズムにおける役割を答えたことにはならない。ここでは，酵素の基質特異性を想起して，構造について触れたいところである。

F　設問文の「細胞内のオレイン酸の含量を一定に保つしくみ」とは，(負の) フィードバック調節のことだと気づくのが第一歩である。これを前提とすれば，「オレイン酸を培地に過剰に加えたとき」，オレイン酸の生成系は抑制されるはず，つまり，L遺伝子の転写は抑制されるはずである（よって(3)は妥当)。L遺伝子の転写が抑制されるということは，Tbの量は減少する（よって(4)は誤り）はずであり，その際には，T遺伝子の発現が低下（よって(5)は誤り）してTa生成が減少し，さらに，酵素Eの活性が低下する（よって(2)は妥当）ことでTa-Sの生成を抑え，プロテアーゼPの活性も低下（よって(1)は誤り）することでTbの生成を抑えると考えることができる。

Ⅱ　栄養要求性突然変異を題材に，遺伝子発現と形質の関係，および減数分裂に関する理解を問うている。目新しい題材ではないが，基本的な生命現象に関して深く正確な理解を要求する東大らしい出題である。

A　リード文（特に第2段落）に与えられている内容を，遺伝子型という視点で整理することが求められている。まず，野生型酵母は，ヒスチジンとロイシンを生合成できるが，この実験に用いた細胞（ヒスチジンとロイシンの要求性をもつ変異株）では，これらの物質を合成できない。この細胞は，HIS3遺伝子を導入することでヒスチジン非要求性になり，LEU2遺伝子を導入することでロイシン非要求性になるのだから，HIS3とLEU2を欠損した株だと推論できる。いま，それぞれの欠損を小文字で表すことにすれば，この細胞の遺伝子型はhis3・his3, leu2・leu2となる。さて，この細胞のT遺伝子とR遺伝子はどうだろうか？
もちろん遺伝子操作前は正常遺伝子をもっているのだから，遺伝子型で示せばTTRR，4つの遺伝子座について示せば，his3・his3，leu2・leu2，TT，RRということになる。この細胞に遺伝子操作を行って得た細胞は，

T遺伝子とt遺伝子（= HIS3遺伝子）が対立遺伝子

R遺伝子とr遺伝子（＝LEU2遺伝子）が対立遺伝子

なので，遺伝子型は，his3・his3，leu2・leu2，Tt（HIS3），Rr（LEU2）と示すことができる。本来の遺伝子座の遺伝子はhis3，leu2で欠損しているが，導入されたHIS3遺伝子（t）とLEU2遺伝子（r）によってヒスチジンとロイシンを生成できるようになっているのである。この二倍体細胞が減数分裂した場合に可能性がある遺伝子型は次の4種類である。

his3，leu2，T，R：ヒスチジン要求性・ロイシン要求性

his3，leu2，T，r（LEU2）：ヒスチジン要求性

his3，leu2，t（HIS3），R：ロイシン要求性

his3，leu2，t（HIS3），r（LEU2）：非要求性

胞子嚢1の場合，ヒスチジン要求性とロイシン要求性をあわせもつ〔1のイ〕および〔1のニ〕の遺伝子型はhis3，leu2，T，Rと推論できる。

B　実験1で,完全栄養培地でも生育しなかった〔1のロ〕と〔1のハ〕の遺伝子型は，〔1のイ〕，〔1のニ〕と対応させれば，his3，leu2，t（HIS3），r（LEU2）とわかる。「胞子嚢1の結果のみを考慮したとき(胞子嚢2の結果は考慮しない)」，つまり，遺伝子型trの細胞が完全栄養培地で生育できないこと「だけ」から推論すると，遺伝子Tと遺伝子Rのどちらか，あるいは両方が,「完全栄養培地での酵母の増殖」に必要だと判断することになる。

C・D　胞子嚢2では，His(－)培地で〔2－イ〕と〔2－ニ〕が生育し，Leu(－)培地で〔2－ロ〕と〔2－ハ〕が生育する。上述の4種類の遺伝子型をもとに考えると,〔2－イ〕と〔2－ニ〕はロイシン要求性（ヒスチジン非要求性）なのでhis3，leu2，t（HIS3），Rであり,〔2－ロ〕と〔2－ハ〕はヒスチジン要求性（ロイシン非要求性）なのでhis3，leu2，T，r（LEU2）である。このどれもが,完全栄養培地で生育しているので,「完全栄養培地での酵母の増殖」に必要なのはT遺伝子「または」R遺伝子だと判断することになる。このように，生命現象に対して，事実（実験結果）から仮説を構築し，それをさらに別の事実（実験結果）によって検証，修正していくのは科学の基本的な流れであり，この設問は,これを強く意識した東大らしい出題だと言えよう。

(注)　配点は，Ⅰ－A 3点（各1点），B 1点（完答），C 3点（記号1点･理由2点），D 1点，E 2点（各1点），F 2点（完答），Ⅱ－A 2点（完答），B 2点，C 2点（完答），D 2点と推定。

解答

Ⅰ　A　1－ペプチド　2－水　3－トリプシン

B　(3)

C　Tb

理由：TaやTa-SがあってもTbがないと，L遺伝子は発現しないため。
Tbのみが核内に存在し，核内遺伝子の調節に関与できるため。

D　Ta-S

E　E：TaとSを結合させることで，プロテアーゼPの基質をつくりだす。
S：Taに結合して，プロテアーゼPの活性部位に合致する立体構造に変える。

F　(2)，(3)

II　A　〔1のイ〕−(1)　〔1のニ〕−(1)

B　T遺伝子とR遺伝子のどちらか一方，または両方が正常に機能することが，酵母の増殖に必要である。

C　〔2のイ〕−(3)　〔2のロ〕−(2)

D　T遺伝子とR遺伝子の一方が正常に機能することが，酵母の増殖に必要である。

2010年

第1問

解説 免疫に関して抗体を中心に扱った大問である。やや細かい内容が多いので，注意深く読む必要があるだろう。

I　抗体の構造と機能，DNA 再編成，抗体産生と二次反応など，基本的な内容について，やや細かく扱っている。

B　抗体を構成する重鎖・軽鎖の可変部をコードする遺伝子領域には，多数の遺伝子断片が並んでいる。マウスの場合，重鎖では，V に数百，D に 12 個以上，J に 4 個あり，それぞれ 1 つがランダムに選ばれて連結する（DNA 再編成）ため，5000 通り以上の配列が生じ得る。軽鎖では，V に 200 ～ 300 個，J に 4 個あり，同様にランダムな連結が起こるため，約 1000 通り以上の配列が生じ得る（父由来の遺伝子と母由来の遺伝子の一方だけが再編成を起こし，再編成しなかった方は発現しない）。抗体は，この重鎖と軽鎖が組み合わさる（DNA 再編成時には多様性を高める他の機構もある）ため，500 万通り以上の可変部が生じ得ることになり，個体内には多様な B 細胞（個々の B 細胞が産生する抗体は 1 種類）が存在することになる。注意すべきは，設問の「1 度もマラリアに感染したことがない」と「ごくわずかに」の部分で，これは，（感染とは関係なく）DNA 再編成によって生じた多様な B 細胞の中に，「マラリア原虫のタンパク質に結合する抗体を産生できる」ものが含まれていること，そしてクローン増殖はしていないことを述べている。解答としては，前者について述べなくてはならない。

C　抗原と抗体（抗原決定部位と抗原結合部位）の結合は，酵素と基質の結合などと同様に，分子間の比較的弱い結合による。(1)ペプチド結合：隣接するアミノ酸間の結合で，ペプチドの主鎖を形成する。(2)ジスルフィド結合：システイン（アミノ酸の一種）の SH 基同士がつくる結合（−S−S−）で，ポリペプチドの構造の安定化に重要な役割を果たす。(3)ファンデルワールス力：きわめて弱い分子間の相互作用だが，抗原と抗体や基質と酵素など，立体構造が一致する場合，表面がぴったりと合い多くの原子が関与するため重要な役割を果たす。(4)水素結合：抗原と抗体や，基質と酵素など，水中での分子間の結合にはたらくほか，相補的塩基対の形成や，アミノ酸（側鎖）間の相互作用によってポリペプチドの立体構造を形成する際にも，重要な役割を果たしている。(5)イオン結合：イオン化した基や，極性をもつ基の間にはたらく静電気力（同符号なら反発力，異符号なら引力）は，水分子やイオンなどと相互作用するため，水中（溶液中）では一般に弱い。しかし，抗原と抗体や基質と酵素が結合する場合には，両者がきわめて接近するため，静電引力（イオン結合はこれに含まれると考えればよい）が重要な役割を果たす。たとえば，抗原決定部位や基質の正電荷にちょうど対応する位置に，負電荷をもつアミノ酸側鎖があると結合するが，その位置に正電荷をもつアミノ酸側鎖があると結合しないといったようなことが起こるのである。

D　抗原と抗体の結合は特異性が高い。この基本的な知識を“単に暗記”しているだけだと解答に困るかもしれないが，リード文から「抗体と結合する抗原表面の部分（抗原決定部位）」と抗体が結合することを読み取り，設問文の「抗原抗体反応によって特異的に強く結合した」の部分を踏まえれば，病原体ＯとＰが「同じ抗原決定部位をもつ」という可能性に気づけるはずである。

E　実験１は，ヒトのタンパク質Ｙをマウスに注射すると，免疫系によって非自己として認識され抗体産生が起こる一方，マウス由来のタンパク質Ｚを注射しても，自己として認識されるため抗体産生が起こらない，と要約できる。設問では，変異マウスを用いて同様の実験を行った結果について説明することが求められているが，$Y^{+/+}$マウスでは，Ｙに対して反応するリンパ球は除去・不活性化されているため，Ｙを注射しても抗体産生が起こらないが，$Z^{-/-}$マウスでは，（正常なら除かれているはずの）Ｚに対して反応するリンパ球が除去・不活性化されていないため，Ｚを注射すると抗体産生が起こる，と考えればよい。

F　免疫記憶と二次反応に関する基本的な設問である。図１－２でわかるように，血しょう中の抗体は減少する（たとえばIgGは，異化により約23日で半減する），つまり，抗体そのものは貯蔵が効かないのである（⑴は誤り）。また，抗体の可変部が同じであれば，抗原との結合の強さは同じである（⑵は誤り）。リード文から，可変部のDNA再編成はリンパ球の成熟過程で起こり，遺伝子断片を１つずつ選んで連結するため１個の細胞が２度行うことはできないこと，つまり，記憶細胞になる時には起こらないことが読み取れる（⑷・⑸は誤り）。

Ⅱ　モノクローナル抗体とがんを題材に，科学的推論を求めている。

A　Ｂ細胞は骨髄でつくられ，成熟すると免疫系の器官（リンパ節やひ臓）に分布する。胸腺はＴ細胞の成熟に関与するが，Ｂ細胞の成熟には関与しない。

B　現象を“科学的に説明する”ことが求められている。必要な知識は基本的なものだけで，リード文をきちんと読解できるかどうかが問われた。まず，下線部㈣にある「胸腺の形成不全」からヌードマウスに成熟したＴ細胞が存在しないことが推論できる。では，ヌードマウスで「がん細胞Ｘが排除されなかった」

のは，細胞性免疫が機能していないためか？　ここで“そうではない”ことを実験2から読み取れたかどうかがポイントになる。実験2では，がん細胞Xが増殖しているヌードマウスにmab 1を注射すると，Xが消失すると述べられている。つまり，ヌードマウスでも“表面に抗体が結合したがん細胞X”は排除できるのである。だとすれば，なぜ，ヌードマウスにおいて「がん細胞Xが排除されなかった」のか？　こう推論してくれば，その理由が，成熟したT細胞が存在しないために，B細胞を活性化できず抗体が産生できないためだとわかるだろう。

C　ポイントは，〔文1〕で述べられているFabとFcについて正確に読み取ることと，〔文2〕の「IgG抗体のFc部分が，マクロファージの表面にある，Fcに対する受容体と結合する」という部分に着目することである（必要ならば，簡単な模式図を描けばよい）。(1)精製したmab 1-Fab：mab 1-Fabは，2つの抗原結合部位をもつので抗原と結合できる（抗原抗体複合体を形成できる）が，マクロファージと結合できないので，がん細胞の排除にはつながらない。(2)精製したmab 1-Fc：mab 1-Fcは，マクロファージと結合できるが，抗原とは結合できないので，がん細胞の排除にはつながらない。(3)精製したmab 1-Fabとmab 1-Fcを等量混合したもの：この場合，がん細胞にmab 1-Fabが結合し，マクロファージにmab 1-Fcが結合するが，mab 1-Fabとmab 1-Fcが離れたままである。

（注1）　配点は，Ⅰ－A 3点（各1点）・B 3点，C 1点（完答）・D 2点，E 2点，F 2点，Ⅱ－A 1点（完答）・B 3点・C 3点（番号1点・理由2点）と推定。

（注2）　行数制限の解答の際は，1行あたり40字相当とした（以下同）。

解答

Ⅰ　A　1－体液　2－免疫グロブリン　3－ヘルパーT細胞

B　重鎖および軽鎖の可変部がDNA再編成により多様なアミノ酸配列をもつようになる結果，それぞれ異なる抗原を認識する多様なB細胞が体内に生じるため，その中には，マラリア原虫のタンパク質と結合できる抗体を産生できるものも含まれる。

C　(3)・(4)・(5)

D　そのIgGが認識する抗原決定部位が，病原体OおよびPのいずれにも存在していたため。

E　$Y^{+/+}$マウスでは，タンパク質Yを認識するリンパ球が成熟過程で除かれるため，Yを注射しても抗体力価が上昇しない。$Z^{-/-}$マウスでは，タンパク質Zを認識するリンパ球が除かれていないため，Zを注射すると抗体力価が上昇する。

F　(3)

II　A　(1)・(2)

B　胸腺の形成不全のため，ヌードマウスには成熟したT細胞が存在せず，B細胞が抗原と出会ってもクローン増殖が起こらない。そのため，がん細胞Xを注射してもタンパク質Yなどの抗原に対する抗体が産生されず，がん細胞Xを排除できなかった。

C　(4)：mab 1-FcはXと結合できず，mab 1-Fabはマクロファージと結合できないのでXの増殖を抑制できないが，mab 1はXと結合した抗体がマクロファージと結合するのでXの増殖を抑制できる。

第2問

解説　植物の花成について，遺伝子レベルで扱った大問である。突然変異体に関する考察は東大入試で頻出の内容であった。

I　花器官の形態形成に関する仮説（ABCモデル）を扱っている。

A　どれも基本的な用語である。

B　塩基置換の影響に関する知識が求められている。念のために確認すると，塩基置換の結果，①同じアミノ酸を指定する異なるコドンになる（同義置換），②異なるアミノ酸を指定するコドンになる，③終止コドンになり翻訳が終了する，という3つの可能性がある(本来の終止コドンがアミノ酸を指定するコドンになり，ペプチドが長くなる可能性もある)。①の場合，ポリペプチドに変化はなく表現型にも影響しない。②の場合，置換部位が重要な領域かどうかや，性質の似たアミノ酸への変化か，性質の異なるアミノ酸への変化かによって，表現型への影響は様々である。③の場合，ペプチドが短くなり機能を失う可能性が高い。この設問では，「グアニンがアデニンへと変化」するとUGGというコドンが，UGA，UAG，UAAになることから解答するのだが，これらが終止コドンだと知らないと正解できない。覚えていなかった受験生でも気づいたとは思うが，特定のコドンの意味を知識として求めるべきかどうか，やや疑問のある出題であろう。

C　設問文のいう2つの事柄を正確に読解するのが出発点である。一つ目は，「塩基配列に変化が生じても，アミノ酸配列に影響を及ぼさ」ないという話（前述の①）であり，二つ目は，「アミノ酸配列からDNAの塩基配列を推定することは，DNAの塩基配列からタンパク質のアミノ酸配列を推定することより難しい」という話である。つまり，どちらも，1つのアミノ酸を複数のコドンが指定する場合が多い（20種類のアミノ酸のうち18種類）ということが原因であり，この知識をもとに，要求に合わせて論述することが求められた設問である。

D　[1]の「ホメオティック」は，教科書で太字になっている用語。[2]の花は，生殖葉とも呼ばれ，葉（栄養葉）が変化したものである。

E　与えられたデータ（表2－1と設問文）を手がかりに，選択肢の内容を判断していけばよい。まず，表2－1について整理しよう。領域1に着目すると，がく以外の花器官が形成されるのはA突然変異体だけ。ここから，がく形成に関与するのは遺伝子Aだけで，遺伝子Bや遺伝子Cは関与しないと推論できる（関与していないものが機能を失っても影響はないと考えられるので）。同様に，花弁，おしべ，めしべについても推論すると，下表のようにまとめられる。

表(ア)

花器官	遺伝子A	遺伝子B	遺伝子C
がく	(＋)	(－)	(－)
花弁	(＋)	(＋)	(－)
おしべ	(－)	(＋)	(＋)
めしべ	(－)	(－)	(＋)

(＋)：関与する，(－)：関与しない

次に，設問文の「領域1から領域4にかけて，めしべ，おしべ，おしべ，めしべの順に花器官が形成された」を手がかりに考察する。A突然変異体の領域1でめしべ，領域2でおしべが形成されたのを，どう説明するか？　上表から，遺伝子Aの機能が欠損した結果，領域1と領域2で遺伝子Cが機能すると想定すれば，遺伝子Bが機能しない領域1ではめしべが形成され，遺伝子Bが元々機能する領域2ではおしべが形成されると，うまく説明できる（⇒選択肢(2)が正解）。なお，選択肢(1)のように遺伝子Bが全領域で機能したり，(3)のように遺伝子BとCが全領域で機能すると，領域1でめしべが生じることを説明できない。また，(4)は，遺伝子Aの機能が欠損すると遺伝子Cが機能するという上の推論と合わず，(5)は，おしべ形成の際に，遺伝子Aが機能しない状態で遺伝子Bが機能していることと合わない。

F　設問文の「領域3と領域4では，……，めしべ，おしべが形成される」と「領域1と領域2では，がくが形成されると仮定する」から，ラカンドニアにおいて「調節遺伝子A，B，Cの機能する領域」を推論する設問で，上表（設問Eでの考察）をもとに推理すればよい（下表）。この時，“植物の花器官の形成機構の基本的な部分は共通”と考えるのが“科学的に妥当”なのである。

領域	遺伝子A	遺伝子B	遺伝子C	花器官
1	(+)	(−)	(−)	がく
2	(+)	(−)	(−)	がく
3	(−)	(−)	(+)	めしべ
4	(−)	(+)	(+)	おしべ

G　正常なシロイヌナズナでの発現の様子を，表(ア)をもとに推論すると下のようになる。これから，遺伝子Bが全領域で発現された際に起こることを推論すると，領域2，3はもともと遺伝子Bが発現するので変わらず，領域1が領域2と同じ花弁，領域4が領域3と同じおしべに変わることが予想できる。

領域	遺伝子A	遺伝子B	遺伝子C	花器官
1	(+)	(−)	(−)	がく
2	(+)	(+)	(−)	花弁
3	(−)	(+)	(+)	おしべ
4	(−)	(−)	(+)	めしべ

また，すべての領域でおしべが形成されるということは，全領域で遺伝子BとCが機能したということなので，全領域で遺伝子Bを強制的に発現させた後，遺伝子Aの機能を抑え，遺伝子Cをはたらかせればよいこともわかるだろう。

Ⅱ　花成ホルモン（フロリゲン）による花成調節の分子機構が扱われている。

B　突然変異体の表現型から，遺伝子の機能を推論し，現象のメカニズムを推論するのは，生物学における研究の“定番の流れ”であり，東大を受験する際には慣れておきたい“科学的な考え方”の一つである。この時大切なのは，できる限りシンプルに考えることである（常識的な判断も重要になる）。

リード文に，シロイヌナズナを長日条件（花成する条件）においた時，①Pの機能が失われると花成が遅くなる（遅咲き）一方，②Pを過剰に発現すると花成が早くなる（早咲き），という重要なポイントが書かれている。ここからシンプル（かつ常識的）に推理すると，“Pの産物が花成を促す機能をもっている”可能性に気づける。そして，表2－2の台木が野生型，穂木がP過剰発現体の組合せでの結果（台木は早咲き）から，③Pの産物が離れた芽に作用できることも推論できる（これが，設問Cの「タンパク質P……が花成ホルモンであると考えられた」につながる)。さらに設問文に「同じ結果」とあることから，④Qの機能が失われると花成時期が遅くなり，⑤Qが過剰に発現すると花成時期が早くなること，⑥Qの産物は離れた位置の芽に作用できることも推論できる（ただし，この結果だけからでは，③・⑥の作用が直接的か，間接的かは判断できない）。

以上を踏まえて「葉における遺伝子Pと遺伝子Qの機能はどのような関係にあると考えられるか」を考察するのが設問の要求であり，手がかりは，設問文の2つの実験結果である。⑦Q突然変異体の葉で遺伝子Pを強制的に発現させると早咲きになる。⑧P突然変異体の葉で遺伝子Qを強制的に発現させても遅咲きのままである。①〜⑥を踏まえ，⑦・⑧までの全体を合理的に説明するには，遺伝子Pの機能と遺伝子Qの機能の関係にどんな想定をすればよいか？　一つの妥当な想定（仮説）は，“遺伝子Qの機能→遺伝子Pの機能→花成”という順序の想定である。この順序ならば，⑦でPを強制的に発現すればQとは無関係に早咲きになり，⑧でQを強制的に発現してもPの機能がないため花成が遅れると，全体をうまく説明できる。もう一歩踏み込んで“遺伝子Qの機能→遺伝子Pの発現→花成”というように，遺伝子Qが遺伝子Pの発現を促進するという流れを想定することもできる（仮説を答える設問なので，どちらでも正解である）。

C　タンパク質P（遺伝子Pの産物）とタンパク質Q（遺伝子Qの産物）のどちらが花成ホルモンか？　を考察するのだが，注意すべきは，葉で合成され，芽に“移動して”，花成を促進する物質という花成ホルモンの定義である。

まず，「遺伝子Qを茎頂部のみで強制的に発現させても早咲きにはならなかった」ことから“茎頂部ではたらく”可能性が否定され，必然的に，Qが葉から茎頂部へと“移動して”作用する可能性も否定される（移動して作用するなら，茎頂部で発現させれば早咲きになるはず）。そして「遺伝子Qを葉のみで強制的に発現させると早咲き」になるので，Qが“葉ではたらく”可能性は否定されず，以上から，選択肢(2)・(3)・(4)・(5)が除かれる。一方，遺伝子Pは葉で発現させても茎頂部で発現させても早咲きになるので“葉ではたらく”可能性も“茎頂部ではたらく”可能性も否定されず，必然的に葉から茎頂部へ“移動して”はたらく可能性も否定されない。そして，タンパク質PとQの「どちらかが花成ホルモン」という前提に立つので，タンパク質Pは移動すると判断する（選択肢(1)は正しい）。さらに，Qの機能が失われると遅咲きになる（設問B）ことを合わせて考えれば，タンパク質Qが葉ではたらくことと，タンパク質Pが茎頂部ではたらくことが必要だと判断できる（選択肢(6)は正しい）。

D　設問Cまでで，花成の調節機構（流れ）は次のように推論できる。

葉で遺伝子Qが発現しタンパク質Qがはたらく
↓（発現促進）
葉で遺伝子Pが発現する
↓
タンパク質Pが茎頂部へ移動する
↓
タンパク質Pが茎頂部ではたらく→花成

これを前提に予想する。[3]は，穂木のP突然変異体ではタンパク質Pができず台木の茎頂部に影響しないので，野生型と同じはずである。[4]・[5]では，台木のP過剰発現体でタンパク質Pが過剰に生じ，これが移動して台木の茎頂部に作用するので，どちらも早咲きになると予想できる。

E　相同遺伝子とは，共通の祖先遺伝子に由来する遺伝子同士のことであり，（必ずではないが）同じような機能をもち，同様の役割を果たすことも多い。この設問で扱われているイネの遺伝子P′，Q′は，ともに花成の調節に関与し，似たような変異形質が出現することから，同様の役割を果たすと考えられる（設問はその前提で作られている）。実は，こうした場合，メカニズム全体も似ている（共通のメカニズムから進化したことが想定できるので）と考えて考察に入るのが通常である。さて，シロイヌナズナとイネを対比しながら整理しよう。

	シロイヌナズナ	イネ
	長日植物	短日植物
PまたはP′の変異	遅咲き	遅咲き
PまたはP′の過剰発現	早咲き	早咲き
QまたはQ′の変異	遅咲き	早咲き
QまたはQ′の過剰発現	早咲き	遅咲き

すべて「長日条件下」であることに注意して表を解読する。まず，長日条件において，イネで遺伝子P′を過剰発現すると花成が促進される（遺伝子P′が機能を失うと花成が遅れる）ことから，タンパク質P′も花成ホルモンとしてPと同じ役割を果たすと推論できる。一方，遺伝子QとQ′では結果が逆になっている（表中灰色の欄）。遺伝子Qが遺伝子Pを介して花成を調節する機構と同様に，遺伝子Q′も遺伝子P′を介して花成を調節していると考えた場合，両者の機能の関係が逆になっていると予想できる。つまり，シロイヌナズナでは〈遺伝子Qがはたらく→遺伝子Pの発現促進〉であるのに対して，イネでは〈遺伝子Q′がはたらく→遺伝子P′の発現抑制〉と考えることになる。こう考えれば，Q′変異

体では，Q′が機能を失う結果，（抑制が解除されて）遺伝子P′が発現，花成が早くなる一方，Q′過剰発現体では，タンパク質Q′が過剰にはたらく結果，タンパク質P′がつくられず（あるいは著しく減少し）花成が遅れる，とうまく説明できる。

（注）配点は，Ⅰ－A１点（完答）・B２点・C２点，D２点（各１点）・E１点，F２点（完答），G２点（各１点），Ⅱ－A１点・B２点・C２点（完答）・D１点（完答）・E２点と推定。

解答

Ⅰ　A　（順に）転写，　翻訳，　セントラルドグマ

B　グアニンがアデニンに変化すると，トリプトファンのコドンUGGが終止コドンであるUGA，UAG，UAAになるため，その部分で翻訳が終了して，ポリペプチドが短くなり，機能が失われることが多いので。

C　20種類のアミノ酸が64通りのコドンで指定されているため，1種類のアミノ酸に複数のコドンが対応することが多いので。

D　1－ホメオティック　　2－葉

E　(2)

F　遺伝子A－領域1と2，　遺伝子B－領域4，　遺伝子C－領域3と4

G　領域1－花弁　　領域2－花弁　　領域3－おしべ　　領域4－おしべ

調節遺伝子Aの発現を抑制し，調節遺伝子Cを発現させた。

Ⅱ　A　フロリゲン

B　遺伝子Qの機能する段階が先，遺伝子Pが機能する段階が後という関係がある。

[別解]　遺伝子Qが機能することによって，遺伝子Pの機能が発現するという関係がある。

C　(1)・(6)

D　3－正常　　4－早咲き　　5－早咲き

E　シロイヌナズナの遺伝子Qは遺伝子Pの発現を促進する機能をもつ一方，イネの遺伝子Q′は遺伝子P′の発現を抑制する機能をもつ。

第3問

解説　神経系，とくに脳を中心に扱った大問である。受験生に目新しい内容も多く，リード文・設問文を短時間で読み，正確に理解する力が求められた。

Ⅰ　前庭動眼反射を構成する神経回路が題材になっている。単純な知識問題を除けば，

どの設問も，リード文の内容を正確に理解すれば解答できるものであった。

B～D　答える上で理解しなければならないのは，興奮性ニューロンでは〈興奮性ニューロンの活動増加→接続先のニューロンの活動増加〉，〈興奮性ニューロンの活動減少→接続先のニューロンの活動減少〉という関係だが，抑制性ニューロンでは〈抑制性ニューロンの活動増加→接続先のニューロンの活動減少〉，〈抑制性ニューロンの活動減少→接続先のニューロンの活動増加〉という関係になることである。手がかりは「抑制性ニューロンとは，接続先のニューロンの活動を打ち消して減少させるニューロンである」という部分だけだが，この関係を読み取れれば以下の流れを追うことは難しくない。

B　以上を踏まえて，図3－1とリード文と対応させたものが下図になる。

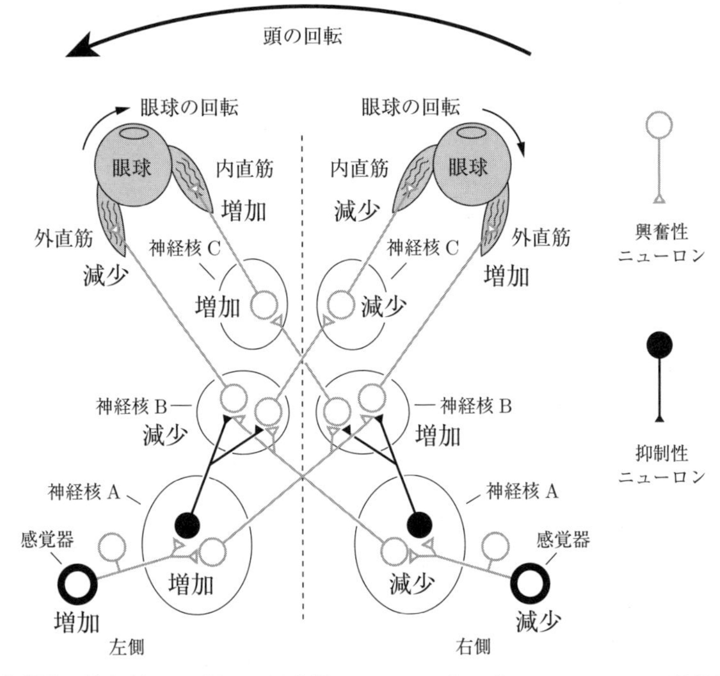

感覚器－神経核Aの間は，興奮性ニューロンがつないでいるので，頭が左へ回転すると，左側の感覚器の活動が増加して左側の神経核Aの活動が増加する一方，右側の感覚器の活動が減少して右側の神経核Aの活動が減少する。神経核A－神経核Bの間は，〈神経核A→抑制性ニューロン→同じ側の神経核B〉，〈神経核A→興奮性ニューロン→反対側の神経核B〉なので，左側神経核Aの活動増加により同じ左側の神経核Bの活動は減少（ 4 ）し，反対の右側の神経

核Bの活動は増加（ 5 ）する。また，右側の神経核Aの活動が減少すると（抑制が低下するため）同じ右側の神経核Bの活動は増加（ 5 ）し，反対の左側の神経核Bの活動は減少（ 4 ）する。神経核Bと神経核Cの間は，興奮性ニューロンがつないでいるので，左側の神経核Bの活動が減少すると反対の右側の神経核Cの活動は減少（ 7 ）する一方，右側の神経核Bの活動が増加すると反対の左側の神経核Cの活動は増加（ 6 ）することになる。

C　眼球運動を調節する神経回路のはたらきについて，どのような点で適応的かを考察する設問である。(a)では，「外直筋と内直筋の挙動」に着目するよう求められているが，左眼の外直筋は左側の神経核Bのニューロン，左眼の内直筋は左側の神経核Cのニューロンによって調節されている。つまり，左側の神経核Bのニューロンと左側の神経核Cのニューロンの活動が相反的に増減することは，左眼の外直筋と内直筋を相反的に調節することを意味している。では，外直筋と内直筋を相反的に調節することの意味は？　同時に収縮すると眼球が回転できないことに気づけば，眼球を滑らかに動かす意味を持つことが推論できるだろう（以上，左側だけで説明したが，右側も同様である）。

(b)では，「左右の眼の動き」に着目することが求められているが，考察の対象となる関係は，神経核Bのニューロンの活動が左右で相反的に増減し，神経核Cのニューロンの活動も左右で相反的に増減すること，さらに，(a)同様，神経核BとCでニューロンの活動が相反的に増減することである。関与する要素が多いので，図式化してまとめると次のようになる。

左外直筋 増加 ↑ 左神経核B 増加	左内直筋 減少 ↑ 左神経核C 減少	右内直筋 増加 ↑ 右神経核C 増加	右外直筋 減少 ↑ 右神経核B 減少

この場合，左右の眼球はどちらも左へ回転する。

左外直筋 減少 ↑ 左神経核B 減少	左内直筋 増加 ↑ 左神経核C 増加	右内直筋 減少 ↑ 右神経核C 減少	右外直筋 増加 ↑ 右神経核B 増加

この場合，左右の眼球は右へ回転する。つまり，活動が相反的に増減することは，左右の眼球が同じ方向へ回転するように調節する意味をもつのである。

D　右側の感覚器の活動が消失すると，右側の神経核Aの活動も消失する。この状態で，頭を左側に回転させられると，左側の感覚器の活動が増加する。すると，左側の神経核Aの活動が増加，それが，右側の神経核Bの活動を増加させ，（左側の神経核Bを介して）右側の神経核Cの活動を減少させるので，右眼の回転も正常に起こる。もちろん，左側の神経核B，Cも正常に活動するので，左右の眼は右側に回転すると予想される。答える際には，設問に「理由とともに」とあるので，この一連の流れを含めて結果を書くことになる。

Ⅱ　大脳皮質の機能に関して，感覚器（受容器）と皮質の対応関係など目新しい話題を扱っている。

A　大脳皮質の機能局在を示す図は，教科書に載っている。

B　これも細かい内容だが,「皮膚の単位面積に対応する脳領域が広いので，高い精度が要求される感覚情報の処理が可能である」という部分に着目すれば，手の指や唇ではわずかな凹凸を感じることができるが，腹や腕ではわずかな凹凸を感じられないなどの“自分の経験”と対応させることができただろう。

C　リード文と対応させながら図3－2を理解し，選択肢の正誤を判定する。

(1)「視野の40°よりも外側」は視覚野を示す図(b)ではP付近のわずかな部分が対応する（よって正)。

(2)　図(a)と(b)で，視野の中心Fから2°までの範囲が対応する視覚野，視野の2°から10°までの範囲が対応する視覚野，視野の10°から40°までの範囲が対応する視覚野を比べれば明らかなように，視野の一定の広さあたり，最も広い視覚野の領域が対応するのはFから2°である（よって誤)。

(3)　視野の下半分は図の(a)で「－」が付けられている範囲であり，これに対応するのは, 図の(b)で「－」が付けられている視覚野の上半分である（よって正)。

(4)　視野を上下に分ける線Hに対応する視覚野の領域（点線H）は「大脳の溝の奥」に位置する（よって正）のだが，迷った受験生もいたかもしれない。手がかりは，リード文の「(b)の上の図は, 大脳の右半球を左から見たものである。大脳の視覚野（黒く塗りつぶしてある大脳の部分）は，大脳の溝の中に折りたたまれている」となっている部分である（要するに，点線Hを奥に上下のVが手前に来るように，折りたたまれているのである)。

(5)　視野の線Vは直線であるが，これに対応する視覚野の領域（Vと付けられている部分）は上下に2つ存在するように見えるが，図の(b)でわかるようにFのところでつながっているので「2つ存在する」わけではない（よって誤)。

D　図3－4を手がかりに，視覚野の領域が視野のどの部分に対応しているかを推論する。着目すべきは視覚野の特徴的な部分（F，V，2°，10°，40°など）である。例えば，次の図でア～エの矢印で示した位置が視野のどこに位置するかを対応させていけば「A」だと判断できる。

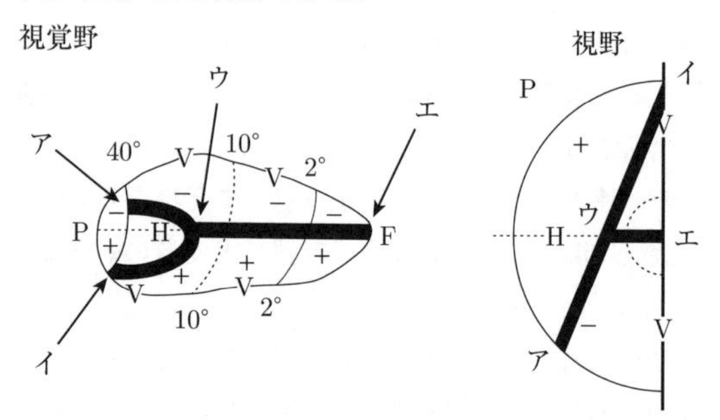

E　説明をわかりやすくするため，個々の視細胞の大きさが同じで，網膜に隙間なく並んでいるものとしよう。そして，外界の視覚対象が網膜上に像を結ぶ際，一定面積の視野には網膜の一定面積が対応する（網膜は曲面なので厳密には違う）ものとする。すると，一定面積の視野を担当する視細胞の数は同じになる。網膜上で隣接した2個の視細胞からの情報が別々の視神経を通じて大脳視覚野にまで“別々に”伝えられれば，この2つの情報を区別することができるが，1つの視神経で“まとめて”伝えられると区別できない。当然，“別々に”伝えられる方がより小さい対象を識別でき，“まとめて”伝えられればより大きな対象しか識別できない。したがって，〈一定面積の視野の情報→一定数の視細胞→多数の視神経→多数の大脳視覚野のニューロン〉という関係なら小さな対象を識別でき，〈一定面積の視野の情報→一定数の視細胞→少数の視神経→少数の大脳視覚野のニューロン〉という関係だと，大きな対象しか識別できないと考えられる。設問ではこうした細かい関係についての知識が求められているのではなく，“視野の範囲－視覚野のニューロン”の関係を推理すればよい。なお，実際のヒトでは，網膜に存在する錐体細胞が数百万個，桿体細胞が約1億個であるのに対し，視神経は約1万個に過ぎない。つまり，1個の視神経は，連絡細胞を介して，複数の視細胞からの情報を受け取り，脳に伝えているのである。ただし，中心窩（視野の中心Fに対応する網膜上の部分）にある錐体細胞－連絡細胞－視神経細胞の間は1：1：1の関係になっているため，注視した時に像ができる中心窩（黄斑の中心部分）では視覚対象を細かく識別できるのである。

（注）　配点は，Ⅰ－A 3点（各1点）・B 2点（完答）・C 4点（各2点）・D 2点，Ⅱ－A 2点（各1点）・B 1点（完答）・C 2点（各1点）・D 2点・E 2点と推定。

解答

Ⅰ　A　1－効果　2－シナプス　3－半規管

B　4－減少　5－増加　6－増加　7－減少

C　(a)　外直筋が収縮する際には内直筋が弛緩し，内直筋が収縮する際には外直筋が弛緩することで，眼球が滑らかに回転する。

(b)　内直筋の収縮・弛緩が左右で相反的になり，外直筋の弛緩・収縮も左右で相反的になるため，左右の眼球が同じ方向に回転する。

D　左側の感覚器の活動が増加し，左側の神経核Aのニューロンの活動が増加する結果，左側の神経核Bおよび右側の神経核Cのニューロンの活動が減少，右側の神経核Bおよび左側の神経核Cのニューロンの活動が増加するので，左右の眼球とも右に回転する。

Ⅱ　A　体性感覚野－(3)　随意運動野－(2)

B　(2)・(4)

C　(2)・(5)

D　A

E　視野の中心付近は，視覚野のニューロンひとつが担当する範囲が狭く，視野の周辺部は，ニューロンひとつが担当する範囲が広い。

2009年

第1問

解説 〔文1〕はDNA複製と突然変異,〔文2〕は卵割と母性効果因子（母性因子),〔文3〕は胚発生，特に前後軸パターン形成と母性効果因子を扱っている。

Ⅰ　A・Bいずれも，基本的な知識が求められている。

Ⅱ　卵割と母性効果因子の関係を，リード文および設問文から正確に読み取ることがポイントである。

A　卵割に関する基本的な知識が求められている。

B　卵割と通常の体細胞分裂の対比は基本的な内容である。6個の選択肢から3個を選ぶ形式だが完答が求められているだろう。

C　設問文の「胚に均一に分布するある母性効果因子Xによって，10回の卵割が終了するまでのあいだ，胚自身の遺伝子発現は抑制されている」を踏まえ，妥当な推論を行うことが求められる。手がかりは，一倍体（単相）では「11回目の卵割が終了した後に，胚自身の遺伝子発現が開始した」こと，つまり，一倍体で1回多く抑制されることである。“シンプルに”推論すると，胚自身の遺伝子発現が開始を決める“何か”は，二倍体での10回目と一倍体での11回目で同じ状態だと考えられる。細胞数（細胞核数）は10回目の卵割終了後が1024個，11回目の卵割終了後が2048個（よって(2)・(3)は誤り）だが,「胚自身の遺伝子発現が開始するときの胚に含まれるDNA量」は同じになる（分裂直後，DNA合成前の一倍体細胞のDNA量を「c」とすると，11回目の卵割終了後の一倍体の胚が含むDNA量は$2048 \times c$，10回目の卵割終了後の二倍体の胚が含むDNA量は$1024 \times 2c$)。また,「胚全体での母性効果因子Xの総量は変化しない」ので，総量をmとすると，10回目終了後の細胞あたりの因子Xの量は$m/1024$，11回目終了後の細胞あたりの因子Xの量は$m/2048$であり,「胚自身の遺伝子発現の開始」を“細胞あたりの因子Xの量”が決めるのではない。実は，細胞内でのDNA量と因子Xの量の比率が重要なのである（11回目終了後の一倍体の胚の細胞と10回目終了後の二倍体の胚の細胞を比べると，細胞内でのDNA量と因子Xの量の比率（DNA量 / 因子Xの量）は$c \div (m/2048) = 2048c/m$，$2c \div (m/1024) = 2048c/m$で等しい)。したがって，母性効果因子Xの量を2倍に増やすと，抑制効果が卵割1回分強まると推論できる（よって(4)が正しく，(5)は誤り)。

D　母性効果因子とは「未受精卵の中に存在する母親由来の mRNA が，受精後にタンパク質に翻訳されて胚の発生を制御する」タンパク質である。遺伝子型 Zz の母親からは，減数分裂で遺伝子型 Z の卵と遺伝子型 z の卵が生じる。減数分裂に先立って遺伝子 Z の転写が起きれば，卵の遺伝子型に関係なく遺伝子 Z の mRNA が含まれるので，胚の遺伝子型が zz でも正常発生する。解答としては，遺伝子 Z の転写が減数分裂に先行することを明記したい。また，遺伝子 Z の転写を減数分裂の前後で場合分けし，「減数分裂に先立って遺伝子 Z が転写されるなら zz の胚も正常発生できるが，減数分裂後に遺伝子 Z が転写されるなら zz の胚は正常に発生できない」というように答えるのも許されるだろう。

Ⅲ　キイロショウジョウバエの前後軸パターンと母性効果の関係を，リード文およびグラフから読み取り，考察するのがポイントである。

A　図1－1(b)で，タンパク質Pが存在しない胚では，頭部・胸部が形成されない一方，腹部は形成される。したがって，タンパク質Pの役割としては，頭部形成を促進（選択肢(1)・(4)は誤り）・胸部形成を促進（選択肢(2)は正しい），腹部形成には関与しない（選択肢(3)は誤り）と推論できる。

B　「どのようにして」が問われているので，タンパク質Pが胚の前後軸パターンを形成する機構を考察する必要がある。図1－1の(a)と(c)のグラフから，相対濃度6を上回った範囲は頭部，相対濃度6～1の範囲は胸部に発生することが読み取れる。また，〔文3〕に「母性効果因子Pの mRNA は，卵形成時に卵の前方に偏在している」とあるので，卵の前端に偏在した mRNA から翻訳されたタンパク質Pが拡散して勾配が生じたと推論できる。解答としては,「拡散」と「相対濃度と発生の関係」の内容の二つを書くことが必要である。

C　図1－2から考察する設問である。(a)で因子Rの mRNA が均一に分布するのに，(b)でタンパク質Rは後端に存在しない。(b)において，タンパク質Rが存在しない後端にはタンパク質Qが存在する。“シンプルに”推論すれば，タンパク質Rが存在しない理由としては,翻訳されないこと（選択肢(2)が対応する）と，翻訳されたが分解されることが考えられる。選択肢(1)は話が逆，(3)・(4)はRの転写となっているので該当しないのは明らかであろう。

D　下線部(キ)の「タンパク質Rを胚の後方で人為的に増やしたところ，胚は腹部形成できなくなった」ことから素直に推論すれば，タンパク質Rは腹部形成を抑制する機能をもつと考えられる。このことは，図1－2で腹部が形成される後方にタンパク質Rが存在しないこととも一致する。

E　設問C・Dを踏まえて，前後軸パターン形成におけるタンパク質QとRの役割を考察する。タンパク質Rは腹部形成を抑制する（設問D）一方，タンパク質Qはタンパク質Rの翻訳を阻害する（設問C）ことで，間接的に腹部形成を促進する。下線部(ク)で「遺伝子 *Q* を欠失した母親から生まれた胚が腹部形成できない」のは，Qの欠失により，タンパク質Rが全体に分布して腹部形成を抑制するためであり，「両方とも欠失した母親から生まれてきた胚の腹部形成は正常であり，胚の前後軸パターンに異常は見られなかった」のは，タンパク質RとQが腹部形成そのものには必要でないことを示す。また，QのmRNAとタンパク質Qの分布を比べると，タンパク質Qが翻訳後拡散することも読み取れる。解答としては以上をまとめ，「タンパク質Rが腹部形成を抑制」し「タンパク質Qがタンパク質Rの作用を抑制」すること，「後端でQのmRNAが翻訳されタンパク質Qが拡散する」結果，「後方では腹部形成が抑制されず，前方では腹部形成が抑制される」ことを述べればよいだろう。なお,設問文に「遺伝子，mRNA，タンパク質を明確に区別」することが求められているので注意が必要である。

（注１）　配点は，Ⅰ－A３点（各１点）・B１点，Ⅱ－A(a)１点(b)１点・B２点（完答）・C２点（完答）・D２点，Ⅲ－A１点・B２点・C１点（完答）・D１点・E３点と推定。

（注２）　行数制限の解答の際は，１行あたり35字程度で解答した（以下同）。

解答

Ⅰ　A　1－塩基配列　　2，3－X線，亜硝酸（紫外線，ブロモウラシル）

　B　自然選択説

Ⅱ　A　(a)　(1)　　　(b)　(6)

　B　(1),(2),(4)

　C　(1),(4)

　D　母親は遺伝子型 *Zz* なので，遺伝子型 *z* の未受精卵でも，減数分裂前に転写された遺伝子 *Z* のmRNAが含まれる。遺伝子型 *z* の精子と受精して生じる遺伝子型 *zz* の胚でも，卵内に母性効果因子Zが存在するため正常発生できる。

Ⅲ　A　(2)

　B　タンパク質Pが前方から後方へと拡散して濃度勾配がつくられ，相対濃度6以上で頭部，6から1の間で胸部を形成させる。

　C　(1),(3),(4)

　D　腹部形成を抑制する作用。

　E　後方に局在するQのmRNAから翻訳されたタンパク質Qが拡散し，Rの

mRNAが翻訳されるのを妨げる結果，タンパク質Qの存在する後方では腹部形成が起こり，タンパク質Qの存在しない前方では腹部形成が抑えられる。

第2問

解説 〔文1〕は屈性とオーキシン，〔文2〕は植物の重力感知機構を扱っている。

Ⅰ　屈性およびオーキシンのはたらきに関する知識が求められている。

A　屈性の正負は，刺激源に近づくか，遠ざかるかで決める。光屈性では光が来る方向，重力屈性では地球の中心を刺激源と考えることになる。

B　(a)　オーキシンは植物ホルモンの名称であって，化学物質（化合物）の名称としてはインドール酢酸である。本文の下線(ア)の前文より，植物体内で合成されるオーキシンを問われていると考えられるので，人工合成オーキシンである2,4-Dなどは避けるのが無難である。

(b)　オーキシン以外の「植物の成長を調節する植物ホルモン」が求められているが，花芽形成を促す花成ホルモン（フロリゲン）を含めてよいかどうか微妙なところなので，サイトカイニン，ジベレリン，エチレン，アブシシン酸，ブラシノステロイドから答えるのが妥当だろう。

C　グラフ（図2－1）を使うとは言っても，基本的には知識に基づく論述問題である。設問文に，オーキシン濃度の範囲が明示されているので，解答に反映させたい。また，設問が求めているのが「茎と根が示す重力屈性が逆になる理由」なので，書くべきポイントは「茎では濃度が高いほどよく伸び，根では濃度が低いほどよく伸びる」になる。

Ⅱ　植物の重力感知機構について，与えられた情報（リード文および図・設問文）から推論・考察することがポイントである。

A　空欄補充だが，戸惑った受験生もいたかもしれない。ポイントは，植物の重力感知機構においてアミロプラストが果たす役割と，ヒトの重力感知機構において平衡石（平衡砂・耳石・聴砂）が果たす役割が同じ（類似している）ことに気づくことである。ヒトの場合，前庭にある平衡石が重力によって移動すると，有毛細胞の感覚毛が曲がり，興奮が引き起こされるが，植物の場合，〔文2〕にあるように，細胞内にあるアミロプラストが重力によって移動すると重力方向が感知されるのである。

B　変異株pの特徴を整理して考察する設問である。まず，リード文に述べられている変異株pの特徴を抜き出してみると次のようになる。

①　茎と根の重力屈性は，どちらも完全には失われていなかった。

②　野生株に比べると重力刺激に対する反応が鈍くなっていた。

③　色素体はデンプン粒を蓄積したアミロプラストにはなっていなかった。

④　デンプンの合成に必要な酵素の１つが失われている。

⑤　アミロプラストになれなかった色素体は，通常の重力では十分沈降できないが，５倍の強さの重力環境下では野生株と同様に沈降した。

⑥　⑤の条件下では重力屈性もほぼ正常に示した。

⑤と⑥から，デンプン粒の蓄積で色素体が沈降しやすくなるとわかる。また，②と⑥を比較すると，デンプン粒の形成そのものは重力感知に必須ではなく，色素体が重力方向に沈降することが重力（方向の）感知において重要だと推論できる。つまり，デンプン粒蓄積は，色素体（アミロプラスト）を沈降しやすくすることで，重力（方向）を感知しやすくする役割を果たしているのである。

C　変異株ｓの特徴を整理して考察する設問である。変異株ｓの特徴を抜き出してみると次のようになる。

⑦　茎の重力屈性は失われていた。

⑧　根は正常に重力刺激に反応した。

⑨　茎と根のどちらにも内皮細胞が形成されなかった。

⑩　内皮細胞以外の組織は正常であった。

⑦と⑨から，内皮細胞が茎の重力屈性に必要なこと，⑧と⑨から，内皮細胞が根の重力屈性に必要がないこと，が推論できる。

D　設問文の「一般的に」を見落とさないことが必要である（一般的になのだから，教科書的な知識を答えることになる）。植物細胞の液胞については，内部を満たす細胞液に無機塩類・糖・色素・アミノ酸・不要な老廃物など，さまざまな物質が含まれていることと，膨圧発生（浸透圧の調節）に関与することは知っておきたい。

E　変異株ｐとｚの特徴を整理して考察する設問である。変異株ｚの特徴を抜き出すと次のようになる。

⑪　茎だけが重力屈性を失っていた。

⑫　茎では内皮細胞が正常に存在しアミロプラストも発達していた。

⑬　内皮細胞の下側に沈降していないアミロプラストがしばしば観察された。

⑤・⑥，⑪・⑬（後述の⑮・⑯）から，アミロプラストが重力方向に移動し，細胞の下側に沈降することが重力感知に重要なことが推論できる。

F　変異株ｚの顕微鏡観察の結果を整理すると，次のようになる。

⑭　野生株と同様に非常に大きな液胞が発達していた。

⑮　野生株で形成される細胞質糸がほとんど形成されず，アミロプラストは液胞膜と細胞膜の間に挟まれた状態で，細胞内の下側だけでなく上側や側面にも見出された。

⑯　内皮細胞のアミロプラストは，野生株では細胞質糸を通って新しい下面に数分で移動したが，変異株zではほとんど動かなかった。

⑰　根のコルメラ細胞では，野生株でも変異株zでも液胞は発達せず，アミロプラストはいずれの場合も細胞質基質の中を自由に動くことができた。

⑮と⑯から，液胞が発達した内皮細胞では，細胞質糸があればアミロプラストが沈降できるが，細胞質糸がないと沈降できないとわかる。設問では「茎の内皮細胞における細胞質糸の有無とアミロプラストの挙動の間にどのような関係があると推定されるか」が求められているので，解答としては，上の内容をそのまま述べればよい。なお，変異株zについて全体を整理すると，根のコルメラ細胞では液胞が発達せずアミロプラストが自由に動ける（⑰）ため，根の重力屈性は失われない（⑪）が，茎の重力感知には内皮細胞でのアミロプラストの沈降が重要な役割を果たしているため，細胞質糸が形成されず内皮細胞でのアミロプラストの沈降がうまくいかない（⑮・⑯）と重力屈性が失われる（⑪）。

Ⅲ　設問文に与えられた変異株xの特徴から，変異株の表現型が生じた原因を考察する設問である。まず，リード文および前設問までの考察によって，前提となる重力屈性の機構について，次のような流れが推論できる。

重力（方向）の感知

→重力方向の情報に基づいてオーキシン濃度に差をつくる

→オーキシンの濃度差によって伸長成長に相対的な差が生じて屈曲する

さて，変異株xの特徴は次のようなものである。

⑱　茎と根がともに重力屈性を示さない。

⑲　茎の内皮細胞でも根のコルメラ細胞でも，アミロプラストが発達して正常に重力方向に沈降する。

⑳　光屈性は正常である。

⑱から液胞の影響は考えられない（選択肢(3)は該当せず)。また，⑳からオーキシンの分布が偏ることで伸長成長に偏りが生じて屈曲する機構は正常だとわかる（選択肢(6)は該当せず)。そして，⑲からアミロプラストの沈降は正常と考えられるので，デンプンを合成するしくみも細胞質糸を発達させるしくみも正常（選択肢(1)・(4)は該当せず）と考えられる。すると，正常にアミロプラストが沈降したにもかかわらず，茎も根も重力屈性を示さないことになり，アミロプラスト

の位置情報を検知できないか，アミロプラストの沈降に応じたオーキシン濃度差を作り出せないかだと推論できる（選択肢(2)・(5)が該当する)。

(注)　配点は，Ⅰ－A 2点（完答)・B(a)1点(b)2点（各1点)・C 2点，Ⅱ－A 1点・B 2点・C 2点・D 2点（各1点)・E 2点・F 2点，Ⅲ－2点（各1点）と推定。

解答

Ⅰ　A　1－正　2－負　3－負　4－正

B　(a)　インドール酢酸

(b)　サイトカイニン，ジベレリン，エチレン，アブシシン酸，ブラシノステロイドから2つ

C　茎は，10^{-1} ～ 10 mg/l の範囲では濃度が高いほどよく伸長するのに対して，根は，10^{-3} ～ 10^{-1} mg/l の範囲では濃度が低いほどよく伸長するので。

Ⅱ　A　平衡石（平衡砂・耳石）

B　色素体の密度を高めて重力方向に沈みやすくして，重力方向を感知しやすくする。

C　内皮細胞は，茎の重力屈性には必要であるが，根の重力屈性には必要ない。

D　老廃物や無機塩類などを蓄積する。細胞の膨圧発生に関与する。

E　アミロプラストが重力方向に沈降すること。

F　内皮細胞は液胞が発達しているため，細胞質糸がないと，アミロプラストが重力方向に沈降できないが，細胞質糸が存在すると，アミロプラストの沈降が可能になる。

Ⅲ　(2), (5)

第3問

解説　〔文1〕はミトコンドリアDNA（以下,mtDNAと表記する）と進化の研究,〔文2〕はABO式血液型に関する集団遺伝・遺伝子頻度の変化を扱っている。

Ⅰ　DNAによる系統進化の研究に関する知識と考察が求められている。

A　いずれも基本的な用語である。

B　共生説の根拠となる事実を答える設問。頻出の内容であり，東大受験生にはお馴染みのものであろう。解答例では1行での説明を2つ挙げたが，行数制限がなく,「事実を2つ答えよ」という問われ方なので,核DNAとは異なる独自の（環状）DNAをもつこと，半自律的に分裂・増殖すること，独自のタンパク質合成系をもつこと，細菌と同じ小型のリボソームをもつこと，内膜と外膜の成分が異なる異質二重膜構造であること，などの事実から2つ，箇条書きで答えてもよい

だろう。

C　リード文にもあるが，mtDNAに突然変異が蓄積する速度は，核DNAに比べて5～10倍ほど速い。これは，修復能力の差によると考えられているが，問われているのはこのことではない。mtDNAの中で「コード領域よりも，Dループで多くの突然変異が発見された理由」が問われている。Dループは「遺伝子をコードしていない」ので，“遺伝子をコードしている領域”と“遺伝子をコードしていない領域”の対比がポイントである。突然変異には，生体に有利なもの，不利なもの，中立なもの，3つの可能性があるが，有利なものが生じる可能性は非常に低いので通常は無視する。不利な突然変異は，時間とともに自然選択で除去されて集団に残らないが，中立な突然変異は，偶然によって，消えることも残ることもある（見出される突然変異は，自然選択に中立なものが多い）。“遺伝子をコードしている領域”に生じた突然変異は，不利なものと中立なものがありうるが，“遺伝子をコードしていない領域”に生じた突然変異は，ほとんどが中立なものになるため，見出される突然変異は，“遺伝子をコードしていない領域”の方が多いのである。解答では，このことを簡潔に述べればよい。

D　系統解析の研究上，母性遺伝がもつ有用性に関する推論が求められている。系統解析については，設問文に「祖先でおこった突然変異を子孫が共有することを目印として，個体間や集団間の関係を解析する」とある。注意するのは，母性遺伝というmtDNAの遺伝様式がもつ有用性とは，父母両方から遺伝する核DNAの遺伝様式と対比しての利点だということである。これを踏まえて選択肢を一つ一つ確認していけば，判断に困ることはないはずである。

選択肢(5)にあるように世代をさかのぼると，核DNAの遺伝様式と母性遺伝との違いが明白になるので，まず，選択肢(5)から考えてみよう。

次図（男性を四角，女性を丸で示す）にあるように，ヒトには父母がいる（1世代前）。核DNAの祖先はこの2人，mtDNAの祖先（黒丸●で示す）は母1人である。父にも父母がおり，母にも父母がいるので，最初のヒトから見ると，核DNAの祖先は4人いる（2世代前）。しかし，mtDNAの祖先は母の母だけである。祖父にも父母がいて，祖母にも父母がいる……，と考えていけば，核DNAの祖先は，4世代さかのぼると $2^4 = 16$ 人，5世代さかのぼると $2^5 = 32$ 人，n 世代さかのぼると 2^n 人いる（ただし，同一人物が複数回登場し得るので，最大値である）。一方，母性遺伝のmtDNAは，何世代さかのぼっても祖先は1人である。

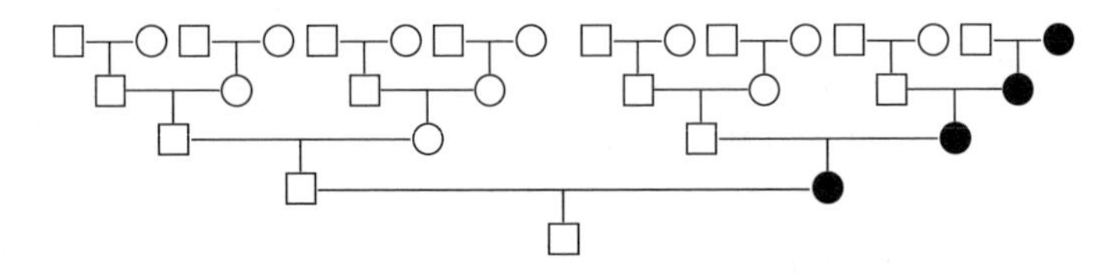

選択肢(1)では，mtDNAは「組換えを考慮しなくてよい」とあるが，父由来のmtDNAがないのだから母由来のmtDNAとの組換えが起こらないのは明らかだろう。これがなぜ，系統解析に有用なのか？　祖先において一つのDNA分子上に二つの突然変異があると仮定しよう。核DNAの場合，各世代において組換えの可能性があり，その組換えによって分子上から突然変異が消えたり，他系統で生じた突然変異が入ることが起こりうる。つまり，祖先の二つの突然変異がそろって子孫に伝わる（二つの突然変異が同一祖先に由来する）保証がないのである。一方，母性遺伝するmtDNAの場合，二つの突然変異は一緒に子孫に伝わる。そのため，同じ突然変異をもつmtDNAは近縁と考えることができるのである（偶然同じ突然変異が生じる可能性は低い）。

選択肢(2)～(4)は，mtDNAに起こる突然変異を卵と精子で比較している。上述のように，母性遺伝の有用性は核DNAの遺伝様式を比べて判断するので，卵と精子の比較には意味がない。一応，それぞれについて確認していこう。

選択肢(2)にあるように，卵のmtDNAに突然変異が蓄積しにくいとすると，ヒトの系統のように比較的短い期間の解析には不都合になる。選択肢(3)の「卵形成過程の極体放出により，突然変異をおこしたDNAが除去される」は事実ではない。一般に，細胞質分裂において，ミトコンドリアなどの選別がおこることはないと考えておこう。選択肢(4)の「活性酸素」について，激しい活動に伴う活発な好気呼吸（酸素を利用する呼吸）で生じること（たとえば，精子では，鞭毛運動のために活発に好気呼吸が行われる），活性酸素がDNAを傷つけることも知られている。だが，減数分裂を行う卵母細胞・精母細胞において活性酸素濃度が大きく異なると考える理由はない。

E　ヒトにおいて父から息子へのみ伝わるY染色体を利用すれば，父系の系統関係を調べることができる。

Ⅱ　ABO式血液型を題材に，遺伝子による形質の決まり方や遺伝子頻度の地域差などについて考察することが求められた。

A　現代の日本列島に見られる遺伝子頻度の地理的勾配を説明する仮説を，与えられた前提条件から考える設問である。「遺伝子型によって生存や生殖に有利・不利はない」とあるので自然選択は考えない。もともと住んでいた縄文系集団では「A型をあらわす遺伝子の頻度は地理的に均一」で，弥生時代のはじめに九州北部にあらわれた「大陸に由来する渡来系集団」が地理的勾配の原因だとすれば，A型をあらわす遺伝子の頻度は縄文系集団で低く，渡来系集団で高かったはずである。そして，渡来系の人（の子孫）が東に移住し（交配がおき）た結果，地理的勾配が生じたと考えられる。なお，移住した渡来系集団と縄文系集団との交配は，遺伝子頻度の変化に必須の条件ではないので，解答に含めなくても許されよう。また，現代まで地理的勾配が残っていることは，日本列島全体でのランダム婚（任意交配）が成立しているわけではないことを示している。

B　「AB型の親から生まれる子供の血液型」で答えるよう指定されているので，（AB型に$AaBb$という遺伝子型がある）仮説1ではAB型どうしの両親からO型の子が生まれる可能性があるが，実際には生まれないこと，あるいは，AB型とO型（$aabb$）の両親の間にO型の子が生まれる可能性があるが，実際には生まれないことなどを答えればよい。

C　複対立遺伝子の遺伝子頻度に関する理論的考察が求められている。遺伝子α，β，oの頻度をそれぞれp_α，p_β，p_o（$p_\alpha + p_\beta + p_o = 1$）とすると，
$(p_\alpha \alpha + p_\beta \beta + p_o o)^2$を展開すれば，各遺伝子型の頻度が求まる。展開すると，
$p_\alpha{}^2\ \alpha\alpha + 2p_\alpha p_o\ \alpha o + p_\beta{}^2\ \beta\beta + 2p_\beta p_o\ \beta o + p_o{}^2 oo + 2p_\alpha p_\beta\ \alpha\beta$となるので，
遺伝子型$\beta\beta$の頻度$= p_\beta{}^2$，遺伝子型βoの頻度$= 2p_\beta p_o$，
よってB型の頻度$= p_\beta{}^2 + 2p_\beta p_o$であり，
遺伝子型$\alpha\beta$の頻度$=$ AB型の頻度$= 2p_\alpha p_\beta$となる。

D　集団遺伝に関する計算問題で，表3－3に示された集団について計算する。有効数字に注意することが必要である。

(a)　仮説1に基づいて，遺伝子aの遺伝子頻度$= 0.7$，
遺伝子bの遺伝子頻度$= 0.9$を，表3－2に示された式に代入すれば，

$$\text{AB型の頻度} = (1 - 0.7^2) \times (1 - 0.9^2) = 0.51 \times 0.19 = 0.0969$$

表3－3より，集団全体が300人なので，

$$\text{AB型の人数は}\ 300 \times 0.0969 = 29.07 \ \rightarrow 29\ \text{人}$$

となる。

(b)　仮説2に基づいて，遺伝子βの遺伝子頻度p_βを計算する。

$$\text{A型の血液型頻度} = 134/300 = p_\alpha{}^2 + 2p_\alpha p_o \quad \cdots\cdots（式1）$$

$$\text{O型の血液型頻度} = 109/300 = p_o{}^2 \quad \cdots\cdots（式2）$$

（式1）と（式2）の和をとると

$(p_a{}^2 + 2p_a p_o + p_o{}^2) = 243/300$

$(p_a + p_o)^2 = 81/100$　　∴　$p_a + p_o = 0.90$（頻度は正の数）……（式3）

$p_a + p_\beta + p_o = 1$ なので，

$p_\beta = 1 - (p_a + p_o) = 0.10$

(c)　仮説2に基づいてAB型の人数を計算する。

B型の血液型頻度$= 38/300 = p_\beta{}^2 + 2p_\beta p_o$　……（式4）

（式2）と（式4）の和をとると

$(p_\beta{}^2 + 2p_\beta p_o + p_o{}^2) = 147/300$

$(p_\beta + p_o)^2 = 49/100$　　∴　$p_\beta + p_o = 0.70$（頻度は正の数）……（式5）

$p_a + p_\beta + p_o = 1$ なので，

$p_a = 1 - (p_\beta + p_o) = 0.30$

AB型の頻度は $2p_a p_\beta$ なので，AB型の人数$= 300 \times 2 \times 0.30 \times 0.10 = 18$

（注）　配点は，Ⅰ－A 3点（各1点）・B 2点（各1点）・C 2点・D 2点（各1点）・E 1点，Ⅱ－A 3点・B 2点・C 2点（各1点）・D 3点（各1点）と推定。

解 答

Ⅰ　A　1－ATP　　2－クリステ　　3－PCR法（ポリメラーゼ連鎖反応法）

B　核DNAとは異なる独自のDNAをもち，半自律的に分裂・増殖する。
内膜の化学的組成が外膜や他の生体膜と異なる異質二重膜構造である。

C　コード領域の突然変異は生存に不利な場合集団から除かれるが，Dループでの突然変異は生存上の有利不利がなく保存されやすいため。

D　(1), (5)

E　Y染色体（のDNA）

Ⅱ　A　A型遺伝子の頻度が低い縄文系集団に，頻度の高い渡来系集団が入り，両集団は完全には隔離されず，九州北部から周囲へと少しずつA型遺伝子が拡散したため。

B　仮説1では，両親ともAB型の場合にO型の子が生まれる可能性があるが，実際には生まれない。

C　4－$p_\beta{}^2 + 2p_\beta p_o$　　5－$2p_a p_\beta$

D　(a)　29人　　(b)　0.10　　(c)　18人

2008年

第1問

解説 〔文1〕は体細胞分裂における染色体の挙動，〔文2〕は減数分裂における染色体の挙動，〔文3〕は染色体の乗換えと遺伝子の組換えを扱っている。

Ⅰ　染色体の構造と細胞分裂に関する基本的な知識を問う設問である。

Ⅱ　染色体の移動と動原体および紡錘糸の関係を，〔文1〕·〔文2〕から正確に理解することがポイントである。

A　下線部(ア)の少し前に，動原体と微小管の関係が，「分裂中期までには，染色体の狭窄部位に存在する動原体に微小管が結合し，この微小管（動原体微小管）を介して両極へ染色体が引っ張られる」と説明されている。また，「動物細胞では，紡錘体の軸に直交するかたちで赤道面が規定される」とある。したがって，染色体（の動原体）が赤道面に並ぶ分裂中期には，動原体微小管が互いに180度の角度をなす（だからこそ，両極に向けて引っ張れる）ことが予想できるだろう。

B　体細胞分裂では，DNA複製が細胞分裂（染色体の分配）と交互に行われるのに対して，減数分裂では，DNA複製の後，2回続けて細胞分裂（染色体の分配）が起こること。中心体は，体細胞分裂であれ減数分裂であれ，分裂前期に2つに増え，細胞質分裂で細胞あたり1つに戻ること。2つの事項を結びつけて答える設問である。

C　二価染色体における動原体の配置を推論する設問で，出発点は設問Aである。動原体微小管が互いに180度をなすのだから，動原体は姉妹染色分体に1つずつ存在するはず。そのような図は(2)だが，〔文1〕の「紡錘体の軸に直交するかたちで赤道面が規定される」に基づくと相同染色体が分離せず不適である。すると，動原体が染色分体に1個ずつ（計4個）描かれている(1)か，微小管が180度で描かれている(3)か？　数を優先すれば(1)だが，この場合うまく分離するとは考えにくい。角度を優先すれば(3)になる。実際には，染色分体ごとにある動原体が同じ方向を向き，動原体微小管が真っ直ぐ伸びる（相同染色体を挟んで180度の角度をなす）ので解答は(3)なのだが，判断しにくい設問ではあった。

Ⅲ　染色体の乗換えと遺伝子の組換えについて理論的な考察が求められた。高校生物では三点交雑法を厳密に扱わないため，苦戦した諸君もいたと思われる。

A　〔文1〕·〔文2〕の内容を正確に理解して推論することが求められた。まず，着目すべき点は，〔文1〕の「全染色体について十分に均衡張力が生じると，（中略）

動原体部位に多く存在する姉妹染色分体結合タンパク質を分解する。これを契機に姉妹染色分体が両極に向かって移動を開始する」の部分であり，ここから，全染色体に均衡張力が生じないと染色体の移動が始まらない可能性が推論できる。そして，〔文２〕の「減数第一分裂では両極に向かって相同染色体が分離される。この際にも，動原体微小管に生じる張力の均衡を監視するはたらきがあるが，この場合，相同染色体間をつなぎとめているのは，（中略）乗換えによって形成されたキアズマという構造である」の部分に着目すれば，「キアズマ構造の形成が一部の染色体で欠損」した場合，染色体の移動が始まらない可能性（配偶子が形成されない可能性）が推論できる。そして，減数分裂は進行しても相同染色体が分離しない可能性に思い当たれば，染色体数が増減した配偶子が生じる可能性（異数性）も推論できるだろう。

C　設問文で述べられている「乗換えが１対の相同染色体で１回おこるケース」を下図の左に示す（遺伝子型 $AaBb$ とする）。

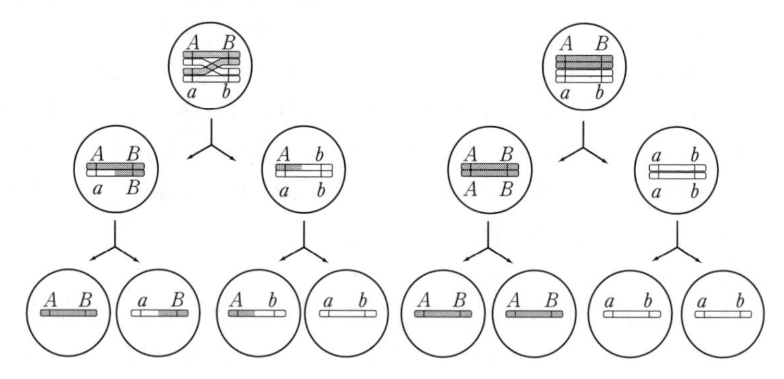

この図でわかるように，遺伝子型 $AaBb$ の細胞の減数分裂の際に，遺伝子 A・a と B・b の間で乗換えが１回起きると，遺伝子型 AB，aB，Ab，ab の細胞が１個ずつ生じる。組換えているものが２つ，組換えていないものが２つなので，組換え頻度は $2 \div (2+2) \times 100 = 50\,\%$ なのである。

ここで実際の配偶子形成を考えよう。多数の母細胞が減数分裂を行う際に，遺伝子 A・a と B・b の間で乗換えが起こるケースだけではなく，上図右のように遺伝子 A・a と B・b の間では起こらないケースもある（染色体の他の領域で起きていると考えればよい）。つまり，実際には上図の左右が混在しており，遺伝子間距離が短いとその間で乗換えが起こる確率が小さい（言い換えれば，上図左が少なく右が多い）が，距離が長いとその間で乗換えが起こる確率が大きい（上図左が多く右が少ない）のである。遺伝子間で“平均”１回の乗換えが起きる場合は，すべての減数分裂が上図左になることに相当し，組換え頻度（の期待値）は50％となる。このことは，平均乗換え回数が1回のとき組換え頻度が(理論上の)最大値である 50％となることを意味している。組換え価の最大値が 50％であること，組換え価 50％は「独立」と区別できないことは，知っていた諸君が多いと思う。

「組換え頻度 1％に対し，遺伝子間距離が 1 cM」なのだから，組換え頻度が 50％になる遺伝子間距離は 50 cM，このとき，遺伝子間で“平均”1 回の乗換えが起きると考えられる（ただし，50 cM の遺伝子間距離について組換え頻度を実測すると 50％より小さな値が出る）。すると，105 cM 離れている染色体上の 2 点間で起きる染色体の乗換えは，105 ÷ 50 = 2.1(回)より，平均2回と求められる。

ところで，組換え頻度の最大値が 50％なのに 105 cM などという値が出てきて驚いた諸君もいたかもしれない。しかし，「105 cM」は，2 遺伝子間の組換え頻度が 105％という意味ではなく，“組換え頻度 1％に相当する距離の 105 倍”という意味なので，50 を上回っていても不思議はないのである。

D　105 cM 離れている遺伝子について「組換え率を測定したところ」，距離が「44 cM であることがわかった」ということは，この 2 遺伝子間での組換え頻度が 44％ということである。なぜ，遺伝子距離が 105 cM と大きいのに組換え頻度が 44％と小さいのか？　これが求められている考察である。設問 C で，105 cM 離れている 2 遺伝子間では「染色体の乗換え」が平均 2 回起こることが示されているので，2 遺伝子間で二重乗換えが起こると対立遺伝子の組合せが元通りになり，二重乗換えがない場合に比べて組換え頻度が小さくなる事実を思い出した諸君が多かっただろう。確かにそうなのだが，この設問には重要ポイントが別にある。それを理解するために，遺伝子間で乗換えが 2 回起きた場合について丁寧に整理してみよう。

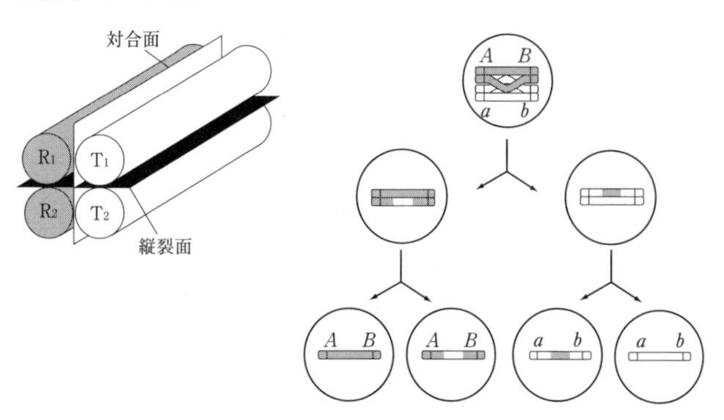

前頁の図左に二価染色体の模式図を描く。ここで，R（灰色）とT（白色）が相同染色体，R_1 と R_2 および T_1 と T_2 がそれぞれ姉妹染色分体である。この相同染色体の遺伝子 A・a と B・b の間で2回の乗換えが起こると図右のようになり，染色体は部分的に入れ換わる（染色体の乗換えは起きている）が，遺伝子の組合せは変わらない（遺伝子の組換えは起きていない）。高校生物では，ここで議論を止めているが，厳密には不十分である。というのは，2回の乗換えが同じ染色分体の組合せで起きるだけでなく，1回目と2回目の乗換えに関わる染色分体の組合せが異なる場合もあるのだ。そこで，染色分体の組合せを整理してみる。

まず，1回目と2回目の組合せが同じ場合（上図右に相当）は，次の4通り。

1回目の乗換え	2回目の乗換え	遺伝子組換えの頻度（%）
R_1 と T_1	R_1 と T_1	0 （AB が2つ，ab が2つ生じる）
R_1 と T_2	R_1 と T_2	
R_2 と T_1	R_2 と T_1	
R_2 と T_2	R_2 と T_2	

次に，1回目と2回目で，乗換えを起こす染色分体が共通しない場合が4通りある。たとえば，1回目の乗換えが R_1 と T_1 なら，2回目は R_2 と T_2 で起こる場合で，減数分裂の結果生じる4個の細胞は，すべて遺伝子の組換えが起きている（下図左）。

1回目の乗換え	2回目の乗換え	遺伝子組換えの頻度（%）
R_1 と T_1	R_2 と T_2	100 （Ab が2つ，aB が2つ生じる）
R_1 と T_2	R_2 と T_1	
R_2 と T_1	R_1 と T_2	
R_2 と T_2	R_1 と T_1	

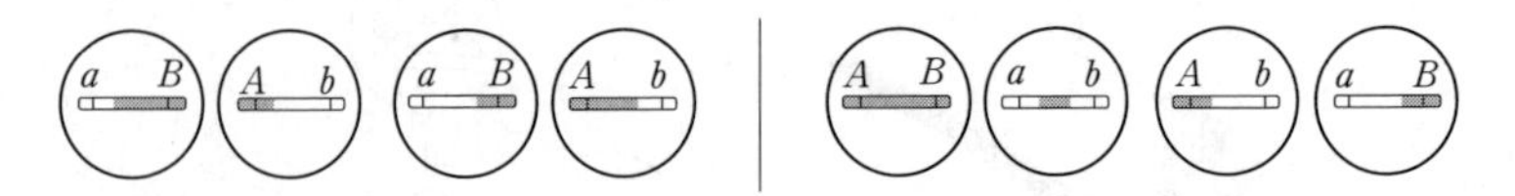

最後が，1回目と2回目で染色分体が1つだけ共通する場合（上図右に相当）である。たとえば，1回目の乗換えが R_1 と T_1，2回目が R_1 と T_2 で起こるので，生じる4個の細胞のうち，2個は組換えのあるもの，2個は組換えのないものになる。

1回目の乗換え	2回目の乗換え	遺伝子組換えの頻度（%）
R_1とT_1	R_1とT_2	50 （*AB*, *Ab*, *aB*, *ab* の4種類が1つずつ生じる）
R_1とT_1	R_2とT_1	
R_1とT_2	R_1とT_1	
R_1とT_2	R_2とT_2	
R_2とT_1	R_2とT_2	
R_2とT_1	R_1とT_1	
R_2とT_2	R_2とT_1	
R_2とT_2	R_1とT_2	

以上から，2回の乗換えが起きた場合の遺伝子組換えの頻度（理論値）が計算できる。2回目の乗換えの染色分体の組合せは，1回目の乗換えでの組合せと無関係なので，3つの表に現れる16通りの組合せは等しい確率で生じる（遺伝子組換えの頻度が0％の確率が4/16，頻度100％の確率が4/16，頻度50％の確率が8/16)。したがって，全体としては，0％ × 4/16 + 100％ × 4/16 + 50％ × 8/16 = 50％となる。

2つの遺伝子間で乗換えが2回起きた場合も，遺伝子組換えの頻度は理論上50％となる。これが，組換えの頻度（組換え価）の最大値が50％であることの厳密な説明になる（同様の議論は3回以上でも成立する)。設問Cのところで，平均乗換え回数が1回のとき，組換え頻度が（理論上の）最大値である50％となると述べたが，乗換えの回数が2回の場合も組換え頻度の期待値は50％であり，結論的に言えば，“平均1回以上”の染色体の乗換えが起こるほど2遺伝子間の距離が大きい場合，組換え頻度は最大値の50％となってしまい，距離を反映しないのである。

E　遺伝的な距離とは組換え頻度で求めた距離なので，「遺伝的な距離が物理的距離に比べて長い」のは「遺伝子間の距離（から予想される頻度）に比べて組換え頻度が大きい」場合である（したがって⑴は適切，⑶は不適切)。⑵は測定に用いる遺伝子間距離が長くなる（一定の領域で使える遺伝子が少ないのだから遺伝子間距離は長くなる）と述べており，この場合，遺伝的な距離が物理的距離よりも小さく出る（設問Dより)。⑷の遺伝子のはたらきは乗換え（組換え）とは無関係である。

（注1）　配点は，Ⅰ－5点（各1点)，Ⅱ－A2点・B2点・C2点，Ⅲ－A2点・B1点・C2点・D2点・E2点（完答）と推定。

（注2）　行数制限の解答の際は，1行あたり35字程度で解答した（以下同)。

解答

Ⅰ　1－前　2－ヒストン　3－赤道　4－細胞質分裂　5－娘

Ⅱ　A　(4)

B　体細胞分裂では，DNA複製が1回行われると中心体が倍加して染色体の分配を行い元の数に戻るのに対して，減数分裂では，DNA複製が1回行われた後，中心体が倍加して染色体の分配を行い元の数に戻ることが2回起こる。

C　(3)

Ⅲ　A　十分な均衡張力が発生せず染色体が移動しないために，卵や精子が形成されなかったり，染色体の不分離によって異数性の卵や精子が生じる可能性がある。

B　三点交雑法

C　$105 \div 1 \times (1/50) = 2.1$　∴　2回

D　105cMある第3染色体の両端にある遺伝子間では乗換えの回数は平均2回であり組換え頻度は大きくなるが，組換え率の理論上の最大値は50％なので，2遺伝子間の組換え頻度の測定から得られる距離は105cMよりも小さくなる。

E　(2)・(3)・(4)

第2問

解説　〔文1〕はヒトの内部環境の恒常性，〔文2〕は尿形成の機構，〔文3〕はグルコースの再吸収と糖尿を扱っている。

Ⅰ　設問A・Bとも，恒常性，自律神経系，内分泌系に関する基本的な知識を問う設問である。

Ⅱ　尿形成に関する計算問題で，見慣れない用語があるが，単位に注意しながら，設問文を正確に読めば理解できたはずである。

A・B　問題集などでお馴染みの計算問題である。代謝されず，ろ過されるが再吸収も分泌もされない物質は，“時間あたりのろ過量（ろ過負荷量）”が“時間あたりの尿中に排泄される量（排泄量）”と等しくなることがポイントである。

溶質量＝溶液の体積×溶液濃度であるから，

尿中に排泄される量(mg/分)＝尿流量(ml/分)×尿中濃度(mg/ml)　……①

∴　物質Xの排泄量＝ 0.9ml/分× 35mg/ml ＝ 31.5mg/分

ろ過負荷量(mg/分)＝糸球体ろ過量(ml/分)×血しょう中濃度(mg/ml)　……②

物質Xについては，物質Xの排泄量＝物質Xのろ過負荷量が成立するので，

物質Xのろ過負荷量(mg/分) = 31.5 mg/分

∴　物質Xの糸球体ろ過量 = 31.5 mg/分 ÷ 0.25 mg/ml = 126 ml/分

C　排泄量については設問Aと同様の考え方で①式から計算を行えばよい。ろ過負荷量については②式に，糸球体ろ過量と物質Yの濃度を代入する。

物質Yの排泄量 = 0.9 ml/分 × 15 mg/ml = 13.5 mg/分

物質Yのろ過負荷量 = 126 ml/分 × 0.02 mg/ml = 2.52 mg/分

D　設問Cの結果から，物質Yでは，“ろ過負荷量＜排泄量”なので，ろ過後に増加することがわかる。つまり，腎細管（細尿管）で“分泌量＞再吸収量”が成立していることが推論できる。

Ⅲ　血糖と糖尿，グルコースの再吸収に関する設問であるが，リード文・設問文のポイントを読み落とさなければ解答は難しくないはずである。

A　| 6 |：図2 − 2から，血糖値（血糖濃度）0.9 mg/mlでの値を読むと，グルコースのろ過量 ≒ 100 mg/分，再吸収量 ≒ 100 mg/分，排泄量 ≒ 0 mg/分であり，ろ過されたグルコースがすべて再吸収され，尿中に排泄されないことがわかる。

| 7 |：〔文3〕の最後に「再吸収されないグルコースが腎細管中にあると，浸透圧の効果によって尿量が増える」とあるのがポイントである。

血糖値4.0 mg/mlの状態では，グルコースの排泄量 ≒ 130 mg/分（図2 − 2より）であり，尿量が増えていることが推論できる。インスリン投与によって血糖値が正常になれば，この影響が消失すると考えられるので，尿量は減少するはずである。

なお，それぞれについて「理由」が求められているが，ここでは，判断の根拠となる事実，あるいは，インスリン投与後の体内での現象を簡潔に述べればよい。

B　設問文にあるクリアランスの説明および計算方法から，グルコースのクリアランスと血糖値の関係を確かめればよい。たとえば，血糖値が1 mg/ml（正常値）のとき，排泄量は0 mg/分であるから，クリアランス = 0（= 0 mg/分 ÷ 1 mg/ml）である（したがって(1)・(3)は不適切）。選択肢の(2)と(4)は，グラフが曲線か直線かという違いがあるが，クリアランスの定義を文字式で表してみると(2)のような曲線になることがわかる。図2 − 2より，血糖値をx，排泄量をyとすると，原点から閾値付近までを除いて，$y = ax - b$（a, bは定数）が成り立つ。すると，クリアランス = $(ax - b)/x = a - b/x$　なので，xが大きくなるとaに収束することがわかる（もちろん，いくつかの血糖値について実際に計算して選んでもよい）。

C　インスリンは，細胞へのグルコースの取り込み，グリコーゲン合成を促進する。

(注)　配点は，Ⅰ－A 3点（完答）・B 1点，Ⅱ－A 2点・B 2点・C 2点（各1点）・D 2点，Ⅲ－A 6点（各3点）・B 1点・C 1点（完答）と推定。

解答

Ⅰ　A　1－恒常性（ホメオスタシス）　2－間脳視床下部　3－脳下垂体後葉
　　4－抑制　5－低

　B　(3)

Ⅱ　A　0.9 ml/分 × 35 mg/ml = 31.5 mg/分

　B　31.5 mg/分 ÷ 0.25 mg/ml = 126 ml/分

　C　排泄量　……　15 mg/ml × 0.9 ml/分 = 13.5 mg/分
　　ろ過負荷量　……　0.02 mg/ml × 126 ml/分 = 2.52 mg/分

　D　(3)

Ⅲ　A　6－(1)　7－(2)

　6の理由：血糖値が0.9 mg/mlまで下がると，閾値である2.5 mg/mlを下回り，ろ過されたグルコースがすべて再吸収されるようになるので。

　7の理由：再吸収されず腎細管中にとどまるグルコースによる浸透圧の効果がなくなるため，増加していた尿量が健常者と同様の量に戻るので。

　B　(2)

　C　(2)・(4)

第3問

解説　〔文1〕は酸素呼吸の機構,〔文2〕は原核生物の代謝,〔文3〕は窒素循環を扱っている。

Ⅰ　ミトコンドリアの構造と機能に関する基本的な知識を問う設問である。

Ⅱ　〔文2〕では，原核生物の酸素呼吸，化学合成（硝化作用），脱窒素作用が，物質の酸化還元（電子の伝達と受容）およびエネルギー代謝の観点から説明されている。注意すべきは,「嫌気呼吸」と「酸素呼吸」の語である。高校生物の教科書では「呼吸」と「発酵」しか登場しないが，この問題のように多様なしくみを「呼吸」としてとらえることができる。東大入試では高校教科書とは異なる説明が与えられることもあるが，それらについてはていねいに読み，考察に（ある程度）反映させることが必要であろう。

　A　硝化細菌の炭酸同化に関する論述が求められているが,制限行数が1行なので,無機窒素化合物の酸化のエネルギーを利用することと，二酸化炭素を有機物にすることの2点を答えればよい。

B　硝化作用に関する考察と論述が求められている。制限行数が3行程度なので，いくつかの内容を整理して書くことが必要である。設問文に，アンモニアの酸化に「アンモニアと酸素分子を結合させる反応が必要」と書かれていること。〔文2〕に，嫌気呼吸の例として硝酸呼吸（脱窒作用）の説明があり，有機物を基質，硝酸イオン（NO_3^-）を電子受容体として利用していると述べられていること。この2点に着目すると，「嫌気的な条件で硝化作用は進行するのだろうか」という問いは，単に，“気体の酸素が存在しないから硝化作用は進行しない”という解答を求めているのではないとわかる。設問の本質を理解するために，嫌気的条件においてアンモニア酸化細菌が（何らかの）嫌気呼吸と硝化作用を行うとしてみよう。すると，何らかの物質を電子受容体として有機物の酸化を行いエネルギーを取り出す（ATPを合成する）反応と，酸化物を還元し酸素分子を得る反応，酸素を用いてアンモニアを酸化しエネルギーを得る（ATPを合成する）反応が並行することになる。この反応の並行は，アンモニア酸化細菌にとって“得”（生物学的に表現すれば“適応的”）なのか？　酸化物を還元して酸素分子を得るには多くのエネルギーを消費する必要がある。また，酸化反応でエネルギーを得るとき，エネルギー効率が100％ということはなく，有機物を基質としてエネルギーを得るとき，アンモニアを酸化してエネルギーを得るとき，それぞれで一部を熱として失う。したがって，有機物の酸化だけを行うより，3つの反応の並行の方が有利とは考えられない。つまり，この設問では，“嫌気的条件で嫌気呼吸とアンモニアの酸化を同時進行させると不利だから”アンモニアの酸化が起こらず，結果として“硝化作用は進行しない”という内容が求められているのである。

C　脱窒素細菌の代謝に関する考察と論述が求められている。増殖にはエネルギーが必要であること，同程度の増殖には同程度のエネルギーが消費されたはずであること，これを出発点として表3－1を解釈する。まず，実験開始時～20時間目では，どちらの条件でも乾燥重量で1mgから25mgに増加していることから，同じ代謝を行い同程度のエネルギーを消費したと推論するのが自然であろう（したがって，酸素呼吸を行っていると判断する）。次に，20時間目～44時間目では，硝酸イオンがないと2mgしか増加しないが，硝酸イオンがあると38mg（＝63－25）増加していることから，酸素を消費し尽くして酸素呼吸が行えないことと，硝酸イオンがある条件では硝酸呼吸を行っていることが推論できる。

Ⅲ　〔文3〕では，水田における窒素循環がかなり細かく説明されており，〔文2〕および設問Ⅱを踏まえて正確に読み取り，考察することが必要である。

B　設問ⅡBから嫌気的条件では硝化作用が起こらないと判断し，(a)は○，(c)は×。

設問ⅡCから，酸素がある条件では硝酸呼吸（脱窒作用）よりも酸素呼吸が先に起こると判断し，(b)は×，(d)は○。

C　下線部(ア)の「イネに吸収される前に消失」する理由を求められている設問で，“消失するしくみ（＝粗筋）”を答えることになる。制限行数は5行程度と長いので，肥料として添加された窒素がどのように変化していくかを丁寧に書くことになる。解答のポイントとしては，正荷電のアンモニウムイオン（NH_4^+）は土壌中に保持されること，酸化層で硝化作用を受けること，負荷電の硝酸イオン（NO_3^-）は保持されず還元層に移動し，鋤床層へもゆっくりと流出すること，還元層で脱窒素細菌に利用される（N_2として失われる）こと，を述べればよい。

D　設問Cを踏まえて，土壌中に保持させつつ，硝化細菌や脱窒素細菌に利用させない条件を考えればよい。土壌中に保持させるには，正荷電のアンモニウムイオンのままにする必要があり，硝化細菌に利用させないためには嫌気的条件が必要なので，作土層の還元層に与えることになる。根拠が求められているので，正荷電によって留まること，嫌気的条件では硝化細菌が利用できないことに加えて，脱窒素細菌はアンモニウムイオンを利用できないことも書くべきであろう。

（注）配点は，Ⅰ－4点（各1点），Ⅱ－A 1点・B 3点・C 4点（各2点），Ⅲ－A 1点・B 2点（完答）・C 3点・D 2点と推定。

解答

Ⅰ　1－マトリックス　2－クリステ（内膜）　3－二酸化炭素　4－水

Ⅱ　A　無機窒素化合物の酸化で得たエネルギーを用いて，二酸化炭素を有機物にする。

B　嫌気的条件でアンモニアの酸化を行うには酸化物を還元して酸素を得る必要があるが，嫌気呼吸で得たエネルギーで酸素を獲得し，アンモニアを酸化してエネルギーを得ても，嫌気呼吸で得られるエネルギーを下回るので，嫌気的条件では硝化作用は進行しないと考えられる。

C　(a)　培地中の酸素を消費しつくしたため十分な酸素呼吸が行えず，培地に硝酸イオンが含まれていないため硝酸呼吸もできないので，増殖に必要なエネルギーを生産できなかった。

(b)　20時間目までは両条件で差がないことから20時間目には酸素呼吸を行っており，その後，両条件で増殖に大差を生じることから，44時間目には硝酸呼吸を行っていると考えられる。

Ⅲ　A　窒素固定

B　(a)－○　(b)－×　(c)－×　(d)－○

C　アンモニウムイオンは正荷電のイオンなので土壌に保持されるが，酸化層で硝化細菌によって負荷電の硝酸イオンに変換されると保持されなくなる。硝酸イオンが還元層に移動すると，漏出にともなって失われる上に，脱窒素細菌の硝酸呼吸で利用され分子状窒素となってしまうため，イネが吸収できる窒素量は非常に少なくなる。

D　正荷電のアンモニウムイオンが土壌中に保持され，酸素がないため硝化が起きず，硝酸が生じないため脱窒素細菌に利用されることもないので作土層の還元層に与える。

2007年

第1問

解説 〔文1〕は筋の構造と機能，〔文2〕は筋収縮の調節，〔文3〕はヒトの心臓の構造と機能を扱っている。東大入試としては解答しやすい問題だった。

Ⅰ　筋の構造と機能および自律神経系に関する知識を問う設問である。いずれも基本的な用語であり，合格のためには完答が望まれよう。

Ⅱ　ポイントになるのは，心臓の拍動調節，平滑筋の収縮の調節，いずれも自律神経系によって拮抗的に調節されている点である。

A　心房筋標本を用いた実験の結果を，心臓の構造と機能，特に心臓の自動能と結びつけて解釈する必要がある。まず，想起しなければならないのは，心臓が自動能（自動性）をもつ機構である。ヒトを含む恒温動物では，右心房（と上大静脈との境界）にある洞房結節に，自発的に律動的な興奮を発するペースメーカーが存在する。洞房結節から発した興奮は，二つの経路（一つは左心房へ，もう一つは中継点である房室結節を経て，右心室・左心室へ）で心臓全体に伝わる。そのため，右心房は単独で自動能をもつ（心房筋標本 a と判断できる）が，左心房は単独では自動能をもたない（心房筋標本 b と判断できる）のである。

B　副腎をすりつぶして得た抽出液には，髄質から分泌されるアドレナリンや，皮質から分泌されるコルチコイドが含まれていると考えられるが，実験1において物質 X が心房筋標本 a（右心房）の自動能を増強した（収縮弛緩反応を強めた）ことから，物質 X はアドレナリンであると判断すればよい。

C　実験2では小腸筋標本が用いられているが，消化器の活動（平滑筋の収縮を含む）が，交感神経によって抑制され，副交感神経によって促進されるという基本的な知識をもとに判断する。物質を投与すると平滑筋が収縮する物質 Y は副交感神経末端から放出されるアセチルコリン，投与すると平滑筋が弛緩する物質 Z は交感神経末端から放出されるノルアドレナリンと判断できる。設問では，物質 Y および物質 Z を心房筋標本 a に投与した場合の反応が問われているので，物質 Y（アセチルコリン）の投与は心臓の活動を抑える（グラフ(2)を示す）一方，物質 Z（ノルアドレナリン）の投与は活動を強める（グラフ(3)を示す）と考察することになる。

D　図1－4の二つのグラフ（投与前と(3)）を見比べると，心房筋標本の収縮の頻度が5回 / 秒から6回 / 秒に増え，収縮の大きさ（グラフの振幅）も大きくなっている（特徴として，この二つを答える）。そして，この変化が生体でのどんな現象に相当するかを考えると，収縮の頻度の増加は心臓拍動の増加に，収縮の大きさの増加は心臓拍動の強さの増加（血圧上昇，拍出量増加）につながることが予想できる。

Ⅲ　ヒトの心臓の構造と機能を，循環器系における心臓の役割と結びつけることがポイントである。

A　血液循環の経路に基づいて判断する。血液は，体の組織で酸素を渡す結果，血中酸素濃度の低い血液（静脈血）となり，全身の組織⇒大静脈⇒右心房（3）⇒右心室（4）⇒肺動脈（2）を経て，肺へと運ばれる。そして，肺でのガス交換によって血中酸素濃度の高い血液（動脈血）となり，肺⇒肺静脈（1）⇒左心房（5）⇒左心室（6）⇒大動脈を経て，再び，全身の組織へと運ばれることになる。

B　右心室は，肺循環（右心室⇒肺動脈⇒肺⇒肺静脈⇒左心房）のポンプ，左心室は，体循環（左心室⇒大動脈⇒全身の組織⇒大静脈⇒右心房）のポンプであることと，心室の壁の厚さの違い――心臓の壁を構成するのは主に心筋であり，筋組織が太くなると収縮の強さが増すこと――を結びつければよい。

C　心室中隔に穴がない正常な心臓と穴がある心臓の血液の流れを予想し，その違いから考察すればよい。正常な心臓では，大静脈⇒右心房⇒右心室⇒肺動脈という流れと肺静脈⇒左心房⇒左心室⇒大動脈という流れが，別々に存在する。一方，心室中隔に穴があると，（設問Bで考えた心室壁の厚さの違いから）左心室内圧が右心室内圧を上回り，左心室から右心室へと血液が流れることが予想される。すると，体循環で流れるべき動脈血の一部が肺循環へ入ってしまうことになり，全身の臓器へ運搬できる酸素量が減少することになる。

（注１）　配点は，Ⅰ－５点（各１点），Ⅱ－Ａ２点（各１点）・Ｂ１点（完答）・Ｃ２点（各１点・完答）・Ｄ４点（各１点），Ⅲ－Ａ２点（完答）・Ｂ２点・Ｃ２点と推定。

（注２）　行数制限の解答の際は，１行あたり35字程度で解答した（以下同）。

解答

Ⅰ　１－平滑　　２－横紋　　３－副交感　　４－交感　　５－間脳視床下部

Ⅱ　Ａ　右心房

（理由）　自動能を生じさせるペースメーカーが，右心房の洞房結節に存在するため。

Ｂ　物質Ｘ－アドレナリン，一般名称－ホルモン

Ｃ　物質Ｙ－⑵，アセチルコリン　　物質Ｚ－⑶，ノルアドレナリン

Ｄ　（特徴）　１回の収縮の振幅が大きくなる。

収縮の頻度が増える。

（変化）　1回の拍動あたりの血液の拍出量が増加する。

心拍の頻度が増加する。

Ⅲ　A　1－高　　2－低　　3－低　　4－低　　5－高　　6－高

B　右心室は肺のみに血液を送り出すが，左心室は肺を除く全身に血液を送り出すため，左心室の方がより強く収縮して高い圧力をかける必要があるので。

C　右心室内圧より左心室内圧が高いため，左心室の血液が心室中隔の穴を通って右心室に移動する。その結果，体循環へ向かう血液の一部が肺循環に入ることになり，全身の臓器に血液を送りにくくなる。

第2問

解説　〔文1〕は転流，〔文2〕は葉の一生と物質生産・転流，〔文3〕は植物の一生と物質生産・転流を扱っている。ソースとシンクという，受験生が見慣れない視点が中心になっているが，東大入試としては解答しやすい問題だった。

Ⅰ　大問全体の中心となる「ソースとシンクの機能」が説明されており，その内容を正確に理解することがポイントだった。

A～C　植物組織の構造と機能に関する基本的な知識を〔文1〕と結びつければよい。つまり，道管（木部）は，根から葉などへ一方向的に水や無機塩類を運ぶ（根がソース，葉などがシンクとなる）が，師管（師部）は，両方向的に同化産物を運ぶ（設問Aでは葉がソース，設問Cでは根がソース）ということである。なお，3設問とも「組織は何であるか」と問われているので，木部・師部も許容されたと思われる。

D　東大入試で用語の定義が問われることは多くないが，基本的な知識であり，合格するためには的確に答えたい。ここで問われている「光の補償点」（光補償点）の場合，見かけ上気体の出入りがなくなる“現象”ではなく，“光の強さ”であることに注意しなければならない。

Ⅱ　与えられたリード文・グラフ・表からの考察が求められたが，いずれも東大受験生には難しくはなかったと思われる。

A　第6葉については，図2－2から次の2点――矢印の時点において，①出葉してから約30日が経過していること，②葉の窒素量が減少し始めていること――が読み取れる。したがって，図2－1や〔文2〕の一節「老化段階では葉が保持する窒素量も減少している」と照らし合わせれば，老化段階と判断できる。

第8葉については，図2－2から次の2点――矢印の時点において，①出葉してから約16日が経過していること，②増加しつつあった窒素量がほぼ最大に達したこと——が読み取れる。したがって，〔文2〕の一節「葉の成長段階では，転流してくる窒素の7割以上が葉緑体の発達に使われる」と②を照らし合わせると，成長が終わり成熟葉になったと判断できる。また，引用部分の続きに，「葉緑体の成熟は，出葉した葉の先端部分より始まり，完全展開時に葉全体におよぶ。これ以降を成熟葉と呼び」とあり，注2－1に「第6葉以降（栄養成長期の後期）では，出葉後7日程度で完全展開する」とあるので，①からも，第8葉が矢印の時点で成熟葉であると判断できる。

B　第6葉は老化段階に入っており（設問Aより），〔文2〕から「光合成装置に含まれるタンパク質の分解」が起きていると考えられる。すると，成熟葉である第8葉よりも第6葉で師管液に含まれるアミノ酸が多いのは，第6葉でタンパク質が分解され，生じたアミノ酸が上位の葉に運ばれている——第6葉が，窒素に関してソースとしての役割を果たしている——ためだと推論できるだろう。

C　ある物質についてソースとしての役割が主となる時，言い換えると，ソースとして送り出す量がシンクとして受け取る量を上回る時，葉に含まれるその物質の量は減少する。逆に，シンクとしての役割が主となる時，葉に含まれる量は増加する。考察のポイントは，このシンプルな関係である。

出葉するまでは光合成できないことから，「成長開始から出葉まで」は，成長に必要な物質のシンク——呼吸基質となる有機物を他の部位からもらう炭素のシンク，タンパク質合成の基質であるアミノ酸などをもらう窒素のシンク——と考えられる。

出葉後について。図2－1・左で，窒素量が20日まで増え，20日以降は減ることから，出葉後20日までは窒素のシンク，20日以降は窒素のソースである。

葉の一生に関する説明を踏まえると，窒素の変動（図2－1・左）は，光合成装置に含まれるタンパク質量の変動，言い換えると炭酸同化速度の変動（図2－1・右）を引き起こすと考えられる。つまり，出葉後20日まで炭酸同化速度が上昇するのは，窒素が葉に入ってくることに関係し，20日以降，炭酸同化速度が低下するのは，窒素が葉から出ていくことに関係する。また，〔文1〕にあるように，葉は，活発に光合成を行って合成した呼吸基質を送り出す（炭素のソース）としての役割をもつので，炭素については「7日から20日まで」と「20日から40日まで」の両方ともソースと判断することになる。より細かく考察すれば，「7日から20日まで」は活発に光合成を行い呼吸基質を送り出すが，「20日から40日まで」は光合成産物だけでなく，光合成装置に含まれるタンパク質が分解して生じたアミノ酸などの有機物を送り出すというように，同じ炭素でも物質は変化していると推論できる。

Ⅲ　植物（イネ）の栄養成長と生殖成長の切り換えが，転流の切り換えと対応することを正確に理解することがポイントだった。

A　植物の生殖および代謝に関する基本的な知識を問う設問である。

B　図2－3について「穂の分化後30日までは花の形成の期間」と説明され，〔文3〕では，「生殖成長期の初期には，葉から転流されてくる窒素を用いて花の形成と茎の伸長が進行する」が，「花が開き受粉すると，種子を構成する胚と胚乳が形成される。以後は胚乳が主要なシンクとなる」とあるので，穂の分化後30日以後の変化が，種子形成（胚乳形成）に関わる部分と判断できる。したがって，図2－3の30日と70日の差を読めば，茎葉部から運び出された窒素量65（＝100－35）と種子が蓄えた窒素量80（＝100－20）を求めることができる（つまり，種子は，茎葉からの転流分65と根からの転流分15を蓄えたということである）。

（注）　配点は，Ⅰ－A 1点・B 1点・C 1点，D 2点，Ⅱ－A 4点（各2点）・B 2点・C 2点（完答），Ⅲ－A 5点（各1点）・B 2点と推定。

解答

Ⅰ　A　師管

B　道管

C　師管

D　光合成速度と呼吸速度が等しくなり，見かけ上，気体の出入りがなくなる光の強さ。

Ⅱ　A　第6葉－出葉から約30日が経過し，葉に含まれる窒素量が減少し始めていることから，老化の段階と考えられる。

第8葉－出葉から約16日が経過し，葉の窒素量がほぼピークに達していることから，完全展開して活発に光合成する成熟葉の段階と考えられる。

B　第6葉がアミノ酸のソースとなり，光合成装置に含まれていたタンパク質が分解され，生じたアミノ酸が師管を通じて運び出されているため。

C　(1)　シンク　(2)　ソース　(3)　ソース
(4)　シンク　(5)　シンク　(6)　ソース

Ⅲ　A　1－（貯蔵）デンプン　2－ジベレリン　3－従属　4－独立
5－アブシシン酸

B　(100 － 35) ÷ (100 － 20) ≒ 0.8　　答：8割

第3問

解説　遺伝・遺伝子に関する大問で，〔文1〕では，突然変異によって生じた対立遺伝子の進化について，〔文2〕では分子進化と生物の系統との関係を扱っている。著しい難問はなく，東大入試としては解答しやすい問題だった。

Ⅰ　基本的な生物用語を問う設問である。

Ⅱ　遺伝法則に関する基本的な理解が問われた。

A　対立遺伝子の優性・劣性を判断する設問であるが，“劣性形質が現れている個体間に，優性形質をもつ個体が生まれる可能性はない”ことを利用する。与えられた家系図では，第二世代の個体1（正常）と個体2（正常）の間に遺伝病をもつ子（第三世代・個体2）が生まれているため，正常形質が劣性である可能性はない。

B　前問Aの設問文に「第二世代の個体1と6は，遺伝病Sの原因となる対立遺伝子をもっていない」とある。しかし，第二世代の個体1（男性）と個体2（女性）の間に，遺伝病Sを発病した子が生まれている。一見すると矛盾する二つの事実をもとに，伴性遺伝であること――第三世代の個体2は，X染色体上の遺伝病Sの原因遺伝子を母親から受け継ぎ，父親からはY染色体を受け継いだため発病したこと――を判別すればよい。また，第一世代の個体2（女性）が遺伝病Sを発病していることにより，Y染色体上に存在する可能性が否定されることにも気づきたい。

C　設問A・Bより，遺伝病Sは，X染色体上の劣性対立遺伝子が原因だと判明したので，遺伝病Sの原因となる対立遺伝子をr，優性対立遺伝子をRとすると，第三世代の個体6はX^RX^r（ヘテロ個体なので），原因遺伝子をもたない男性はX^RYと示すことができる。この間に生まれた子を考えるので，女子の場合は可能性は0（X^RX^RまたはX^RX^r），男子の場合は可能性は0.5（X^RYまたはX^rY）である。

Ⅲ　DNAの複製に関する知識を求められた。選択肢(1)は，「DNAリガーゼ」が誤りで，正しくは「DNAポリメラーゼ」である。(3)は，「細胞分裂の前期」が誤りで，正しくは「細胞分裂の間期」である。いずれも，基本的な内容であった。

Ⅳ　分子系統樹と分岐年代の計算が求められた設問。与えられた数値が原因で，解法によって複数の解答が導かれる結果となり，学習が進んでいた受験生諸君を惑わせることになった可能性がある（なお，駿台からの問い合わせに対して，東京大学からは採点で考慮する旨の説明があった）。

A　相同タンパク質のアミノ酸配列を比較して，その違いの程度から系統関係を推論する設問で，与えられた表3－1から次のように推論する。表中で，もっとも違いが少ないのは，哺乳類aと哺乳類bである。そこで，この二つをまとめて，〈哺乳類a・b〉と両生類c，魚類dとの違いを考える（哺乳類aとbの数値の平均をとる）と，次のような表になる。

	哺乳類a・b	両生類c	魚類d
哺乳類a・b	－		
両生類c	63	－	
魚類d	79	62	－

すると，〈哺乳類a・b〉から見ると，両生類との違いが63で，魚類との違いが79なので，哺乳類の祖先が両生類から分岐した方が現在により近く，魚類から分岐した方がより昔だと判断できる。これは，脊椎動物の進化と系統分類の知識からも妥当な推論であり，選択肢(3)の系統樹を選べばよい。

ところが，ここで困った事態が生じる。上表の数値で最小なのは62，両生類cと魚類dの違いなのだ。仮に，このデータだけから判断するならば，62が最小なのだから両生類cと魚類dの方が近縁という判断になり，選択肢(2)を選ぶことになる（設問文に，系統樹の枝の長さは進化の時間と直接対応しないとあるので，枝の長さは判断材料にならない）。さらに，両生類cから見て，〈哺乳類a・b〉との違い63と魚類dとの違い62はほぼ同じであることを重視すると適切な系統樹がないのだ。できるだけ，受験生を惑わすことのない出題を望みたいところである。

B　8000万年前に共通祖先から分岐した哺乳類aとbのアミノ酸の違いが15個であること，分岐後の時間とアミノ酸の違いが比例することをもとに計算する。

ここで，〈哺乳類a・b〉と魚類dの違い79個を使って計算すると，分岐は，8000万÷15個×79個≒42000万年前となり，選ぶべき選択肢は(4)になる（哺乳類aと魚類dの違い80個を使うと，8000万÷15個×80個≒43000万年前）。

ところが，ここでも困った事態が生じる。系統樹(3)に基づくとして，より厳密に考えようとすると，〈哺乳類a・bと両生類c〉と魚類dの分岐で考えなければならないのだ。すると，次のような表になる。

	哺乳類a・b・両生類c	魚類d
哺乳類a・b・両生類c	－	
魚類d	73.3	－

すると，分岐は，8000万÷15個×73.33個≒39000万年前となり，選ぶべき選択肢は(3)となる。

V　分子進化の速度を計算する設問だが，もとになる考え方が述べられているので，東大受験生であれば，式をつくることは難しくなかったと思われる。

さて，設問文に留意すべき点として挙げられているが，8000万年前に共通祖先からの分岐が起き，その後，分岐してから哺乳類aまでの系統と分岐してから哺乳類bまでの系統，この2つの系統で起きたアミノ酸置換が合計15個である。したがって，それぞれの系統では15個÷2＝7.5個のアミノ酸置換が起きていることになり，「タンパク質Xは140アミノ酸から」なるのだから，「10億年あたりにおける1アミノ酸あたりの置換率」は，7.5個÷140個÷8000万年×10億年（≒0.6696…）で求めることができる。

Ⅵ　分子進化の考え方に基づいて推論する選択問題。機能に大きく影響する突然変異は生存に不利になる可能性が高く，自然選択によって集団内に残らないのに対し，機能に影響しない突然変異は中立で，偶然によって集団内に残ることがある。そのため，機能上重要な部分の分子進化は遅く，重要でない部分の分子進化は速い。この考え方から判断すればよい。選択肢(3)は，「インスリンは2本のポリペプチドが2か所で結合したもの」というのは正しいが，「それぞれが独立にはたらくことができる」というのは誤りである。また，仮に独立にはたらけたとしても，機能上重要な部位と重要でない部位がある限り，「どのアミノ酸も同じ置換速度を示す」ことにはならない。選択肢(4)は引っかかりやすいが，下線部(エ)で説明されているように「タンパク質の分子進化の速度は，一定年数あたりにおける1アミノ酸あたりの置換率として表す」ので，ペプチドが何個のアミノ酸でできているかに影響されない（設問Vでアミノ酸数で割るのは「1アミノ酸あたり」にする意味をもっている）。もちろん，アミノ酸数が多いペプチドほど，どこかにアミノ酸置換が起こる確率は高いが，これは意味が異なる確率である。

Ⅶ　アミノ酸の置換速度と遺伝暗号を結びつけて考察する設問である。ここまでの分子進化の考え方をきちんと読み取れていれば，難しくはないはずである。

A　塩基配列と3塩基と述べられていることから，遺伝暗号（コドン）に関わる考察だと気がつけたかどうか，それがポイントである。3塩基で1個のアミノ酸を指定する遺伝暗号（コドン）は全部で64通り，それらで20種類のアミノ酸と翻訳終了を指定するので，同じアミノ酸を指定する複数のコドンが存在することになる。特に，コドンの3番目の塩基が違っても同じアミノ酸を指定する場合が多いため，コドンの3番目の塩基が置換しても，同じアミノ酸を指定するコドンに変化する場合（同義置換）が生じ，機能に影響しない（中立な変異になる）。しかし，コドンの１番目・２番目の塩基の置換は，ほとんどの場合，アミノ酸置換を引き起こすため，機能に影響する可能性が高く，集団内に残る率が低くなる。

B　真核生物の相同遺伝子において，塩基配列の置換速度が小さい領域（つまり，機能上，重要な領域）と置換速度が大きい領域（つまり，機能上，重要でない領域）が交互に存在するということから，置換速度が小さい機能上重要な領域＝エキソン，置換速度が大きい機能上重要でない領域＝イントロンと気づけたかどうか，それがポイントである。このポイントに気づければ，アミノ酸配列を指定するエキソンでは，塩基置換がアミノ酸置換を引き起こし，タンパク質の機能に影響する可能性があるため，置換速度が小さくなるとともに，設問Aの「３塩基ごとに置換速度が大きいという法則性」が現れることが説明できる。一方，アミノ酸配列を指定しないイントロンは，塩基置換がアミノ酸置換を引き起こすことはなく，タンパク質の機能に影響する可能性はないため，置換速度が大きくなる。そして，アミノ酸配列を指定しないのだから，３塩基の何番目に置換が起こっても同じことであり，「３塩基ごとに置換速度が大きいという法則性」が現れないことも明らかだろう。

　話は違うが，仮に，アミノ酸配列において，置換速度が大きな領域と置換速度が小さな領域が見つかった場合，タンパク質の機能上重要でない領域と，機能上重要な領域に対応することになる。この題材も，すでに何度か出題されているので，この設問と合わせて理解しておこう。

（注）　配点は，Ⅰ－３点（各１点），Ⅱ－Ａ２点･Ｂ２点（各１点）･Ｃ２点（各１点），Ⅲ－２点（各１点），Ⅳ－Ａ１点･Ｂ１点，Ⅴ－１点，Ⅵ－２点（各１点），Ⅶ－Ａ２点，Ｂ２点と推定。

解答

Ⅰ　１－体細胞　　２－減数　　３－自然選択

Ⅱ　Ａ　第二世代の個体1，2が発病していないのに，両者の子である第三世代の個体2が発病していることから，遺伝病Sの原因遺伝子は劣性と考えられる。

　Ｂ　伴性遺伝

　（根拠）第二世代の個体１の男性が原因遺伝子をもたないのに，第三世代の個体２に劣性形質の子が生まれたことから，常染色体（およびＹ染色体）上に存在する可能性が否定されるので。

　Ｃ　女子－0，　男子－0.5

Ⅲ　(1)，(3)

Ⅳ　A　(3)

　B　(3)または(4)

Ⅴ　0.67

Ⅵ　(3), (4)

Ⅶ　A　遺伝暗号は, 3番目の塩基が違っても同じアミノ酸を指定する場合が多い。そのため, 3番目の塩基の置換は, 1・2番目の塩基の置換に比べ, タンパク質の機能に影響しない確率が高いため, 進化速度が大きくなる。

　B　エキソンでは塩基置換がアミノ酸配列を変え機能に影響するので置換速度が小さく, イントロンでは機能に影響しないので置換速度が大きい。そのため, 置換速度の小さい領域と大きい領域が交互に存在した。また, イントロンでは, どの塩基が置換しても同じなので, 3塩基ごとに置換速度が大きいという法則性が現れなかった。

2006年

第1問

解説 〔文1〕は細胞小器官の構造と機能,〔文2〕は遺伝子発現およびリボソームの構造と機能と形成機構,〔文3〕はタンパク質の修飾・分泌を扱っている。

Ⅰ　細胞小器官の構造に関する基本的な知識を問う設問である。[2]は葉緑体・有色体・白色体の総称である色素体であることに注意しよう。

Ⅱ　ポイントになるのは,核内での転写とスプライシング,細胞質基質での翻訳,いずれも酵素による触媒反応が基本になっている点である。

A　転写されたmRNA前駆体がスプライシングされる際に,イントロン部分が正確に除去される必要がある。そのため,イントロンの末端(始点・終点)には,スプライシングにはたらく酵素が認識する目印(塩基配列)があると考えられる。一方,リボソームには(必要がないので)イントロンを認識する能力がない。そのため,イントロンを含むmRNAであっても正常なものと同様に反応が進み,3塩基ずつの区切り(コドン)にしたがってアミノ酸を結合させていく結果,異常なアミノ酸配列となる。言ってみれば,本来アミノ酸配列を指定していないイントロン部分が"指定している"かのように使われているのであって,(5)の「無作為」は該当しない。

B　ヒストンは染色体を構成しDNAを支持するタンパク質。DNAポリメラーゼはDNAの複製にはたらく酵素である。

C　転写では,RNAポリメラーゼが遺伝子(DNA)に結合,4種類のヌクレオチド(厳密には4種類のリボヌクレオシド三リン酸)を基質としてRNAを合成する。翻訳では,リボソームがmRNAに結合,20種類のアミノ酸(厳密には20種類のアミノ酸-tRNA複合体)を基質としてタンパク質を合成する。ここでポイントとなるのは,ゲノムあたりの遺伝子を増やさなくても,転写によってmRNAを増やすことでタンパク質の合成速度が高められる点である(リボソームが十分量存在するならば,mRNA量が2倍になれば,タンパク質の合成速度も2倍になる)。そのため,リボソームタンパク質の場合,遺伝子が(ゲノム1組あたり)それぞれ1個でも,mRNAを多量に合成することで十分量を合成できる一方,RNA自体が機能するリボソームRNAの場合,遺伝子そのものを増やし,ゲノム上の100カ所以上で転写を行うことが必要なのである。

D　進化の"RNAワールド仮説"を知っている諸君は,設問文の「触媒活性を持つ分子がどのように進化したか」という一節が，この仮説を示唆していることに気づいただろう。触媒活性をもつ分子（要するに酵素である）は，最初はRNAであったが，後にタンパク質に進化したというわけだ。加えて，〔文2〕で，「その活性はこれらの構成要素の中でも主にリボソームRNAにより担われている」と述べられていることもヒントとなっただろう。

では，“RNAワールド仮説”を簡単に確認しておく。自己複製と代謝が生命の本質に含まれることは確かである。細胞においては，遺伝子として自己複製を担う物質はDNA，酵素として複製や代謝を担う物質はタンパク質であり，2つの間をRNAがつないでいる。“RNAワールド仮説”では，細胞の出現に先立って,RNAが遺伝子と酵素の両方のはたらきを行う段階（RNAワールド）があり，遺伝子としての役割がDNAに，酵素としての役割がタンパク質に移り，生命が誕生したと考える。

Ⅲ　〔文3〕の内容を正確に理解し，実験に関する考察を行う設問である。ポイントになるのは，翻訳されてから分泌されるまでの経路〈小胞体⇒膜小胞⇒ゴルジ体⇒膜小胞⇒細胞膜〉を読み取り，その間に起こる修飾を理解することであった。

A　〔文3〕で述べられている酵素Aの分子量の変化から，実験1の結果（図1）で分子量が小さい分子（Y）が小胞体での酵素Aであり，分子量が大きく，少しずつ異なる分子（X）がゴルジ体での修飾をうけた酵素Aだとわかる。問われている変異体aでは「多くの膜小胞が蓄積していた」ので，小胞体から形成される膜小胞がゴルジ体と融合できない，ゴルジ体から形成される膜小胞が細胞膜と融合できない，両方の膜小胞の融合ができない，という3つの可能性が考えられる。一方,設問文に「Xに対応する分子量の標識された酵素Aが蓄積していた」とあることから，ゴルジ体で修飾を受ける段階までは正常だとわかり，3つの可能性のうち2つめだと判断できる。

B　変異体bでは「肥大したゴルジ体が蓄積」するので，ゴルジ体から膜小胞が形成される段階に異常があると考えられる。この場合，酵素Aはゴルジ体内部にまで輸送されているので，ゴルジ体での修飾も正常に進行すると推論できる。

変異体cでは「小胞体が大量に蓄積」するので，小胞体から膜小胞が形成される段階に異常があると考えられる。この場合，酵素Aは小胞体からゴルジ体へ輸送されないので，ゴルジ体での修飾は起きないはずだと推論できる。

C　二重変異体は，生命活動の機構を解明する際に利用される。これは，2つの変異部位が並列の関係にある（それぞれが独立にはたらく）場合，二重変異体では両方の形質が現れたり，単一変異の際とは異なる形質が現れたりする一方，2つの変異部位が直列の関係にある（まず一方が起こり，その後に他方が起こる）場合，二重変異体では先行する段階の変異形質が現れることを利用している。この設問では，変異体aと変異体cの二重変異体について考察するのだが，変異体aがより後の段階（膜小胞と細胞膜の融合）なので，より前の段階（小胞体からの膜小胞の形成）に異常がある変異体cの形質が発現し，酵素Aの分子量は小さく(ゴルジ体での修飾を受けていない),小胞体が蓄積すると予想することになる。

（注1）　配点は，Ⅰ－3点（各1点），Ⅱ－A1点・B2点（各1点）・C2点・D2点，Ⅲ－A2点・B4点（各2点）・C4点（a2点・b2点）と推定。

（注2）　行数制限の解答の際は，1行あたり35字程度で解答した（以下同）。

解答

Ⅰ　1－ミトコンドリア　　2－色素体　　3－核膜孔（核孔）

Ⅱ　A　(4)

B　(2)，(6)

C　多量に転写されたmRNAをもとに翻訳することで，リボソームタンパク質を多量に合成できるため，コードする遺伝子は1個ずつで十分である。

D　翻訳装置は，RNAだけで構成されていたと考えられる。

Ⅲ　A　ゴルジ体での修飾を受けた酵素Aと膜小胞が蓄積していることから，ゴルジ体から形成された膜小胞が細胞膜に融合する段階に異常があると考えられる。

B　変異体bでは，ゴルジ体が蓄積するが，ゴルジ体での修飾は正常に起こると考えられるので，Xの分子量の酵素Aが蓄積すると思われる。

変異体cでは，小胞体が蓄積することから，酵素Aはゴルジ体に達しておらず，ゴルジ体での修飾を受けていないYの分子量の酵素Aが蓄積すると思われる。

C　a　(2)

b　二重変異体では，小胞体からの膜小胞形成とゴルジ体からの膜小胞の細胞膜への融合に異常があるが，前の段階の異常が現れ，小胞体が蓄積すると考えられる。

第2問

解説　〔文1〕は光合成のしくみ，〔文2〕は植物群落における物質生産，〔文3〕はさまざまな生態系における物質生産を扱っている。

Ⅰ　説明文の内容を量的な関係を含めて正確に理解することがポイントだった。

A　与えられた条件に基づいて計算する。ある地域の純生産が3.0 kg/m^2・年，1.0 gの有機物の合成に16.8 kJのエネルギーが必要とあるので，純生産をエネルギーに換算すると$3.0\times10^3\times16.8$ kJ/m^2・年，光合成に有効なエネルギーは地表に到達するエネルギーの45％なので$8.0\times10^3\times0.45$ kJ/m^2・日，したがって，求める効率は

$(3.0\times10^3\times16.8\,\mathrm{kJ/m^2}$・年$)\div(8.0\times10^3\times0.45\,\mathrm{kJ/m^2}$・日$\times365$ 日/年$)\times100$

となる。

B 〔文1〕の2段落目では，光合成の電子伝達系が，電子伝達にともなってチラコイド内腔への水素イオンの移動を起こすこと，水素イオンの濃度差（= pH勾配）はエネルギーの一種であり，水素イオンの濃度勾配に従った移動に“共役して”ATPが合成されること（ATP合成の化学浸透圧説），が説明されている。

⑴　チラコイド内腔をpH4とした後，pH8の緩衝液に移すと，チラコイド内が高濃度，チラコイド外が低濃度という水素イオンの濃度勾配が生じる。したがって，水素イオンの濃度勾配に従った移動によってATPが合成され，正しい。

⑵　水素イオンの濃度勾配を解消するということは，ATP合成のエネルギーが消失するということであり，ATPが合成できなくなる(したがって誤り)。一方，電子伝達系による水素イオンの輸送は阻害されず，むしろ促進される。

⑶　チラコイド膜が破れていると，膜内外での水素イオンの濃度勾配が形成できない。これはATP合成のエネルギーがつくれないということであり，ATP合成が阻害される（したがって誤り）。

⑷　細胞膜をはじめ，細胞小器官を構成する膜（生体膜）は，基本的にリン脂質二重層にタンパク質が埋め込まれた構造をもつ。リン脂質二重層は，イオンをほとんど通さない。

C 〔文1〕の3・4段落の内容に基づいて計算する。2分子の水が分解されると，4個の水素イオンが蓄積され，さらに4個の電子が電子伝達系を伝わる結果，8個の水素イオンが蓄積される。この合計12個の水素イオンからは，4分子のATPが生産される。また，4個の電子が電子伝達系を伝わると2分子の還元力がつくりだされるが，これは6分子のATPに相当する。以上より，1分子の水が分解されると，5分子のATPに相当するエネルギーが生産されると計算できる。

Ⅱ　生産構造図・葉面積指数・光−光合成曲線といった，植物群落の物質生産と環境との関係が扱われたが，いずれも東大受験生には難しくはなかったと思われる。

A　生産構造図に関する知識が求められた。積算葉面積指数のグラフとの対応は，

一般に，イネ科型の生産構造図をもつ群落の方が，葉量が多い（葉面積指数が大きい）ことを知っていれば容易だったろう。また，次の設問の結果から判断することもできた。

B　生産構造図を読み取って計算する。40 cm 四方の区画なので，土地面積は $1600\,cm^2$ 。地上 15 cm までの葉（光合成器官）の生重量は $10 + 30 + 60 + 90 = 190\,g$，生重量 1 g あたり $60\,cm^2$ なので，求める積算葉面積指数＝ $190 \times 60 \div 1600$。

C　グラフに関して答える問題で，学習していた諸君も多かっただろう。設問の要求が「光を利用するうえで」の特徴なので，相対照度の変化と葉のつき方に着目する。さらに，積算葉面積指数のグラフから葉量にも触れたい。したがって，イネ科型の生産構造図をもつ植物では，葉が斜めに比較的広い範囲につき，葉量が多いこと，相対照度がゆるやかに低下する（つまり，下層にも光が到達する）ことから，上層から下層まで多くの葉で光を効率よく利用していることを答えることになる。

D　図2から，植物Aの地上 45 cm における相対照度は 10％とわかるので，図4の光の強さ 10％のところを読む。図4は見かけの光合成速度を示しているので，光合成速度＝見かけの光合成速度＋呼吸速度＝ $30 + 10$ と求められる。

E　葉は光合成だけでなく呼吸も行う。夜間は呼吸だけなので，昼間，夜間の呼吸で消費する分の有機物も生産しておかないと，1日の物質生産の収支がマイナスになる（したがって，1日の物質生産の収支がマイナスにならない最低限の光の強さは，光補償点よりも高い）。こうした収支がマイナスの葉をいくら増やしても，群落としての物質生産が増えないのは明らかだろう。つまり，群落の葉面積指数が増加すると，呼吸量が葉量に比例して増加するが，光合成量の方は，葉の重なりが生じ群落内の光が減少するようになると，増加が抑えられるようになり，あるところで，収支がマイナスの葉が生じるようになる――，この点をふまえて解答をつくることになる。

Ⅲ　世界のさまざまな生態系の現存量と純生産量が扱われた。似たような計算が繰り返し求められ，やや煩雑。計算の意味を正確に理解することがポイントだった。

A　現存量 1 kg あたりの純生産量は，表1から計算すればよい。

森林では，$79.9 \times 10^{12}\,kg/年 \div 1700 \times 10^{12}\,kg = 4.7 \times 10^{-2}\,kg/年・kg$。

草原では，$18.9 \times 10^{12}\,kg/年 \div 74 \times 10^{12}\,kg = 0.255\cdots \fallingdotseq 2.6 \times 10^{-1}\,kg/年・kg$。

違いが生じる理由では，森林では非光合成器官である幹などの割合が多く，草原では非光合成器官の割合が少ないという，現存量の質的な違いがポイントである。

B～D　この3つの設問を通じて重要なのは，Bの設問文の「植物の現存量が平衡に達している」という部分である。これは，現存量が増減しないという意味で，純生産量と同量の有機物が被食・枯死によって失われている，つまり，植物を構成する有機物が，純生産量に相当する量ずつ入れ替わると考えるのである。

B　前述の内容が読み取れれば，(3)が正解になるのは明らかであろう。なお，(4)は「生態系を構成する有機物」とあるので該当しないことに注意が必要である。

C　現存量を純生産量で割った値を，表1から計算する。

全陸地では，1836.6×10^{12} kg ÷ 115.2×10^{12} kg/年 = 15.94… ≒ 1.6×10^{1} 年。

全海洋では，3.9×10^{12} kg ÷ 55×10^{12} kg/年 = 0.0709… ≒ 7.1×10^{-2} 年。

この値は，上述の前提のもとで考えると，それぞれの生態系に存在する植物の現存量が，何年で入れ替わるかを示すことになる。

D　問Cの値の違いが生じる理由を考察する設問。考察すべきポイントが「主たる一次生産者の種類」と生産者の「構造的特徴」，更新に要する時間（問Cの解答）と明示されているので，それに基づいて考える。陸地の「主たる一次生産者」は樹木で，「構造的特徴」としては幹など非光合成器官の割合が高いことがあげられる。樹木の非光合成器官は動物による摂食を受けにくく，落葉・落枝など枯死脱落によって有機物が少しずつ入れ替わるため時間がかかる。海洋の「主たる一次生産者」は小さな植物プランクトンであり，「構造的特徴」としては，ほぼすべてが光合成器官だということがある。そして，海洋では，植物プランクトンが消費者によって摂食される割合が高く，現存量が安定しているのである（純生産量と被食量が釣り合うと考えればよい）。

（注）配点は，Ⅰ－A 1点・B 2点（各1点）・C 2点，Ⅱ－A 2点（各1点）・B 1点・C 2点・D 1点・E 2点，Ⅲ－A 2点（計算1点・理由1点）・B 1点・C 2点（計算1点・理由1点）・D 2点と推定。

解答

Ⅰ　A　3.8（％）

B　(2)，(3)

C　5分子

Ⅱ　A　植物A：広葉型，(イ)　　植物B：イネ科型，(ア)

B　7.1

C　多量の葉が斜めにつき，最上層から下層まで広い範囲に分布することで，上層から下層まで少しずつ光を吸収し，全体として光を効率よく光合成に利用して，大きな物質生産量を得ている。

D　40

E　葉面積指数が増加すると，葉量に比例して呼吸量が増加する一方，葉が重なり下層の葉で十分な光が得られなくなって光合成量の増加が頭打ちになるため，ある限度を越えると，葉面積指数が増えても群落の純生産量が増加しなくなる。

Ⅲ　A　森林　4.7×10^{-2}（kg/年・kg）　草原　2.6×10^{-1}（kg/年・kg）

草原の生産者である草本の現存量の大半は光合成を行う葉であるのに対し，森林の生産者である樹木の現存量の大半は光合成を行わない幹などであるから。

B　(3)

C　全陸地　1.6×10^{1}（年）　全海洋　7.1×10^{-2}（年）

その生態系内の植物を構成する有機物が更新されるのに要する時間を表す。

D　陸地の主たる一次生産者は樹木であり，大形で寿命が長く，動物によって摂食されにくいため，長期間にわたる物質生産の結果が現存量として蓄積し，枯死によって少しずつ更新されるため，更新に要する時間が長い。海洋の主たる一次生産者は植物プランクトンであり，小形で，活発に増殖する一方，消費者によって盛んに捕食されるため，現存量の更新に要する時間が短くなる。

第3問

解説　マラリアを話題とした大問で，〔文1〕は媒介者であるハマダラカとの関係，〔文2〕は遺伝，〔文3〕はDNAマーカー，〔文4〕では集団遺伝を扱っている。

Ⅰ　マラリアの媒介に関する説明文をきちんと読み取ることがポイントだった。

A　マラリア原虫とハマダラカの関係では，原虫はハマダラカ体内で増殖し，新たな宿主に感染するという利益を得る一方，ハマダラカは原虫が侵入しても利益も損害もない。マラリア原虫とヒト・ネズミの関係では，原虫は宿主体内で増殖する利益を得る一方，ヒト・ネズミは最悪の場合は死に到るという損害がある。

B　媒介能力をもつということは，マラリアに感染したネズミを吸血した後に，感染していないネズミを吸血すると，マラリアが感染するということであるから，X系統のハマダラカが媒介能力をもたず，Y系統がもつことを示すには，十分な量のマラリア原虫が血中に観察されたネズミを両系統のハマダラカに吸血させた後，マラリアに感染していないネズミを別々に吸血させ，Y系統が吸血したネズミには感染するものの，X系統が吸血したネズミには感染しないことを示せばよい。

Ⅱ　遺伝に関する基本的な知識と考察が求められた。

A　基本的な用語を答える設問だが，［2］が答えにくい。「染色体の［2］により乗換えが生じ」とあり，やや不自然ではあるが「対合」と答えればよかろう。他には，「キアズマ」も許容解と思われるが「乗換え」と同義の「交さ」は入らない。

［4］～［6］は，交配実験の結果から判断する。色素沈着の形質がひとつの遺伝子座により支配されると考えるので，対立遺伝子を R, r とおいてみる。色素沈着が起きる形質が優性だとすると，F1 世代× X 系統の戻し交配は $Rr \times RR$, 次世代は色素沈着を起こす個体（RR と Rr）のみ，F1 世代× Y 系統の戻し交配は $Rr \times rr$, 次世代は色素沈着を起こす個体（Rr）と起こさない個体（rr）が半々となり，図6の結果と一致する（よって，［6］に「優性」が入る）。それに対して，色素沈着が起きる形質が劣性だとすると，F1 世代× X 系統の戻し交配は $Rr \times rr$, 次世代は色素沈着を起こさない個体（Rr）と色素沈着を起こす個体（rr）が現れるはずで図6の結果と一致しない。不完全優性の場合，次世代のヘテロ個体（Rr）は色素沈着を起こす個体とは異なる表現型を示すはずで，やはり図6の結果と一致しない。

B　図7のグラフを細かく読み取ると，ハマダラカ体内のマラリア原虫の数にある程度の差があること，つまり，増殖がある程度阻害されていることがわかる。

まず，グラフの目盛りを読んで度数分布にすると，次のようになる。

	～25	～50	～75	～100	～125	～150	～175	～200	～225	～250	計
F1 世代× X 系統	41	26	35	28	34	21	27	28	25	0	265
F1 世代× Y 系統	33	28	21	23	34	22	25	35	30	35	286

これから，増殖阻害を示唆する次のような事実がわかる。F1 世代× X 系統では，マラリア原虫の総数は最大値でも 200 ～ 225 匹で，225 ～ 250 匹の原虫をもつハマダラカは調べた 265 匹の中にいない。一方，F1 世代× Y 系統では，225 ～ 250 匹の原虫をもつハマダラカが調べた 286 匹の中に 35 匹いる。F1 世代× X 系統では，約半数（130 匹）のハマダラカには 100 匹以下のマラリア原虫しかいない。一方，F1 世代× Y 系統では，約半数（147 匹）のハマダラカには 125 匹以上のマラリア原虫がいる。グラフの各階級を 12.5, 37.5, ……, 237.5 として，ハマダラカ体内のマラリア原虫の平均数を求めると，F1 世代× X 系統では

約105匹，F1世代×Y系統では129匹である。

差が小さいと感じる諸君もいるだろうが，Y系統を用いた戻し交配で生じる個体の半数では色素沈着が起こっており，色素沈着がないのは残り半数であることが，色素沈着の有無による原虫の増殖の差を小さく見せているのである。

C　遺伝（連鎖と組換え）に関する基本的な内容であり，東大受験生であれば，容易に気づけただろう。

Ⅲ　DNAマーカーと遺伝子発現に関する考察が求められた。

A　DNAマーカーを用いて目的の遺伝子座の位置を調べる際，マーカーと目的の遺伝子座が離れていれば高い率で組換えが起こり，マーカーと目的の遺伝子座が近ければ低い率でしか組換えが起こらないということを利用している。そのため，マーカー同士が接近していては意味がないのである。

B　色素沈着オーシストの有無では，個体1と個体3が「有り」，個体2と個体4が「無し」となっているので，3つのマーカーの中で，DNAマーカーの組合せが，個体1・3と，個体2・4に分かれるものを選べばよい。また，この交配がF1世代×Y系統であること，色素沈着を起こす対立遺伝子がX系統に由来することから，X系統由来のDNAマーカーの有無と，色素沈着の有無を比べてもよい。

C　下線部(カ)で，色素沈着を起こさないY系統で，遺伝子Z由来のタンパク質が存在しないことが述べられていることから，遺伝子Z由来のタンパク質がはたらくと色素沈着が起こることがわかる。つまり，遺伝子Z由来のタンパク質は「色素沈着を抑える機能」ではなく，「色素沈着を誘導する機能」をもつのである（よって，選択肢の(1)・(4)は誤り）。そして，オーシストに色素沈着を起こす形質が優性であることから，ヘテロ個体においてタンパク質の量が半分になっても，正常に機能し色素が沈着すると考えられる（よって，(2)が正解）。

Ⅳ　マラリアとかま状赤血球貧血症をめぐる集団遺伝を扱った設問であるが，頻出の内容であり，東大受験生には難しくなかったと思われる。

A　基本的な知識を問う設問である。

B　珍しく応用面が問われているが，答えるべきポイントは明記されている。オーシストに色素沈着を起こさせるX系統の形質は，マラリアを媒介しないという形質でもあり，しかも優性形質だという点がポイントである。つまり，X系統のハマダラカが交配して生じたF1世代はマラリア原虫を媒介できないので，多数のX系統のハマダラカを放すことで，媒介者を減少させマラリア症が広がるのを抑えられる可能性があるというわけである。

C　遺伝子型の比が$AA:AS:SS=25:10:1$と与えられているので，遺伝子頻度は次のように求められる。

遺伝子 A の頻度 $=(25\times2+10\times1)\div(25\times2+10\times2+1\times2)$

$=60\div72=5/6$

遺伝子 S の頻度 $=(10\times1+1\times2)\div(25\times2+10\times2+1\times2)$

$=12\div72=1/6$

D　新生児が成人になる過程で，遺伝子型 AA の人の一部（$0<x<1$ とする）が死亡し，一部（$1-x$）が成人に達する。遺伝子型 SS の人は全員死亡するので，成人における遺伝子型の比は $AA:AS:SS=25\times(1-x):10:0$ となる。ここで，成人における遺伝子 S の頻度が新生児における頻度と等しいので，

成人における遺伝子 S の頻度 $=10\times1\div\{25\times(1-x)\times2+10\times2\}$

$=1/6$

これを解けば，$x=1/5$ となる。

（注）　配点は，Ⅰ－A 2点(各1点)・B 2点，Ⅱ－A 2点(1～3で1点・4～6で1点)・B 2点・C 1点，Ⅲ－A 2点・B 2点（番号1点・理由1点）・C 2点，Ⅳ－A 1点（完答）・B 2点・C 1点・D 1点と推定。

解答

Ⅰ　A　マラリア原虫－ハマダラカ：片利共生

マラリア原虫－ヒト・ネズミ：寄生

B　マラリア原虫をもつX系統のハマダラカにネズミを吸血させても感染しないが，マラリア原虫をもつY系統にネズミを吸血させると感染することを示せばよい。

Ⅱ　A　1－独立　2－対合　3－組換え　4，5－劣性，不完全優性　6－優性

B　色素沈着を起こしマラリア原虫の感染性を失わせるだけでなく，ハマダラカ体内での増殖速度をある程度低下させている。

C　きわめて近接した位置に存在し，完全に連鎖している複数の遺伝子座が関与している場合。

Ⅲ　A　どのマーカーとの組換え価が小さいかを調べて遺伝子座の位置を推定するため。

B　3

マーカー3では，DNAマーカーの長さの組合せが色素沈着の有無と対応するが，マーカー1やマーカー2では対応しないので。

C　(2)

Ⅳ　A　8－ヘモグロビン　9－酸素

B　マラリア原虫を媒介できなくなる形質は優性なので，X系統のハマダラカを増殖させてマラリア発生地域に大量に放すことで，子孫の媒介能力を失わせる。

C　1/6

D　1/5

2005年

第1問

解説 細胞分裂（細胞周期）とDNAの複製機構を扱った問題である。目新しい内容はなく，東大入試としては易しい問題であった。

Ⅰ 〔文1〕は，細胞分裂と細胞周期について述べているが，基本的な内容である。

B 動物細胞では，細胞膜が赤道面でくびれ込んで細胞を二分するのに対して，植物細胞では，赤道面の中央に細胞板が形成され，これが中央から外側へと細胞を二つに仕切る。細胞質分裂の違いは，教科書に述べられている内容であり，正確に解答することが要求されたと考えられる。

C 細胞の構造に関する基本的知識を問う設問である。「構造と主要な機能について」述べることが求められているが，制限行数が1行と短いので，構造と機能の両方を簡潔に書くことが必要である。しかし，細かな事項を列挙する必要はないと考えられる。そのため下記の解答例では機能は一つだけにしてある（解答例以外では，たとえば，細胞壁では膨圧の発生，液胞では浸透圧の調節を述べても良いだろう）。

Ⅱ 〔文2〕は，DNA合成期の細胞に放射性チミジンを取り込ませてDNAを標識し，細胞周期の各時期の所要時間を推定する実験を述べている。東大受験生にとって，この実験は問題集などでお馴染みのものだと思われる。

A 基礎的な事項である。なお，設問文に「色素」とあるので，厳密には「カーミン」（または「オルセイン」）が正しいのだが，染色液の名称を用いて「酢酸カーミン」（または「酢酸オルセイン」）と答えても許容されるだろう。

B 問題の（注1）に「細胞の標識に要した時間は便宜上0時間とし，S期の細胞はすべて標識されたとする」とある。もちろん，S期以外の細胞は標識されないから，標識された細胞を追跡するということは，実験開始時にS期であった細胞群（次頁の図の斜線部）を追跡することになる。では，解答の筋道を確認しておこう。

まず，下線部(イ)の「4時間後から，標識されたM期の細胞が観察され始め」たという部分から，標識された細胞（実験開始時にS期だった細胞）のうち，開始時にS期を終える寸前だった細胞（図の▲）が4時間後にはM期に入ったこと，言い換えればG_2期が4時間だということがわかる。そして，下線部(イ)の少しあとで，「標識されたM期の細胞は……，18時間後から再び観察されるようになった」とあるので，▲で示す細胞が4時間後にM期に入り，18時間後に再びM期に入る，言い換えれば，1回の細胞周期に要する時間が18 − 4 = 14時間だということもわかる。

さて，下線部(イ)の続きには，「5時間後にはM期の細胞の50％が標識されるに至った」とあり，時間経過とともに，M期の細胞の100％が標識され，「10時間後にはその割合は再び50％になった」と書かれている。この部分から，次のような推理によってM期とS期の所要時間がわかる。

実験開始から5時間後の時点で，標識された細胞がM期の細胞の50％を占めるというのは，図に示すように，▲で示す細胞が，4時間後にM期に入り，1時間でM期の中間点に至ったことを示す。これが読み取れれば，あと1時間でM期の細胞の100％が標識される（▲の細胞がM期を終える，つまりM期は2時間）と予想できるだろう。また，M期の細胞の50％が標識されるのが，実験開始5時間後と10時間後だということは，実験開始時にS期だった細胞群（斜線部）がM期の中間点を通過するのに5時間を要している（つまり，S期は5時間）ことを示している。

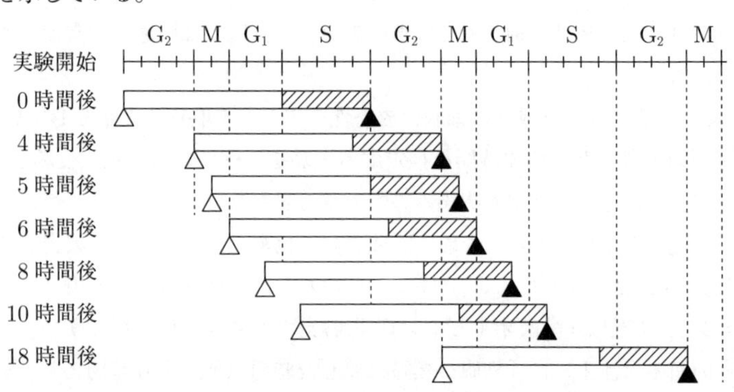

C　上記Bで，全細胞周期が14時間，S期が5時間，G_2期が4時間，M期が2時間と求まっているので，G_1期は14 −(5 + 4 + 2) = 3時間と求められる。

Ⅲ〔文3〕は，DNAの半保存的複製を実験的に証明した歴史上重要な実験（メセルソンとスタールの実験）を扱っている。

B　1回目の分裂で，窒素として^{15}Nだけを含む1本鎖（以下，^{15}Nの鎖）を鋳型としてDNAが合成される結果，中間のDNA鎖（一方が^{15}Nの鎖で他方が^{14}Nの鎖）だけになる。2回目の分裂では，中間のDNA鎖が^{15}Nの鎖と^{14}Nの鎖に分かれ，それぞれを鋳型として^{14}NによってDNAが合成される結果，中間のDNA鎖と軽いDNA鎖(2本とも^{14}Nの鎖)が1/2ずつになる。3回目の分裂では，中間のDNA鎖の^{15}Nの鎖と^{14}Nの鎖が離れて鋳型となり，軽いDNA鎖の^{14}Nの鎖も離れて鋳型となる（つまり，鋳型の1/4が^{15}Nの鎖，3/4が^{14}Nの鎖となる）結果，中間のDNAが1/4，軽いDNA鎖が3/4となる。4回目の分裂では，鋳型の1/8が^{15}Nの鎖，7/8が^{14}Nの鎖となるため，4回目の分裂直後には，重いDNA鎖：中間のDNA鎖：軽いDNA鎖＝0：1/8：7/8＝0：1：7となる。

同様に考えていくと，n回目の分裂では，鋳型の$\left(\frac{1}{2}\right)^{n-1}$が^{15}Nの鎖，残りすべて^{14}Nの鎖となるため，n回目の分裂直後には，重いDNA鎖：中間のDNA鎖：軽いDNA鎖＝$0:\left(\frac{1}{2}\right)^{n-1}:1-\left(\frac{1}{2}\right)^{n-1}=0:1:2^{n-1}-1$となる。

C　n回の分裂後に再び^{15}Nのみを窒素源とする培地に戻した場合，$(n+1)$回目の分裂では，全体の$\left(\frac{1}{2}\right)^{n-1}$を占める中間のDNA鎖が離れて生じる^{15}Nの鎖と^{14}Nの鎖，残りの軽いDNA鎖が離れて生じる^{14}Nの鎖が鋳型となり，窒素として^{15}Nを含む鎖が合成される。つまり，鋳型の$\left(\frac{1}{2}\right)^{n-1}\times\frac{1}{2}=\left(\frac{1}{2}\right)^{n}$が^{15}Nの鎖なので，$(n+1)$回目の分裂直後には，$\left(\frac{1}{2}\right)^{n}$が重いDNA鎖となり，残りの$1-\left(\frac{1}{2}\right)^{n}$が中間のDNA鎖となる。

$(n+2)$回目の分裂では，全体の$\left(\frac{1}{2}\right)^{n}$を占める重いDNA鎖が離れて生じる^{15}Nの鎖，残りの$\left(1-\left(\frac{1}{2}\right)^{n}\right)$を占める中間のDNA鎖が離れて生じる^{15}Nの鎖と^{14}Nの鎖が鋳型となり，^{15}Nの鎖が合成される。鋳型の$\left(1-\left(\frac{1}{2}\right)^{n}\right)\times\frac{1}{2}=\left(\frac{1}{2}-\left(\frac{1}{2}\right)^{n+1}\right)$が^{14}Nの鎖，残りの$\left(\frac{1}{2}+\left(\frac{1}{2}\right)^{n+1}\right)$が^{15}Nの鎖なので，$(n+2)$回目の分裂直後には，重いDNA鎖：中間のDNA鎖：軽いDNA鎖＝$\left(\frac{1}{2}+\left(\frac{1}{2}\right)^{n+1}\right):\left(\frac{1}{2}-\left(\frac{1}{2}\right)^{n+1}\right):0=2^{n}+1:2^{n}-1:0$となる。

（注１）　配点は，Ⅰ－A 3点（各1点）・B 2点・C 2点（各1点），Ⅱ－A 1点・B 4点（各2点）・C 2点，Ⅲ－A 1点・B 3点（1点・2点）・C 2点と推定。

（注２）　行数制限の解答の際は，1行あたり35字程度で解答した（以下同）。

解答

Ⅰ　A　1－核膜　　2－紡錘体　　3－動原体

B　植物細胞では，赤道面に細胞板が形成され，細胞質が内から外へ仕切られて細胞質が二分するが，動物細胞では，細胞膜が内へくびれ込むことで細胞質が二分される。

C　細胞壁：セルロース繊維が束になった構造で，細胞の形態維持にはたらく。
発達した液胞：一重の膜からなる細胞小器官で，有機酸やアントシアンなどを蓄える。

Ⅱ　A　カーミン（またはオルセイン）

B　G_2期－4時間　　M期－2時間

C　3時間

Ⅲ　A　半保存的複製

B　4回目－0：1：7　　n回目－0：1：$2^{n-1}-1$

C　2^n+1：2^n-1：0

第2問

解説　植物を題材として，ゲノムと進化，光合成と適応，光屈性など，様々な角度から出題されているが，目新しい設問はなく，答えやすい大問と考えられる。

Ⅰ　〔文1〕では，ゲノムと進化および共生説が述べられている。見慣れない藻類の名称が並んでいるが，内容は基本的な事柄である。

A　ゲノムという用語の理解を問う設問で，正解を選ぶことは容易だろう。

設問文にもある通り，ゲノムの語の意味は変化しているので，念のため概説しておく。ゲノムの語は，20世紀初頭に，配偶子や胞子のような1倍体の細胞に含まれる染色体の1組を指す語として使われたのが最初である（意味①）。その後，染色体上に遺伝子が並ぶことが明らかになり，1倍体細胞に含まれる1セットの遺伝子の全体も指すように意味が広がった（意味②）。一方，パンコムギの起源を探究していた木原均は，種間雑種と倍数化によりパンコムギが生まれたことを明らかにした。言い換えると，パンコムギには由来の異なる染色体のセットが存在することになる。そこで木原均は，「生物が正常に生活していく上で必要な染色体の1組」をゲノムとした（意味③）。遺伝子の本体がDNAであることが判明すると，1倍体細胞に含まれる1セットのDNA全体を指すように意味が広がった（意味④・原核生物についても染色体DNAをゲノムと呼ぶ）。さらに，ミトコンドリアや葉緑体に存在する独自のDNAをゲノム（意味⑤・それぞれ，ミトコンドリアゲノム，葉緑体ゲノム）と呼ぶようになると，区別するために核ゲノム（意味⑥）という言い方が使われるようになったのである。また，ウイルスのDNAやRNAもウイルスゲノムと呼ばれている。つまり，染色体から遺伝子，そしてDNAと新たな事実が明らかになるのに合わせて，ゲノムという語の意味が広がっているのである。

この中で，①・②・④・⑥は，ほぼ同じものを指している。⑤も，ミトコンドリアや葉緑体が原核生物由来であることを踏まえると④と対応する。しかし，③だけははっきりと意味が異なり，しばしば誤解の元となる（後述)。

さて，各選択肢について簡単に述べておく。(1)は意味②に対応する。(2)は，意味④～⑥からわかるように，核と葉緑体とミトコンドリアの3種類のゲノムということである。(3)は意味④に対応する。(4)は，意味①からわかるように，各染色体が別々のゲノムを含むということはあり得ず，明らかな誤りである。

(5)は，意味①と意味③の両方が入っている。つまり，パンコムギ（体細胞の染色体42本）のゲノムといった場合，意味①で考えれば，2セットで42本（$2n = 42$）だが，意味③で考えると，それぞれ異なる野生の原種コムギに由来する3種類のゲノム（Aゲノム7本・Bゲノム7本・Dゲノム7本）が2組ずつ，合計6セットで42本（$6x = 42$，xは基本数と呼ばれる）なのである。当然のことであるが，それぞれの原種は，この3種類のゲノム（Aゲノム・Bゲノム・Dゲノム）を2セットずつもっている。選択肢(5)は，混乱しやすいが「誤り」ではないのである。

D　基本的な事項であると同時に，頻出の内容である。受験生にとってはお馴染みの設問であろう。(b)は，支持する理由を二つ，それぞれ2行ということなので，独自のDNAをもち半自律的に分裂することと，成分の異質な2枚の膜で包まれていることを挙げればよい。また，独自のタンパク質合成系（リボソームやtRNAなど）をもつことや，DNAがタンパク質と結合していない，リボソームが細菌と同じ小型のものである等，細かな内容を書いても正解となろう。

Ⅱ〔文2〕では，ヒメツリガネゴケ（蘚類）の生活環や，葉緑体ゲノムについて述べられている。見慣れない生物名ではあるが，難しい内容はなく，正確に読み取った上で，自分のもつ知識と結び付けられれば解答できたと思われる。

A　葉の構造の適応的な意味を考察する設問で，葉の断面図と光合成の限定要因を結びつけることがポイントであった。細胞が単層に並ぶ構造の葉は，二酸化炭素の吸収には有利である。しかし，細胞が光を吸収する効率は低いので，細胞を多層にすることで光の吸収効率を高める（上層で吸収できなかった光を下層で吸収する)。これが，下線部(エ)が述べていることである。では，多層になることのマイナス面は？　これが(a)の求めている考察である。設問文の「光が強い場合，光量に応じた光合成量が確保できない」という部分から，強光条件では他の環境要因が限定要因になることを連想できれば，「葉が単に細胞層を重ねた多層構造」だと内部の細胞が十分に二酸化炭素を得られないことを考察できるだろう。そして，このマイナス面を，海綿状組織の細胞間隙が気体の通路として機能することで解消していることがわかるはずである。なお，(b)は「構造」を問われているので，細胞間隙でも許容されよう。

B　光屈性の機構についての設問。仮説が適用できるか否かを判断する(b)は，この大問で唯一，東大らしい設問だった。

(a)は基本的な知識を問われているので，的確に書きたいところである。問題文にある子葉鞘とは幼葉鞘のことである。ポイントとしては，頂端で光を感じること，頂端で合成されたオーキシンが極性移動する際に，光の当たらない側に多く分布すること，伸長部で不均等な成長が起こり屈曲すること，この3点があれば正解となろう。

(b)では，「マカラスムギの光屈性のしくみは，コケの原糸体にも全く同じように当てはまるかどうか」を判断することが求められている。その際，注意すべきは，「全く同じ」となっている点である。つまり，先端での光の受容，オーキシンの極性移動と不均等な分布，不均等な伸長による屈曲という(a)で述べたストーリーが，修正なしで，蘚類の原糸体に見られる光屈性にも当てはまるのかを検討することになる。まず，先端での光の受容は可能性がある（矛盾する内容は〔文2〕にない)。しかし，オーキシンがマカラスムギでは細胞分裂ではなく細胞の伸長成長を促進することと，下線部(オ)の蘚類の原糸体では「原糸体は頂端細胞が分裂することで成長」するという部分が両立しない。さらに，原糸体が「細胞が一列につらなっ」ていることから，オーキシンの不均等な分布はあり得そうもなく，細胞の不均等な伸長による屈曲は一列という構造では不可能である。解答では「根拠」が求められているので，上記の両立しない事実を書くことになる。

C　問題文にある単相とは核相が n のこと，複相とは核相が $2n$ のことを指す。被子植物の胚乳は精細胞（n）と中央細胞（n, n）が受精し，$3n$ の核相をもつのでいずれでもない。

D　葉緑体（ミトコンドリアも同様）は，卵細胞からのみ伝わり，精子由来のものは受精卵に存在しない（受精の際にいったん入ったものも破壊される)。この細胞質遺伝と呼ばれる現象は，東大受験生ならば学習している内容であろう。ここでは，葉緑体ゲノム上の遺伝子の突然変異なので，変異株の卵と野生株の精子を受精させると，受精卵の葉緑体ゲノムには変異遺伝子だけがあり，減数分裂してできる胞子にも変異遺伝子だけが伝わるが，変異株の精子と野生株の卵を受精させると，受精卵の葉緑体ゲノムには正常遺伝子だけがあり，減数分裂してできる胞子にも正常遺伝子だけが伝わることになる。

E　この設問では，核遺伝子によって支配される葉緑体の形質が扱われている。核遺伝子なので，通常のメンデル遺伝と同様に伝わることになる。いま，*FtsZ* 遺伝子を F，破壊された遺伝子を f で表すと，野生株のコケの遺伝子型は F，変異株のコケの遺伝子型は f，両者を交配させて得られる受精卵の遺伝子型は Ff となる。これが減数分裂を行って胞子をつくるのだから，胞子の遺伝子型は $F : f = 1 : 1$ となる。

Ⅲ　〔文3〕は，代謝の進化と大気，とくに酸素とオゾンについて述べている。これも，基本的かつ頻出の内容である。

B　光合成と進化に関連した知識を問う設問で，光合成細菌やシアノバクテリアの出現前に褐藻などの真核大型藻類が出現したという明らかな誤り（正解）を含む(2)を選ぶのは容易であろうが，それ以外のものについて簡単に補足しておく。(1)は，いわゆる光合成細菌を考えればよい。(3)は，酸素を使わずに無機物を酸化する化学合成細菌のことである。(4)は，生態系でのエネルギーピラミッドで生産者が光エネルギーから変換した化学エネルギーが上位の栄養段階の生物に渡されることを連想すればわかるであろう。

(注)　配点は，Ⅰ－A 1点，B 1点，C 1点，D 3点（(a) 1点，(b)各1点），Ⅱ－A 3点（(a) 2点・(b) 1点）・B 4点（(a) 2点・(b) 2点）・C 1点（完答）・D 2点・E 2点，Ⅲ－A 1点（完答），B 1点と推定。

解答

Ⅰ　A　(4)

B　クロロフィル c

C　シアノバクテリア

D　(a)　細胞内共生説（共生説）

(b)　ヒストンと結合していない固有のDNAをもち，半自律的に分裂・増殖を行う。

内外2枚の膜に包まれているが，内膜の化学的組成が，外膜や細胞内の他の生体膜とやや異なり，細菌のものに近い。

(別解)　内部に独自のタンパク質合成系をもつが，そのリボソームは細胞質のリボソームと異なり，細菌と同じ小型のものである。

Ⅱ　A　(a)　単に細胞層を重ねた構造では，内部への二酸化炭素の拡散が遅いため，強い光が照射されても，内部の細胞は二酸化炭素不足のため光合成ができず，光が無駄になるため。

(b)　海綿状組織（または細胞間隙）

B　(a)　子葉鞘は先端部で光を受容し，光が横から当たると先端で合成されるオーキシンが光と逆側に移動して下降する結果，伸長部での伸長が光と逆側で促進され光の方向に屈曲する。

(b)　原糸体は細胞が一列に並ぶ構造であるため，不均等な伸長成長で屈曲することはあり得ず，オーキシンが光と逆側に多く分布することも想定できない。また，細胞分裂が促進されている点もオーキシンによる光屈性とは異なる。以上の根拠より当てはまらないと判断できる。

C　胚乳，$3n$

D　受精の際に，葉緑体は，卵細胞からのみ伝わり，精子からは伝わらないため，変異株の卵を用いるとすべての細胞が変異型に，野生株の卵を用いるとすべての細胞が正常になる。

E　野生株：変異株＝1：1

Ⅲ　A　3－呼吸（好気呼吸）　4－紫外線　5－オゾン

B　(2)

第3問

解説　視覚および発生，X染色体の不活性化，集団遺伝，クローン動物などを扱った総合的な問題である。発展的な内容もあるが，東大としては標準的な大問である。

Ⅰ〔文1〕では，網膜から視神経交さ，大脳（一次視覚皮質）までの視覚のしくみが述べられており，この設問は，それをふまえて，左右の眼の盲点（盲斑）が両眼で見ると意識されない理由を答える設問である。答える内容（一方の眼の盲点に映る像は他方の眼では盲点以外に映る）は，すぐに気がつけるだろう。中には，何を，どのように書くか，細かいことを書くべきかなど迷った受験生もいたかもしれないが，両眼の盲点が視野の異なる領域に対応していることと，脳では左右の眼の両方から視野に関する情報を受け取っていることが書かれていれば正解となろう。

Ⅱ〔文2〕では，発生過程で色素細胞がどのように移動し，毛色がどのように決まるかが述べられている。〔文2〕の内容を正確に理解することが，以下の設問を解答する上で重要であった（設問そのものは基礎的な内容を問うものである）。

Ⅲ〔文3〕では，XY型の性決定を行う生物において見られる遺伝子量補正が説明されている。これをきちんと読み取って，正確に理解することが求められた。

A 〔文3〕に述べられたX染色体の不活性化をふまえて，遺伝子型を判断すればよい（ホモ接合であれば，どちらのX染色体が不活性化されても毛色は1色になる)。

B 〔文2〕の白斑遺伝子に関する内容と，〔文3〕の内容をふまえて考える設問である。

[4] SsおよびSSの個体では白斑が生じるので，OOでは茶と白の斑になる。

[5] SsおよびSSの個体では白斑が生じるので, ooでは黒と白の斑になる。

[6] SsおよびSSの個体では白斑が生じ，OoではX染色体の不活性化の効果で茶と黒と白の斑（三毛猫）となる。

C 〔文2〕と〔文3〕をふまえ, 三毛猫のほとんどがメスである理由を答える設問。何を，どのように書くべきか，判断に迷った受験生もいたかもしれないが，文では，メスが三毛猫になるしくみが述べられているので，オスが三毛猫にならないこと，さらにオスが三毛猫になる少数のケースを答えれば正解となろう。

Ⅳ 三毛猫が産まれるしくみをふまえて，遺伝の様子を推理する設問である。ていねいに整理すれば，難しいことはない。

A 茶と白の斑のメスの遺伝子型は，SSOOまたはSsOOなので，子には白斑遺伝子Sと茶色遺伝子Oが伝わる可能性がある。三毛猫を産ませるにはオスから黒色遺伝子oが伝わる必要があるが，（三毛猫以外の子が生まれてもよいので）白斑に関してはSでもsでも構わない。したがって，候補のオスは黒一色または黒と白の斑である。

B 生まれうる子を問われているので，茶と白の斑のメスの遺伝子型をSsOOとして考える。まず，黒一色のオス（遺伝子型はsso）と掛け合わせた場合，メスの子猫には三毛猫（SsOo）のほか，黒と茶の斑（ssOo）が生まれ，オスの子猫には茶と白の斑（SsO）と茶一色（ssO）が生まれる。黒と白の斑のオス（遺伝子型はSso）と掛け合わせた場合, メスの子猫には三毛猫（SSOo, SsOo）のほか, 黒と茶の斑（ssOo）が生まれ，オスの子猫には茶と白の斑（SSO，SsO）と茶一色（ssO）が生まれる。

Ⅴ 〔文4〕では，赤緑色盲（色覚異常）の集団遺伝と，X染色体の不活性化との関連が述べられている。

A 集団遺伝に関する基本的な計算を求めた設問である。〔文4〕の「日本では男性の20人に1人が赤緑色盲である」という部分から，日本人における赤緑色盲遺伝子の遺伝子頻度が1/20であることを読み取る（男性ではX染色体が1本なので，表現型頻度と遺伝子型頻度と遺伝子頻度が一致する)。ハーディー・ワインベルグの法則が成立すると仮定するので，女性では赤緑色盲遺伝子をホモにもつ人の頻度が 1/400 (= $(1/20)^2$)，ヘテロにもつ人の頻度が 38/400 (= 2 × 1/20 × (1 − 1/20))，したがって，赤緑色盲遺伝子をもつ人の頻度は 39/400 (= 1/400 + 38/400) となり，女性志願者のうち赤緑色盲遺伝子をもつ人の人数は 3224 × 39/400 = 314.34 ≒ 3.1 × 10^2 人となる。

B　赤緑色盲遺伝子がヘテロ接合であるにもかかわらず赤緑色盲の表現型を示すという，一見矛盾する事実を説明すること（仮説をつくること）が求められているが，必要な内容はすべて〔文3〕に述べられている。ヒントは，〔文3〕の2段落の最後の4行「哺乳類ではメスでだけ，受精卵が細胞分裂をくりかえして体細胞の数がある程度増えた時点で，それぞれの体細胞がもつ2本のX染色体のうちの1本が凝縮して不活性化し，その染色体上のほとんどの遺伝子が伝令RNAに転写されなくなる」という部分である。つまり，ヘテロ接合の女性の発生過程でX染色体の不活性化が起きるので，正常遺伝子をもつX染色体が不活性化した細胞から視細胞（錐体細胞）が分化した可能性，その結果，すべての視細胞（錐体細胞）において正常遺伝子が発現しないという可能性が推論できればよい。なお，設問文が「網膜の視細胞がどのようになっている可能性が考えられるか」となっているので，発生過程を含めずに書いても正解となろう。

C　Bに続き，現象を説明する（仮説をつくる）ことが求められている。ヒントは〔文4〕の最後「片眼ずつ検査をするとどちらかの眼が赤緑色盲の表現型を示す女性が少数だが存在する。しかしこのような女性は，両眼で検査をすると赤緑色盲と判定されないことが多い」という部分で，これを〔文1〕（Ⅰの設問）と結びつけて考えればよい。すると，ある視野に対応する視細胞が，一方の眼で変異をもっていても，他方の眼で正常であれば，両眼で見ている限り，その視野に関する色の情報は脳に伝わることが推論できる。さらに，ちょっとあり得そうもない仮定――視細胞の分布がランダムでなく，正常な錐体細胞と変異をもつ錐体細胞が分かれて並ぶ――を置いてみる。すると，視野の半分については色の情報が大脳に伝わらないことになり，何らかの表現型が現れると予想できる。言い換えれば，視細胞の分布がランダムだと，視野の特定領域についてだけ赤緑色盲を示すという表現型さえ現れないと考えられる。

Ⅵ　〔文2〕・〔文3〕をふまえて，クローン動物について推理する設問である。後述のように書くべきポイントが多く，メス・オスについてていねいに理由を書くと2行では納まらない。制限行数が「2行程度」となっているので，最も重要な点のみでよいだろう。

さて，東大受験生であれば，体細胞からクローン動物をつくる成功率が低いこと，その理由として，体細胞から核移植した場合，発生過程において遺伝子が正常に発現しないと考えられていることは知っているだろう。すると，〔文2〕・〔文3〕を合わせると，どのような道筋が推理できるだろうか？

まず，メスの三毛猫の体細胞からのクローン猫を考えてみる。三毛猫の体細胞（遺伝子型はSSOoまたはSsOo）では，X染色体の一方が不活性化されている。〔文3〕には，不活性化状態は体細胞分裂では維持されるとあるが，核移植によってクローン猫をつくる際に，不活性化状態を維持したまま正常発生できるだろうか？　仮に，正常発生できるとすれば，クローン猫は三毛猫ではなく，茶と白の斑あるいは黒と白の斑のいずれかになる（Oの存在するX染色体とoの存在するX染色体のどちらが不活性化されているかによる）と予想できる。しかし，不活性化されたままでは正常発生しないとすれば，生まれてくるクローン猫は三毛猫となるはずである。

オスの場合，X染色体の不活性化を考慮する必要がないので，黒と白の斑（体細胞の遺伝子型はSSoまたはSso）からつくれば黒と白の斑，茶と白の斑（体細胞の遺伝子型はSSOまたはSsO）からつくれば茶と白の斑になる。

さらに，〔文2〕の最後の部分「色素細胞は背側の神経管から広がるため，背中から遠い脚や腹部ほど白くなりやすい。しかし，移動の経路や到達位置は，細胞ごとに厳密に決まっているわけではない」という部分に注意しなくてはならない。これは，色の組合せは遺伝子型で決まるが，模様そのものは発生過程の偶然に左右されるということである。したがって，性別や遺伝子型に関係なく，クローン猫の「色の組合せ」は同じでも，「模様」は厳密には元と同じではないと推論できるのである。

（注）　配点は，Ⅰ－2点，Ⅱ－1点，Ⅲ－A 2点（完答）・B 2点（完答）・C 2点，Ⅳ－A 1点（完答）・B 2点（各1点），Ⅴ－A 2点・B 2点・C 2点，Ⅵ－2点と推定。

解答

Ⅰ　一方の眼の盲点に対応する視野の情報は，他方の眼の盲点以外の位置で受容され大脳の一次視覚皮質に送られる結果，両眼で見ると，視野全体の情報が脳に伝えられるため。

Ⅱ　外胚葉

Ⅲ　A　1－OO　　2－oo　　3－Oo

B　4－e　　5－d　　6－f

C　オスでは，突然変異でXXYという染色体構成となった場合を除いて遺伝子型Ooとなることがないため，オスの三毛猫はほとんどいない。

Ⅳ　A　a，d

B　メス：c　　オス：b，e

Ⅴ　A　3.1×10^2

B　錐体細胞の起源となった細胞において，正常遺伝子が存在するX染色体が不活性化された結果，両眼のすべての錐体細胞が，正常遺伝子を発現していない可能性が考えられる。

C　両眼それぞれの網膜上に変異細胞と正常細胞がランダムに分布する結果，視野の特定領域について色の情報が大脳に伝わらない現象がほとんど起こらないため。

Ⅵ　白斑の模様は発生過程で偶然に決まること，X染色体の不活性化もランダムに起こることから，メス由来のクローン猫でも，オス由来のクローン猫でも，毛色の組み合わせは元の猫と一致するが模様は異なると考えられる。

2004年

第1問

解説 植物の組織培養のほか，遺伝子発現，タンパク質の局在化，遺伝子組換え等を扱った問題である。目新しい内容もあり，説明を正確に理解することが不可欠である。

Ⅰ 〔文1〕は，植物の組織培養とクローン，プロトプラストが説明されているが，特別に難しいことを述べているわけではない。

B 述べられている方法について，なぜプロトプラストが得られるのかを推理する設問である。ポイントは下線部(イ)の「葉を高張液に浸して」の部分から「原形質分離」を読み取ること。つまり，原形質分離を起こしている細胞の細胞壁と細胞膜の間をカミソリの刃が通れば，無傷なプロトプラストが得られるというわけである。

Ⅱ 〔文2〕は，細胞融合と，タンパク質の電気泳動の結果が説明されているが，電気泳動の結果のバンドと遺伝子発現を結びつけることが重要である。

B 原核細胞から真核細胞が進化する際に，宿主細胞に，好気性細菌が共生してミトコンドリアとなり，さらに光合成生物であるシアノバクテリア（ラン藻）が共生して葉緑体となったとするのが共生説である。

(a) 東大受験生であれば，好気性細菌・シアノバクテリアの持っていた遺伝子の一部が，核に移行したことを知っていた諸君もいたかもしれない。しかし，このことを知らなかったとしても，〔文2〕の次の2点から推理できたはずである。

① 光合成に関わるルビスコタンパク質は，シアノバクテリア類から維管束植物にいたるまで，SとLの2種類のポリペプチドからなる。

② 植物細胞では，Lの遺伝子は葉緑体に，Sの遺伝子は核にある。

①から，シアノバクテリア（葉緑体の起源）はSとLの2つの遺伝子をもつことが明らかであり，このことと②を合わせて考えれば，共生後の進化の中で，葉緑体のSの遺伝子が核に移行した（光合成能力のない宿主細胞の核にもともとSの遺伝子があったと考えるのは妥当でない）と推理できる。

C 図1に与えられた実験結果について，Sポリペプチドの場合は，細胞融合によって得た体細胞雑種（a～d）はすべて，Xの3本とYの3本を合わせ持っていること，Lポリペプチドの場合は，体細胞雑種は，Xの2本をもつ（a～c）か，Yの2本をもつ（d）かのどちらかで，X由来のLとY由来のLは混在しないこと，この二点がポイントである。では，どんなことが推論できるだろうか。

Sポリペプチドについては，体細胞雑種の核内にX由来のSの遺伝子とY由来のSの遺伝子が共存し，どちらも発現していることは明らかである。それに対してLポリペプチドについては可能性が二つある。一つは，雑種細胞内にX由来の葉緑体とY由来の葉緑体が混在しているが，（何らかの機構で）その一方だけでLの遺伝子が発現している可能性で，もう一つは，（何らかの機構で）雑種細胞内にはX由来の葉緑体のみ（a～c）が存在するか，Y由来の葉緑体のみ（d）が存在する可能性である。これは，どちらの可能性を答えても正解となろう。

なお，設問とは関係ないが，植物XおよびYにおいて，Sが3本（Lが2本）のバンドに分かれるのは，わずかにアミノ酸配列が異なる3種類のSのポリペプチド（2種類のLのポリペプチド）が存在すること，言い換えれば，植物XおよびYは，3種類のSの遺伝子（2種類のLの遺伝子）をもつことを示している。

Ⅲ〔文3〕は，ルビスコタンパク質のSポリペプチドが細胞質基質から葉緑体のストロマへ輸送される機構を解明する実験が説明されている。実験条件そして結果について，正確に読み取って推理することがポイントである。

A　巨大分子であるデンプンが水に溶けないこと，そして，水に溶けない物質で貯蔵すると浸透圧が上昇しないこと（この話題は，爬虫類・鳥類が尿酸排出する意義として学習しているはずである）に気づければよい。もちろん，同じ質量ならば大きな分子の方がモル濃度が小さくなり，浸透圧が低くなることに触れてもよい。

B　実験1では，^{14}Cで標識した人工のpSを加えた時点で，無傷葉緑体内には放射能はなく，Sは標識されていないものだけが存在している。一定時間後，無傷葉緑体内にはpSは存在せず，放射能は検出されたのだから，^{14}Cで標識した人工のpSがSとなって入った（あるいはpSの形で入ってSとなった）としか考えられない。

C　タンパク質分解酵素は「包膜を透過できず，葉緑体の内部のタンパク質は分解できない」ことに着目すれば，この酵素処理が，包膜の外側に付着している標識されたpSを除去して，葉緑体内のタンパク質だけを調べられるようにする目的で行われているとわかるだろう。

D　実験1・2から，アミノ末端に存在する延長ペプチドがタンパク質の局在化のシグナルとしてはたらいていること（およびその機構）を推論するのだが，発展的内容として耳にしていた受験生諸君も多かっただろう。そうした受験生には易しく感じられたに違いないが，まったく知らなかった受験生にはつらい設問だったかもしれない。

さて，実験2では，加える ^{14}C で標識されたポリペプチドを代えて，実験1と同様の実験を行う。すると，(1)葉緑体外にある標識されたSは葉緑体内に入らない（葉緑体内に認められたSは元々もっていたものである）。また，(2)大腸菌由来のタンパク質Bは葉緑体内に入らないが，(3)アミノ末端に延長ペプチドをつないだタンパク質Bは葉緑体内に入る。実験1と(1)の比較から，Sのポリペプチドが葉緑体内に運ばれるのに，アミノ末端の延長ペプチドが必要であること（必要条件），そして(2)と(3)の比較から，アミノ末端に延長ペプチドがあれば，本来は運ばれないタンパク質でも葉緑体内に運ばれること（十分条件）が示される。つまり，延長ペプチド（のアミノ酸配列）が葉緑体への輸送のシグナルとしてはたらいているのである。また，(3)の結果でも，延長ペプチドが葉緑体内への輸送過程で除去されていることから，葉緑体内への輸送と延長ペプチドの除去が深く関連していることも示される。

Ⅳ　〔文4〕は，土壌細菌アグロバクテリウムのもつT－DNAによる遺伝子の組み込みについて述べている（なお，この話題は，1997年度の前期入試で出題されている）。

A　文中の「通常の植物細胞の培養には植物ホルモンが必要」という部分と，下線部(キ)「植物ホルモンを含まない培地でも増殖する植物細胞が生じる」を比較して，この植物細胞は自分で植物ホルモンを合成できるよう変化したと推理する。そして，「T－DNAを植物細胞の核DNAに組み込む」と合わせて，T－DNAによって植物ホルモンを合成するための遺伝子が，核DNAに組み込まれた可能性に気づけばよい。

B　植物細胞が変化したクラウンゴールの細胞が，植物が利用できないオパインを合成することは，エネルギー（ATP）や原料物質の浪費という点で植物には不利益である。一方，オパインを利用できるアグロバクテリウムは利益を得ている。

C　遺伝子組換え植物を実験施設から出さない方法は，単純に言えば，生きているものは封じ込め，廃棄のため出す場合は殺すことである。そのために，持ち出しを禁じるほか，花粉などが意図しない形で出るのを防ぐため換気の空気もフィルターを通すなど施設を密閉する（物理的に隔離する）。また，組換えT－DNAをもったアグロバクテリウムや組換えT－DNAが出ないよう，施設の出入りの際に着替えたり，衣服や器具を殺菌するなどの配慮をしている。

（注1）　配点は，Ⅰ－A 1点・B 2点・C 1点（完答），Ⅱ－A 1点・B 2点（各1点）・

C 2点，Ⅲ－A 2点・B 2点・C 2点・D 2点，Ⅳ－A 1点・B 1点・C 1点と推定。
（注2）　行数制限の解答の際は，1行あたり35字程度で解答した（以下同）。

解答

Ⅰ　A　セルロース

B　高張液中では原形質分離が起こり，細胞膜が細胞壁と分離する。この状態で鋭利なカミソリの刃で葉を細切すると，細胞壁と細胞膜の間隙で切断されるものが少数ながら得られ，これを絞り出せばプロトプラストが得られる。

C　1－分化全能性　　2－遺伝

Ⅱ　A　細胞融合

B　(a)　もとは葉緑体にあったが，進化の過程で核に移行した。

(b)　名称－ミトコンドリア　　機能－呼吸によるATP合成

C　核内のSの遺伝子に関しては，X，Yの両方に由来する遺伝子をもつが，葉緑体内のLの遺伝子に関しては，XまたはYのどちらか一方のみをもっている。
（別解）　核内のSの遺伝子は，X由来，Y由来の両方が発現するが，葉緑体内のLの遺伝子は，X由来またはY由来のどちらか一方のみが発現する。

Ⅲ　A　浸透圧は溶質のモル濃度に比例するため，質量が等しければ分子の大きい方が浸透圧は低くなる。また，デンプンは水にほとんど溶けないため，大量に貯蔵しても浸透圧が上昇せず，細胞に障害が起こりにくいという利点がある。

B　葉緑体外に存在するpSが葉緑体内に運ばれ，運ばれる際あるいは葉緑体内において，延長ペプチドの部分が切除された。

C　回収した無傷葉緑体の包膜表面に内部に入らなかったpSが付着している可能性があり，それを分解・除去することにより，葉緑体内に入ったタンパク質のみを検出できるようにするため。

D　延長ペプチドは，それが結合しているポリペプチドを葉緑体に輸送するシグナルとしてはたらいている。そして，葉緑体に輸送されると，役目を終えて切断・除去される。

Ⅳ　A　T－DNA上の植物ホルモンの合成に必要な遺伝子が，核DNAに組み込まれた。

B　寄生

C　(2)

第2問

解説　味覚を題材として，刺激の受容と神経の興奮，動物の行動（忌避行動），受容体タンパク質の発現と遺伝子，遺伝計算など，様々な角度から試される出題であった。

Ⅱ〔文2〕では，味覚の受容を，味物質と受容体の結合として理解すること，2種類の受容体とそれぞれの遺伝子の関係を正確に読み取ることがポイントである。

A　実験1の説明中に「A系統のマウス10匹について苦味物質X，苦味物質Yに対する応答を検討した」とあるが，この方法で苦味物質の忌避を調べられることの確認が含まれている。図3の結果はマウスがびんを選んでいることを示すが，味覚以外の条件で選んでいると考察を進められない。そこで，味覚以外の条件（びんの位置）に影響されないことを確かめるため「位置を交換」して実験を繰り返すのである。

B　重要なのは，「びん1から摂取した水溶液の体積」を「総摂取体積」で除した値（図3の縦軸）の意味である。値が0.5のとき，マウスはびん1とびん2（蒸留水）から等量を摂取しており，びん1の水溶液を忌避も好みもしていない。値が1.0に近いなら，マウスはびん2（蒸留水）よりびん1から多く摂取しており，びん1の水溶液を好んでいることになる。そして，値が0に近いとき，マウスはびん1よりびん2（蒸留水）から多く摂取しており，びん1の水溶液を忌避していることになる。

(a)　図3の10 mg/lの濃度のときの値から判断すればよい。物質Xに関しては，この濃度ではほぼ0.5で忌避しておらず，濃度が低く苦味がわからない，つまり苦味を受容していないことがわかる。一方，物質Yでは値が0.1より小さく，忌避していることがわかる（忌避するためには，苦味を受容することが必要である）。

(b)　実験1の説明中に「甘味を好み苦味を忌避する」とあることから，びん1に甘味物質Z，びん2に蒸留水を入れて実験を行った場合，甘味を受容したマウスはびん1の水溶液を好むと予想できる。したがって，低濃度では0.5に近く，高濃度では1.0に近い(5)のグラフを選べばよい。

(c)　びん1に物質X，びん2に物質Y（1 mg/l）を入れた条件での応答を予測するのだが，マウスの立場に立って（？）考えれば難しくない。図3が示すようにマウスは物質Yに対して敏感なので，物質Xの苦味を感じない範囲（1～10 mg/l）ではびん2を忌避（値は1.0に近い），ほぼ同じ苦味を感じる1000 mg/lでは等量を摂取する（値は0.5に近い）。この0.5という値は，どちらも忌避したいが，水を摂取しないわけにはいかないので偶然に任せて摂取するという予想である。

C　後述するように，物質X受容体の遺伝子はPであり，B系統で物質Xに応答できないのはPの変異のためである。実験2の$(A \times B)F_1$が物質Xに応答するので，変異遺伝子は劣性（変異遺伝子をpとする）と考えられる。一方，C系統が物質Xを受容できないのは遺伝子Qの欠失（欠失遺伝子をqとする）によること（実験5），実験2の$(A \times C)F_1$が物質Xに応答したことから，苦味物質Xの受容と応答には，遺伝子Pの産物（受容体）と遺伝子Qの産物の両方が必要なことがわかる。

(a)　以上を踏まえると，B系統（ppQQ）とC系統（PPqq）の交配で誕生する$(B \times C)F_1$はヘテロ個体（PpQq）となり，苦味物質Xに応答したことがわかる。

(b)　遺伝子Pと遺伝子Qが組換え価25％で連鎖しているものとして，$(B \times C)F_1$同士を交配すればよい。$(B \times C)F_1$のつくる配偶子の比はPQ：Pq：pQ：pq＝1：3：3：1となり，F_2の分離比は〔PQ〕:〔Pq〕:〔pQ〕:〔pq〕＝33：15：15：1。

D　実験3の説明中では，人為的な遺伝子の導入による形質転換（表現型の変化）と，それを利用した実験の内容が述べられているが，やや読み取りにくい。受験生諸君は正確に理解できただろうか？　いくつかのポイントを解説していこう。

一つ目の段落では，苦味受容体の候補遺伝子Pから予測されるアミノ酸配列が比較されているが，まず，A系統（物質X，Yとも受容できる）とB系統（物質Xを受容できない）の表現型の違いが，遺伝子Pの産物の違いと対応することが読み取れ，さらに，A系統とC系統（物質Xを受容できない）の表現型の違いに，遺伝子Pは影響していない（Q遺伝子の有無による）ことも読み取れる。

二つ目の段落では，苦味受容体の遺伝子を導入し，培養細胞が形質転換すると，細胞内で遺伝子が転写・翻訳されて，遺伝子産物（受容体タンパク質）がつくられ，その受容体タンパク質が細胞表面に位置することが述べられている。そして，形質転換した細胞は「味細胞と同様に苦味物質Xに応答し，その細胞内カルシウムイオン濃度が上昇する」という説明が，〔文1〕の「味覚の受容は，さまざまな構造をもつ化学物質がそれぞれを受容する分子に結合した結果，味細胞が反応」するという説明に対応することに気づけば，図4～6の結果について次のような情報の流れが推理できる。

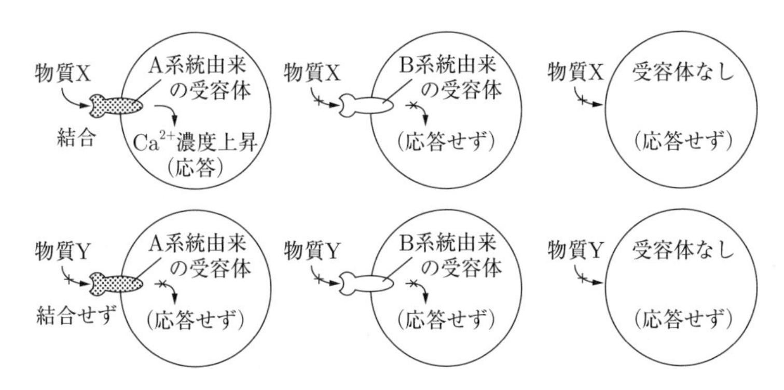

B由来の受容体は，物質Xと結合できないか，あるいは，
結合しても情報を細胞内に伝えられないと考えられる。

つまり，図4で物質Xで応答しているのに対して，図5・6で応答がないことから，遺伝子PがX受容体の遺伝子であると判断できる（B系統は，アミノ酸配列の違いによって機能を失っていると考えられる）。一方，図4～6で一貫して物質Yに応答していないことから，遺伝子PがY受容体の遺伝子でないと判断できる。

E　遺伝子Pを欠失させたマウス（A系統由来）の味細胞は，物質Xの受容体に関して，上図の受容体なしに相当する。したがって，物質Xの苦味を受容できず（つまり，蒸留水と区別できず），等量ずつ摂取すると予想できる。一方，A系統のマウスは物質Yに応答できることと，遺伝子PはY受容体の遺伝子ではないことから，この欠失マウスの物質Yへの応答は正常だと予想できる。

F　(a)　遺伝子が染色体上に存在することと，その遺伝子が発現することとは，まったく別の話である（もちろん，存在しなければ発現できないが）。実験4では，遺伝子Pの断片（DNA断片）と染色体DNAを結合させて，染色体上に存在することを確認しているので，遺伝子Pが発現しないTリンパ球を用いることができる。

(b)　樹状細胞が主とは言え，マクロファージもTリンパ球に対して抗原提示を行うことは，東大受験生にはお馴染みであろう。なお，下線部(ウ)でタンパク質Kがあるときのみ増殖したと述べられているので，タンパク質Kで免疫してあるマウス由来のTリンパ球の中にタンパク質Kに対する免疫記憶をもつ細胞（免疫記憶細胞）が存在していること，そして，マクロファージがタンパク質Kを抗原として提示したことまで答えたい。

(c)・(d)　薬剤（コルヒチン）によって，紡錘体の形成を阻害すると，染色体が移動（もちろん分離も）できず，細胞は細胞分裂中期で停止することになる。

(注)　配点は，Ⅰ－2点（完答），Ⅱ－A 2点・B 4点（(a)各1点・(b)1点・(c)1点）・C 4点（各2点）・D 2点（各1点）・E 2点（各1点）・F 4点（各1点）と推定。

解答

Ⅰ　1－味覚芽　2－髄鞘　3－ランビエ絞輪　4－跳躍伝導

Ⅱ　A　マウスが摂取する水溶液量にびんの位置が影響を与える可能性を排除するため。

B　(a)　物質X：総体積の5割を摂取していることは，蒸留水と区別せずに摂取していることを示すので，苦味を受容していないと考えられる。

物質Y：総体積の1割以下しか摂取していないことは，Y溶液を忌避していることを示すので，苦味を受容していると考えられる。

(b)　(5)　(c)　(6)

C　(a)　B系統はPの変異遺伝子を，C系統は遺伝子Qの欠失を，それぞれホモにもつため物質Xを受容できないが，(B × C)F_1では，両遺伝子についてヘテロになるため受容可能になった。

(b)　33：31

D　1．正常な機能をもつA系統マウスの遺伝子Pで形質転換するとXに対して応答性になるが，応答性のないB系統の遺伝子Pで形質転換してもXに対する応答性にはならない。

2．A，Bどちらの系統の遺伝子Pによる形質転換もYに対する応答性には影響を与えておらず，形質転換しなかった場合と差がない。

E　X－(4)　Y－(3)

F　(a)　発現してはいないが，遺伝子PそのものはTリンパ球の核内に存在する。

(b)　抗原であるKを提示し，Kに対する免疫記憶をもつTリンパ球を増殖させる。

(c)　紡錘体

(d)　中期までは正常に進行するが，染色体の移動が妨げられ中期に留まる。

第3問

解説　核酸（DNA・RNA）の構造と複製，ウイルスと逆転写，遺伝子頻度と進化などを扱った問題である。

Ⅰ　〔文1〕では，DNAの構造とセントラルドグマが，〔文2〕ではDNAワールドに先立つRNAワールドとレトロウイルスが述べられている。実験条件の細かい部分を正確に読み取ることが必要である。

A　2 と 3 は，文章の前後関係から順序が決まるので注意したい。

B　DNAの複製に関する設問で，〔文1〕の二つ目の段落の「DNAのバックボーンには方向性があり，その一端を5′末端，他端を3′末端という。二重らせん構造を形成する2本のDNA分子は，5′末端，3′末端に関して逆向きである」という部分と，設問文の「DNAの複製に際し，新しいヌクレオチドは，常に合成されているDNA鎖の3′末端にしか付加されない」という部分に着目して，下図をイメージすることが必要となる（要するに，リーディング鎖とラギング鎖の話である）。

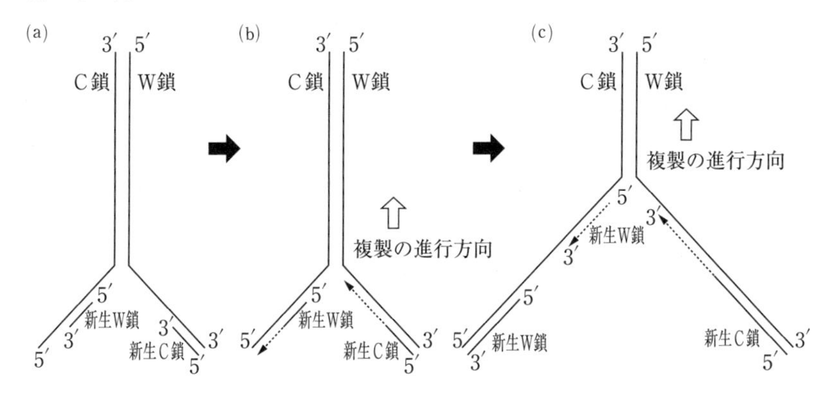

図は，図10で省略されている部分を含めて描き直したものである。ここで，図(a)の新生W鎖（ラギング鎖）と新生C鎖（リーディング鎖）それぞれの3′末端が伸びて，図(b)の状態になる。さらに時間が経過すると，複製そのものは図の上方向へ進行（上に向かって二重らせんがほどける），その際，新生C鎖は伸び続けるが，新生W鎖の側では少し離れた地点から新たにDNA合成を開始しなくてはならない。その様子が図(c)である。つまり，二本鎖DNAの一方（W鎖）に相補的な鎖（新生C鎖）は長いひとつながりの鎖として合成されるが，他方（C鎖）に相補的な鎖（新生W鎖）は多数の短い鎖として合成され，短い鎖の間を埋める（DNAリガーゼのはたらきによる）ことで，全体を合成するのである。

C・D　実験1では，まず，デオキシリボースを含むヌクレオチドを反応基質とすると核酸（つまりDNA）が合成されるが，リボースを含むヌクレオチドを反応基質とすると核酸（つまりRNA）は合成されないことが読み取れる。実験2で，合成された核酸（DNA）が，レトロウイルスのRNAとだけ結合し，塩基配列が著しく異なるポリオウイルスのRNAとは結合しないことから，相補的な塩基配列をもつDNAが合成されていることがわかり，実験1のRNA分解酵素処理が鋳型となるRNA鎖の分解を意味しているとわかる。なお，逆転写酵素は，あくまでRNA鎖を鋳型として相補的な塩基配列をもつDNA鎖を合成する酵素だが，Cの解答では，実験1・2でDNA鎖を鋳型として使えるかどうか確かめていないので，(1)，(2)，(5)，(6)は判断できない点に注意が必要である（実際のところ，できない）。

E　(a)　レトロウイルスがRNAを鋳型としてDNAを合成できること，そして第1問〔文4〕のT－DNAが核DNAに組み込まれることから，レトロウイルスや広義のその仲間のDNAがヒトゲノムに組み込まれた可能性に気づくのが第一歩である。そして，体細胞のゲノムは子孫に伝わらないのだから，配偶子において組み込みが起きたことに気づければ正解となる。

(b)　ヒトゲノムが3×10^9塩基対，その50％がレトロウイルスやその仲間であり，平均サイズが5×10^3塩基対だから，$3\times10^9\times0.5\div(5\times10^3)$で求められる。

Ⅱ　〔文3〕は，遺伝子の発現機構（とくに遺伝暗号），突然変異，進化と遺伝子頻度の変化について述べている。

A　選択肢(2)は，大腸菌とヒトが同じ遺伝暗号を使っているという意味で，下線部(ウ)と矛盾しない。選択肢(4)は，ハエとヒトがよく似た酵素やタンパク質を利用していること，言い換えれば，現存する生物が共通にもつ酵素やタンパク質が同一の起源遺伝子をもつ可能性があることを示す点で下線部(ウ)と矛盾しない。

B　遺伝暗号は3個の塩基で1個のアミノ酸を指定すること，そして，3番目の塩基が違っていても同じアミノ酸を指定する場合が多いことから，与えられた伝令RNAの10番目の塩基がアルギニンを指定する遺伝暗号の3番目の塩基だと推理するのが解答への第一歩である。ここから，3塩基ずつの区切り（読み枠）が，「5′－U｜CUA｜GUG｜CGC｜GCU｜UUC｜－3′」のように決まり，ロイシン－バリン－アルギニン－アラニン－フェニルアラニンの各アミノ酸を指定する遺伝暗号が推理できる。さらに，塩基を置き換えた場合を含めて解答とすればよい。

C　進化の過程で，生存に不利な遺伝子は自然淘汰（自然選択）の上で不利なため集団から消失し，生存に有利な遺伝子が変異遺伝子として生じれば，対立遺伝子が淘汰の上で不利になるため集団から消失，つまり，有利な遺伝子が固定（生物集団において，ある対立遺伝子の遺伝子頻度が1.0になることを「固定」とよぶ）される。しかし，設問のような「淘汰に特に有利なものではない」場合，偶然によって，全個体が変異遺伝子をもつことになる。偶然であるということは，個体数が大きい集団では起こりにくいと予想されるので，個体数の小さい集団を想定することになる。

D　隔離によって生じる生息地域依存的なDNA塩基配列の違いは，ゲノムの様々な領域に存在すると考えられる。したがって，そうした生息地域依存的な塩基配列の違いを調べてリストを作ることによって，「あるDNA領域」に「ある配列」をもつことが生息地域（あるいは祖先の由来地）を示す目印として利用できると考えられる。いま，わかりやすくするために，ある地域に多く見られる遺伝病を仮定してみよう。この場合，遺伝病の原因遺伝子も隔離後に生じた可能性がある(つまり，その地域に特徴的な塩基配列のリストの中に原因遺伝子が見つかる可能性もある)。しかし，原因遺伝子ではない地域特徴的な塩基配列の中に，原因遺伝子と同じ染色体上で強く連鎖しているものがあれば，患者に多く非患者に少ない傾向が現れる(原因遺伝子と独立なものではこうした傾向は出ない)。すると，この特徴的な塩基配列を手がかりに遺伝子の位置を探索したり，原因遺伝子をもつ保因者を診断したりすることが可能になる，つまり，直接病気とは関わらない塩基配列も目印としては有用なのである。

(注)　配点は，Ⅰ－A 2点（完答)・B 3点（(a) 1点・(b) 2点)・C 1点（完答)・D 2点・E 3点（(a) 2点・(b) 1点)，Ⅱ－A 1点（完答)・B 4点（(a) 2点・(b) 2点)・C 2点・D 2点と推定。

解答

Ⅰ　A　1．デオキシリボース　2．シトシン　3．チミン　4．A
5，6．G，C　7．リボース

B　(a)

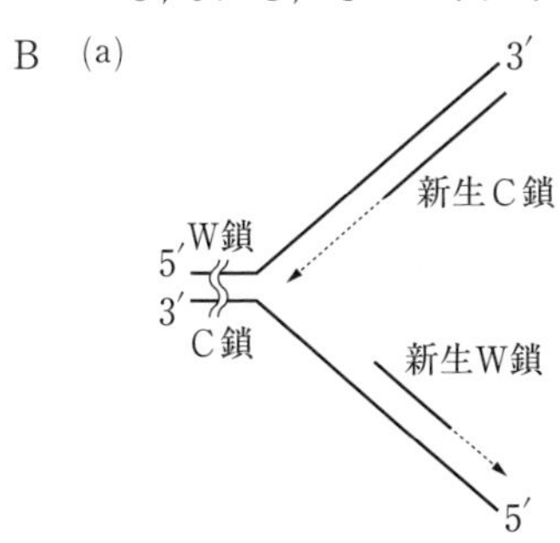

(b)　複製が進行し，二重らせんが左にほどけていくと，W鎖に相補的な新生C鎖は3′末端である左に鎖が伸び続けるが，C鎖に相補的な新生W鎖は右に伸びるため，新たに二重らせんがほどけた位置から再びDNA合

成を開始し，少しずつ短い鎖として合成されていく。

C　(3)，(8)

D　実験1で合成したDNAはレトロウイルスのRNAから逆転写されたものなので，相補的な塩基配列をもつレトロウイルスRNAがある領域Bには相補的な塩基間の水素結合で結合したが，RNAがない領域Aや相補性のないポリオウイルスRNAがある領域Cには結合しなかった。

E　(a)　レトロウイルスのRNAから逆転写されたDNAがゲノムに組み込まれた配偶子ができ，それが子孫に伝えられることが，数多く繰り返された。

(b)　3×10^5個

Ⅱ　A　(2)，(4)

B　(a)　コドンを構成する3番目の塩基だったため，塩基が置換してもアルギニンを指定するコドンになった。

(b)　CUA－ロイシン，GUG－バリン，CCU－プロリン，
CGU－アルギニン，CGA－アルギニン，CGC－アルギニン，
CGG－アルギニン，GCU－アラニン，GCG－アラニン，
UUC－フェニルアラニン

C　隔離されたごく少数からなる個体群において，偶然，その遺伝子に対する対立遺伝子が失われ，全個体がその遺伝子をもつに至る。

D　生息地域依存的なDNA塩基配列の違いが見られるDNA領域の中には，特定の遺伝病や病気にかかりやすい体質に関わる遺伝子と強く連鎖していて，目印として利用できるものが存在する可能性がある。

2003年

第1問

解説 動物の学習と自然選択を扱った問題である。コンピューターを用いて仮想的な個体群を変化させるという目新しい内容を含んでおり，いつものことながら文を正確に読み取ることが大切だった。

I 〔文1〕では，捕食行動に関する実験の方法と結果が説明されている。動物の行動は，各大学で実験考察問題・仮説検証問題としてしばしば出題される分野であり，東大受験生ならば「考え方」に触れたことはあるはずだろう。この設問でのポイントは鳥が学習していることに気づいたかどうかである。

A 二つのテストの結果に「共通する傾向」を考察することが求められている。このように実験結果から〈ある傾向〉を見出すことは〈科学すること〉の出発点（の一つ）であり，〈試験場で科学させる〉という東大入試の傾向に従ったものである。

さて，グラフに何が「共通」しているだろうか？　すぐに気づくのは，背景色が米粒の色と異なる場合の曲線どうし，背景色が米粒の色と同じ場合の曲線どうしが類似していることである。だが考察としては，もう一歩進めて「共通する傾向」を見出し言葉にする必要がある。列挙すると，①色が違う場合はすぐに食べ始める，②色が同じ場合は4分ほどして食べ始める，③色が同じ場合は最初は遅く徐々に速く食べる，④色が違う場合は最初から食べるのが速くほぼ一定，⑤色が同じ場合でも，最終的には違う場合とほぼ同じ速さで食べる，等々。解答はこれらを三つにまとめればよい。

B 実験条件の意味を問う設問であるが，選択肢の正誤を判断しにくく選びにくいので，迷った受験生もいたと考えられる。

さて，この実験条件は，色が異なる＝餌が目立つ，色が同じ＝餌が目立たない，という条件設定がされている。では，なぜ二つのテストを受けさせるのか？　実験条件の意味を考える場合，科学者の立場に立って，何を示したいのか？　どんな批判に準備しているのか？　と想像してみるとよい。

選択肢(1)・(2)：実験数が足りないと批判されないよう「実験の繰り返し数を増や」すのならば20羽に増やす方が適切である。

選択肢(3)：背景色が米粒と同じ場合は見つけにくく違う場合は見つけやすいことを示したいのであって，二つのテストでの差を問題にしているのではない。

選択肢(4)：テストAだけでは「背景色が緑だと食欲が増す」とか「オレンジ色は識別能力が低い」といった批判に反論できないので，テストBも受けさせて「背景の色そのものは影響しない」とか「色による識別能力の差ではない」といった反論の根拠を得ている。

C　実験2でも背景の中での目立ち方と捕食行動の関係がテストされていること，そしてグラフが学習の過程を示していると気づくことがポイントである。つまり，同じ羽模様が連続すると「正しい応答率」が増えるのは，練習を繰り返して模様を学習したことを示す一方，両種を無作為に映し出されると「正しい応答率」が変わらないのは，学習が成立しないことを示すと考察できる。一般に，報酬や罰が与えられると学習が起こりやすいことは聞いたことがあるだろうが，RとLの2つを無作為に映し出されると，特定の刺激（模様）と報酬（人工餌）を結び付けられないのである。

Ⅱ　〔文2〕は，自然選択を仮想的に実験しているのだが，諸君は気づいただろうか？自然選択を長期間にわたって実際に実験することは（完全に不可能というわけではないが）困難なので，シミュレーションを利用した研究が行われている。

A・B　〔文1〕をふまえて読み取るべきことは，隠蔽度の高い模型1は見つけにくいが隠蔽度の劣る模型2・3は見つけやすいことである。そして，映し出される順序は無作為と考えられる（明記されていないが，でないと実験が意味をもたない）ので，映し出される40匹分の映像はその集団に占める模型1～3の頻度に従うことにも気づいてほしい。

さて，図4(a)の実験結果はどう説明できるだろうか？　まず初期集団は模型1～3を80匹ずつ含むが，グラフの5世代の集団では模型1が多く，模型2はほぼ同じ，模型3が減少している（模型3が最初に学習されたと推論できる）。この5世代の集団から映し出される40匹には模型1が多く，模型2が約1/3，模型3が少ないので，模型3を探しても報酬が得られない率が高まり，（より見つけやすい）模型2が学習されてつつかれ，模型1の頻度がさらに高まることになる（12～13世代の集団では75％近くが模型1)。ここまで集団内での模型1の頻度が高くなると，映し出される40匹のガの多くが模型1となる。以後の世代で模型1の頻度が下がっていることから，連続して多数映されれば隠蔽度が高い模型でも学習できることが推論できる（模型1を学習したルリカケスに高い率でつつかれて，模型1の頻度が低下する)。やがて，模型1の頻度が下がると隠蔽度の劣る模型が学習されてつつかれ，再び模型1の頻度が高くなる。グラフの変動はこの繰り返しを反映しているのである。

C　実験4では，集団内に新たに生じた型（模型4）の運命を仮想的に実験している。ポイントは,「模型4は模型1に比べてやや隠蔽度が劣る」が頻度は低いこと，そしてルリカケスは模型1～3は知っているが模型4は知らないということである。

さて，図4(b)で模型4導入後，模型1の頻度が下がり模型4の頻度が上がっている。模型1の頻度が下がることは，実験3終了時点でルリカケスが模型1を学習していたためだと説明できるのだが，これだけでは，模型1の個体数が240匹中約50匹にまで減り，模型4が集団の半数以上を占めるという実験3との著しい違いが説明できない。隠蔽度が劣る模型4は模型1より見つけやすく，実験3の結果から予想すれば模型1の頻度が半分を下回ることは考えにくいのである。実験4の30～40世代で，実験3と同様の結果を示していることも合わせて考察すると，この違いの説明としては，初めて見た模様（模型4）をなかなか学習しなかった（実験4の0～10世代）が，一度経験した後は，模型2・3と同じように学習したという可能性がもっとも妥当だろう（なお，初めての刺激を敬遠したと言うには実験が不充分である）。

D　設問A～Cでは，実験結果（現象）を説明する機構に関する仮説をつくることが求められていたが，この設問では，その仮説（機構）に基づいて「極端に隠蔽されたガの模型が集団中に現れた場合」のことを推論することが求められている。

さて，新しい型が集団内に現れる場合（実験4）から考えるのだが，「極端に隠蔽された」という設問の意味がやや不明確である。そこで，この新型は偶然以外ではつつかれない（一切見つけられない）と考えてみよう（極端な状況を設定するのも考察の方法である）。すると，新型の頻度は上昇，実験4の模型4を超えると予想できる。だが，存在していた模型すべてが急速に個体数を減らす可能性は低い（相対的に多い模型は急速に減っても，少ない模型は変わらないかわずかにせよ増える）。また，各模型は増減しながら頻度を低下させていくが，消滅近くまで減少することにはならない。極端に隠蔽された新型が増えると，ルリカケスが見つけられる模型が映る頻度が低くなり学習が成立しないので，実験2の無作為の場合と近い状態になる。この場合正しい応答率が60～85%なので，各模型の頻度はある低いレベルを保つことになる。もちろん,「極端に隠蔽された」新型をルリカケスが見つけて学習できるなら，増えた新型が学習されつつかれるので，他の模型が消滅近くまで減少することはありえない。

Ⅲ　〔文3〕は工業暗化が題材。東大受験生にとっては基本的な内容であるが，設問Dは問われている内容を誤解しやすかったかもしれない。

B　集団遺伝の基礎的な計算問題である。

C　地衣類は，藻類（緑藻またはシアノバクテリア）と菌類が共生した特殊な生物群である。

D　問われているのは「自然選択が作用して進化が生じるのに必要な条件」であって，工業暗化そのものに関する設問では「ない」ことに注意が必要である。

まず，自然選択は種内競争で起こることに注意しよう。さらに，均一な集団では自然選択が起こりえないことも忘れないこと（自然選択の前提は多様性である)。もちろん，進化が生じるには遺伝的な多様性でなくてはならない（環境変異も個体の生存や繁殖に影響を与えるが，進化にはつながらない)。つまり〔文３〕の場合，体色（ある遺伝形質）について種個体群の中に野生型と黒化型の二つの表現型（多様性）があり，その型の間で生存率に違いがあるというわけである。

E　自然界では低頻度とはいえ突然変異が生じるので完全消滅はあり得ないし，黒化型は優性形質なのでヘテロ個体が隠れて混じることもあり得ない。残る二つの選択肢の違いは黒化型の頻度であるが，〔文１〕・〔文２〕が全体として述べているのは，非常に目立つものはすぐに見つけて食べるということなので，ここでは「非常に稀」を選びたい。

(注１)　配点は，Ⅰ－A３点（各１点)・B１点・C２点，Ⅱ－A２点・B２点・C２点・D１点，Ⅲ－A１点・B２点・C１点・D２点・E１点と推定。

(注２)　行数制限の解答の際は，１行あたり35字程度で解答した（以下同)。

解答

Ⅰ　A　異なる色の場合はすぐに，同じ色の場合は４分ほど経ってから食べ始める。食べる速度が，異なる色の場合はほぼ一定，同じ色の場合は徐々に上昇する。同じ色の場合の食べる速度は，最終的には異なる色の場合と同じになる。

B　(4)

C　人工餌という報酬が特定の羽模様と対応しないので，学習が成立しなかった。

Ⅱ　A　模型１の頻度が高くなると，模型２・３ではなく，模型１を学習してつつくようになるから。

B　隠蔽度の高い模型１の頻度が高くなると模型１を学習してつつくが，頻度が下がると隠蔽度の低い模型２・３への学習が成立しやすくなり，これが周期的に繰り返されるから。

C　それまで経験していなかった模型なので，頻度が高くなるまで学習が成立しなかった。

D　(3)

Ⅲ　A　工業暗化

B　遺伝子型に関して cc:CC:Cc = 1:1:1 の集団なので, 遺伝子頻度はCが0.5, c = 0.5。交配は完全に無作為なので, 次世代の集団の遺伝子型とその頻度は, $(0.5\mathrm{C} + 0.5\mathrm{c})^2 = 0.25\mathrm{CC} + 0.5\mathrm{Cc} + 0.25\mathrm{cc}$ と計算できるので, 体色の比率は野生色：黒化色 = 1：3となる。

C　藻類と菌類

D　遺伝形質について個体群内部に多様性があり, 各々の型の間で生存率や繁殖率に差がある場合, 自然選択による進化が生じる。

E　(3)

第2問

解説　花成（花芽形成）について環境要因から遺伝子まで幅広く扱った問題である。

Ⅰ〔文1〕では環境要因による花成の制御が説明されている。ジベレリンと花成, 低温と花成については, 知識のない受験生がほとんどであろう。正確に読解し考察することが求められた。

A・B　ジベレリンの作用機構の中で遺伝子 *S*（の産物）がもつ役割を推論することが求められている。〔文1〕に, ジベレリン量の減少が花成を遅らせること, ジベレリンを投与すると遺伝子 *S* 産物が核から消失すること, 設問文に, 遺伝子 *S* が機能を失う（*s-1*）とジベレリン過剰と等価になることが述べられているので, 次のような機構を考えられればよい（なお,「⇒」で示したところが直接であるとは限らない）。

ジベレリンなし⇒遺伝子 *S* 産物（核内）	⇒花成の開始（など）を抑える	
ジベレリン　　⇒遺伝子 *S* 産物消失	⇒花成開始（など）の抑制解除	

変異体 *s-2* がジベレリンに応答しないというのは, ジベレリンを投与しても産物が核から消失せず抑制解除が起こらないと考えればよいわけである。設問Bで問われているのは, 遺伝子 *S* 産物の消失をさらに細かく説明することだが, 上述の機構の中で可能な仮説のうち最もシンプルなものを二つ（分解と輸送）答えればよい（仮説は無数につくれるので, よりシンプルなものが優先されるのが科学の原則である）。

C　花成の光周性に関する理解を問う基本的な問題。長日植物は与えられた連続する暗期の長さが限界暗期の長さを下回ると, 花芽形成が起こる。完答が求められる。

D　植物群落の上層の葉が光を吸収して光合成を行う結果, 群落の下層では光が弱くなるだけでなく，光の質が変わる（含まれる波長が違う）ことに気づくことができたかどうか，つまり，クロロフィルの吸収スペクトルや光合成の作用スペクトルを思い浮かべ，下層には遠赤色光がより多く到達すると気づいたかどうかがポイントである。

E　生体の形質や特性の利点（意義）を問われた場合，それがなかったらどんな不利益があるかを考えてみればよい。たとえば，日長も温度も数日間で応答する場合を考えると，日長変化は地球の公転と自転に関わる現象で変化が規則的なのに対し，温度変化は年間を通してみれば季節に対応しているものの日々の変動が大きいので，日長変化なら騙されないが，温度変化では騙されるかもしれない。つまり，季節変化を感知する正確さが利益・不利益のポイントなのである。

F　花成の制御に関する光要因と温度要因の影響の違いを考察することが求められている。思い出すべき知識は，短日植物の花芽形成の調節機構である。

短日条件を葉で感知⇒花成ホルモンの合成⇒師管を移動⇒茎頂へ作用⇒花芽形成

解答そのものは，設問文に，低温処理の場合は植物を接いでも花芽形成を促進しない（＝情報が移行しない）とあることから，(3)・(5)が誤りと判断できる。

G　〔文1〕に「低温刺激を受けた植物の茎頂は花芽の分化まで低温刺激を‘記憶’していると考えられる。しかし，低温処理の効果は種子には受け継がれない」とあることに着目すればよい。茎頂にある分裂組織が体細胞分裂により細胞数を増やし花をつくるという過程は推論しやすいだろう。それに対して，種子ができるまでの間には体細胞分裂だけではなく減数分裂がある（花粉形成・胚嚢形成）というわけである。

H　F・Gを踏まえ，低温処理が花芽形成を制御する機構を推論する設問である。文に述べられている遺伝子 F について次のような機構が推論できただろうか。

	低温なし⇒Fの発現	⇒Fの産物	⇒花芽形成抑制
正常体：	低温刺激⇒Fの発現減少持続	⇒Fの産物減少	⇒抑制解除
変異体：	低温刺激⇒Fの発現一過的減少	⇒Fの産物一過的減少	⇒抑制解除されず

ポイントは低温処理で花芽形成が促進されない変異体で「遺伝子 F の発現は低温刺激により一過的に減少したが，その後再び発現が上昇した」という部分である。

Ⅱ　〔文2〕では，花器官形成の制御に関する遺伝子レベルの機構が説明されている。整理すると次表のようになる。

領域	1	2	3	4
花器官	萼	花弁	雄しべ	雌しべ
Aグループ	＋	＋	－	－
Bグループ	－	＋	＋	－
Cグループ	－	－	＋	＋

A　与えられた条件では，第1領域と第4領域でCグループのみが発現（雌しべを形成）し，第2・3領域ではBグループとCグループが発現（雄しべを形成）することが推論できればよい（Bグループの発現はA・Cグループから影響を受けない）。

B　花弁だけの花をつくるには全領域でA・Bグループを発現させればよい。この場合，Cグループを欠失させればAグループは全領域で発現するが，Bグループに関しては，本来発現しない第1・4領域で発現させる必要がある。

C　B・Cグループが機能を失うと，全領域でAグループが発現され萼が形成されるだけでなく，「Cグループの遺伝子は花器官を生み出す花芽分裂組織の成長を抑制」しているので，Cグループがはたらかないと多数の萼のみからなる花器官が生じることになる。

（注）配点は，Ⅰ－A2点（各1点）・B2点・C2点（完答）・D2点・E2点・F2点（各1点）・G2点（各1点）・H1点，Ⅱ－A2点（完答）・B2点（各1点）・C1点と推定。

解答

Ⅰ　A　(2)，(4)

B　分解された可能性と，核外に運ばれた可能性がある。

C　1－(a)　2－(b)　3－(a)　4－(a)

D　上層の葉のクロロフィルなどにより赤色光は吸収されるが遠赤色光は吸収されないので，下層に届く光には遠赤色光が多く，発芽が抑制された。

E　規則性の高い日長変化には数日で，日々の変動の大きい温度変化には数週間で応答することは，季節変化を正確に感知できる利点がある。

F　(3)，(5)

G　5－(6)　6－(12)

H　(3)

Ⅱ　A　第1領域－雌しべ　第2領域－雄しべ　第3領域－雄しべ　第4領域－雌しべ

B　8－C　　9－B

C　多数の萼のみで構成される花ができる。

第3問

解説　がんを題材に，遺伝子発現・突然変異・細胞増殖などを扱った問題である。現在の東大受験生にとってもかなり手強かったのではないだろうか。

I　〔文1〕では，がん原遺伝子とがん抑制遺伝子，さらに突然変異と細胞のがん化について説明されている。遺伝子に関する正確な知識と丁寧な読解が必要だった。

A・B　突然変異に関する基本的な知識を問う設問である。Aでは一塩基置換を答えればよいだろう。なお，一塩基置換によって変異部分が同一のアミノ酸を指定することもあり得るが，今回は問題文に「アミノ酸配列にどのような変化」とあるので，このパターンの塩基の変化は，解答に用いない方が良いだろう。

C　がん原遺伝子の一つである *ras* 遺伝子が取り上げられている設問だが，問われていること自体は単純である。下線部(ウ)とその前数行の内容（正常な *ras* 遺伝子産物に関する説明と「恒常的に活性化した遺伝子産物」が「細胞のがん化を引き起こす」こと）に着目すると，*ras* 遺伝子の変異と細胞増殖に関して，次のような関係を推論できるはずである。

正常 *ras* 遺伝子⇒正常産物	⇒活性状態	⇒細胞増殖促進
	不活性状態	⇒増殖促進せず
変異 *ras* 遺伝子⇒促進作用を失った産物	⇒活性状態にならない（増殖促進できず）	
変異 *ras* 遺伝子⇒調節をうけない産物	⇒常に活性状態	⇒常に細胞増殖促進

つまり，がんで見出される変異が特定のアミノ酸の変化に限定されるのは，特定の変異しか起きないのではなく，細胞増殖を促進する作用はもつが調節は受けない *ras* 遺伝子産物が生じるのは特定の変異に限られるということである。

D　翻訳の流れをたどればよい。膀胱がんの場合，(a)と(b)を比較すると，正常で…CCG<u>G</u>CG…という部分が…CCG<u>U</u>CG…となっていることがわかる。変異部分に対応する正常なアミノ酸はグリシンかグルタミンに限られるという条件を使うと，上述の部分は正常が…CC｜G<u>G</u>C｜G…と区切られてグリシンを指定し，変異は…CC｜G<u>U</u>C｜G…と区切られてバリンを指定することがわかる（正常配列をどう区切ってもグルタミンを指定する可能性はない）。肺がんの場合，正常で…GCC<u>A</u>GG…という部分が…GCC<u>G</u>GG…となっているので，…GC｜C<u>A</u>G｜G…と区切られ，グルタミンが指定されている部分が…GC｜C<u>G</u>G｜G…となってアルギニンになったとわかる。

E・F　がん抑制遺伝子と2段階ヒット理論の説明を理解し，現象を説明することが求められている。ポイントは二つ。一つは，がん抑制遺伝子は正常遺伝子が優性，がん化につながる変異遺伝子が劣性であること，二つめは親から子へ変異遺伝子が一つ伝わると，その子の全身の細胞が生まれつき第1ヒットを受けた状態になることである。

(エ)　正常細胞とがん細胞を融合した場合，がん細胞ではがん抑制遺伝子が失活しており産物が機能していないが，正常細胞では正常ながん抑制遺伝子がありその産物が機能しているはずで，その産物ががん細胞の表現形質を抑えたということである。

(オ)　遺伝子突然変異によってがん抑制遺伝子が失活することと，がん抑制遺伝子が存在する染色体領域が欠失することとは，正常な遺伝子産物が発現しないという意味で等価なのである。

F　体細胞の多くは，古くなると新しいものと入れ替わっており，その際にも体細胞分裂が起きている。こうした体細胞分裂の過程で（低頻度だが）突然変異が生じ，細胞のがん化が起こるのである。

さて，非遺伝性の網膜芽細胞腫の場合，両親から正常遺伝子（*Rb*）を受け継いだヒト（遺伝子型 *RbRb*）の細胞ががん化する。このとき，二つの *Rb* 遺伝子に突然変異が生じる（2ヒット）確率は低いため，両眼に発症する可能性は低く，発症までに時間もかかる。遺伝性の場合，正常遺伝子と変異遺伝子（*rb*）のヘテロ接合（遺伝子型 *Rbrb*）なので，すべての体細胞に正常な *Rb* 遺伝子が一つしかなく，*Rb* 遺伝子に突然変異が生じる（1ヒット）とがん化が起こってしまい，非遺伝性に比べると，両眼に発症する頻度が高く，発症時期も早いのである。

Ⅱ　〔文2〕では，がん抑制遺伝子の一つである *p53* 遺伝子について，タンパク質レベルでの作用機構の説明と，細胞増殖との関連が説明されている。各設問は，文の読解と実験結果の考察で答えられるようになっているとは言うものの，試験時間を考えると，発展的な知識をもたない受験生には苦しかったのではないだろうか。

A・C　ポリペプチドが一本で機能するのではなく複合体を形成して機能することを，仮説検証の角度から扱っている設問である。類題を学習していれば解答しやすかったと思われる。

さて，文によれば，p53は「4分子が複合体を形成してはじめて機能することができる」タンパク質である。下線部(キ)では，*p53* 遺伝子に関して正常・変異のヘテロ接合を考えているが，より細かく言えば，変異遺伝子に「点突然変異が起きて失活している」，つまり正常なはたらきをもたない変異p53分子がつくられる場合を考えている。この場合，正常 p53 と変異 p53 が混在する複合体が形成され，複合体が機能しない（つまり，正常 p53 の機能が阻害される）可能性があるというのである。

たとえば，変異遺伝子の転写・翻訳の効率や変異 p53 の寿命が正常なものと等しいとすると，ポリペプチドで考えれば正常 p53 が 1/2，変異 p53 が 1/2 になり，これらが無作為に複合体を形成すれば，4 分子とも正常 p53 でできている複合体は全体の 1/16，残りの 15/16 は 1 ～ 4 分子の変異 p53 を含むことになる。したがって，変異 p53 を含む複合体が機能できない場合，大きな影響が出ることが予想できるわけである。

この予想を実際に実験で確かめているのが下線部(ケ)の実験である。この実験で正常 p53 と変異 p53 を同時に発現させたところ，細胞増殖は正常 p53 だけを発現させた場合と同じになった（この結果は予想とは一致しない）。仮説検証では，結果と予想が一致しない場合，予想のもとになった仮説が否定され，新たな仮説をつくることになる。この場合，正常 p53 と変異 p53 の両方が含まれる複合体でも機能するということは，可能性ゼロとは言い切れないが，もっともらしくない。それよりも正常 p53 だけで複合体を形成すると考えたほうが素直であり，こちらを解答すればよい。

B　実験結果から考察することが求められている設問である。グラフの縦軸が「生細胞数」となっていることがヒントで，大量の正常 p53 を発現させると生きている細胞の数が減少する，つまり，細胞が死んでいるということが読み取れればよい。諸君の中には，この現象がアポトーシス（細胞自死）によるものだと知っている者もいたかもしれないが，もちろん解答としては必要ない。

D　p53 による細胞分裂および細胞死の制御についての説明を理解して，細胞のがん化との関連について考察することが求められている。諸君は，次のような機構を読み取れただろうか？

遺伝子の傷害⇒ p53 の発現⇒細胞分裂の停止⇒修復を行う
（このとき，修復を行っても，ミスがあると突然変異となる）
修復が終了　　　　　⇒細胞分裂の再開
修復そのものが不可能⇒（p53 の作用による）細胞死

多くの遺伝子が変異する結果，細胞のがん化が起こる。したがって，突然変異の原因となる遺伝子の傷害などが大きい細胞（つまり，がん化する危険が高い細胞）は，除去する方が望ましい。ところが，p53 が細胞死を引き起こせないと，そうした危険な細胞が除去できず，がんが発症しやすくなるのである。

E　文を読解して，現象を説明する仮説をつくる設問である。まず，着目してほしいのが下線部(サ)の「致死量の放射線を照射」という部分である。ここに目がいき，放射線の照射とp53の間にどんな関連があるか？　と自問すれば，DNAの損傷や突然変異の誘起を連想できるはずである。では，p53の機能とマウスの生死の関係は？　ここでは，p53が機能するとマウスが死に，機能を一時的に阻害すると死なないという事実から，〈致死量の放射線⇒大きなDNAの傷害⇒p53による細胞死の誘導⇒マウスの死〉という流れを推理してほしいのである（言い換えるとp53の機能を一時的に阻害した場合，〈致死量の放射線⇒大きなDNAの傷害⇒p53による細胞死なし⇒マウスの生存〉となる）。

（注）　配点は，Ⅰ－A２点（各１点）・B１点（完答）・C１点・D２点（各１点）・E２点（各１点）・F２点，Ⅱ－A２点・B２点・C２点・D２点・E２点と推定。

解答

Ⅰ　A　アミノ酸１個が別の種類のアミノ酸に置換される。

　　終止コドンが生じ，生じるポリペプチド鎖の長さが短くなる。

B　逆位，重複，転座

C　(3)

D　膀胱がん：12番グリシン→バリン　肺がん：61番グルタミン→アルギニン

E　(エ)　正常細胞のがん抑制遺伝子が発現し，がん細胞の表現形質を抑えた。

　(オ)　がん抑制遺伝子の存在する領域が欠失し，がん化を抑制できなくなった。

F　遺伝性の場合，全身の体細胞に正常*Rb*遺伝子が一つしかなく，１回の突然変異でがん化が引き起こされる。

Ⅱ　A　正常p53と変異p53とで形成された複合体が正常な機能をもたない可能性がある。

B　細胞死が起こったと考えられる。

C　正常p53と変異p53が機能のない複合体を形成するという仮説は否定され，細胞内では正常p53だけで４量体を形成して機能していると考えられる。

D　多くの変異によって細胞のがん化が生じるが，多くの変異を生じた細胞にp53の作用で細胞死を誘導すれば，がん化した細胞を除去できるから。

E　p53が作用しないために細胞死が起こらず，放射線により傷害を受けた細胞の活動が継続するから。

2002年

第1問

解説 生体防御・免疫を扱った問題である。実験に関する設問が多かったが，特に答えづらいものは見られず，東大としては標準的な難易度であろう。

Ⅰ 〔文1〕では，生体防御・免疫の機構の概略が説明されている。大食細胞（マクロファージ）が生体防御・免疫の機構の中で，T細胞へ抗原についての情報を伝えること（抗原提示）や，抗体と結合した抗原を効率よく取り込んで処理すること等は知っているだろう（ただし，抗原提示の中心は樹状細胞）。

A・B 生体防御・免疫の機構に関する基本的な事項を問う設問。合格のためには完答したいところである。

Ⅱ 基本的な知識と問題文で述べられている内容をもとに実験について考察することが求められている，東大らしい設問である。

A 培養液に「適切な糖や塩類」を加える理由が求められているが，「蒸留水ではなく」がヒントとなる。つまり，蒸留水では動物細胞が破裂する（溶血を思い出そう）ので，体液（血しょう）中に存在する大食細胞を培養する際には，破裂を防ぐため「適切な」濃度の塩類を含む液（要するに等張液）を用いることが必要なのである。二つめの理由は，「糖」が呼吸基質であることから，細胞が生命を維持し生命活動を行っていくためのエネルギー源（ATP生産のための呼吸基質）として必要なことが容易に推論できよう。なお，「適切な」種類の塩類という意味で，生理的食塩水と生理的イオン溶液（ナトリウムイオンだけでなく，カリウムイオンなども含む）とでは，後者の方が細胞のダメージが小さいことを知っていた受験生もいたであろうが，解答例に示す程度に述べれば十分で，詳しく答える必要はない。

B 実験データの意味の理解が問われている設問。ここで着目して欲しいのは「蛍光色素で一様に色付けした酵母の死菌」という部分である。これは，それぞれの酵母が同じ強さの蛍光を発することを意味している。つまり，蛍光強度は酵母の死菌数に対応するのである。したがって，横軸の「大食細胞1個当たりの蛍光強度」は，大食細胞1個が取り込んだ酵母の死菌数に対応することになる。

C 実験結果に関する考察が求められている設問。ここでは，ウサギAには酵母死菌が注射されているがBには注射されていないという実験条件の違いに着目すればよい。Aの血清は酵母死菌に対する抗体を含んでいるのに対しBの血清は含んでいないので，Aの血清を用いた実験では，大食細胞は抗体が結合している酵母死菌を食作用で取り込んだのに対して，Bの血清を用いた実験では抗体が結合していない酵母死菌を取り込んだことになる。両実験とも大食細胞は共通（C由来）なので，結果の違いの原因は酵母死菌に抗体が結合しているか否かによると考察できる。

D　実験結果を推論する設問。「ウサギAの血清を大量の酵母の死菌と混合し，37℃で30分間おい」ておく処理によって血清中の酵母死菌に対する抗体は（ほとんど）すべて酵母死菌と結合するはずであり，酵母死菌を取り除けば抗体も除去されてしまうことに気づけばよい。つまり，この処理を行った後の血清は酵母死菌に対する抗体を含まない点でBの血清と同様であり，Bの血清に近い結果が予想されるのである。

E～G　実験2は，細胞間情報伝達物質に関する実験である。多細胞生物の体内で見られる細胞間情報伝達は化学物質によって担われていることが一般的であり，その機構が，免疫だけでなく，発生における誘導（第2問）や恒常性の維持など，様々な生命活動において重要な役割を果たしていることが明らかにされている。出題が多いので，是非，理解を深めてもらいたいと思う。

E　実験結果に関する考察が求められている。ウサギAの血清で処理した酵母死菌を加えて大食細胞を培養した後の培養液（液1）と未使用の培養液（液4）との間には明白な結果の違いがあり（図3），液1では約10倍の白血球が下方に移動している。つまり，液1には，白血球を誘引する物質が含まれていると考えられる。

F　生体内での意義を答える設問。「意義」を問われた場合，その現象がどのような意味で生体にとって好都合なのかを答えるのだが，それを考えるためには「その現象が無かったら」と仮定してみるとよい。

実験2の結果を生体内に置き換えて考えてみると，侵入してきた細菌を取り込んだ大食細胞から化学物質が放出されて白血球が引き寄せられる，つまり，侵入を受けた組織に白血球が集まってくるということになる。これが感染防御において好都合なことは直感的には明らかだが，それでは解答にはならない。白血球が集まってくることがどのような意義をもつか（どういう点で有利なのか）を考察する必要がある。

では，大食細胞が誘引する物質を放出しないと仮定してみよう。すると，感染防御の上でどんな不都合（不利）が予想されるだろうか。〔文1〕にあるように，大食細胞は，「通常，組織中に存在し」て「初期の生体防御に」はたらいており，

T細胞に「細菌を処理したという信号」を伝える。「情報」がさらにB細胞に伝達されることで抗体産生が起こるのだが，白血球が集まってこないと，大食細胞はT細胞に信号を伝えるのが難しくなる。当然，抗体産生も難しくなり，細菌を速やかに排除することができない。要するに，生体防御・免疫に関わる白血球が，侵入を受けた組織に集まることで「速やかに」生体防御機構がはたらくことが可能になっているということである。

G　生体物質に関する実験考察問題。液2で白血球の移動が促進されないことから，液1に含まれる物質は95℃・10分間の加熱で活性を失うことがわかる。また，液3でも移動が促進されていないことから，分子量2,000以下の分子だけを通過させる膜を通過しないこと，つまり，液1に含まれる物質は分子量が2,000より大きいことがわかる。以上，熱に弱い高分子ということからタンパク質と判断することになる。

（注1）　配点は，Ⅰ－A5点（各1点）・B2点（各1点），Ⅱ－A2点（各1点）・B2点・C2点・D2点・E1点・F2点・G2点と推定。

（注2）　行数制限の解答の際は，1行あたり35字程度で解答した（以下同）。

解答

Ⅰ　A　1－T　　2－B　　3－免疫グロブリン
　　4－自己免疫　　5－エイズ

B　予防接種－弱毒菌，死菌等をワクチンとして投与することで免疫記憶をつくり，実際の病原体の侵入時にすばやく応答して感染を防御できるようにする。
　血清療法－菌や毒素を投与して抗体を産生させた動物の血清を感染個体に注射し，この血清が含む抗体で病原菌や毒素に対する治療を行う。

Ⅱ　A　内外の浸透圧差により，細胞の膨張・破裂が起こるのを防ぐため。
　細胞の代謝や生理状態の維持に必要な呼吸基質その他の物質を供給するため。

B　1個の大食細胞が食作用で細胞内に取り込んだ酵母の死菌数の相対値を示している。

C　ウサギAの血清に含まれる酵母死菌に対する抗体が結合すると，酵母死菌は抗体が結合していない状態よりも大食細胞に効率よく取り込まれるようになる。

D　ウサギAの血清中の酵母死菌に対する抗体は，ほとんどが酵母死菌と結合し酵母死菌と一緒に除去されてしまうので，Bの血清の場合に近いと考えられる。

E　白血球に対して正の走化性を引き起こす作用をもつ物質。

F　細菌の侵入をうけた組織に白血球を集合させ，特異的および非特異的な防御機構をすみやかにはたらかせて感染を防御することができる。

G　液2が活性を失ったことから熱に弱く，液3が活性を失ったことから分子量が2,000以上の大きさと考えられるため，タンパク質と推定される。

第2問

解説　動物の発生，とくに誘導と細胞分化を扱った問題である。誘導と細胞分化の機構は近年，研究が発展している分野であり，入試でもよく扱われている。難易度としては標準的であろう。

I　両生類の胚発生と器官分化が扱われているが，E・Fの設問が東大らしいところであろう。

A～C　基本的内容に関する設問。合格のためには完答したいところである。

D　イモリの予定運命図（原基分布図）といえば，普通は初期原腸胚が扱われるが，ここでは後期胞胚が扱われている点が要注意である。初期原腸胚とは異なり，後期胞胚では原口陥入が始まっていないので，断面図は(2)ではなく(4)となる。

E　大切なのは〔文1〕の後半の内容を正確に読み取り，実験1の実験条件に当てはめて考察することである。

組織a－後期胞胚の予定外胚葉域をそのまま培養したとき，①外胚葉は本来は神経組織に分化する性質をもつが，②初期胚の胚全体に存在するタンパク質Aが神経への分化を阻害，表皮への分化を促進することから，表皮に分化すると推論できる。

組織b－予定外胚葉域を充分大きな形成体と接触させた場合，③形成体がタンパク質Bを分泌すること，④タンパク質Bは細胞外でタンパク質Aと結合してそのはたらきを抑制することから，外胚葉の本来の性質が現れて神経に分化すると推論できる。

組織c－培養液にタンパク質Aを充分量加えて培養すると，上述の①・②から表皮に分化すると考えられる。

組織d－培養液にタンパク質Bを充分量加えて培養すると，上述の④からタンパク質Aのはたらきが抑制されて，神経に分化すると推論できる。

F　外胚葉片を「細胞同士の接着を低下させる処理によってばらばらの細胞に」して「培養液でよく洗浄」すると，タンパク質が「洗浄の過程で取り除かれ」てしまい，「培養の過程で新たに産生され」ることはないと設問文にある。当然，細胞を破壊するような処理はありえないので，ここで除去されたタンパク質は細胞の外表面に存在するものだと考えられる。つまり，ばらばらになった細胞は，タンパク質Aを除去された状態で培養されているので，本来の性質に従って神経に分化するのである。

Ⅱ 〔文2〕の内容を正確に読み取り，それに基づいて実験について考察していくことが必要なことはⅠと同じである。ニワトリ胚の神経分化は高校教科書の範囲外ではあるが，物質の濃度が位置情報として作用する機構は，ショウジョウバエのビコイドやニワトリの翼の分化の例が有名であり，東大受験生ならば知っているだろう。

A～C　脊索に関する基本的知識が問われている。一生の中で脊索が生じるのは，原索動物と脊椎動物であるが，脊椎動物では胚～幼生の時期だけ，原索動物でもホヤ類の場合はやはり幼生期にだけ認められる。

D　仮説を検証する実験を構成することが求められている設問で，今後も増える可能性がある。しっかりと練習しておく必要がある。

この設問では，脊索から分泌され組織内を拡散していったタンパク質Cが，神経管の特定の位置で運動ニューロンの分化を誘導することを「直接示す実験」が問われている。「直接」なので，拡散すれば誘導が起きるが，拡散しないと誘導は起きないことを示せばよいのであるが，どう考えればよいだろうか？　実は「雲母片を用いた」というのがヒントになっている。諸君は，雲母片を用いた実験と言われたら何の実験を連想するだろうか？　当然，光屈性とオーキシンの実験が思い浮かぶはずである。つまり，ここでも，雲母片を差し込んでタンパク質Cの拡散を妨げる条件と，拡散を妨げない条件を比較すればよいのである。「実験の概略と予想される結果」を2行で書かねばならないので，解答例のように細かい条件を省いて，簡潔に書けば充分である。

E　まず，〔文2〕の説明と図7のグラフから，神経管の細胞が運動ニューロンに分化するには，ある濃度範囲のタンパク質Cが必要であり，濃度が高すぎても低すぎても運動ニューロンへの分化が起こらないことを読み取るのが第一歩である。

問われている領域（図8(c)で矢印で示されている領域）は，本来運動ニューロンが分化するはずの領域である。それなのに，新たな脊索を移植すると，なぜ運動ニューロンが分化しなくなるのか？　運動ニューロンが分化しないということは，この領域でのタンパク質Cの濃度は有効範囲を下回ったか，上回ったかのいずれかである。しかし，図8(c)で，本来の脊索の左側では正常に分化が起きている（本来の脊索からは正常にタンパク質Cが分泌されている）ことから，タンパク質Cが減少して，矢印の領域での濃度が有効範囲を下回ったという説明は成り立たない。したがって，矢印の領域で二つの脊索から分泌されたタンパク質Cが重なり，濃度が有効範囲を超えて高くなるために，運動ニューロンが分化しないのだということになる。

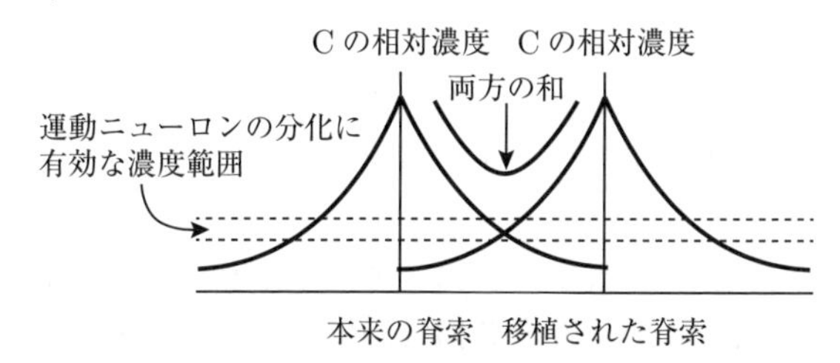

F　考察の筋道はEと共通である。二つの脊索からタンパク質Cが分泌され拡散する場合，それぞれの脊索の外側にはタンパク質Cの単純な濃度勾配（脊索から離れるほど濃度が下がる勾配）ができて，有効な濃度になる領域が生じる。言い換えれば，二つの脊索の外側には，運動ニューロンが分化する領域が二つ生じる。それに対して二つの脊索に挟まれた領域は両側から拡散してくるタンパク質Cが重なるので，二つの脊索が近いと有効な濃度範囲を上回るが，脊索が適度に離れると両方からのタンパク質Cが合わさって有効な濃度となる領域が1ヵ所生じる。そして，さらに離れると，それぞれの脊索の両側に（つまり全体としては四つの）有効な濃度となる領域が生じることになる。

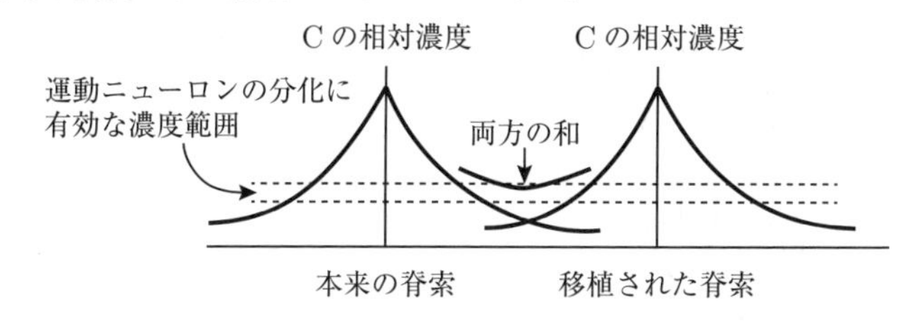

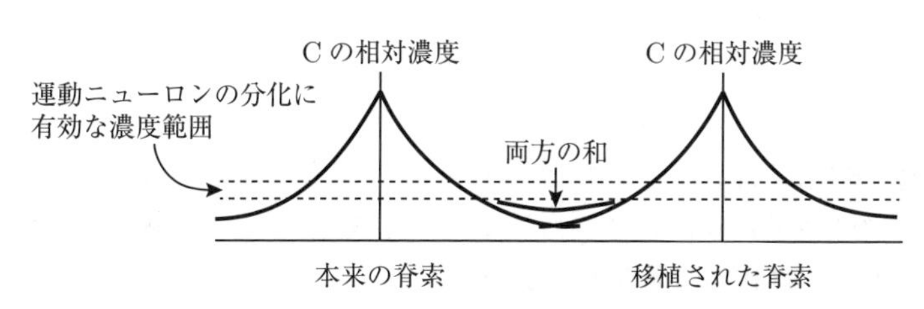

（注）　配点は，Ⅰ－A1点・B1点・C2点（各1点）・D1点・E2点（完答）・F2点（記号1点・理由1点），Ⅱ－A1点・B1点・C3点（各1点）・D2点・E2点・F2点と推定。

解答

Ⅰ　A　局所生体染色

B　原口背唇

C　(1), (6)

D　(4)

E　a－1　b－3　c－1　d－3

F　(3)

(理由)　細胞をばらばらにし洗浄すると，細胞の外側に存在するタンパク質Aが除去されるため分化を抑制する作用が失われ，本来の性質が現れて神経に分化する。

Ⅱ　A　2

B　(3)

C　原索動物　(2), (5)

D　脊索と二つの運動ニューロン予定域の一方との間に雲母片を差し込むと，差し込んだ側では運動ニューロンが分化しないが，反対側では分化する。

E　本来の脊索と移植された脊索の両方からタンパク質Cが拡散してくるために，濃度が運動ニューロンを分化させるのに有効な範囲を超えて高くなったため。

F

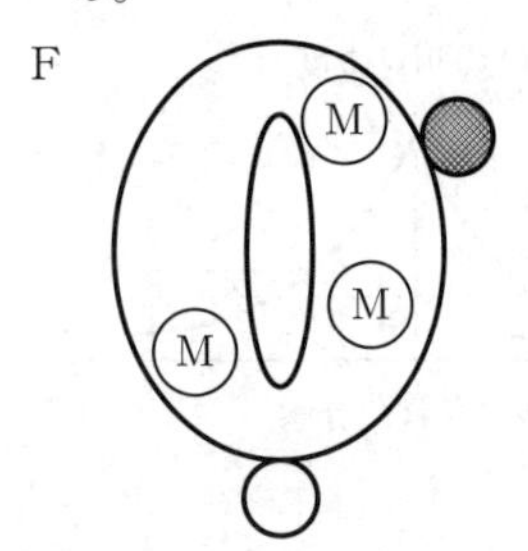

第3問

解説　遺伝と生殖，とくに被子植物のメンデル遺伝と細胞質遺伝を扱った問題である。葉緑体が独自のDNAを含むことは東大受験生にとってお馴染みのはずであり，東大としては標準的な難易度であろう。

Ⅰ　〔文1〕では，遺伝子の化学的本体がDNAであることと，真核細胞では核だけでなく色素体（葉緑体）やミトコンドリアに独自のDNAが含まれること，そして，核DNA上の遺伝子がメンデル法則に従うのに対して，色素体やミトコンドリアの

DNA上の遺伝子が母性遺伝をすることが述べられており，試験場で理解して答えられるはず，という東大らしいスタイルである。

A・B　代謝系および生殖に関する基本的事項である。

Ⅱ〔文2〕は，野外の植物集団に関する観察結果の説明であるが，それぞれのできごとが，どのような生命現象に対応するのかを読み取ることが求められている。

A　受粉に関して，実験考察と知識に基づく論述を求めている。

(a)　実験条件に関する設問だが，〔文2〕の「行動範囲の広いハチが花色の区別なく花粉を運ぶ」という説明に着目すれば，花に袋をかぶせるのはハチの飛来を妨げ花粉が運ばれてくるのを防ぐためだと，比較的容易に推論できるだろう。

(b)　実験結果に関する考察問題。実験1は「受粉」に関する実験なので，花粉の運ばれ方を考えればよいのだが，一般に，被子植物で種子が形成されるには，雌しべに花粉が付着（受粉）して花粉管が伸び，精細胞と卵細胞が合体（受精）する必要があることをふまえることになる。

まず，実験（4）～（6）に着目する。これらの実験では，雄しべを取り除いた上で袋をかけ，自然に受粉することを妨げる一方で，実験（5）と（6）では人為的に受粉を行っているが，実験（4）では「種子ができなかった」が人為的に受粉した二つの実験で「種子ができた」ことから，種子ができるためには受粉が必要なこと（⇒選択肢(4)は妥当），このシソ科植物が自家不和合性（同じ花のつくった花粉が受粉しても受精に至らない性質）をもたないことがわかる（⇒選択肢(3)は妥当，選択肢(1)・(2)・(5)は矛盾）。

次に，実験（3）と（4）を比較する。開花前に雄しべを取り除いた花でも袋をかぶせなければ「種子ができた」のだから，ハチが他家受粉を媒介していることがわかる。だが，一つの花の中で花粉を運ぶ可能性もあるため，ハチが他家受粉「だけ」を媒介し，自家受粉を媒介しないと結論することはできないので注意が必要である。

最後に，実験（1）と（2）を比較する。袋をかぶせると正常な花であっても「種子ができなかった」のは，袋の中では（雌しべ・雄しべが正常でも）受粉が起こらないということであり，外部からの助け（＝人工受粉やハチなど花粉媒介者）なしには，同じ花の中での受粉が起こらないことを示している（⇒選択肢(6)は妥当）。

(c)　自家受粉の適応における意義について述べる設問で，知識に基づいて答えることになる。「植物の生存に」とあることからわかるように，個々の個体についてではなく，集団（はっきり言えば，種）の存続における意義を答えなくてはならない。

自家受粉が（集団の存続にとって）不利な点は，自家受粉を繰り返すと各遺伝子座がホモ接合になる確率が高まり，集団の遺伝的多様性が低下することである。環境変動があった場合，遺伝的多様性の高い集団（種）では，生き残る（そして新しい環境に適応していく）個体が存在する可能性があるが，遺伝的多様性が低い集団（種）だと，新しい環境で生き残れる個体が存在せず，全滅する危険性が高いことになる。

植物個体は一般的に移動能力がなく，分布を広げる能力がかなり低い（設問Dでも扱われる）。また，ランダムに飛散させるので，新たな地域に１個の種子だけが進出するということも起こる。こうした場合，自家受粉が不可能だと子孫が残せず定着できないが，自家受粉が可能ならば単独で繁殖できるので定着する可能性が出てくる。

B　花色に関する遺伝を扱った設問である。花色を決める対立遺伝子が核に存在することは明記されていないが，実験２の結果から花色に関しては母性遺伝ではないことがわかるので，メンデル遺伝として考えればよい。

(a)　実験２・３から，遺伝子型を推論することが求められているが，正確に読んで場合分けをして考えれば，難しくなかったはずである。

まずＷが優性の場合，白花株の遺伝子型はWW・WP両方の可能性があるが，実験２で，紫花株（PP）が出現しているので，種子を採取した白花個体はWWではありえない（表の①がWPと確定）。また，実験３で，白花個体と紫花個体を交配すると次世代に白・紫両方が出現することから，この交配はWP（表２の②）×PP（表２の③），次世代の表現型の分離比（表２の⑤）は白：紫＝１：１と求められる。

Ｐが優性の場合は，実験２で種子を採取した白花株の遺伝子型はWW，種子から育った白花株はWW，紫花株はWPであるから，実験３の交配はWW×WPとなり，得られる紫花株はWP（表２の④），次世代の表現型の分離比（表２の⑥）は白：紫＝１：１となる。

(b)　対立遺伝子の優劣を判定する実験を構成することが求められている。ところで，実験３で得られた株を用いることが指定されているが，何を意味しているか気づいたであろうか？　この実験３で得られた株は，上述のように，ＷとＰの優劣関係によらず，白花株・紫花株の一方がヘテロ，他方が劣性ホモなのである。優性ホモのことを考慮から外せるので，ヘテロどうしの交配では次世代に優劣両方の形質（つまり２種類の表現型）が発現し，劣性ホモどうしの交配では次世代に劣勢形質だけ（つまり1種類の表現型）が発現することを利用すればよい。

C　母性遺伝かどうかを判定するための実験を構成する設問。〔文1〕の最後の部分を正確に読み取った上で，葉に斑が入る性質が母性遺伝する場合と，メンデル遺伝する場合を仮定して，表現型がどのように発現するかを考えればよい。

母性遺伝の場合，交配の花粉親（精細胞）の遺伝子は次世代に伝わらないので，母親（種子がつく個体）が通常個体なら（葉に斑の入った（斑入り）個体の花粉を受粉させても）次世代に斑入り個体は生じないのに対して，母親が斑入り個体ならば（通常個体の花粉を受粉させても）次世代に斑入り個体が現れる。

メンデル遺伝をする場合，花粉親×母親の交配を〈通常×斑入り〉と〈斑入り×通常〉のどちらで行っても同じ結果となる。念のため簡単に確かめておくと，通常が優性（R），斑入りが劣性（r）と仮定すると，$RR \times rr$ と $rr \times RR$ のどちらの交配でも次世代は Rr のみとなるし，$Rr \times rr$ と $rr \times Rr$ ならば次世代は $Rr : rr = 1 : 1$ で，やはり，どちらの交配でも同じ結果となる（優劣を逆に仮定しても同様に考えればよい）。つまり，通常個体と斑入り個体の間で互いの花粉を交換して受粉させる実験を行えば，母性遺伝をするかどうかが判定できるのである。

この問題のシソ科植物は両性花（一つの花の中に雄しべ・雌しべ両方をもつ）をつけるので伴性遺伝のことは考慮しなくてもよいのだが，上の交配で，伴性遺伝と母性遺伝が区別できるのか気になる諸君がいるかもしれない。確かに，伴性遺伝をする形質について，優性♂×劣性♀と劣性♂×優性♀の二通りの交配を行うと，次世代での結果が異なる場合がある。しかし，伴性遺伝の場合は，優性♂×劣性♀で優性形質（父親の形質）が次世代に伝わるので，この点で母性遺伝と区別できるのである。

D　集団内への遺伝子の広がり方に関して，母性遺伝とメンデル遺伝とを比較考察することが求められている。

ほとんどの植物個体は移動性がなく，しかも卵細胞は胚のう内に存在し母体から離れないので，自らの遺伝子を広める手段としては，花粉（精細胞）と種子（胚）だけだと考えてよい。一般的に言って，花粉は小さく散布する距離が大きいが，受粉しなければ遺伝子が次世代に伝わらない。種子は，胚を含む（遺伝子は次世代に伝わっている）が，花粉に比べ散布する距離が小さい（タンポポなど移動能力を高める形質を進化させているものを除けば，母体に近いところに定着することになる）。メンデル遺伝をする花色の遺伝子は，花粉（精細胞）と卵細胞の両方を通して次世代に伝わるので，花粉によって集団内の離れた場所に広がることができるのに対して，母性遺伝する斑入りの遺伝子は，花粉を通じて次世代に伝わることがないため，卵細胞を通じて次世代（胚）に伝わり，種子によって母体近辺に広がるだけなのである。

（注）配点は，Ⅰ－A２点（各１点）・B１点，Ⅱ－A(a)２点・(b)２点（完答）・(c)４点（各２点）・B(a)２点（完答）・(b)２点・C２点・D(a)１点（完答）・(b)２点と推定。

解答

Ⅰ　A　色素体－2，6　ミトコンドリア－2，5

　B　重複受精

Ⅱ　A　(a)　ハチなどの花粉媒介者による受粉を防ぐため。

　(b)　(3)，(4)，(6)

　(c)　(i)　個体間での遺伝子の交流がなくなるため，各遺伝子座がホモ接合になる確率が高まり，集団の遺伝的多様性が失われて，環境へ適応する力が低下する。

　(ii)　同種個体が存在しない場所に種子が運ばれた場合に，単独個体で子孫を残せるので，自家受粉は，植物が新たな地域へ分布を広げる上で有利である。

B　(a)　①－WP　②－WP　③－PP　④－WP　⑤－1：1　⑥－1：1

　(b)　白花株どうし，紫花株どうしで交配を行う。前者の交配で紫花株が生じればWが優性，後者の交配で白花株が生じればPが優性と考えられる。

C　葉に斑のある個体と通常の個体を選び，斑入り個体の花粉を通常個体に受粉させる交配と，通常個体の花粉を斑入り個体に受粉させる交配を行う。前者で斑入り個体が出現せず，後者で出現すれば母性遺伝をすると判定される。

D　(a)　花粉，種子

　(b)　白花の遺伝子は花粉によって遠くまで運ばれるが，斑入りの遺伝子は花粉によって運ばれることがないため。

2001年

第1問

解説 生命現象とタンパク質の機能との関わりが中心になっている問題で，遺伝子突然変異の影響を推論させるなど，東大としては標準的なレベルであった。

Ⅰ 生体物質としてのタンパク質および酵素に関する知識を問う設問である。

A タンパク質の直鎖状構造は，隣り合うアミノ酸間のアミノ基とカルボキシ基が脱水縮合することでできるペプチド結合によって形成される。

B 設問文にある規則的構造とは二次構造のことである。αらせんやβシートはアミノ酸の側鎖間の規則的な水素結合によって形成される。

C 「触媒」について問われているので，酵素に限らず無機触媒も含めた説明をすればよい。したがって，反応前後で自身が変化しないこと，活性化エネルギーを下げて反応を促進することの二点を答えればよい。

D 酵素の「基質特異性」と「構造」との関係を問う定番の設問である。酵素の活性部位の構造と，物質の構造が合致すると結合できるが，合致しないと結合できないことを述べればよい。

E これも定番の設問で，温度上昇により酵素タンパク質の立体構造が変化（変性）すること，その結果，基質と結合できなくなり，はたらきを失うこと（失活）を答えればよい。

Ⅱ 細胞の増殖に関する設問である。

A 細胞集団を培養した場合，すべての細胞が同時に細胞分裂を完了すれば，細胞数はその時点を境に2倍に増え，グラフは階段状になる。実際，培養条件を工夫すれば細胞の足並みをそろえることができ，細胞数を階段状に2倍ずつ増やすことも可能である(このような場合，細胞分裂が同調しているという)。しかし，個々の細胞が異なる時点で細胞分裂を完了する，言い換えれば，細胞周期のさまざまな段階の細胞が混在していると，細胞数は連続的に増えることになる。

B グラフから，細胞数が2倍になる所要時間は8時間（培養時間4時間と12時間とを比べればよい）と読み取れる。

Ⅲ 細胞周期の進行とタンパク質の機能，突然変異の影響に関する考察問題である。標準的な難易度であるが，推論能力を問う良問といえるだろう。

まず，細胞周期について確認しておこう。真核細胞の細胞周期は，DNA合成準備（G_1）期，DNA合成（S）期，分裂準備（G_2）期，分裂（M）期の4期に分けられる。G_1期～G_2期が細胞分裂の間期に相当し，M期をさらに分ければ，前期～終期となる。細胞質分裂はM期の最後（終期）に起こることが一般的である。

では，解答への筋道である。問題文（下線部(カ)）に「半数体」とあるので，実験に用いた変異型細胞は変異遺伝子のみをもち必然的に変異型酵素のみをもつ。また，図2から，変異型酵素は35℃ではまったく酵素活性をもたないことがわかる。つまり，変異型細胞は，35℃では酵素Aの活性を完全に失うと考えればよい。

(a)は，「酵素AはDNAの複製に必須だが，それ以外に影響を与えない」という条件なので，35℃に移すと細胞のDNA複製が止まる。しかし設問ⅡAで解説したように，すべての細胞が35℃に移したときにDNAを複製中というわけではない。また，設問文に「DNA複製が完了していない細胞は，細胞質分裂ができないものとする」とあるので，G_1期の細胞はS期に移行したところで，S期の細胞はすぐに細胞周期の進行が止まり，細胞質分裂も起こらないのに対して，すでにDNA複製を完了しているG_2期およびM期の細胞はそのまま細胞質分裂を行い，次の細胞周期のS期で止まると推論できる。つまり，培養温度を35℃に変化させても，しばらく（細胞周期の12時間よりは短いはず）は細胞数の増加が続き，その後細胞数が一定になると推論できる。核の数については，G_2期・M期だった細胞は一度細胞質分裂を完了するのだから，「12時間後」には大部分の細胞が核を1個含むと予測できるだろう。

(b)は，「細胞質分裂の完了に必須だが，それ以外に影響を与えない」という条件なので，35℃に移すと，細胞は細胞質分裂が完了できず停止する。つまり，温度変化の時点で細胞周期のどの段階にいたかに関係なく，すべての細胞は細胞質分裂まで細胞周期を進行させ止まるのである。したがって，細胞数は35℃に変化させた時点から増えず一定のままだと推論できる。核の数については，核分裂が影響を受けないことに気づくことが重要であり（細胞質分裂の完了以外には影響がないというのが設問の条件である），これに気づけば，大部分の細胞が2核を含むと予測できるだろう。

Ⅳ　生命現象を説明する合理的な機構を推論させる設問である。

生命現象の大きな特徴は，多数の要素によって構成され，それらの相互作用によって進んでいくこと（これは，生命が「システム」として成立しているということ）である。そして，多数の要素が関わる場合，全体の速度は，最も遅い部分によって決まることになる（光合成の限定要因の話を想起しよう）。つまり，この設問が求めているのは，酵素Aの活性が半分になっても15℃における増殖速度が変わらないという事実から，酵素A以外の何かが15℃における増殖速度を決めている（酵素A以外の何かが増殖速度の限定要因となっている）ことを読み取ることなのである。

（注1）配点は，Ⅰ－A１点・B２点（各１点）・C１点・D２点・E１点，Ⅱ－A１点・B２点，Ⅲ－A２点（各１点）・B４点（各２点）・C２点（各１点），Ⅳ－２点と推定。

（注2）行数制限の解答の際は，１行あたり35字程度で解答した（以下同）。

解答

Ⅰ　A　ペプチド結合

B　αらせん（αヘリックス）　βシート（ジグザグ構造）

C　反応前後で変化しないが，活性化エネルギーを低下させ，反応を促進する物質。

D　酵素活性に直接関与する活性部位は，立体構造が合致する物質とだけ結合し，合致しない物質とは結合しないので，特定の物質だけが反応の基質となる。

E　高温になるとタンパク質の立体構造が変化し，基質と結合できなくなるため。

Ⅱ　A　細胞周期のさまざまな段階にある細胞が混在しているため。

B　$2^{t/8}$倍

Ⅲ　A　(a)－５　(b)－７

B　(a)　酵素Aの活性が失われているためDNA合成はできないが，既にDNA合成を終えた細胞は分裂できる。そのため，35℃に移した後も，DNAの複製終了から細胞分裂の完了までの段階にあった細胞の分裂により増加が続くが，その継続時間は細胞周期の12時間より短い。

(b)　細胞質分裂の完了に必須な酵素Aの活性が失われるため，35℃に移した直後から，核分裂は起こっても細胞質分裂の完了は不可能になる。したがって，温度を変化させた時点以降は，細胞はまったく増加しないと考えられる。

C　(a)－１　(b)－２

Ⅳ　細胞の増殖には酵素A以外に多数の酵素が関与しているはずであり，それらのうちのいずれかの反応速度の遅さが増殖の限定要因になったと考えられる。

第２問

解説　配偶子形成と発生，バイオテクノロジーを中心とした問題である。こうした内容を学習していたかどうかで差がついたのではないかと思われる。

Ⅰ　ほ乳類の配偶子形成に関する設問である。実験データからの考察問題がすっきりしたものではなく，深みがないのが東大の問題としては残念であった。

2001年　解答・解説

A　基本的事項に関する知識問題。完答のみ正解として扱われると思われる。

B　ほ乳類の生殖・発生は生物の発生の分野に記載があり，東大受験生であれば学習していたであろう。なお，実際には，排卵されずに卵巣内で死滅していく生殖細胞の方が圧倒的に多いのだが，解答としては排卵だけで十分である。

C　実験データからの考察が求められている設問である。データから解答を導くのは難しくないのだが，仕組みを推論するのは困難である。東大入試への対策として，答が出せればよいという意識では駄目で，きちんと理解する意識をもつように述べているが，この設問ではこだわらない方が良いようである。

一般に，実験データの考察には「比較・対比」が重要であり，その際，条件がひとつだけ異なる二つの実験を比べることがポイントとなる（二つ以上の条件が異なる実験を直接比べても何も導けない）。そして，特に重視すべきなのは，条件がひとつだけ異なり結果も異なっている二つの実験である（というのは，その条件が仕組みにおいて重要な意味をもっていると推論できるからである）。

さて，実験データには，減数分裂の第一分裂で停止している卵が各条件で減数分裂を再開するかどうかが示されているが，この中で，条件がひとつだけ異なり結果も異なっている二つの実験を探すと，培養液に卵胞液を添加した時の「卵と卵丘細胞の複合体」と「卵丘細胞を除去した卵」の二つの実験（前者では減数分裂が再開しないのに後者では再開している）に目が止まるはずである。これは，卵胞液と卵丘細胞がそろうと卵の減数分裂が停止するが，卵胞液だけでは卵の減数分裂は停止しないことを示しており，言い換えれば，(a)の「卵が卵巣内で減数分裂の第一分裂を停止するために必要なもの」を示しているのである。

(b)に関しては，選択肢ごとに検討する方が，解答への早道である。

(1)　卵と卵丘細胞の複合体に「卵胞液」または「伝令RNA合成阻害剤」を与えると，どちらも減数分裂が再開できないことから，卵胞液の作用が卵丘細胞での伝令RNA合成を阻害する可能性は推論できるが，これは卵胞液が伝令RNA合成を阻害することを示す直接的な証拠ではない。一方，卵胞液が伝令RNA合成を阻害する可能性を否定する証拠もない（卵胞液を添加した条件で，伝令RNAの合成を調べる実験を行えば確かめられる）。

(2)　卵丘細胞を除去すると，培養液に何も添加しなくても卵が減数分裂を再開してしまうので，LHが卵に作用しているかどうかは不明である（おそらく作用していないだろうと推論されるが，明らかに否定する証拠はない）。

(3)　卵と卵丘細胞の複合体に伝令RNA合成阻害剤を作用させると，減数分裂は再開しない（減数分裂の再開の阻害は解除されない）。選択肢は逆のことを述べており明らかな誤りである。

(4) 卵胞液を卵に直接作用させても減数分裂の再開は阻害できない。選択肢は逆のことを述べており明らかに否定される。

(5) 卵と卵丘細胞との複合体に対して「卵胞液」を添加した実験と「LHと卵胞液」を添加した実験で結果に差があることから，LHは卵丘細胞に作用して，間接的に卵の減数分裂の再開を促進していると言える。だが，減数分裂の再開を促進するのが，卵と卵丘細胞が存在するとき「のみ」かどうかは不明である。しかし，明らかに否定されるものではない。

(6) 「伝令RNA合成阻害剤を添加」する実験では，卵丘細胞の有無で結果が変わっている（卵丘細胞があると再開せず，ないと再開する）。ここからは，卵丘細胞に包まれた卵に第一分裂を再開させるには，卵丘細胞での伝令RNA合成（遺伝子の転写）が必要なことが推論できるので，選択肢は明らかに正しいのである。

(c)については，「伝令RNA合成阻害剤を添加」する実験の結果から第一分裂の再開に卵での伝令RNA合成が不要であることがわかり，設問文で減数分裂の再開に卵内でタンパク質合成が必要なことがわかるので，卵内には多量の伝令RNAが蓄積されているという一般的な知識を合わせて考えれば，卵内に減数分裂再開に必要なタンパク質を指定する伝令RNAが既に存在していることが推論できる。

さて，問題とは直接関係はないが，この減数分裂の停止とその再開を調節する機構について，実験結果からどの程度推論できるのか考察してみよう。卵丘細胞を除去すると六つの条件すべてで卵が減数分裂を再開することから，卵丘細胞が卵に作用して減数分裂を停止させていることが推論できる。さらに，(6)で述べたように，卵丘細胞で何らかの遺伝子の転写が（おそらく翻訳も）起こり，この産物の作用で減数分裂を停止させている作用が解除されると考えられる。そして，この遺伝子発現は卵胞液（に含まれる物質）によって抑えられており，LHによってこの遺伝子発現の抑制が解除される，そんな機構が推論されるのである。

D　細胞周期の進行にともなうDNA量の変化のグラフは，東大受験生にはお馴染みのものであろう。念のため確認しておこう。減数分裂の第一分裂に先だってDNA複製が行われてDNA量は4Cとなり，第一分裂が完了すると細胞あたりのDNA量は2C，第二分裂が完了すると1Cとなる。

E　細胞分裂に関する定番の内容であろう。体細胞分裂の場合，第1問の解説で述べたようにG_1期・S期・G_2期・M期の四つの期が区分される。このうち，S期とM期は，卵割と卵割以外の体細胞分裂の差が小さいが，G_1期とG_2期，とくにG_1期には大きな違いがある。通常の体細胞分裂では，G_1期に細胞の成長が起こりもとのサイズに戻ってから次の分裂に入るため，G_1期が長く細胞周期も長くなる。卵割の場合は，細胞の成長なしにすぐに次の分裂に入るので，G_1期が短く（ほとんどなく），細胞周期も短くなる。また，卵割では，各割球の細胞周期の進行が同調していることも知っておこう。

Ⅱ　遺伝子導入・トランスジェニック動物の作製・クローンといったバイオテクノロジーに関する設問である。

B　外来の遺伝子を人為的に導入するのに成功した場合，外来遺伝子を含んでいるDNA断片は核内の染色体DNAに組み込まれて，言い換えると，染色体の一部となっている。つまり，いったん組み込まれてしまえば，外来DNAも区別されることなく複製されるので，細胞分裂や減数分裂を通じて子孫に伝わるのである。しかし，受精や接合（一部の細菌にも接合がある），ウイルス感染などといった現象を除けば，細胞から細胞へDNAが受け渡されることはない。

この設問では，遺伝子導入の操作を，雄性前核の段階で行うか，2細胞期に行うかの違いが問われている。個体を構成する全細胞は，受精卵という1個の細胞が分裂して生じるわけだから，受精卵の段階で遺伝子が導入されていれば，個体の全細胞が遺伝子導入された細胞となる。しかし，上で述べたように，遺伝子が導入された細胞から導入されていない細胞に遺伝子が移行することはないので，2細胞期の1つの割球に遺伝子を導入した場合には，個体の全細胞のうち一部が遺伝子導入された割球由来，残りは遺伝子導入されていない割球由来となる。後者のように，2種類の遺伝的に異なる細胞が混在している個体のことは「キメラ動物」と呼ぶ。

C　従来の遺伝子導入技術は，問題文にもあるように，外来DNAが組み込まれる位置や方向，数などを制御することができず，偶然に任せている。したがって，核内DNAの遺伝子として機能している領域の中に組み込まれることも起こり得る。こうした場合，組み込まれた外来DNAによって分断された胚の遺伝子が機能を失うことになる。

D　ミトコンドリアや葉緑体（植物細胞の場合）は，核とは別に独自のDNAを持つことが知られている。そして，ミトコンドリアDNAや葉緑体DNAにも，核内DNAと同じく個体差が存在する。クローン個体を作る場合，核を取り出す体細胞と核移植を受ける卵細胞とが同じ個体のものであれば，ミトコンドリアDNAも同一になるが，異なる個体の体細胞と卵細胞を利用するとミトコンドリアDNAが同一とは限らないことになる。

E　受精における精子の役割には，雄親の遺伝情報を運ぶことの他に，発生開始の刺激を与えることがあるのを思い出せばよい。

F　問題文を丁寧に読めば，ほ乳類の卵は，排卵時には減数分裂の第二分裂中期で停止しており，受精開始の刺激によって減数分裂が完了した後に，核融合が起こり，卵割（つまりDNA複製と細胞分裂）が始まることがわかる。クローンに利用したのも第二分裂中期で停止している卵だとあるので，核を移植し，発生開始の刺激を与えると，まず減数分裂を完了しようとすることが予測できる。仮に，「DNA複製前の体細胞の核を注入し」て発生開始の刺激だけを与えたとすると，すぐに減数分裂の細胞質分裂（極体放出）が起こるのだが，複製されていない染色体が正常に配分されることはあり得ないから，一部の染色体が失われるなど異常な結果が生じる可能性が高い。つまり，細胞質分裂を阻害する試薬を加えるのは，極体放出によって染色体が失われるのを防ぐためなのである。

（注）　配点は，Ⅰ－A２点（完答）・B１点・C６点（(a)２点，(b)２点，(c)２点）・D１点（完答）・E１点，Ⅱ－A１点・B２点・C２点・D１点・E１点・F２点と推定。

解答

Ⅰ　A　1－一次卵母細胞　　2，3－始原生殖細胞，卵原細胞（順不同）
　　4－先体

B　もはや増加しないため，排卵（や死滅）に伴って減少していく。

C　(a)　卵胞液，卵丘細胞

(b)　(3)・(4)

(c)　卵には多量の伝令RNAが蓄積されており，減数分裂再開に必要な産物の伝令RNAも含まれているため，タンパク質合成は必要でも新たな伝令RNAの合成は必要ない。

D　(a)－4C　　(b)－2C　　(c)－C

E　細胞の成長を伴わず，短い周期で同調的に分裂を繰り返すこと。

Ⅱ　A　クローン

B　前者では体を構成するすべての細胞に遺伝子が導入されるが，後者では遺伝子の導入を受けた細胞と受けていない細胞が混在している。

C　外来遺伝子が染色体のどの位置に挿入されるかは偶然によるので，染色体上に存在する胚の遺伝子の内部に挿入され，その機能を失わせる可能性がある。

D　ミトコンドリアが保持している遺伝子については違いがあるから。

E　通常は精子が行っている，発生開始の刺激を与えるため。

F　移植された核はDNA複製前なので，極体放出が起こると一部の染色体が失われるなどして，正常発生が不可能になるため。

第3問

解説　生態系とくに物質循環を中心とした問題である。オーソドックスな知識問題が多く，受験生にとって答えやすかっただろう。

I　炭素の循環に関して，代謝とエネルギー，栄養段階，地質時代の歴史などに関する知識を問う設問である。

B　化石燃料とも呼ばれる石油や石炭は，過去の生物の遺体が変化（炭化）したものと考えられている。石炭の場合，石炭紀という名でもわかるように古生代石炭紀のシダ植物（木生シダ）が中心であるが，中生代・新生代のものもある。石油の場合，一部には無機物の反応で生じたとする説もあるが，採掘されている石油のほとんどは海洋性の有機物（主にプランクトンの光合成による）に起源する。時代的には中生代（白亜紀・ジュラ紀）が中心である。

C　食物連鎖と物質・エネルギーの移行を示す生産力（エネルギー）ピラミッドを想起すればよい。安定状態にある生態系を仮定すると，ある栄養段階が利用できる物質・エネルギーは，呼吸による消費のほか，遺体（を補う）という形での利用（これは，分解者に移行する枯死・死滅量）もあり，被食によって上位の栄養段階に移行するのは，それらの残りということになる。

D　物質循環を考える際には，フロー（物質の流れ・移動）とストック（物質の蓄積）を区別するのが重要である。炭素の循環の場合，大気中の二酸化炭素は炭素のストックのひとつであり，他には生物体（主に森林）の有機物，化石燃料がストックとして大きい。炭素のフローには，光合成と呼吸，化石燃料や生物体の燃焼がある。大気中の二酸化炭素濃度が上昇しているということは，二酸化炭素を減らすフロー（光合成）と増やすフロー（呼吸・燃焼）とが釣り合っていないということであるから，この不均衡の原因を答えればよい。なお，森林伐採については，注意が必要である。極相林では，光合成量と（分解者を含めた）森林全体の呼吸量とがほぼ等しくなっており，（森林にストックする炭素量を増やせないため）大気中の二酸化炭素を減らす効果はきわめて小さい。したがって，森林伐採は，光合成という二酸化炭素を減らすフローを減少させる意味合いもないわけではないが，それ以上に，植物体が燃やされることによって，植物体にストックされていた炭素が大気中に移動してしまうことが重大な問題なのである。森林を伐採しても，材木を燃やさなければ，炭素は材木としてストックされ続けるので大気中の二酸化炭素を増やすことはない（もちろん，生物の生活環境の破壊などの問題は別である）。

E　グルコース1分子あたり，発酵（嫌気呼吸）では2分子のATPが生産され，呼吸（好気呼吸）では最大38分子のATPが生産される。このことを答えることは容易に思い浮かぶが，解答を作るとなると「なぜ効率的なのか」の「なぜ」が何を指すのか迷わされるかもしれない。この場合，しくみを問われていると考えればよい。

Ⅱ　窒素循環に関する設問である。データから考察するスタイルではあるが，問われているのは定番の内容である。

B　上述のフローとストックの視点が，この設問でも重要になる。窒素のストック（現存量・生物量）で考えると，陸域では，120億トンの植物で2億トンの動物を支えている（植物／動物＝60倍）のに，海洋では同じ2億トンの動物をたった8億トンの植物で支えている（植物／動物＝4倍）ので不思議だとなる。ところが，フローを見ると，植物から動物への窒素の移動は，陸域では年間10億トン，海洋では45億トンである。つまり，海洋の植物が効率よく窒素を吸収することによって，より少ない現存量でより多くの窒素が動物に移動しているわけである。設問の要求が「図中の数値を用いて」説明することなので，陸域は現存量120億トンに対して吸収量が100億トン，海洋は現存量8億トンに対して吸収量50億トンという値を用いることになる。

C　東大受験生であれば，陸域の食物連鎖は，枯死体・遺体をスタートとする腐食連鎖が中心なのに対して，海洋の食物連鎖は，生きた生物体を食べる生食連鎖が中心だということを，どこかで学習していただろう。この設問は，まさにこの点を「窒素の流れ」として答えることが求められているのである。

Ⅲ　引き続き，窒素循環に関する定番の設問である。

A・B　窒素循環に関連する知識問題である。Aの(a)・(b)は答えるべき語が二つずつあるが完答した場合だけ正解扱い，Bも二つの選択肢が正しい場合のみ正解扱いと予想される。

C　物質循環とバイオームとの関連も，受験生にとってはお馴染みのテーマのはずであるが，これもフローとストックの視点で扱うべき設問である。

最初のポイントは，「有機窒素化合物と従属栄養微生物」と「無機窒素化合物」とが区別されていることから，枯死体・遺体の形で有機物が土壌に供給され，分解者（土壌の従属栄養微生物）がこれを無機物に分解するという問題集でよく扱われている話に対応していることに気づくことである。そうすれば，温暖多湿な熱帯林では有機物はすみやかに無機物に分解されるが，寒冷な針葉樹林では分解者のはたらきが弱く分解が遅いため，土壌中に有機物が蓄積するといった知識も自然と思い出せよう。

次のポイントは，この設問が，土壌中の有機窒素化合物と無機窒素化合物の両方の現存量が少ない理由を求めている点である。つまり，枯死体による土壌への有機窒素化合物の供給と分解者による無機化の二つのフローだけではなく，無気窒素化合物を植物が吸収するフローを合わせて答えることが必要なのである。

Ⅳ　肥料と作物の関係は，受験生にとって見慣れない話であろう。その意味で，もっている知識をうまく使う柔軟な思考力をもっていないと，答を作りにくかったかもしれない。

A　なぜ「窒素肥料を人工合成して」まで与えるのか？　それは，耕地という局所では窒素循環が成立していない（循環が断ち切られている）ためなのである。今，耕地に作物の種子を蒔いたと仮定しよう。種子は発芽し成長を始める。成長の際には光合成だけではなく，窒素同化も行う必要があり，そのため土壌から無機窒素化合物を吸収していく。やがて，収穫が行われ，人間が食用した部分はもちろん，そうでない部分もほとんど耕地には戻されない。つまり，窒素は一方向に流れるだけで循環していないので，土壌中の窒素量は減るばかりなのである。したがって，同じ耕地を利用しようとすれば，窒素を補うしかないのである。

B　植物の三大肥料が窒素・リン・カリウムであること，もっとも不足している栄養素が成長を限定すること（リービッヒが提唱した最少量の法則）を思い出せばよい。窒素のみを肥料として与えた場合，植物の成長がリンやカリウムの量で限定されるため，不必要な窒素は土壌中に余っていても吸収されない。しかし，三者を肥料として与えれば，十分な成長が起き，それに必要な多量の窒素が吸収されるはずである。

C　肥料が原因となって起こる環境問題として，水中のリンや窒素分が豊富になる結果，プランクトンが異常発生し，様々な問題を引き起こす「富栄養化」があることはほとんどの諸君が知っていただろう。ただし，設問に「海洋の環境問題」とあるので，富栄養化だけでよしとせず，赤潮と答えたい。

（注）　配点は，Ⅰ－Ａ～Ｅ各１点，Ⅱ－Ａ２点（各１点）・Ｂ２点・Ｃ２点，Ⅲ－Ａ２点（各１点）・Ｂ１点・Ｃ２点，Ⅳ－Ａ２点・Ｂ１点・Ｃ１点と推定。

解答

Ⅰ　A　生元素

B　石油や石炭は過去の植物の光合成によって固定された太陽エネルギーだから。

C　各段階で，呼吸などによって物質とエネルギーが消費されるため。

D　化石燃料の大量消費と熱帯林などの森林の大規模破壊。

E　好気呼吸では基質の完全酸化により，電子伝達系と共役して多量のATPがつくられるが，嫌気呼吸（発酵）では不完全酸化により，解糖系のみでATP合成が起こるため。

Ⅱ　A　(a)　硝化（作用）　(b)　亜硝酸菌（または，硝酸菌）

B　海洋では，現存量8で50を吸収し，毎年現存量の6.25倍の窒素を吸収しているが，陸域では120で100を吸収し，毎年現存量の0.83倍の窒素を吸収しているため，海洋での現存量当たりの窒素吸収効率は陸域の7.5倍である。

C　陸域の主な生産者は大型の樹木であり，植物食性動物による被食量が少なく，吸収された窒素量の9割が枯死量となり分解されるのに対し，海洋の主な生産者は植物プランクトンであり，吸収された窒素の9割が直接被食されるため。

Ⅲ　A　(a)　窒素固定・アンモニア

(b)　x：根粒菌　y：シアノバクテリア

B　(2)・(3)

C　熱帯林は温暖多湿なので微生物による分解がきわめて速く，無機窒素化合物もすみやかに植物に吸収されるので，土壌中の窒素の現存量がきわめて少なくなる。

Ⅳ　A　収穫した作物として窒素が失われるばかりで，窒素循環が断ち切られているため，土壌に無機窒素化合物を補給する必要がある。

B　窒素のみではリンやカリウムの不足で成長が抑えられ窒素吸収は少ないが，これらを共に与えれば十分な成長が生じるので窒素吸収は多いと考えられる。

C　富栄養化による赤潮

2000年

第１問

解説 種間相互作用と遺伝との関わりというテーマが中心になっている問題で，しかも，集団遺伝学的な考え方や，適応と進化の視点からの複合的な設問も多く，受験生にとってやや難しいものになっている。

Ⅰ 基本的な知識を問う設問で，是非とも完答したい。

B 「種内の遺伝的多様性を高めている」現象としては，まず有性生殖が思い浮かぶはず。有性生殖をさらに細かく分ければ，両性生殖と単為生殖（卵が受精を経ずに個体発生する生殖方法）になるので，両性生殖と答えてもよい。

C 問題文に「双方に利益をもたらしている」とあるので，相利共生と答えたい。

A・D マメ科植物と根粒（細）菌との共生に関する基本的知識が求められている。

Ⅱ 種間相互作用と遺伝との関わりをテーマにした問いで，問題文に与えられた情報をきちんと理解できたかどうかで差がついた可能性がある。

A 設問そのものの解説の前に，〔文２〕の内容を確認しておこう。実験結果１～３から，**♀**×**♂**や**♀**×♂の交配において，Wが，F_1 の数（１匹の雌がつくる卵の数）や性比には影響を与えないこと，**♀**のつくるすべての卵にWが感染していることが推論できる。というのは，仮に**♀**のつくる卵の一部がW未感染だとすると，実験結果３から**♀**×**♂**の交配ではW感染卵だけが F_1 に成長することになり，F_1 の数が♀×♂よりも少なくなる可能性が高い（実験結果１と矛盾）。また，**♀**×♂の交配では，W未感染卵もW感染卵も F_1 にまで成長できると考えられるが，すべての F_1 がWに感染しているという実験結果２と合わなくなる。

では，設問に話を進めよう。設問では，二つの個体群ｐ，ｑについて，「それぞれが複数の雌雄からなる」ことと，「少なくとも一方は，W感染群（すべてがW感染個体）である」ことが述べられている。そして，三つの可能性（①ｐ・ｑ両群が感染群，②ｐ群のみが感染群，③ｑ群のみが感染群）を判別する方法が問われている。このように実験を構成するタイプの出題は，東大入試のポイントの一つなので考え方に慣れておきたい。

さて，判別のための交配実験といえば検定交配が思い浮かぶが，ここでは使えない。そこで発想だけ借りて，感染・非感染が既知の個体を用いた交配を考えると，判別に四つの交配実験（ｐ群の雄×♀・ｐ群の雌×**♂**・ｑ群の雄×♀・ｑ群の雌×**♂**）が必要となり，設問の要求を満たさない。

というわけで，p群とq群の間で交配を行うのだろうと見当がつくはずである。

ところで，感染群ではない群の全個体を非感染と考えてよいか心配した諸君がいたかもしれないが，これは気にしなくてよい（詳細は省くが，混在群を考慮しても，同じ交配実験で判別できる）。

重要なポイントは，設問の要求「どのような結果が期待できるのか」にきちんと答えることにある（この場合の「期待」は予測・予想という意味である，念のため）。それには，上述の三つの可能性①～③を場合ごとに分けて考察していけばよい。

①両群が感染群の場合。p群の雌×q群の雄，q群の雌×p群の雄，すべて**♀**×**♂**となり，両方の交配実験でF_1が得られる。

②p群のみ感染群の場合。p群の雌×q群の雄は**♀**×♂となり，F_1が得られるが，q群の雌×p群の雄は♀×**♂**となり，F_1が得られない。

③q群のみ感染群の場合。p群の雌×q群の雄は♀×**♂**となり，F_1が得られないが，q群の雌×p群の雄は**♀**×♂となり，F_1が得られる。

ここで，解答をつくる上での注意点を述べておこう。東大入試の場合，１行が１つの内容に対応すると考えればよい。つまり「４行以内」のこの設問では，交配の組合せ，そして①～③の場合に期待される結果を合わせて四つというわけである。

B 「なぜ～か答えよ」あるいは「～の理由を答えよ」といった設問は多いが，答えるときには，設問が要求するものを見極めなくてはならない。一つは，「根拠」・「推論の筋道」を答える場合で，もう一つが，「しくみ」を答える場合である。この設問では，「再活性化する因子が含まれている」という推論の結果（これは一種の「しくみ」である）が与えられ，「なぜそのように考えられるか」と書かれているので,「根拠」･「推論の筋道」が要求されていると見極めるのに苦労はなかったはずである。

さて，推論の根拠となるのは事実（実験結果を含む）である。この場合は，〔文２〕で与えられている実験結果１～３ということになる。**♂**の精子が不活性化されているというのは，♀×**♂**の交配でF_1ができないという事実を説明するしくみである。つまり，♀の卵に**♂**の精子が入っても，核の合体が起こらない（受精が完了しない）ためF_1ができないというわけである。それに対して，**♀**×**♂**の交配ではF_1ができるという事実がある。つまり，**♀**の卵に，不活性化されている**♂**の精子が入ったにもかかわらず，受精が正常に完了しているわけである。二つの事実を矛盾なく説明するには，**♀**の卵の中で**♂**の精子が再活性化されていると考えざるを得ない。そして，受精において卵内に入った精子（精核）が接触するのは卵細胞質であることが状況証拠になって，卵の細胞質内に再活性化因子の存在が推論されるということになる。

解答としては，設問が「根拠」・「考察の道筋」を求めており，さらに「2行以内」と短いので，♀×**♂**の交配と**♀**×**♂**の交配で結果が異なること，結果の違いは卵の違いと考えざるを得ないことにポイントをしぼって書けばよい。

Ⅲ　集団遺伝学や適応と進化といった考え方を踏まえた考察が求められており，Ⅱ以上に点数に差がついた可能性がある。

A　さて，個体の適応（有利・不利）と個体群全体の適応（有利・不利）との対比がテーマとなっている設問で，個体群について考えることが求められている。

一般に，環境への適応の度合い（適応度）は，残すことのできる次世代の数によって考える（このことは是非，覚えておこう）。つまり，ここでは，感染個体と非感染個体とを比較すると感染個体の方が次世代を多く残せて有利である（下線部(エ)）が，非感染個体群と混在群とを比較すると，混在群の方が全体として残せる次世代の数が少なく不利だということを示せばよい（もちろん，答えるのは個体群だけでよい）。

出発点は，交配に関する事実（実験結果1～3）と，交尾に関する事実（〔文3〕の二つ目の段落）であり，求められている考察は，個々の事実が「どのように」組み合わさることで，混在群の方が不利だという結論に至るかの筋道なのである。

非感染個体群ではすべての交尾が♀×♂である。一方，混在群では♀×♂の他に，♀×**♂**，**♀**×♂，**♀**×**♂**という交尾が生じる。ここで，問題文の次の各部分に着目しなくてはならない。まずは，「雌には，複数の雄と交尾し，得た精子を受精嚢に貯えておく性質がある」こと。次に，「雄には複数の雌との間に交尾をくり返す性質がある」こと。つまり，♀も**♀**も，受精嚢には♂と**♂**の両方の精子をもっている可能性が高いのである。そして，「**♂**のつくる精子は♂の精子よりも，運動性が高い」こと。ここからは，**♂**の精子の方が♂の精子より卵に入る確率が高いと推論できるのである。

こうした個々の事実を組み合わせると，どういうことになるのか。

非感染個体群ならば，♀のつくる卵はすべて♂の精子と受精し受精卵となる。しかし混在群では，**♀**の卵は無駄にならずすべて受精卵になるが，♀のつくる卵は一部が受精卵になれない（♀が**♂**と交尾すると，♂と交尾していても，卵に**♂**の精子が入る可能性が高いから）。こうして，全体としてみると，混在群の方が，受精卵つまり子の数が少ないと推論できるのである（なお，1匹の雌のつくる卵の数は等しいと考えてよい)。

B　Aに続いて，個体の適応と個体群全体の適応との対比がテーマとなっている設問で，個体について考えることが求められている。この設問でも，交配と交尾に関する事実から出発し，個々の事実が「どのように」組み合わさることで「**♀**の方が♀より多くの子孫を残せる」という結論に至るかを明らかにすればよいのである。

問題文の条件（混在群）では，**♀**は♂・**♂**の両方と交尾し，♀も♂・**♂**の両方と交尾するはずである。既に述べたように，**♂**の精子の方が卵に入りやすく，**♀**の卵は♂の精子でも**♂**の精子でも受精卵となるが，♀の卵は**♂**の精子では受精卵となれない。つまり，**♀**の卵はすべて受精卵になるので子が多く，♀の卵は♂の精子と合体したものだけが受精卵になるので子が少ないということになる。

ところで，AとBで同じことを問われていると感じた諸君もいたかもしれない。それはある意味では正しいのだが，答える視点（個体群か個体か）が違うのである（しつこいようだが，Aでは個体群の間の比較なので受精卵の総数を比較し，Bでは個体間の比較なので1匹の雌あたりの受精卵の数（の期待値）を比較するのである)。

C　この設問は，下の条件のもとで，親世代と子（F_1）世代とを比較することであるから，条件に従ってF_1世代を計算すればよい。

では，条件を整理しよう。①個体群には「♀，♂，**♀**，**♂**が同じ数だけ存在」し，②個体群内部で，③任意交配が行われるが，④「**♂**の精子は♂の精子に比べて1.5倍の頻度で卵に入った」というのである。さらに，⑤**♂**のつくる精子は不活性化されており，**♀**の卵だけが再活性化できること，⑥**♀**の卵から生じた子には100%リケッチアWが伝わることも忘れてはいけない。

親世代のつくる配偶子の数の比は，♀の卵：**♀**の卵＝1：1，♂の精子：**♂**の精子＝1：1である（①)。しかし④がある。卵に入る頻度の差は精子の数に置き換え可能なので，♂の精子：**♂**の精子＝2：3と考えればよい。そして②・③から，卵と精子の組合せの比が配偶子の比の積で求められることになり，[♀と♂]：[♀と**♂**]：[**♀**と♂]：[**♀**と**♂**]＝(1 × 2)：(1 × 3)：(1 × 2)：(1 × 3) となる（[♀と♂] は♀の卵に♂の精子が入ったことを示す。以下同じ)。このうち[♀と**♂**] だけは受精卵にならず（⑤)，Wが伝わる確率が100%である（⑥）ことに注意すると，F_1世代での非感染個体と感染個体との比は2：5となる。

Ⅳ　進化とくに種分化のしくみに関する問いであるが，考え方はオーソドックスで，東大受験生には，難しくはなかったはずである。

2000年　解答・解説

A　両群の間で交配しても F_1 が得られないとあるので,「生殖的隔離」と答えたい。

B　これは，隔離による種分化のしくみ，その考え方そのものを問う設問であり，合格のためには，是非とも完答したいところである。

では，ポイントを整理しておこう。種個体群の中の部分集団が互いに隔離されると，各部分集団内では遺伝子が交流するが，部分集団間では遺伝子の交流が起こらない。世代を重ねる中で突然変異が生じるが，二つの部分集団で同一の突然変異が生じる確率はきわめて低く，それぞれ異なる突然変異が生じると考えられる。そして，生じた突然変異は，自然選択によって，適応度を下げる場合には集団内から排除され，適応度を上げる場合には集団内に残されていくことになる。仮に，二つの部分集団が異なる環境で生存している場合には，この自然選択の方向も異なることになる。こうして，隔離された二つの部分集団が，異なる突然変異を蓄積することで，各々の集団の遺伝子構成が大きく異なるようになり，別の種へと分化すると考えられるのである。

解答は，設問の「３行以内」という要求に合わせ，以上の内容をまとめればよい。

（注１）　配点は，Ⅰ－A～D各１点，Ⅱ－A３点・B３点，Ⅲ－A２点・B２点・C２点，Ⅳ－A１点・B３点と推定。

（注２）　行数制限の解答の際は，１行あたり35字程度で解答した（以下同）。

解答

Ⅰ　A　根粒菌

B　有性生殖

C　相利共生

D　アンモニウム塩などの無機窒素栄養分を受け取る。

Ⅱ　A　pの雌にqの雄を交配したものと，qの雌にpの雄を交配したものをつくる。両方とも非感染群という可能性は考慮しなくてよいので，どちらの組合せでも F_1 ができればともに感染群，前者で F_1 が得られなければqだけが感染群，後者で F_1 が得られなければpだけが感染群と判断される。

B　♀との交配では F_1 ができず，♀との交配では F_1 ができるという事実は，♂の精子の再活性化が♀の卵では起こらず，♀の卵では起こると考えれば説明できるので。

Ⅲ　A　♂の精子の運動性が高いので，♂と交尾した♀では♂の精子が卵に入り受精卵が得られない可能性が高く，非感染群に比べ受精卵の総数が減少するため。

B　♀は，♂との交配では受精卵が得られず，それだけ子の数が減るのに対して，♀は，♂か♂かに関係なく受精卵が得られ，子の数が減らないので。

C　2.5倍

Ⅳ　A　生殖的隔離

B　W感染群とV感染群の各々で異なる突然変異が起こり，それが別々に自然選択を受けることが繰り返されると，両方の集団のもつ遺伝子構成に大きな違いが生じ，ついには別種へと分化する。

第2問

解説　光と植物との関係を中心テーマとした問題である。問題文をきちんと読みさえすれば解答できたはずで，2000年度の3大問の中では，最も答えやすかったと思われる。

Ⅰ　光合成速度と環境条件との関連（とくに限定要因）について扱った，思考力を問う良問。合格のためには完答したいところである。

A　植物ホルモンに関する基本的知識を問う設問。

B　限定要因を選び，その判断の根拠を答える設問だが，限定要因の見分け方を覚えているだけでは駄目（二酸化炭素が限定要因だと答えただけでは点数にならない）だろう。判断の根拠を的確に答えることがポイントなのである。

実験1の条件と結果を整理してみよう。ここでは，温度は20℃で一定，光も十分な太陽光で一定，気孔だけが「全開」，「半開」，「閉」と変えられている。そして，その結果，光合成速度は「全開」＞「半開」＞「閉」なのである。

限定要因とは，結果を主に規定する要因であり，限定要因が変動すると結果が大きな影響を受けるが，限定要因以外の要因の変動は結果にほとんど影響しない。実験1では，気孔の開き具合が変わると光合成速度が大きく影響されているから，温度や光の強さではなく，気孔の開き具合が光合成速度を決めていると判断できる。しかし，設問文に「外界のいろいろな要因のうち」とあるのを見落としてはならない。気孔の開き具合は内的な要因だから，そのままでは正解にならないのだ。気孔の開き具合によって影響を受けるのは，二酸化炭素の出入りだということを推論して，解答をつくらなくてはならないのである。

C　この設問では，与えられた情報から実験結果を推論することが求められている。ただし，定量的な推論は不可能なので，定性的に推論を進めていけばよい。また，複数の条件が異なっている二つの実験は，直接比較しても無意味だが，条件が一つだけ異なっている二つの実験は直接比較できることがポイントである。

まず，気孔「全開」状態を考える。このとき，十分な光がある強光条件と光が限定要因となる弱光条件とを比較すると，強光条件の方が光合成速度は大きい（光が限定要因なのだから，光を強くすれば光合成速度が増すはず)。次に，気孔「閉」状態を考える。このときも弱光条件では光が限定要因だというのだから，やはり，強光条件の方が弱光条件よりも光合成速度が大きいはずである。つまり，光合成速度は，「強光で全開」＞「弱光で全開」，「強光で閉」＞「弱光で閉」である。

弱光条件では，気孔の開き具合の低下，つまり二酸化炭素の取り入れ速度の低下は（限定要因ではないから）光合成速度の低下をほとんど起こさない。つまり光合成速度は，「弱光で全開」≒「弱光で閉」なのである。強光条件では，気孔の開き具合の低下，つまり，二酸化炭素の取り入れ速度の低下は，著しい光合成速度の低下を引き起こし（二酸化炭素濃度が限定要因だから)，光合成速度は「強光で全開」≫「強光で閉」となる。以上から，「気孔が閉じた際の速度の低下の割合は」強光条件に比べて弱光条件では小さくなると推論できる。

なお，気孔が「閉」状態では速度が0になる（選択肢(4)）と答えた諸君は，呼吸によって生じる二酸化炭素が，光合成に利用されることを忘れてはいけない。また，解答する上で気にする必要はないのだが，光補償点以上の強さの弱光をあてたときに，気孔が「閉」でも光が限定要因となるのは変だと感じた諸君がいるかもしれないので補足しておこう。光補償点とは，呼吸速度と光合成速度が等しくなる光の強さである。だから，光補償点の光をあてると見かけ上は外界から二酸化炭素を取り入れない，言い換えれば，呼吸によって生じた二酸化炭素だけで足りている。では，ほんのわずかに光補償点を上回る光をあてた場合を考えてみよう。このとき，呼吸で生じた二酸化炭素以外は利用できないなら，光は限定要因ではない（光補償点の光と同じ光合成速度になるから)。だが，気孔が閉じても，気体の出入りがわずかにあると考えれば（光が弱いため，わずかな二酸化炭素が消費しきれないという状態を想定する)，光補償点以上の強さでありながら，気孔が「閉」で光が限定要因となることは可能なのである。

D　これも，与えられた情報（と基本的な知識）から結果を推論するタイプの設問である。推論の前提となるものだが，細胞間隙の二酸化炭素濃度に影響する要因として呼吸と光合成とがあること，呼吸は光の強さの影響を（あまり）受けないが，光合成は光の強さの影響を受けること（設問の条件で光が限定要因だから)，気孔が「閉」状態なので外界の大気との間での二酸化炭素の出入りはほとんどないことである。

（a）の強光条件では，二酸化炭素濃度が限定要因となっている（設問B参照）ので，気孔が「閉」状態の場合，細胞間隙の二酸化炭素はほとんど消費され，「大気中の二酸化炭素」よりもかなり低濃度になる（極端に言えば，ほとんどない)。

（b）の弱光条件では，光合成速度が（a）より小さい（設問C参照）ので，細胞間隙の二酸化炭素濃度は（a）よりは高くなる。一方で，光補償点以上の光なので，光合成速度＞呼吸速度となり，細胞間隙の二酸化炭素濃度は大気よりは低下する。

（c）の「光が当たっていない」条件では，呼吸による二酸化炭素の放出だけが行われるので，細胞間隙の二酸化炭素濃度は，（d）よりも高くなる。

Ⅱ　植物群落の構造と物質生産との関係についての設問で，生産構造図が中心的に扱われている。

A　グラフとして与えられたデータと問題文に書かれた情報から考察して，結果を推論するタイプの設問である。

まず，着目しなくてはならないのは，問題文の「植物群落内において」は「葉の重なりが多くなり，群落内の下層ほど受光量が低下する」という部分である。そして，この部分を，葉が光を吸収（実は反射も影響しているが）するため，より下層に届く光は上層を透過した光だけになる，と読み換えなくてはならない。次に，図1のグラフ（生産構造図）と，いま述べたことを結びつけて考察する。図1の(a)の場合で言えば，葉の量（乾燥重量・g/m^2）は，第1層（高さ60～50cm）が50，第2層（50～40cm）が225，第3層（40～30cm）が400，第4層（30～20cm）が100，第5層（20～10cm）が50，第6層（10～0cm）が0である。吸収される光の量は葉の量と相関する（葉が多ければ吸収される光も多く，葉が少なければ吸収される光も少ない）と考えられるから，光の量は，第1層でわずかに，第2層ではかなり減り，第3層でさらに多く減って，第4層で減り方が緩やかになり，第5層ではごくわずかに減るだけだと推論できる。(b)の場合も同様である。まず，葉の量は第1層が10，第2層が25，第3層が130，第4層が225，第5層が360，第6層が100である。したがって光の量は，第1・2層ではごくわずかずつ減り，第3層，第4層，第5層と減り方が大きくなり，第6層で減り方が緩やかになると推論できる。なお，グラフ④は，第2・3層で光が減っておらず，該当しない。

B　この設問では，与えられた情報と知識をもとに，「下層の葉が枯死する」という現象と「物質生産の効率が上がる」という現象との間を結ぶつながり（つまり「しくみ」）を推論することが求められている。

さて，推論の手がかりとなるのは，まず，〔文2〕の「群落内の下層ほど受光量が低下する」という部分である。設問Aで見たように，(a)の草本群落では群落内の光の量は急激に減少し，下層に届く光はきわめて弱い。これを〔文1〕のテーマであった限定要因と結び付けると，下層に届く光の量が減ると下層の葉での光合成速度が低下するという考察の筋道が見えてくる。さらに，あたる光の強さがその葉の光補償点を下回った場合，呼吸速度が光合成速度を上回ってしまう――この場合，この葉は炭水化物を消費することになり，個体全体の物質生産量を減らすことになる――ことも思い出すと，解答が出来上がることになる。

設問の要求が「3行以内」なので，生育過程で上層に葉が増えると下層に届く光が減ること，受光量が光補償点を下回った葉では純生産量が負になること，純生産量が負になっている葉を除いた方が個体全体の純生産量が増え，群落全体の純生産量が増えることの三つのポイントをまとめて「しくみ」を説明すればよい。

C　与えられた情報から結果を推論するタイプの設問である。Bでの考察ができていれば，この設問はやさしかったはずである。

まず，図1のグラフで，(b)では下層（第4・5層）に葉が多いことに注目する。これは，下層の葉でも十分な光があたることを示していると考えられる（Bの考察を裏返して考えればよい）。すると，設問の条件（高密度での栽培）において，群落内の光の量がどのようになるか，つまり，隣り合う個体の葉が重なり合って，下層に届く光が低密度の場合よりも減るために，より下層の葉は枯死し，より上層の葉が増えると推論できるわけである（解答は，この推論の結果だけを答えればよい）。

D　これまた結果を推論するタイプの設問である。判断のポイントは，図1の(a)の群落は葉が上層に偏って分布し，下層に届く光が少ない特徴をもつのに対して，(b)の群落は葉が下層に多く分布し，下層に届く光が多い特徴をもつことである。つまり，設問の(1)～(4)がどちらの特徴をもつかを推論すればよいのである。

(1)「広く大きな葉を茎から水平につける」という形態だと，個々の葉は光を受け取りやすい。言い換えると，下層に透過する光は少ないことになる（よって(a)）。

(2)「上層では葉が茎周辺に集中して斜めに」つくことからは，下層に透過する光が多いことが，「下層ほど葉がより水平につく」ことからは，下層では光の吸収が効率よく行われ，急速に光の量が減ることが推論できる。すると，葉の分布は，上層に少なく下層に多い(b)のようになると推論できる。

(3)「地面から直接」葉が伸びる形態では，(a)のように上層だけに葉が偏って分布することは不可能である。また，「細長い葉が斜めに伸びる」場合，光が（隙間を通って）下層にまで透過しやすいと考えられるので(b)と推論できる。

⑷「地面から直接出た葉柄の先に」葉がつく形態では，最上層に葉が位置することになる。また，「傘が開いたように葉を展開する」と，それぞれの葉は光を吸収しやすいが，それだけ下層へ透過する光は減少すると考えられる（よって(a)）。

Ⅲ　色と光合成の関係，光発芽種子が扱われている設問である。難解なものはなく，東大受験生にとっては取り組みやすかったと考えられる。

A 「植物の葉が人に通常緑色に見える理由」を問われているが，解答の中心は人の視覚（眼）の話ではなく，あくまで，葉と光（色）との関係である。

ここで，大前提となる知識を三つ確認しておく。①太陽光は様々な波長の光が混在した光であり，可視光について言えば，虹の七色（紫・あい・青・緑・黄・橙・赤）は知っておきたい。②物質が光を吸収する場合，その物質にあたる前の光とあたった後の光（通り抜けた透過光やはねかえった反射光）とを比較すると，あたった後の方が（物質が吸収した分だけ）減少している。③当然のことであるが，物体が人に見えるためには，その物体から出た光（物体自体が放っても，他からの光を透過・反射しても構わない）が，人の眼の網膜に届かなくてはならない。

さて，この設問の要求は，「下線部(ア)の事実」と「植物の葉が人に通常緑色に見える」事実とをつなぐ理屈（「しくみ」）を答えることにある。したがって，上の三つの知識を使って，間をつなぐように考察することになるのだが，まず，植物の葉が「緑色に見える」ことは，人の眼の網膜に緑色光が多く（あるいは緑色光だけが）届いていることを意味すると気づいてほしいのである。では，何故，葉から網膜に緑色光が多く届くのか。ここで下線部(ア)が手がかりになり，植物の葉に（虹の七色を含む）太陽光があたると，葉の「クロロフィルが主に青紫色光と赤色光をよく吸収する」ので，青紫色と赤色の光が大きく減り，葉にあたった後の光（透過光や反射光）では，それ以外の色（緑～黄が中心）が多く残っている，と結びつくわけである。

B　この設問では〔文３〕の内容をきちんと理解することが重要なので，念のために確認しておく。まず，〔文３〕の「群落の下層では光の量だけでなく，光の質も群落の外に比べて変化している」という部分が，群落外の光は太陽光で虹の七色が含まれるが，群落内の光には青紫色光と赤色光が少ないという意味だと理解してほしいのである。こう理解すれば，下線部(イ)の「太陽光そのままの条件」が群落上層に対応した実験条件，下線部(ウ)の「光が弱く，青紫色光と赤色光の割合が低下した条件」が群落下層に対応した実験条件だとわかり，「２種類の光条件」で育てたときの結果の違いが，群落の上層と下層での結果の違いに対応するとわかるはずである。すると，「下線部(ウ)の条件で育てた植物は下線部(イ)の条件で育てた植物に比べ，節間が長くて背の高い形状となった。この節間の伸びは下線部(イ)の条件に移すと止まった」という文章は，群落下層の条件で育てた植物は，群落上層の条件で育てた植物に比べて，葉のついている部分（これが節である）の間の距離が伸び，背の高い形状になった。この節間の伸びは群落上層に対応する条件では止まった，と読み換えられることになる。

設問の要求は「群落内ではこの植物個体にとってどのような利点となるか」を考察することであるが，ここまでくれば群落内での光をめぐる競争で有利になるという話だとピンと来るだろう。つまり，群落下層に位置している（光が弱く，青紫色光と赤色光が少ない）とき，すばやく伸長成長して，群落上層へ葉を展開することで，光合成に有効な光（強い光，青紫色光と赤色光）を得やすくなるという利点である。

C　光発芽種子に関する基本的知識を問う設問である。

D　光発芽種子の発芽はフィトクロムによって可逆的に調節されているが，この色素タンパク質が赤色光を吸収すると近赤外光吸収型（P_{fr}）に立体構造が変換し，これによって発芽が引き起こされる。白色（可視）光は赤色光を含むので，これも発芽を引き起こすと考えればよい。

E　設問Bと同様，下線部(イ)の条件は群落上層が開き種子に十分な光があたる条件に対応し，下線部(ウ)の条件は群落上層が閉じ，種子に光が十分にはあたらない条件に対応すると考えればよい。すると，設問の要求である「下線部(ウ)の条件で発芽しないこと」の「利点」は，悪条件で発芽し枯死する危険を回避することだとわかる。

(注)　配点は，Ⅰ－A～D各１点，Ⅱ－A両方正解で１点・B２点・C１点・D４点（各１点），Ⅲ－A２点・B２点・C１点・D両方正解で１点・E２点と推定。

解答

Ⅰ　A　アブシシン酸

B　気孔の開き具合により取り入れられる二酸化炭素量が変化すると，それに応じて光合成速度が変化することから，二酸化炭素濃度が限定要因だと考えられる。

C　(3)

D　c＞d＞b＞a

Ⅱ　A　(a)－①　(b)－③

B　生育過程で，上層の葉が増えて下層で受容できる光の量が減少していくと，受光量が光補償点を下回って，葉の純生産速度が負の値になる部分が生じるが，この部分の葉を枯死させて除いた方が，群落全体の純生産量が大きくなるから。

C　より上層に光合成器官が集中する分布構造になる。

D　(1)－(a)　(2)－(b)　(3)－(b)　(4)－(a)

Ⅲ　A　葉で青紫色や赤色が吸収されるため，植物を見たとき，網膜で受容される光は反射・透過した緑色光が中心になるため。

B　群落の下層に位置している場合に，群落の上部に向かって早く茎を伸張させ，より多くの青紫色光と赤色光を受容する可能性を高めるという利点がある。

C　光発芽種子

D　(1)・(2)

E　成長可能な条件がそろうまで休眠状態を維持することで，群落上層に他の植物が繁茂している条件で発芽し枯死することを回避できるという利点がある。

第3問

解説　プリオンをテーマにした問題である。多くの受験生はプリオンに関する知識をほとんどもっていなかったはずで，限られた時間内でこれだけの内容を理解して問題に答えるのはかなり厳しかったと思われる。

Ⅰ　遺伝子，遺伝子発現に関する基本的な内容を問う設問である。第3問は難しいだけに，合格するためには完答したいところである。

A　遺伝子発現に関する基本的知識が問われている。

B　問題文に「ウイルスと異なり，［3］によっても感染力を失わなかった」とあるのだから，ウイルスは［3］によって感染力を失うわけである。そこに気づけば，ウイルスが遺伝物質として核酸（DNAまたはRNA）をもっていることから，核酸を破壊する紫外線が該当すると推論できる。

Ⅱ　プリオンについての説明の理解を問う設問である。与えられた文を（諸君がもっている知識と合わせて）どこまで理解できたかがポイントとなる。

さて，設問そのものの解説の前に，プリオン説とプリオン病について簡単に解説しておこう。〔文1〕にもある通り，プリオンではタンパク質の立体構造が重要な意味をもつ。タンパク質のアミノ酸配列が転写・翻訳という精密な機構で決められるのに比べ，タンパク質の立体構造に関しては，それほど厳密な機構がなく，細胞内でタンパク質合成される際に，ポリペプチド鎖が自然に，あるいは，分子シャペロンのはたらきを受けて，折りたたまれていくと考えられている。もちろん，タンパク質の周囲の環境（pHや温度，イオン濃度など）によって影響を受けることは，酵素活性との関連で諸君が知っている通りである。

プリオンの場合，PrP^{C}（正常型立体構造）とPrP^{Sc}（プリオン型立体構造）という２つの立体構造をもつが，PrP^{C}（正常型タンパク質）がどのような機能をもつのかは完全には解明されていない。細胞膜表面に存在すること，生存に必須でないこと（〔文３〕に出てくる）は明らかになっている（睡眠調節に関連する可能性を示唆する実験はある）。一方，PrP^{Sc}（プリオン型）の特徴はその著しい安定性である。様々なタンパク質分解酵素に抵抗性を示し（分解されない），さらに加熱，ホルマリン処理などでも失活しない。

〔文２〕に紹介されているように，狂牛病（正式には牛海綿状脳症）は，ヒツジのプリオンがウシに感染したことによって生じたと考えられている。この背景には，ウシ・ブタ・ヒツジなどのくず肉や骨，脳を砕き加熱処理して脂肪を抜いたものを，タンパク質源としてウシの飼料に混ぜていた（栄養価が高く成長が速くなる）ことがある。そして，ヒツジの脳に含まれていたプリオン（スクレーピー病原体）が，ウシへ種の壁を越えて感染したわけである。種の壁の乗り越えやすさは個々の組合せで異なり，その詳しい機構は明らかになっていないが，アミノ酸配列の差異が影響していると考えられている。

〔文１〕の注２にもある通り，プリオンのもとになる遺伝子（PrP 遺伝子）はすべての哺乳類がもち，タンパク質を発現していると考えられている。そしてそこから予想されるように，様々な哺乳類にプリオン病が知られており，ヒトではクロイツフェルト・ヤコブ病などがある。

こうしたプリオン病では，脳内にPrP^{Sc}（プリオン型タンパク質）が蓄積し，脳の神経細胞が失われ空洞化する（故に海綿状脳症と呼ばれることが多い）。そして，このPrP^{Sc}（プリオン型）が生じる機構としてプリオン説（〔文２〕に述べられている）が提唱されている。それは，PrP^{C}（正常型タンパク質）とPrP^{Sc}（プリオン型）とが相互作用し（一時的に結合して，２量体をつくるのではないかと考えられている），PrP^{C}の立体構造がPrP^{Sc}の立体構造に変換されるという仮説である。

さて，設問の解説に入っていこう（説明の都合上，Ｂ・Ｃ・Ａの順に進める）。

Ｂ　〔文１・２〕に，上に述べた内容のうち解答に必要な部分は書かれている。具体的に言えば，もともと遺伝子をもっていること，立体構造が重要なこと，タンパク質間の相互作用（PrP^{C}とPrP^{Sc}）が重要なこと，等である。さらに，〔文２〕の一つめの段落からは，ハムスターはハムスターの脳由来のプリオンで発病するが，マウスの脳由来のプリオンでは発病しないこと，逆にマウスも，マウスの脳由来のプリオンで発病し，ハムスターの脳由来のプリオンで発病しないこと，つまり同種のタンパク質は相互作用しやすいが，種が異なると相互作用しにくいこと，が読み取れる（上述の種の壁である）。そして，二つめの段落からは，マウスの脳内で，マウスの PrP^{C} と PrP^{Sc} とが相互作用するのはもちろん，ハムスターの PrP^{C} と PrP^{Sc} も相互作用することが読み取れる。つまり，タンパク質が同種のものであれば，異種の脳内でも相互作用可能だということである。

ここまで読み取った上で，設問を解読すればよい。マウスおよびハムスターの「双方の PrP^{C} を発現しているマウスに，ハムスターのプリオンを接種して発病させた」ということは，このマウスの脳内ではハムスター PrP^{Sc} が増加・蓄積しているはずである。この「脳の抽出物を，マウスおよびハムスターに接種」するということは，ハムスター PrP^{Sc} を，マウス（このマウスはマウス PrP^{C} のみを発現）とハムスター（ハムスター PrP^{C} のみを発現）に接種することである。どの種の脳内かは無関係で，タンパク質が同種か異種かだけを考えればよいのだから，ハムスター PrP^{Sc} はマウス PrP^{C} とは相互作用せず，ハムスター PrP^{C} とは相互作用すると判断できる。

C・A　種の壁があるなら，なぜヒツジのプリオンがウシに感染し，狂牛病が引き起こされたのか。この点，既に述べたように詳細は不明である。ただ，組合せによっては（低確率だが）相互作用するという可能性や，どの異種のタンパク質の間でも相互作用は起きていて，立体構造の変換する速度が異なる可能性（きわめて遅い場合には発病に至らないが，ある程度速いと発病する）が指摘されている。

設問Cのポイントは，下線部(イ)が，Bの解説で扱ったマウスとハムスターの実験をヒトとウシとに置き換えた実験だと気づくかどうかである。つまり，下線部(イ)の実験では，ヒトの PrP^{C} とウシの PrP^{Sc} とが，マウスの脳内で相互作用するかどうかを調べている。マウスの脳内で相互作用するなら，ヒトの脳内でもウシ PrP^{Sc} とヒト PrP^{C} とが相互作用する可能性が高く，狂牛病がヒトに感染する可能性が高いことになるが，マウスの脳内で相互作用しないなら，感染する可能性は低いというわけである。

この設問のように，実験を行った理由を問われた場合，「～を明らかにするため」あるいは「～を確かめるため」といった解答にすればよい。

設問Aは，〔文2〕の最後の部分に述べられている実験結果から考察すればよく，その筋道は次のようになる。ヒト PrP^{C} 遺伝子をもったマウスでは，ヒト PrP^{C} とマウス PrP^{C} の両方が発現しているはず。そこへウシ PrP^{Sc} を接種した際に，マウス PrP^{Sc} のみが出現し，ヒト PrP^{Sc} が出現しなかったということは，ウシ

PrP^{Sc} がマウス PrP^{C} とは相互作用したが，ヒト PrP^{C} とは相互作用しなかったということを示す。つまり，マウスは PrP^{Sc} が蓄積する（狂牛病にかかる）可能性があるが，ヒトは PrP^{Sc} が蓄積する（狂牛病にかかる）可能性はない，ということである。なお，〔文2〕で「潜伏期を2年以内と限れば」とあるのは，マウスの寿命が約2年なので，それ以上実験できないこと，そして，上述のように相互作用が「遅い」という可能性を否定できないからである（つまり，狂牛病がヒトに感染する危険性は否定しきれていない）。

Ⅲ　プリオンと遺伝との関連を問う設問である。これまた，与えられた説明をどこまで理解できたかがポイントとなる。

A　PrP 遺伝子欠失マウス（PrP －/－）では，2本の相同染色体のいずれにも PrP 遺伝子がないのだから，PrP^{C}（正常型タンパク質）はないはずである（PrP^{C} が生存に必須でないことがわかる）。このことに気づけば，マウスのプリオン（PrP^{Sc}）を接種したときに，PrP^{C} を発現している PrP ＋/＋マウスでは，PrP^{Sc} が PrP^{C} と相互作用して PrP^{Sc} が蓄積，発病するのに対して，PrP －/－マウスでは，PrP^{Sc} と相互作用する PrP^{C} が存在しないため，PrP^{Sc} が蓄積せず発病しないのだろうと推論できるはずである。

ここで問われている「理由」は，実験条件と実験結果の間にあると推論される「しくみ」であるから，以上の内容を「PrP^{C} が存在しないこと」・「相互作用が起こらず PrP^{Sc} が蓄積しないこと」の二つのポイントにしぼって答えればよい。

B・C　遺伝性のプリオン病に関する設問である。最初に補足説明をしておこう。

再度確認しておくと，プリオン病を引き起こすのはプリオン型立体構造をもつタンパク質（PrP^{Sc}）の蓄積であり，PrP^{C}（正常型）から立体構造が変換することで生じるとされている（この立体構造の変換ではアミノ酸配列は変化しない）。

では，遺伝性プリオン病ではどうなのか？　遺伝性というからには遺伝子に異常があるはずだと，諸君は思うだろう。確かに遺伝子に異常がある。その異常遺伝子が代々伝えられることで，ある家系に高頻度でプリオン病が出現するのである。だが，こうした遺伝性プリオン病でも立体構造が重要な意味をもつことは変わらない。やはり PrP^{Sc}（プリオン型）が蓄積することが病気の原因となっている。〔文3〕の下線部㈤で触れられているが，異常をもつ PrP 遺伝子は，野生型遺伝子とは塩基配列が異なり，発現するタンパク質のアミノ酸配列が異なり，その結果，プリオン型の立体構造（PrP^{Sc}）に変換する確率が高いのである。そして，いったん PrP^{Sc} が生じれば，相互作用によって次々と PrP^{C} が PrP^{Sc} に変化していくので，PrP^{Sc} が短期間のうちに蓄積することになるわけである（設問Cではこの推論が求められている)。

Bでは,遺伝性プリオン病の遺伝様式を推論することを求められている。まず,男女とも発病していることから,原因遺伝子がY染色体上にある可能性が否定される。次に,家系図の1の男性とその妻子の表現型から,「優性」の判定ができる。なぜなら,図2の脚注より,1の男性は病気の原因遺伝子をもたないので,この男性の子どものうち発病した女の子は病気の原因遺伝子を(その位置が常染色体上であれX染色体上であれ)ヘテロにもつはずだからである。病気の原因遺伝子が優性ならば,発病していない者は遺伝子をもたないと考えてよい。そして,1の男性の息子(発病者)から1にとって孫にあたる男の子(発病者)へ(父から男児へ)の遺伝がある以上,X染色体上に遺伝子が存在する(伴性遺伝の)可能性はない。

Cでは「ヒト遺伝性プリオン病の発病のしくみ」が問われているので,上で述べたしくみを二つのポイントでまとめればよい。つまり,一つは「遺伝子の変異のために立体構造の変換が起こりやすいこと」,もう一つは「PrP^{Sc}の蓄積によって発病すること」である。

D　非遺伝性のプリオン病では,何らかの理由でPrP^{Sc}が生じ,それがPrP^{Sc}の蓄積を引き起こすと考えられる。ここで注意するべきポイントが〔文3〕の最初の段落で,「マウスに……PrP^{C}を大量に発現させると,自然に発病するマウスが現れた」と述べられている点である。これは,遺伝子操作によって通常よりも大量のPrP^{C}が合成されるようにすると,(きわめて低い確率のはずの)立体構造の変換が実際に起こり,生じたPrP^{Sc}が他のPrP^{C}と相互作用する結果,PrP^{Sc}の蓄積そして発病が引き起こされるということである。細胞内で一度,転写・翻訳されたタンパク質のアミノ酸配列が変化することはないが,アミノ酸配列はそのままで立体構造が変換することは起こり得るのである。これに気づけば,[9]に増加が入るのは明らかだろう。また,[10]は,体細胞が体細胞分裂を行う過程で突然変異を起こす可能性に気づけばよい(「一定の確率で」という部分がヒントになっている)。遺伝性の場合,全細胞に異常PrP遺伝子が存在することになるが,ここで述べられているのは,体の細胞のごく一部に,体細胞分裂の過程で,PrP^{Sc}の立体構造に変換しやすくなるような突然変異がPrP遺伝子に生じ(これは低確率ではあるがゼロではない),その結果,PrP^{Sc}の蓄積,発病が起こるということである。

Ⅳ　実験方法を答えることを求められているが,ここでは理論的な予想(可能性)をどう排除して実験するかがポイントになっている。整理すると次のようになる。

〔文2〕から,
①マウス脳内で，マウスPrP^{Sc}とマウスPrP^{C}との相互作用が起こる
②マウス脳内で，ハムスターPrP^{Sc}とハムスターPrP^{C}との相互作用が起こる
③マウス脳内で，ハムスターPrP^{Sc}とマウスPrP^{C}との相互作用は起こらない
とわかる。また,〔文4〕からは,
④マウス脳内で，ヒトのPrP^{Sc}とヒトPrP^{C}との相互作用が起こりにくい
⑤マウス脳内で，ヒトのPrP^{Sc}とマウスPrP^{C}との相互作用が起こりにくい
ことが読み取れる。

これらを見比べると，③と⑤とは対応するが，②と④とが対応しないことがわかる。つまり，同種のPrP^{Sc}とPrP^{C}が相互作用したり相互作用しなかったりする事実は,何らかのしくみで説明しなくてはならず,そこで,〔文4〕に述べられている「マウスPrP遺伝子が存在する場合には，ヒトPrP^{C}がPrP^{Sc}になりにくいのではないか」という仮説が出てくるのである。そして,もしこの仮説が正しいと仮定すると,〔文2〕の狂牛病の感染実験の信頼性が低下するのである。これも整理してみよう。
⑥マウス脳内で，ウシのPrP^{Sc}とヒトPrP^{C}との相互作用が起こりにくい
⑦マウス脳内で,ウシのPrP^{Sc}と相互作用したヒトPrP^{C}がPrP^{Sc}へ変化するのを,
　マウスPrP遺伝子の存在が妨げる

つまり，仮説が正しいとすると，狂牛病の感染実験でヒトPrP^{C}がPrP^{Sc}にならなかったのは，ウシPrP^{Sc}とヒトPrP^{C}が相互作用しない（⑥）からではなく，マウスのPrP遺伝子が存在するために,ヒトPrP^{C}がPrP^{Sc}になりにくいからだ（⑦）という可能性が生じることになる。そして，もし⑦だとしたらヒトの脳内（マウスPrP遺伝子はない）ではウシPrP^{Sc}との相互作用でヒトPrP^{C}がPrP^{Sc}となり，発病する（狂牛病に感染する）可能性が出てくるわけである。

⑦の可能性を排除して実験を行うには,PrP遺伝子がない条件を設定すればよい。つまり，PrP－/－のマウス（これは生存可能）の脳内でウシPrP^{Sc}とヒトPrP^{C}とを共存させればよいのである。なお，この実験の結果だが，マウスPrP遺伝子が存在しない条件下でも，ウシPrP^{Sc}とヒトPrP^{C}とは相互作用しにくいことが示されている。

(注)　配点は，Ⅰ－A 3点（各1点）・B 1点，Ⅱ－A 2点（各1点）・B 2点・C 2点，Ⅲ－A 2点・B 2点（各1点）・C 2点・D 2点（各1点），Ⅳ－2点と推定。

解答

Ⅰ　A　1－DNA　　2－RNA　　4－翻訳
　B　(2)

Ⅱ　A　5－ヒト　　6－マウス

B　マウスは発病せず，ハムスターは発病する。

C　ウシの PrP^{Sc} がヒトの PrP^{C} と相互作用するかどうかを確認することで，ヒトがウシの狂牛病に感染する可能性を調べるため。

Ⅲ　A　PrP 遺伝子が欠失しているため，PrP^{Sc} が相互作用する相手となる PrP^{C} が存在しない。そのため，PrP^{Sc} を接種しても PrP^{Sc} の蓄積が起こらず発病しない。

B　7－(3)　　8－(4)

C　異常 PrP 遺伝子産物は PrP^{Sc} の立体構造に変化しやすく，生じた PrP^{Sc} との相互作用によって PrP^{C} が PrP^{Sc} に変化することで多量の PrP^{Sc} が蓄積し発病する。

D　9－増加　　10－突然変異

Ⅳ　マウスの PrP 遺伝子を 2 本の相同染色体から欠失させ，ヒトの PrP 遺伝子をもたせたマウスを作製した。

1999年

第1問

解説 Ⅰでは，人間の消化器官の機能を中心にホルモンや酵素についての知識が問われ，Ⅱでは，翻訳のしくみと突然変異をテーマとして，事実から論理的に考察し，論述する能力が問われている。難易度は，東大受験生にとっては標準的なレベルだったと思われるが，Ⅱは分量が多く，時間的に厳しかったかもしれない。

Ⅰ　人間の消化器官は，高校生物ではほとんど扱われていない。だが，それを気にせず出題するのが東大の生物である。本問で扱われている程度のことは，人間自身の体という意味では，常識の範囲とも言えよう。

A　設問文の「模倣」という表現に惑わされた受験生もいたかもしれない。しかし，求められているのは基本的なことである。注意してほしいことは，実験では実際の現象を100%再現するとは限らないことである。むしろ，本質は変えず，しかし反復しやすいように実験条件を設定するのが普通である（これが設問文のいう「模倣」である)。たとえば，問われている「塩酸を注入する」という実験操作は，食べた食物の種類によらず，胃から十二指腸へ移動する消化物（食物）は，胃液中の塩酸により酸性になっている事実を「模倣」しているのである。

B　設問文で参照するよう指示されている下線部(オ)は，図1のグラフによって，ペプシンの最適pHが2付近であるのに対して，トリプシンの最適pHが8付近にあることを述べている。そして，問われている下線部(イ)は，アルカリ性を示す重炭酸イオンを含むすい液の分泌をセクレチンが促すこと，つまり，セクレチンが消化管内の環境を酸性からアルカリ性に変えることを述べている。この二つの内容を，「タンパク質の消化」という観点から結びつけることが，設問が求めていることなので，セクレチンが消化管内の環境をトリプシンの最適pHに変化させ，タンパク質の消化を促進するという内容を含む解答を作ればよい。

C　胆のうおよび胆汁の機能についての基本的な知識が問われている。胆汁は肝臓でつくられて胆のうに一時的に蓄えられ，消化管に放出されると，脂肪を乳化し，消化を促進することは覚えておくと良い。

D・E　血糖量の調節に関わるホルモンと内分泌腺についての教科書レベルの知識が問われている。前問のC同様，落としてはならない設問である。

Ⅱ　翻訳のしくみについての知識をもとに，与えられた情報から論理的に推論すること，そして論理の筋道をきちんと述べる（論理的に論述する）ことを求めた，東大らしい良問である。

A　さっそく，与えられた情報から推論する設問であるが，この設問では，下線部(キ)が述べていること，つまり，表1を正確に読み取ることが重要である。では，表1から何を読み取ればよいのか。それは，正常型では8個のアミノ酸からなる断片（d）と18個のアミノ酸からなる断片（g）の2つだったものが，突然変異によって26個のアミノ酸からなる1つの断片（k）になったこと，言い換えれば，この26個のアミノ酸断片の8番目と9番目の間（あるいは18番目と19番目の間）が，正常型では切断されるが，変異型では切断されないこと，である。

塩基配列に関する情報を使ってはならないと指定されているので，下線部(カ)の内容だけに基づいて推論を進めればよい。すると，上述の26個のアミノ酸断片について，正常型にはトリプシンによる切断を受けるアミノ酸配列が存在する，つまり，8番目（または18番目）がリシンまたはアルギニンであり，9番目（または19番目）がプロリン以外のアミノ酸であると推論できる。そして，変異型にはトリプシンによる切断を受ける配列が存在しない，つまり，8番目（または18番目）がリシンおよびアルギニン以外であるか，9番目（または19番目）がプロリンであると推論できる。したがって，設問が求めている「変異」としては，8番目（または18番目）がリシンまたはアルギニンからこれら以外のアミノ酸へ変化した可能性と，8番目（または18番目）はリシンまたはアルギニンのままで，9番目（または19番目）がプロリン以外のアミノ酸からプロリンへ変化した可能性があることになる。

B　(a)　翻訳のしくみについての基本的な知識を正確に使えれば解ける問題で，東大受験生にとっては易しいはずである。念のため簡単に確認しておこう。コドンは3塩基が1組であるから，図2に与えられた伝令RNAを3塩基ずつ区切り，対応するアミノ酸を表から読み取ればよい。矢印の塩基がコドンの1文字目であると指定されているのだから，下のように区切り，対応するアミノ酸をコドン表から選ぶ。なお，配列の最後のコドンであるGGは，3塩基目に対応する塩基が何であるかは分からないが，表2から，グリシンを指定することが分かる。

↓

……AU | GAG | ACA | CGA | AGC | GG……

(b)　翻訳のしくみについての知識と与えられた情報を使って考察し，その筋道を論理的に述べる問題である。まず，下線部(ク)と図2から，矢印の塩基が突然変異を起こした部位であること，言い換えれば，このCを含むコドンが指定するアミノ酸の前後どちらかで，トリプシンによる切断を受けることが読み取れたかどうか。これがこの設問（および以降の設問）に正解できるかどうかを左右する。

この設問では「可能性がない」ことの理由が求められているので，仮定が成り立つものとして論理的に推論を進め，その結果が与えられた条件と矛盾することを示せばよい。そこで，「矢印のCがコドンの第２文字目である」という仮定が成り立つとしてみると，伝令RNAの区切りは下のようになり，対応するアミノ酸は次のように推論できる。

↓
……A｜UGA｜　GAC　｜　ACG　｜　AAG　｜　CGG　｜……
終止　アスパラギン酸　トレオニン　リシン　アルギニン

これを見れば明らかなように，矢印のCがコドンの第２文字目であるとすると，タンパク質Zの中央付近を指定するはずの部位に，終止コドンが現れてしまうことになり，与えられた条件と矛盾することになる。

なお，解答としては，以上の内容を簡潔にまとめることが必要である。

(c)　本問も(b)と同じ筋道で考察を進めればよい。「矢印のCを，コドンの第３文字目である」という仮定が成り立つものとしてみる。すると，下のようになる。

↓
……｜　AUG　｜　AGA　｜　CAC　｜　GAA　｜　GCG　｜G……
メチオニン　アルギニン　ヒスチジン　グルタミン酸　アラニン

これを見ると，矢印のCを含むコドンはヒスチジンを，前のコドンはアルギニンを，後のコドンはグルタミン酸を指定している。すると，正常型のタンパク質Zのトリプシンによる切断はアルギニンとヒスチジンの間で起こり，変異型のタンパク質Zでは，ヒスチジンがプロリンに変化したことによって切断を受けなくなったはずである（ⅡA参照）。しかし，矢印のCの置換によって，ヒスチジンを指定するコドンがプロリンを指定するコドンに変化することはありえず，変異型においてトリプシンによる切断を受けなくなったことと矛盾することになる。

C　Bに引き続き，翻訳についての知識と与えられた情報を使って，論理的に考察し，論述する問題である。

(a)　矢印のCがコドンの１文字目であることから，このコドンはCGAでアルギニンを指定する。このCがUに置換すると，コドンはUGA（終止コドン）となる。すると変異型は，中央付近で翻訳が終了した，短いポリペプチドとなるはずだが，それはアミノ酸の個数が正常型と同じ130個であることと矛盾する。

(b)　矢印のCがAに置換すると，コドンはAGAとなるが，指定するアミノ酸はアルギニンのままで，アミノ酸配列に変化は生じない。すると，この部位は相変わらず，トリプシンによる切断部位を含むことになるが，それは，変異型においてトリプシンによる切断部位が失われたことと矛盾する。

(c)　矢印のCがGに置換すると，コドンはCGAからGGAへと変化し，指定するアミノ酸もアルギニンからグリシンへと変化する。つまり，…アルギニン－セリン…というトリプシンによる切断部位が，…グリシン－セリン…というトリプシンによって切断されない配列に変化したことになり，実験事実を矛盾なく説明できる。

（注1）　配点は，Ⅰ－A2点・B2点・C1点・D両方正解で1点・E両方正解で1点，Ⅱ－A2点・B5点（(a)1点・(b)2点・(c)2点）・C6点（各2点）と推定。

（注2）　行数制限の解答の際は，1行あたり35字程度で解答した（以下同）。

解答

Ⅰ　A　塩酸を含む胃液と混ざった酸性の消化物が，胃から十二指腸に運ばれる現象。

B　トリプシンが作用するのに最適な弱アルカリ性に消化管内の環境を変えることで，ペプシンで切断されて生じたポリペプチドの分解を促進する役割をもつ。

C　(5)

D　1－ランゲルハンス島B細胞　　2－インスリン

E　アドレナリン，グルカゴン，糖質コルチコイド（のうちの2つを答える）

Ⅱ　A　26個のアミノ酸断片kの8番目または18番目のリシンまたはアルギニンが，これら以外のアミノ酸に変化したか，9番目または19番目のアミノ酸がプロリンに変化した。

B　(a)　－グルタミン酸－トレオニン－アルギニン－セリン－グリシン－

(b)　矢印のCをコドンの2文字目とすると，2つ手前のコドンが終止コドンとなり翻訳がそこで停止するが，それはタンパク質Zの中央付近であることと矛盾する。

(c)　矢印のCをコドンの3文字目とすると，正常型では1つ手前のコドンがアルギニンを，このCを含むコドンがヒスチジンを指定し，その間でトリプシンによる切断が起こる。しかし，このCが置換してもプロリンには変化せず，変異型でトリプシンの切断を受けなくなることと矛盾する。

C　(a)　×：アルギニンを指定するコドンが終止コドンに変化し，ペプチド鎖が短くなるが，それは，変異型と正常型でアミノ酸の個数が等しいことと矛盾するので。

(b) ×：コドンが変化しても，指定するアミノ酸はアルギニンのまま変化しないので，断片の変化は生じず，変異型でアミノ酸配列が変化したことと矛盾するので。

(c) ○：指定するアミノ酸がアルギニンからグリシンへ変化し，いままで切断できた部分が切断できなくなることから，実験結果を矛盾なく説明できるので。

第2問

解説　Ⅰ・Ⅴでは，植物の生活史や生殖についての知識が，Ⅱ・Ⅲでは，遺伝法則についての理解と計算力が，Ⅳでは，遺伝子発現と対立遺伝子についての考察が求められている。難易度は，東大受験生にとっては標準的なレベルだったと思われるが，Ⅱ・Ⅲは説明がやや煩雑で，惑わされる受験生もいたかもしれない。

Ⅰ　A　基本的知識を問う空欄補充問題だが，「配偶体世代」・「胞子体世代」という語句はやや不自然な印象が否めない。空欄の外に「体世代」とあるので，有性世代・無性世代ではないことは明白なのだが，ケアレスミスの可能性はあるだろう。

B　これは基本中の基本。合格のためには絶対に落とせない。確認しておくべきは，原核生物には減数分裂はないこと，動物では配偶子形成時に，植物では胞子（種子植物では花粉四分子・胚嚢細胞）形成時に，減数分裂が行われること，である。

C　これも基本的問題。植物の生活史についての定番である。念のため確認しておこう。植物の生活史は，胞子（単相・単細胞）が分裂して，配偶体（単相・多細胞）となり，その内部に配偶子（単相・単細胞）が生じ，受精が行われ，受精卵（複相・単細胞）が成長して，胞子体（複相・多細胞）となり，胞子嚢内で減数分裂により胞子が生じる，という過程を経る。コケ植物は配偶体が，シダ植物・種子植物は胞子体が発達しており，特に種子植物では配偶体は小型化していて独立生活を営まない。

D　いまどきの受験生には苦手なタイプの設問だろう。選択肢に登場する植物のうちアブラナ科に属するのは，キャベツ・ダイコン・カブ・ハクサイ・ナズナ，ナス科に属するのはトマト・ジャガイモであり，バラはバラ科，エンドウはマメ科，ムラサキツユクサはツユクサ科である。

Ⅱ　自家不和合性の遺伝についての設問だが，説明文をじっくり読み，花粉の遺伝子型とめしべの遺伝子型とを比較して共通の対立遺伝子が存在するか否かを確かめればよいことが理解できれば，あとは難しくない。

A　問題文の指定に従って考えていけばよい。遺伝子型S_3S_4のおしべ由来の花粉の遺伝子型は，S_3とS_4との2種類。めしべの遺伝子型がS_2S_3なのだから，S_3の花粉は共通の対立遺伝子をもち，S_4の花粉はもたないことになる。よって，S_4のみが受精できる。

B　遺伝子型S_2S_4のおしべ由来の花粉の遺伝子型は，S_2とS_4の2種類。遺伝子型S_1S_2のめしべとの交配なので，S_2の花粉は受精できず，S_4のみが受精する。一方，めしべに生じる卵細胞の遺伝子型は，S_1とS_2の2種類（比は1：1）なので，受精卵の遺伝子型は，S_1S_4とS_2S_4の2種類（比は1：1）となる（なお，花粉の遺伝子型と精細胞の遺伝子型が一致することを想起すること）。

C　複雑そうに見えるが，独立の法則および連鎖の意味が理解できていれば，難しくない。まず，自家不和合性について考える。遺伝子型S_2S_3のおしべ由来の花粉なので，その遺伝子型はS_2とS_3の2種類。そのうち，遺伝子型S_1S_2のめしべで受精できるのは，S_3をもつ花粉のみである。次に，受精可能な花粉の遺伝子型を考える。すると，S_2とb，S_3とBが完全連鎖しているという仮定なので，受精可能な花粉の遺伝子型はS_3Bとなる。また，AとaはS遺伝子と独立という仮定なので，受精可能な花粉の遺伝子型は，S_3ABとS_3aBの2種類になる（それぞれから生じる精細胞の遺伝子型も同じ）。卵細胞の遺伝子型は，S_1とB，S_2とbが完全連鎖し，AとaはS遺伝子と独立であるということから，S_1AB，S_1aB，S_2Ab，S_2abの4種類となる。求める答は，全個体のうち，遺伝子型AaBBの個体が占める割合であるから，S遺伝子を無視して，独立な2対の対立遺伝子（Aとa，Bとb）に関する遺伝の結果を求めればよい。すると，全体で8種類の組合せのうち，精細胞ABと卵細胞aBの組合せと，精細胞aBと卵細胞ABの組合せの2種類が題意を満たす。

Ⅲ　Ⅱと同じく自家不和合性の遺伝についての設問だが，Ⅱとは異なり，おしべの遺伝子型とめしべの遺伝子型とを比較する点がポイントである。そして，1個でも共通の対立遺伝子が存在すれば受精が不可能となることが理解できればよい。

A　おしべの遺伝子型T_2T_3，めしべの遺伝子型T_1T_5より，共通の対立遺伝子は存在しない。したがって，ごく普通の一遺伝子雑種として計算すればよい。

B　おしべの遺伝子型を推論する設問だが，おしべとめしべとの間に共通の対立遺伝子が存在すればすべての花粉が受精不能となること，言い換えれば，次世代が生じていれば共通の対立遺伝子は存在せず，次世代が生じていない場合は共通の対立遺伝子が存在することを利用して考えればよい。まず，遺伝子型T_2T_3，

T_3T_5 のめしべとの間に次世代が生じているのだから，このおしべには対立遺伝子 T_2，T_3，T_5 のいずれも存在しないことになる。遺伝子型 T_1T_2（および T_1T_3）のめしべとの間に次世代が生じないことから，このおしべには（T_2 および T_3 が存在しないのだから）T_1 が存在することになる。また，遺伝子型 T_2T_4 のめしべとの間にも次世代が生じないのだから，このおしべには対立遺伝子 T_4 が存在することになる。

Ⅳ　A　遺伝子発現の知識をもとに，遺伝子産物と対立遺伝子を関連付けて考察する問題である。対立遺伝子は，たとえば，正常ヘモグロビン遺伝子と鎌形赤血球貧血症を引き起こす変異ヘモグロビン遺伝子を思い浮かべればわかるように，同じ形質を支配する遺伝子ではあるが，塩基配列が異なる。それは，翻訳されてできるタンパク質のアミノ酸配列が異なるということでもある。つまり，2つの異なる対立遺伝子が存在するヘテロ接合体においては，2つの異なるタンパク質が存在することになる。

さて，本問では，図5を読み取ることがポイントである。まず，遺伝子型 S_1S_2 のめしべに含まれるSタンパク質がバンドcおよびバンドdであることから考えると，対立遺伝子 S_1 がバンドcに，S_2 がバンドdに対応する場合と，S_1 がバンドdに，S_2 がバンドcに対応する場合の2通りの可能性が推論できる。次に，バンドcに注目してみると，遺伝子型 S_1S_3，S_1S_4 のめしべにおいても検出されているから，S_1 がバンドcに対応し，S_2 がバンドdに，S_3 がバンドaに，S_4 がバンドeに，それぞれ対応することが導ける。残るのはバンドbだけだが，これは遺伝子型 S_3S_5 のめしべでのみ検出されているので，S_5 がバンドbに対応すると推論できる。

B　遺伝子型 S_1S_2 のおしべ由来の花粉の遺伝子型は S_1 および S_2，遺伝子型 S_2S_5 のめしべで受精できるのは，遺伝子型 S_1 の花粉だけである。すると，生じる次世代の遺伝子型は，S_1S_2 と S_1S_5（分離比は1：1）となり，対応するバンドを考えると，S_1S_2 個体はバンドcとバンドdをもち，S_1S_5 個体はバンドcとバンドbをもつことになる。

Ⅴ　自家不和合性をもつ植物の遺伝的な特徴が問われているが，これは，自家受精を繰り返した場合の特徴の裏返しである。そのことに気づけば，解答の道筋は明白になる。自家受精を繰り返した場合の特徴は，個体群の中でヘテロ接合体の占める割合が低下して，優性および劣性のホモ接合体の占める割合が増加することである。自家不和合性がある（自家受精を妨げる）と，逆に，ヘテロ接合体の割合が増加し，ホモ接合体の割合が低下する。

（注）配点は，Ⅰ－A両方正解で１点・Bすべて正解で１点・C１点・D２点（各１点），Ⅱ－A２点（各１点）・B２点・C１点，Ⅲ－A２点・B１点，Ⅳ－A１点・B４点（各１点），Ⅴ－２点と推定。

解答

Ⅰ　A　１－配偶　２－胞子

B　(3)・(4)

C　イネ，ワラビ，スギゴケ

D　(3)・(5)

Ⅱ　A　S_3 －×　S_4 －○

B　$S_1S_4 : S_2S_4 = 1 : 1$

C　25％

Ⅲ　A　$T_1T_2 : T_1T_3 : T_2T_5 : T_3T_5 = 1 : 1 : 1 : 1$

B　T_1T_4

Ⅳ　A　e

B　３－(3)　４，５－(3)，(4)（順不同）　６－(7)

Ⅴ　遺伝子を他系統の個体から受け取る機会が増すため，遺伝子型がヘテロである確率が高くなり，個体群の遺伝的多様性が高い特徴をもつと考えられる。

第３問

解説　Ⅰでは，浸透圧調節・行動に関する知識が，Ⅱでは，記憶と学習に関する知識が求められ，Ⅲでは，ホルモンと性成熟に関する実験結果からの推論・考察が求められている。難易度は標準的だと思われるが，長い説明文を読み取り推論考察を行う，東大らしいⅢは点数に差がつきやすく，合否を分けるだろう。

Ⅰ　A　魚類の浸透圧調節に関する設問。東大受験生にとっては，お馴染みの話のはずであり，落とせない。解答のポイントは，塩類の能動輸送（イオンポンプ）が機能していること，淡水中と海水中とで，塩類の輸送方向が逆になること，の２点である。つまり，単に能動輸送のしくみが発達しているという解答では不充分で，環境に合わせて輸送方向を調節するしくみについて触れる必要がある。

B　行動に関する基本的問題。選択肢(2)の巣作りは生まれつきの行動（生得的行動）。残る選択肢のうち，(1)は条件付け（学習の一種），(3)は刷込み（学習の一種），(4)は経験によって特定の集団に生じた行動（文化）である。また，(5)は自律神経の機能に関する現象である。

Ⅱ　A　本問では「仮説を検証するためにはどのような実験をしたらよいか」が問わ

れている。仮説検証の仕方については，次のように考えればよい。

まず，実験者が正しい（証明したい）と考えている仮説に対して，裏返しの関係になる仮説（帰無仮説と呼ぶ）を設定する。次に，帰無仮説を正しいものとして，ある実験条件での結果を推論する。そして，実験を行い，実際に得られる結果が推論と一致しないことを示す。これによって，帰無仮説が誤りであることが示され（「棄却される」という），仮説が検証されたことになる（もちろん，帰無仮説がはっきり否定されるような実験条件を設定するのである）。

〔文２〕で言えば，仮説が「サケは母川の匂いを記憶し，その匂いをたどって母川回帰する」であり，帰無仮説は「サケは母川の匂い以外の何かを記憶し，それを頼りに母川回帰する」となる。母川の水と別の川の水を２方向から同時にサケに向かって流す実験を行い，母川の水の方向を選んで泳ぐことを示せば，母川の水と別の川の水を区別していることが示せる（これは，仮説でも帰無仮説でも同じ)。ここで，帰無仮説が正しいならば，嗅覚を失わせてもサケは母川の水を別の川の水と区別できるはずなので，母川の水の方向に泳ぐと推論できる。そして，実際の結果が，母川の水の方向を選べなくなる（２つの方向を半々に選ぶなど）ことを示せば，帰無仮説が否定でき，仮説が検証されたことになる。

なお，仮説検証のための実験方法を答える場合，単に実験条件を書くだけでなく，どのような結果が得られればよいのか（あるいは，どのような判定基準を使えばよいのか）も，必ず書くべきことを強調しておきたい。

B　神経と興奮の伝導・伝達に関する基本的用語を問う設問である。

Ⅲ　A　鞭毛運動とエネルギー代謝に関する基本問題。合格には完答が求められる。

B　上述した仮説検証の考え方を，違った角度から問う設問である。

実験１の前半で，GTH が卵胞（卵母細胞または濾胞組織）にはたらいて，ホルモンＥを合成させることが示されている。そして，さらに行った実験の結果から，卵黄形成期には，GTH が濾胞組織にはたらいて，ホルモンＥを合成させることが示されたというのだから，「GTH が卵母細胞にはたらいて，ホルモンＥを合成させる」という帰無仮説が棄却された，つまり，GTH を卵母細胞に作用させても，ホルモンＥが検出されなかったという事実が得られたはずである。〔文３〕の本文に，卵母細胞と濾胞組織を分けられるとあるのがヒントである。

なお，解答として，「実験内容」と「実験結果」の両方が求められていることに注意が必要である。「実験内容」の方では，ある程度，具体的に実験内容を書かなくてはならない（どのように操作するかまでは不要だが)。

C　与えられた実験結果からしくみを考察する，東大らしい設問であり，実験２の内容をきちんと読み取ることが，なにより重要である。整理すると下のようになる。

①細胞Aと細胞Bが共存すると，GTHによって，E合成促進が起こる。

②細胞A単独では，GTHによるE合成促進は起こらない。

③細胞B単独では，GTHによるE合成促進は起こらない。

④細胞B単独でも，GTH存在下で培養された細胞Aの培養液によって，E合成が促進される。

⑤細胞A単独では，GTH存在下で培養された細胞Bの培養液によっても，E合成は促進されない。

②と④を比べると，細胞BがホルモンEを合成していることが推論できる（②の結果から考えて，細胞Aを培養した培養液中にはホルモンEは存在しない）。そして，③と④を比べると，細胞Bは，細胞Aが生産したGTH以外の物質による作用を受けて，ホルモンEを合成することが推論できる（細胞Aの培養液中には，細胞Aは存在しないのだから，③と④の違いは，培養液中に含まれる何らかの物質によると考えざるを得ない）。つまり，GTHが細胞Aに特異的に作用し，細胞AはGTHの作用を受けてある物質を合成・分泌し，その物質が細胞Bに作用して，ホルモンEの合成・分泌が起こるというしくみが推論されることになる。

D　この設問では，卵母細胞の成熟（卵成熟）とMIHの関連が問われているが，ひとつ目のポイントはMIHの与え方の違いであり，ふたつ目のポイントは，細胞質の性質の変化である。

①未成熟の卵母細胞に外からMIHを与えると，卵成熟が起こる。

②未成熟の卵母細胞の細胞質中にMIHを注入しても，卵成熟は起こらない。

③卵成熟を起こした卵母細胞の細胞質を，未成熟の卵母細胞に注入すると，卵成熟が起こる。

ここで，ホルモンの作用機構を思い出す必要がある。ホルモンは，そのホルモンと特異的に結合する受容体（レセプター）と結合することで，標的となる細胞に情報を伝えている。そして，この受容体には大きく分けて2種類がある。ひとつのタイプは，ペプチドホルモンに対する受容体で，細胞外に結合部位を出す形で細胞膜に存在して，ホルモンと結合すると，その情報を別の物質（二次メッセンジャー）の形で，細胞内に伝える。もうひとつのタイプは，ステロイドホルモンに対する受容体で，細胞質中に存在し，細胞膜を非特異的に透過したホルモンと結合して作用する。

問題の実験に戻ると，①・②からは，卵母細胞は，MIH受容体を細胞膜（の外側）にもっていて，細胞外からのMIHを受容することが，そして，②・③からは，卵成熟を引き起こすMIHとは異なる物質が，卵成熟を起こしている卵母細胞の細胞質内に存在することが推論できる。解答としては，以上をまとめればよいのだが，卵母細胞が減数分裂を完了していないことを考慮すると，卵成熟を引き起こす物質が，核に作用することも推論可能だろう（ただし，最後の核への作用は，採点のポイントとしては要求されていないと思われる）。

（注）配点は，Ⅰ－A 2点・B 2点（各1点），Ⅱ－A 2点・B 5点（各1点），Ⅲ－A 3点（各1点）・B 2点・C 2点・D 2点，と推定。

解答

Ⅰ　A　海水中で塩類を排出し，淡水中で塩類を吸収する能動輸送のしくみ，および，その輸送方向を調節するしくみが発達している。

B　生得的行動　(2)

Ⅱ　A　サケを入れた水槽に，母川および別の川の水を2方向から流すと，母川の方に向かって泳ぐこと，およびこの現象が嗅覚を失わせると起こらなくなることを確認する。

B　1－ニューロン　2－シナプス　3－活動電位　4－神経伝達物質　5－増加

Ⅲ　A　7－鞭毛　8－ATP　9－ミトコンドリア

B　卵黄形成期の卵胞を取り出し，卵母細胞と濾胞組織に分け，それぞれを別の培養皿に入れ，GTHを含む培養液で培養し，培養液中のE量を測定すると，卵母細胞の方からはEが検出されないが，濾胞組織の方からはEが検出された。

C　細胞AはGTHに対する受容体をもち，GTHの作用を受けると，ホルモンEとは異なる，ある化学物質を合成・分泌する。細胞Bは，この化学物質に対する受容体をもち，この物質の作用を受けると，ホルモンEを合成・分泌する。

D　卵母細胞の細胞膜表面に存在する受容体にMIHが結合すると，細胞質中にMIHとは異なる因子が合成され，この因子が核に作用して卵成熟を引き起こす。

東大入試詳解

第3版①20231110